westermann

Herausgegeben von
Matthias Lösche

6

ELEMENTE
der Mathematik

Elemente der Mathematik

Herausgegeben von
Matthias Lösche

Bearbeitet von
Florian Ehrmann, Bernhard Euler, Dr. Tatjana Hoenig, Eva Marks, Elke Renwanz, Martin Zacharias

Für Niedersachsen bearbeitet von
Lutz Breidert, Bodo Paul Hoffmann, Jan-Aiko van Hove, Sabrina Klar, Matthias Lösche, Dirk Schulze, Klaas Wiggers, Anike Wurlitz, Martin Zacharias

Zum Schulbuch erscheinen:
Lösungen: Best.-Nr. 978-3-14-109212-7
Arbeitsheft mit Lösungen: Best.-Nr. 978-3-14-109213-4
Arbeitsheft mit Lösungen und interaktiven Übungen: Best.-Nr. 978-3-14-145112-2
Unterrichtsmaterial: Best.-Nr. 978-3-14-109214-1

Druck A[5] / Jahr 2026
Alle Drucke der Serie A sind im Unterricht parallel verwendbar.

Redaktion: Amrei Schillinger
Illustrationen: Mario Valentinelli, Rostock
Umschlagentwurf: Lio Designagentur, Braunschweig
Innenlayout: Janssen Kahlert Design & Kommunikation GmbH, Hannover
Druck und Bindung: Westermann Druck GmbH, Georg-Westermann-Allee 66, 38104 Braunschweig

ISBN 978-3-14-**109211**-0

1 Brüche

2 Kreise und Winkel

3 Rechnen mit Brüchen

4 Symmetrie

5 Dezimalzahlen

6 Winkel in Figuren

7 Rauminhalt von Körpern

8 Statistische Daten

Vorbereiten und Wiederholen

Vorbereiten: Grundlagen nachschlagen und üben

QR-Code: Link auf Videos und weitere Materialien
Den **Web-Code** unter www.westermann.de/webcode eingeben.

Die **Überschriften** verraten dir, was dich in den Aufgaben erwartet.

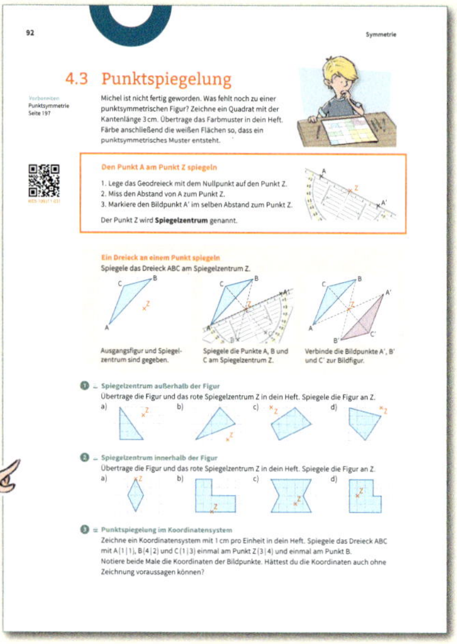

Einstieg: Neugierig werden, Neues kennenlernen

Information: Neues kurz erklärt und zusammengefasst

Beispiele: Neues Wissen konkret angewendet

Üben, üben, üben
trainieren, verstehen, vertiefen
- einfach
- mittel
- schwieriger

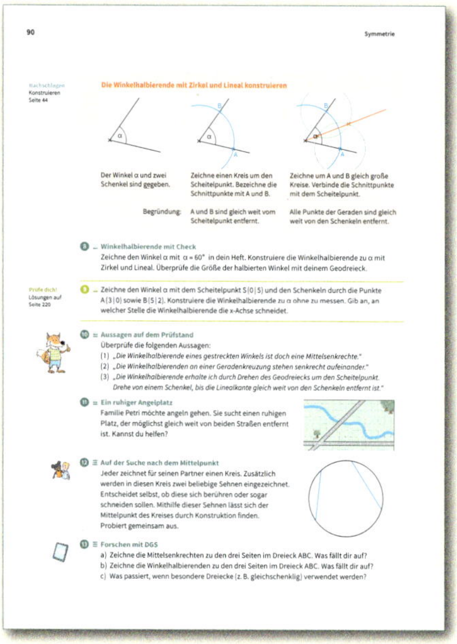

Viele **Beispiele** zu den Aufgaben zeigen dir, wie es geht.

Prüfe dich! Dein Etappenziel! Erst rechnen, dann kontrollieren

Schlau wie der Fuchs: Prüfen, forschen, Fehler finden

Sonderseite
Themen, Methoden, Ausblicke
Was gibt es zu entdecken?

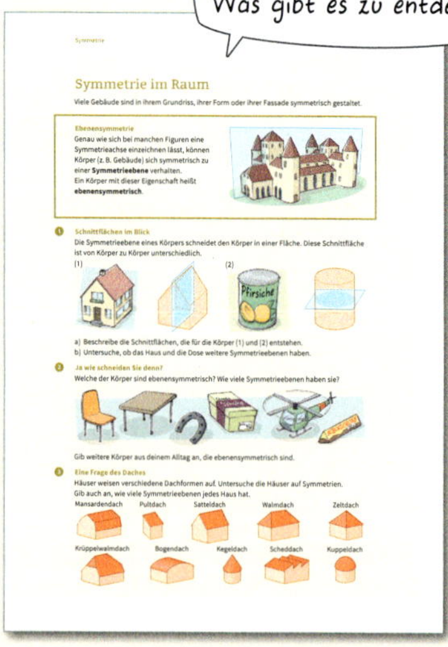

Ausgezeichnete Aufgaben

Mathematik in Worten ausdrücken

Zusammenarbeiten im Team

Medien nutzen und recherchieren

Digitale Hilfsmittel nutzen

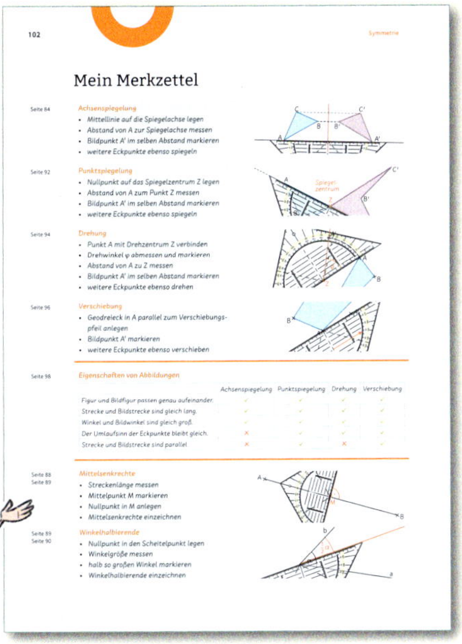

Mein Merkzettel
Hier findest du kurz zusammengefasst, was du gelernt hast und für die Klassenarbeit brauchst.

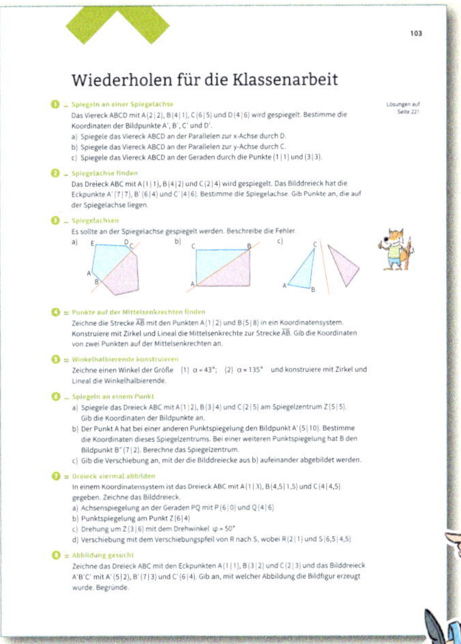

Wiederholen für die Klassenarbeit
Eine Sammlung von möglichen Klassenarbeitsaufgaben. Nutze deinen Merkzettel, wenn du beim Üben nicht weiterkommst.

3-Minuten-Runden
Grundwissen immer wieder üben und wachhalten.

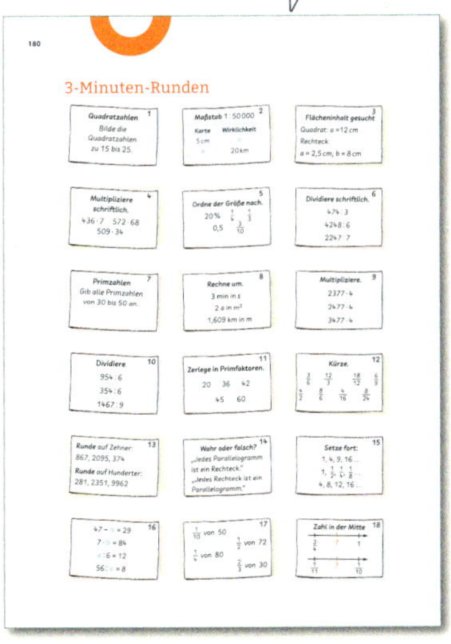

Wissensspeicher mit Aufgaben
Angebot zum Wiederholen und Vorbereiten auf ein neues Thema.

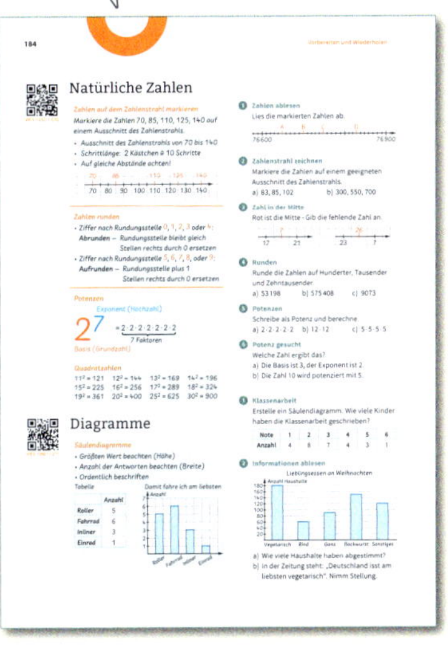

Lösungen
Prüfe dich!
Wiederholen für die Klassenarbeit

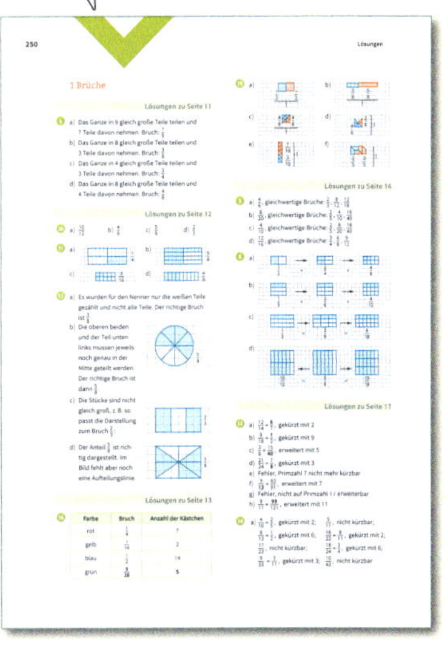

1 Brüche

Beim Backen misst du Anteile von Mehl und Wasser ab.

Beim Aufteilen von Pizza und Kuchen bildest du Anteile. Mit Brüchen kann man diese Anteile beschreiben.

Antonia möchte drei Achtel der Pizza essen. Wie viel bleibt für dich übrig?

- Sind Brüche Zahlen?
- Kann man Brüche der Größe nach ordnen?
- Wie viele gleichwertige Brüche gibt es?
- Warum gibt es Brüche in der Musik?

1.1 Anteile mit Brüchen angeben

Opa Hans ist Mathematiker. Er hat einmal im Jahr Geburtstag, wie andere Menschen auch. Heute ist solch ein Tag!
Seine Enkelin Annika isst sehr gerne Kuchen, aber sie kann erst später zum Fest kommen. Deshalb fragt sie Opa Hans am Telefon, wie viel Kuchen noch übrig ist. Typisch Opa, er antwortet: *„Acht Fünfzehntel Schokokuchen"*

- Was meint er damit?
- Was sagt Opa Hans zum Rest der Torte?

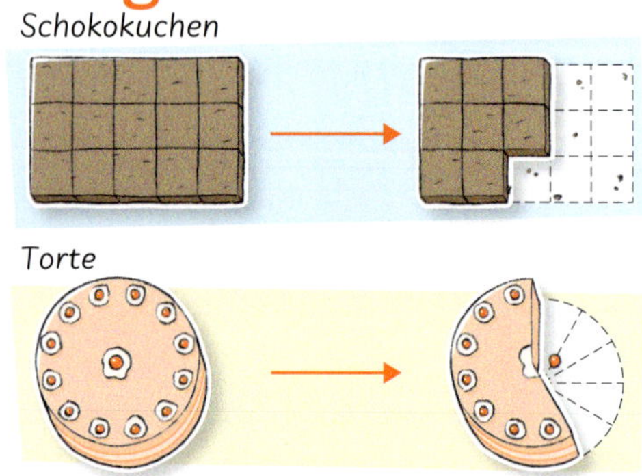

WES-109211-001

Anteile als Bruch angeben

Brüche treten auf, wenn man etwas aufteilt. Brüche beschreiben, wie groß ein Anteil eines Ganzen ist.

$\frac{7}{12}$ eines kreisrunden Kuchens bedeutet:
Teile den Kuchen in 12 gleich große Teile und nimm 7 davon.

Der Nenner gibt an, in wie viele gleich große Teile ein Ganzes geteilt wird und wie man einen einzelnen Teil **nennt**, hier Zwölftel.

Der Zähler gibt an, wie viele gleich große Teile man nimmt – wie viele Teile man also **zählt**.

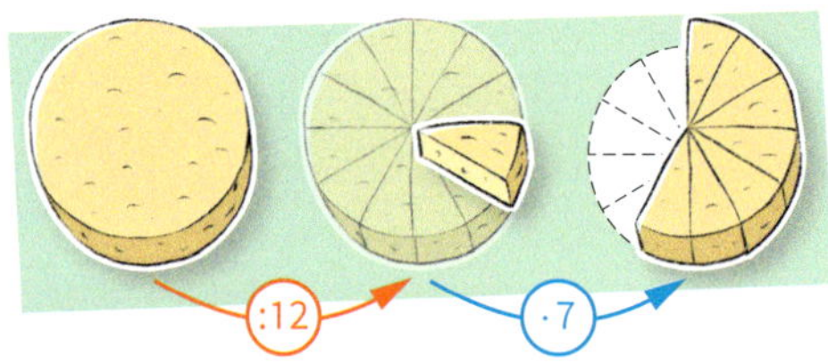

$\frac{7}{12}$ — 7: Zähler; Bruchstrich; 12: Nenner

Sprechweise: *„sieben Zwölftel"*

Anteile als Bruch angeben

Beschreibe am Beispiel eines Rechtecks, wie ein Anteil entsteht und wie man den Anteil nennt.

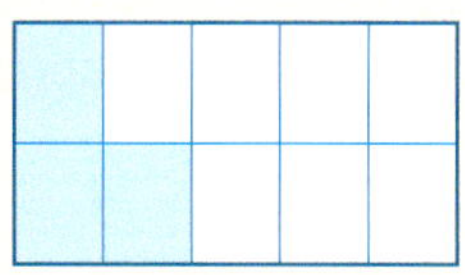

Lösung

Was ist das Ganze?	Wie heißt ein Teil?	Wie heißt der Anteil?
Ein Rechteck	Ein Zehntel	Drei Zehntel

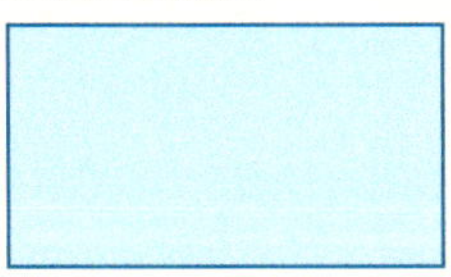

1

:10 → in 10 gleich große Teile teilen

Das ergibt den Nenner 10.

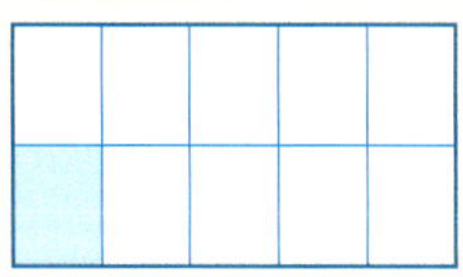

$\frac{1}{10}$

·3 → 3 Teile nehmen

Das ergibt den Zähler 3.

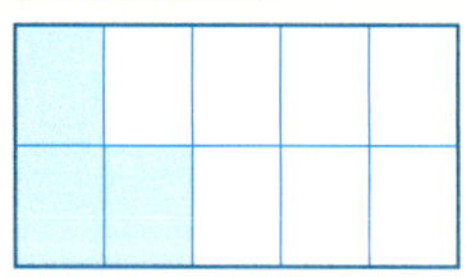

$\frac{3}{10}$

Bruch in Worten: *„Das Ganze in 10 gleich große Teile teilen und 3 Teile davon nehmen."*

1 Anteile als Bruch angeben – unvollständiges Tafelbild

Übertrage das unvollständige Tafelbild in dein Heft und ergänze es.

a)
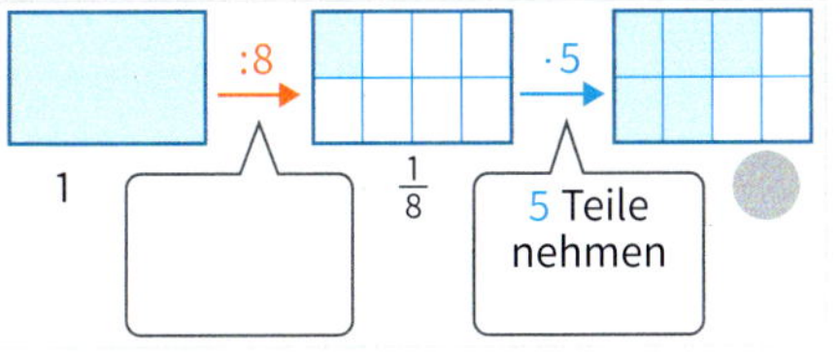

b)
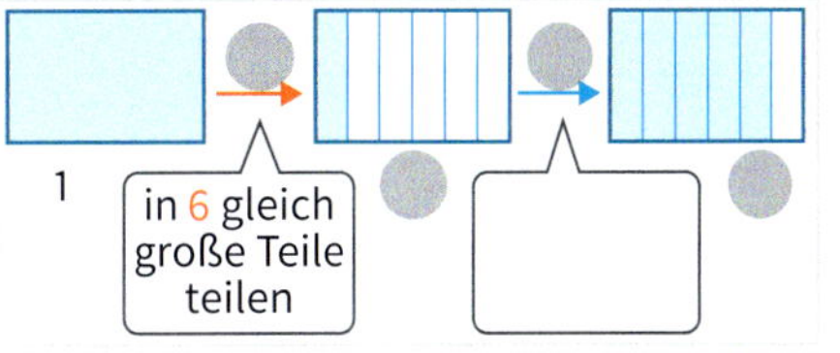

c)
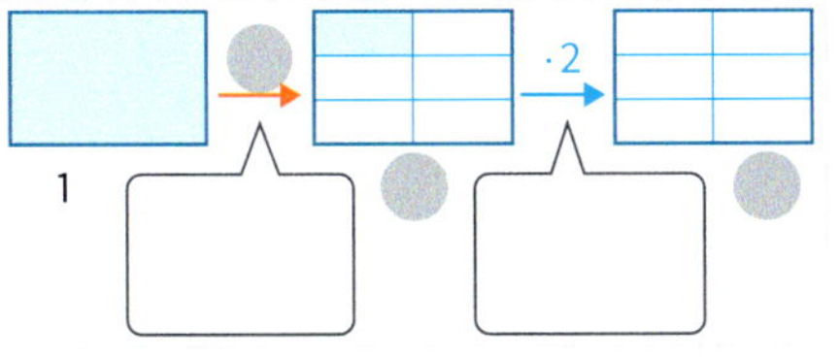

d)
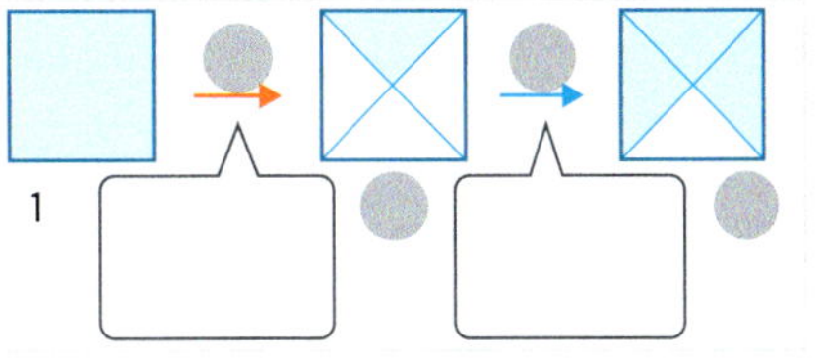

2 Brüche in Worten

Schreibe zu dem gefärbten Anteil einen Satz: „*Das Ganze in … teilen und … nehmen.*“
Gib den gefärbten Anteil als Bruch an.

a)

b)
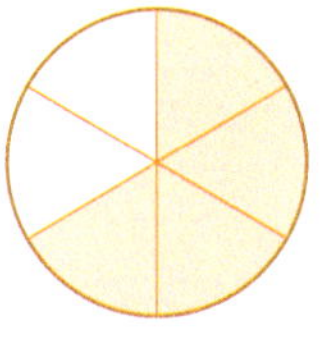
c)
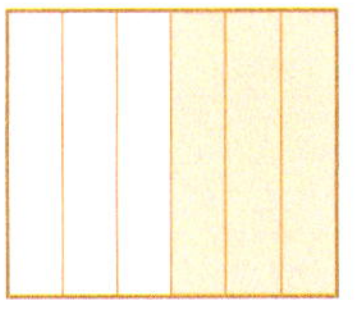
d)
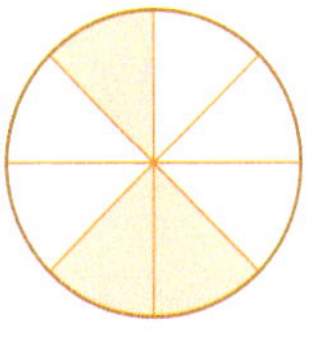

3 Anteile am Rechteck angeben

Welcher Anteil des Rechtecks ist gefärbt? Gib den Anteil als Bruch an.

a)

b)

c)
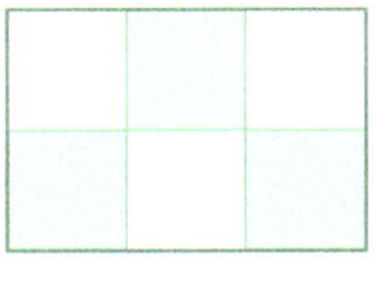
d)
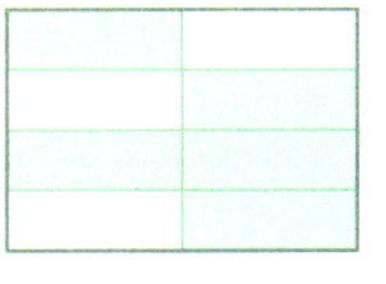

4 Anteile am Kreis angeben

Welcher Anteil des Kreises ist gefärbt? Gib den Anteil als Bruch an.

a)
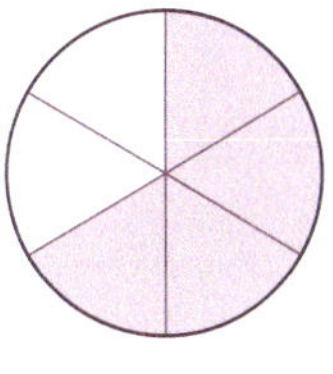
b)
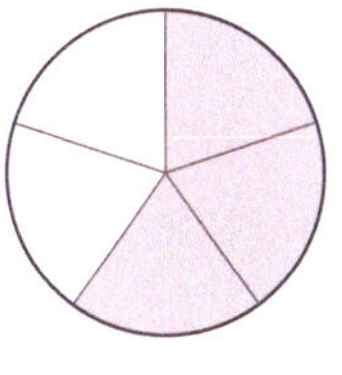
c)
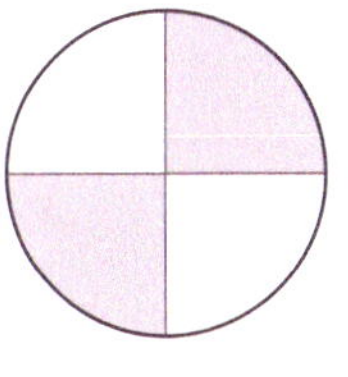
d)
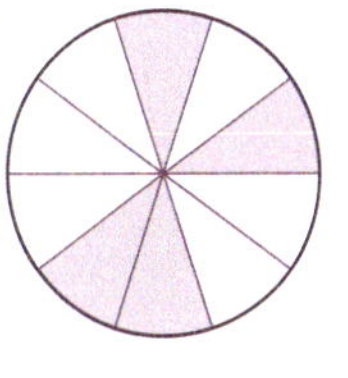

5

Schreibe zu dem Anteil einen Satz: „*Das Ganze in … teilen und … nehmen.*“
Gib den gefärbten Anteil als Bruch an.

a)
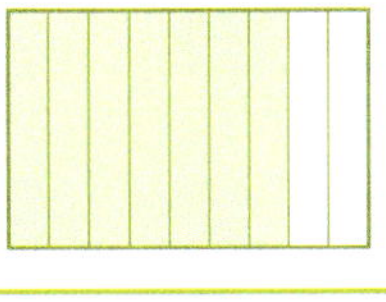
b)
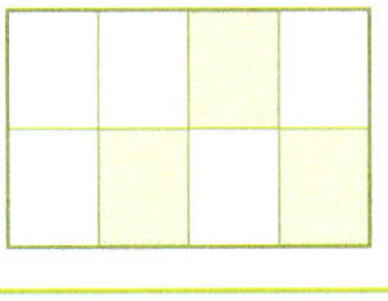
c)
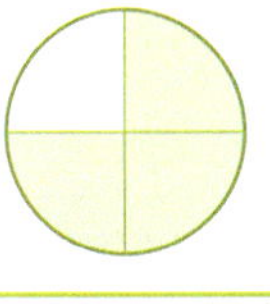
d)
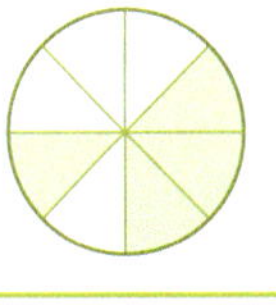

Prüfe dich!
Lösungen auf Seite 204

6 Anteile im Rechteck

Stelle den Anteil zeichnerisch in einem Rechteck dar. Wie geht das am einfachsten? Erkläre.

a) $\frac{3}{4}$ b) $\frac{2}{3}$ c) $\frac{2}{5}$ d) $\frac{3}{8}$ e) $\frac{5}{6}$ f) $\frac{7}{10}$ g) $\frac{5}{5}$ h) $\frac{5}{9}$

7 ≡ **Anteile beschreiben**

Beschreibe, wie der Anteil gebildet wird und gib den Anteil als Bruch an.
Nutze Wörter wie „teilen“, „gleich groß“, „nehmen“, „das ergibt“.

a) 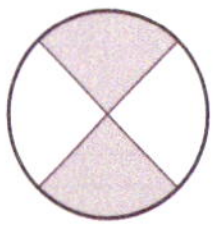 b) 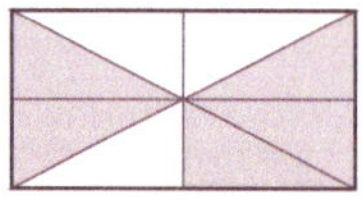 c) 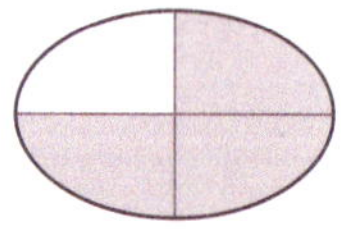 d) 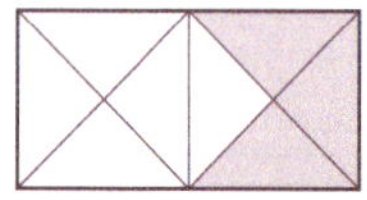

8 ≡ **Ein Ganzes kann auch eine beliebige Figur sein**

Die Figur ist ein Ganzes, der Anteil ist blau gefärbt. Gib den Anteil als Bruch an.

a) 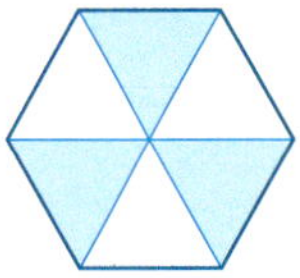 b) 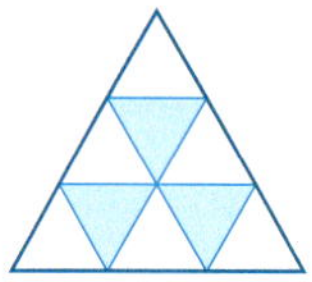 c) 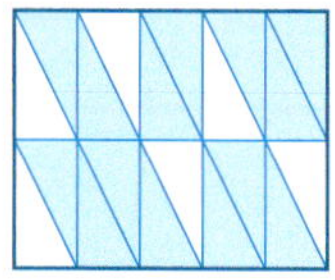 d) 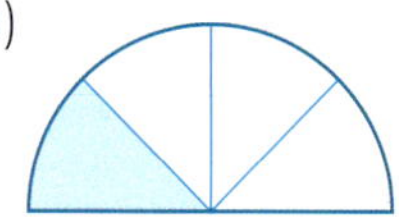

9 ≡ **Problematische Anteile**

Josha möchte den gefärbten Anteil als Bruch angeben. Welche Probleme treten dabei auf?

a) 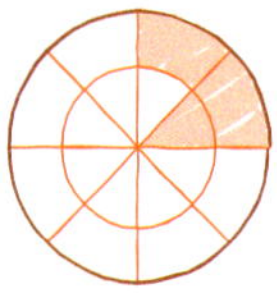 b) 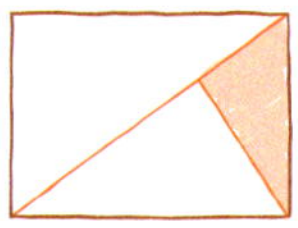 c) 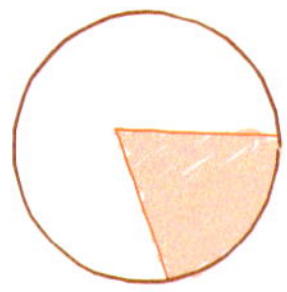 d) 

Prüfe dich!
Lösungen auf Seite 204

10 ≡ Gib den Anteil als Bruch an.

a) 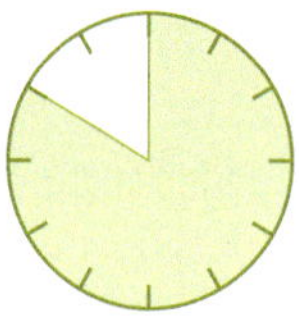 b) 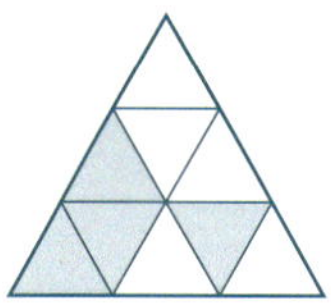 c) 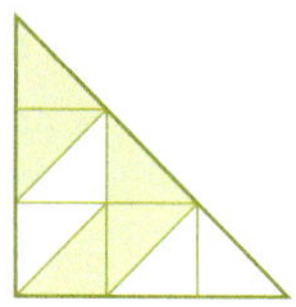 d) 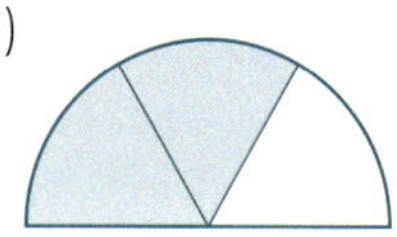

11 ≡ Stelle den Bruch als Anteil eines Rechtecks dar.

a) $\frac{1}{4}$ b) $\frac{5}{8}$ c) $\frac{3}{10}$ d) $\frac{4}{9}$

12 ≡ Untersuche die Darstellung auf Fehler.

a) 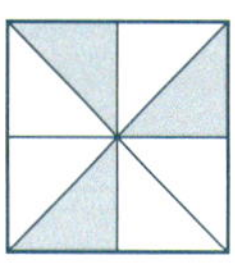 $\frac{3}{5}$ b) 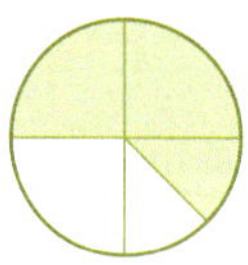 $\frac{3}{5}$ c) 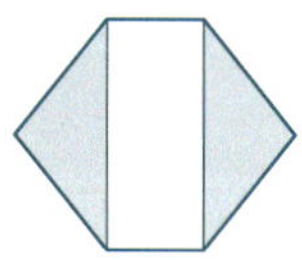 $\frac{2}{3}$ d) 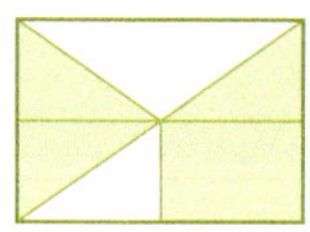 $\frac{5}{8}$

---

13 ≡ **Flaggen**

   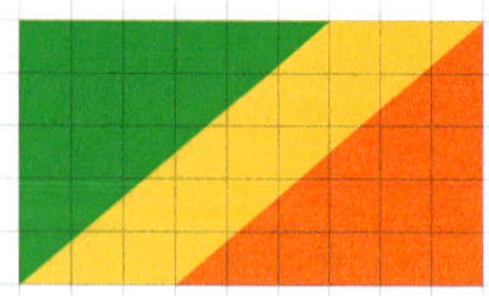

a) Gib für jede Flagge den Anteil der einzelnen Farben an.
b) Zu welchem Land gehört welche Flagge?
c) Zeichne weitere Flaggen und bestimme die Farbanteile.
d) Entwirf eine Flagge auf kariertem Papier, bei der $\frac{1}{5}$ rot und $\frac{3}{10}$ blau ist. Der Rest soll weiß bleiben. Welcher Anteil ist weiß geblieben?

14 = **Platz für Isolde**

Frau Märkle möchte ihrer Kuh Isolde ein Viertel der Wiese zum Weiden überlassen. Doch ihr fallen mindestens fünf Möglichkeiten ein, wie sie die Wiese aufteilen kann. Eine davon ist in der Abbildung dargestellt.

Zeichne die quadratische Wiese in dein Heft, acht Kästchen lang und acht Kästchen breit, und teile ein Viertel ab. Finde möglichst viele verschiedene Weideflächen für die Kuh Isolde.

15 = **120 Kaninchen**

In einer Zoohandlung gibt es insgesamt 120 Kaninchen. Davon sind $\frac{1}{3}$ Angoras, $\frac{2}{5}$ Chinchillas und 26 Holländer.

Der Rest sind Farbenzwerge. Wie viele Angoras und wie viele Chinchillas gibt es in der Zoohandlung?

Welchen Anteil haben die Holländer und die Farbenzwerge?

16 = **Zum Ganzen ergänzen im Kopf**

Ergänze den Anteil im Kopf zum Ganzen und gib den fehlenden Anteil an.

a) $\frac{1}{4}$ b) $\frac{5}{8}$ c) $\frac{7}{8}$ d) $\frac{2}{7}$ e) $\frac{2}{5}$ f) $\frac{7}{12}$ g) $\frac{3}{10}$ h) $\frac{4}{9}$

17 ≡ **Figuren zum Ganzen ergänzen**

Du siehst jeweils einen Anteil eines Ganzen. Übertrage die Figur ins Heft und ergänze so wie im Beispiel den Anteil zu einem Ganzen. Oft ist die ganze Figur ein Rechteck.

Bei den Teilaufgaben e) und f) erhältst du für das Ganze kein Rechteck. Begründe.

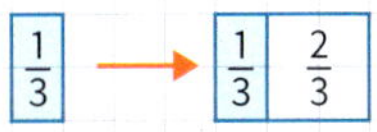

$\frac{1}{3}$ wird mit $\frac{2}{3}$ zu einem Ganzen ergänzt.

a) 

b) 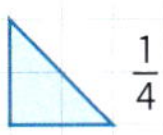

c) 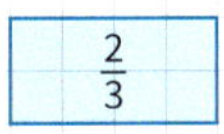

d) 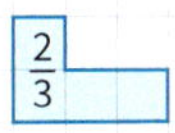

e) 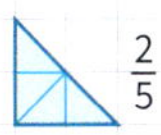

f) 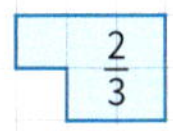

18 = Eine Figur besteht aus 28 Kästchen. $\frac{1}{4}$ davon sind rot, $\frac{1}{14}$ gelb und die Hälfte ist blau gefärbt. Der Rest ist grün. Bestimme die Anzahl der grünen Kästchen. Gib den Anteil als Bruch an.

Prüfe dich!
Lösungen auf Seite 204

19 ≡ Die Figur zeigt den angegebenen Anteil. Ergänze die Figur in deinem Heft zu einem Ganzen.

a) 

b) 

c) 

d) 

e) 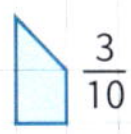

f) 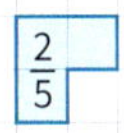

20 = **Brüche mit dem 5 × 5-Geobrett**

a) Christoph hat mit einem roten Gummiband $\frac{1}{8}$ der weißen Fläche des Geobretts umspannt. Finde noch zwei weitere Möglichkeiten, $\frac{1}{8}$ der weißen Fläche zu umspannen.

b) Laura hat mit Gummibändern weitere Figuren gespannt. Welcher Anteil des Geobretts ist jeweils umspannt?

c) Spanne ein Gummiband so, dass $\frac{3}{4}$ der Fläche umspannt ist. Ebenso $\frac{3}{8}$, $\frac{9}{16}$, $\frac{7}{16}$, $\frac{10}{16}$.

d) Erfinde weitere Figuren und gib deren Anteil am Geobrett als Bruch an.

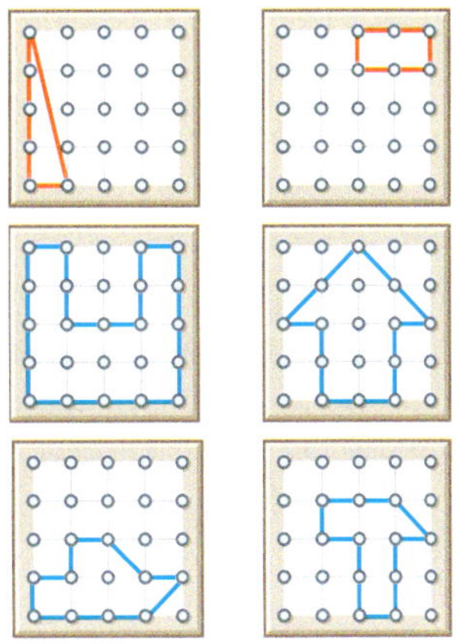

21 ≡ **Wer hat recht?**

Nimm Stellung zu den Aussagen.

a) Paul sagt: „*Ein Viertel ist mehr als ein Drittel, denn 4 ist mehr als 3.*“

b) Inga sagt: „*Vier Fünftel sind mehr als zwei Drittel, denn bei vier Fünftel bin ich näher an einem Ganzen.*“

Eisberge – du siehst fast nichts von ihnen

Eisberge können bis zu 100 Meter über die Meeresoberfläche ragen. Siehst du einen solchen Riesen, dann ist es kaum zu glauben, dass der sichtbare Teil des Eisbergs nur $\frac{1}{10}$ bis $\frac{1}{9}$ des gesamten Eisbergs ausmacht. Der größte Teil ist unter Wasser.
In Süßwasser sieht man sogar nur $\frac{1}{12}$ des Eisbergs über der Wasseroberfläche.
Fährt ein Schiff zu nah an einem Eisberg vorbei, kann das sehr gefährlich werden. Am 14. April 1912 sank der Luxusdampfer Titanic nach einer Kollision mit einen Eisberg.

22 ≡ **Eisberge**

a) Vergleiche die Anteile, die über bzw. unter dem Wasser schwimmen. Entscheide, welcher Eisberg in Süß- oder in Salzwasser schwimmt.

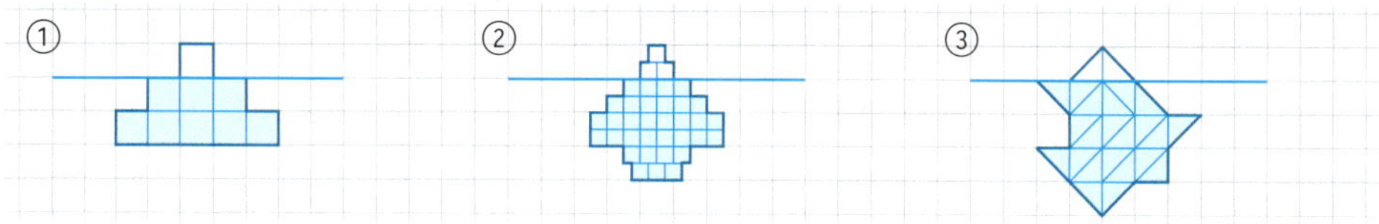

b) Hier siehst du Vorschläge für den sichbaren Teil eines Eisbergs. Übertrage den Vorschlag in dein Heft und ergänze den Teil unter Wasser.
Entscheide vorher, ob dein Eisberg in Süß- oder in Salzwasser schwimmen soll.

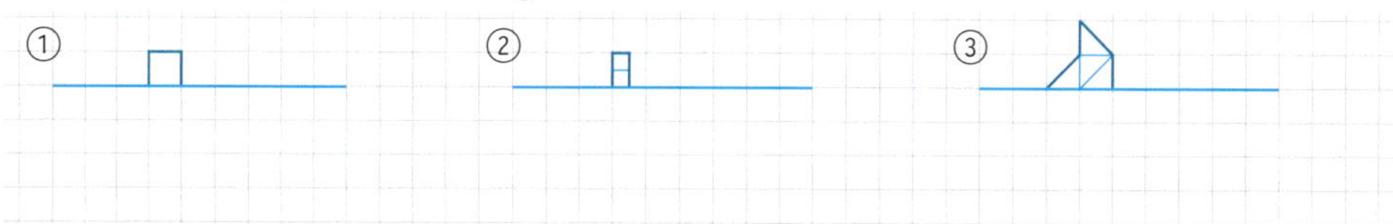

23 ≡ **Bruchuhr**

Mit zwei kreisförmigen Papierscheiben hat sich Miriam eine „Bruchuhr“ gebastelt. Auf eine der Papierscheiben hat sie dabei eine Unterteilung in 12 gleiche Teile gezeichnet.

a) Baue eine Bruchuhr und stelle damit die folgenden Brüche dar: $\frac{1}{4}$, $\frac{1}{6}$, $\frac{5}{6}$, $\frac{1}{3}$, $\frac{3}{4}$.

b) Stelle einen Anteil ein und zeige die Rückseite der Bruchuhr. Dein Partner oder deine Partnerin soll den eingestellten Bruch erraten. Wechselt euch ab. Wer hat zuerst fünf Brüche richtig erraten?

WES-109211-002

1.2 Erweitern und Kürzen

Herr Gauß feiert Geburtstag.
Für die Familie will er noch eine halbe Torte besorgen.

- Was sagst du dazu?
- Wie würdest du dich entscheiden?

WES-109211-003

Gleichwertige Brüche

Brüche, die denselben Anteil beschreiben, nennt man gleichwertig.

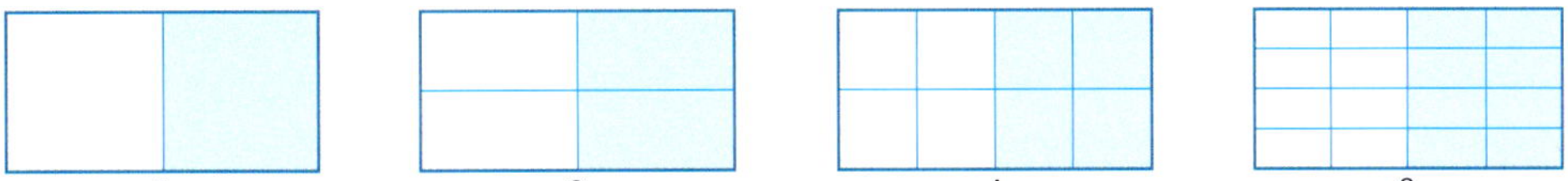

$\frac{1}{2}$ $\frac{2}{4}$ $\frac{4}{8}$ $\frac{8}{16}$

Kürzen heißt Vergröbern

Beim Vergröbern einer Unterteilung werden die Teile größer und es werden weniger.

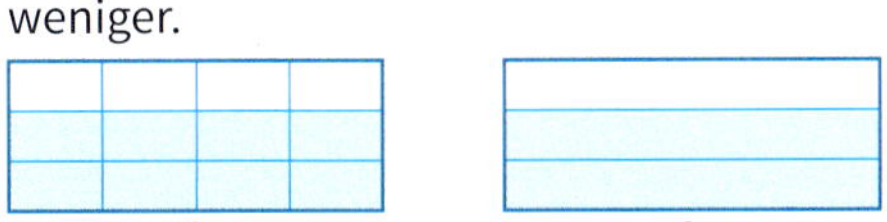

$\frac{8}{12}$ $\frac{2}{3}$

Erweitern heißt Verfeinern

Beim Verfeinern einer Unterteilung werden die Teile kleiner und es werden mehr.

$\frac{2}{5}$ $\frac{6}{15}$

Kürzen Zähler und Nenner durch die gleiche Zahl dividieren

Kürzen mit 4
$\frac{8}{12} = \frac{8:4}{12:4} = \frac{2}{3}$ Zähler und Nenner durch 4 dividieren.

Erweitern Zähler und Nenner mit der gleichen Zahl multiplizieren

Erweitern mit 3
$\frac{2}{5} = \frac{2\cdot 3}{5\cdot 3} = \frac{6}{15}$ Zähler und Nenner mit 3 multiplizieren.

Gleichwertige Brüche durch Kürzen und Erweitern bestimmen

Bestimme durch Kürzen und Erweitern mindestens sechs gleichwertige Brüche zu $\frac{18}{24}$.
Wie viele gleichwertige Brüche kann man finden?

Lösung

Kürzen mit 2	$\frac{18}{24} = \frac{18:2}{24:2} = \frac{9}{12}$	Erweitern mit 2	$\frac{18}{24} = \frac{18\cdot 2}{24\cdot 2} = \frac{36}{48}$
Kürzen mit 3	$\frac{18}{24} = \frac{18:3}{24:3} = \frac{6}{8}$	Erweitern mit 10	$\frac{18}{24} = \frac{18\cdot 10}{24\cdot 10} = \frac{180}{240}$
Kürzen mit 6	$\frac{18}{24} = \frac{18:6}{24:6} = \frac{3}{4}$	Erweitern mit 5	$\frac{18}{24} = \frac{18\cdot 5}{24\cdot 5} = \frac{90}{120}$

Nicht jeden Bruch kann man kürzen, aber jeden Bruch kann man beliebig erweitern.
Durch Erweitern lassen sich unendlich viele gleichwertige Brüche finden.

1 **Kürzen und erweitern**

a) Kürze mit 2: $\frac{6}{8}$ $\frac{6}{16}$ $\frac{20}{60}$ $\frac{8}{12}$ $\frac{24}{36}$

b) Erweitere mit 4: $\frac{4}{8}$ $\frac{2}{3}$ $\frac{4}{5}$ $\frac{7}{9}$ $\frac{11}{15}$

c) Kürze mit 3: $\frac{3}{9}$ $\frac{6}{12}$ $\frac{27}{81}$ $\frac{21}{27}$ $\frac{24}{36}$

d) Erweitere mit 5: $\frac{2}{5}$ $\frac{3}{4}$ $\frac{5}{7}$ $\frac{6}{9}$ $\frac{10}{12}$

2 ≡ **Immer vier sind gleichwertig**

Bestimme zu jedem Bruch drei gleichwertige Brüche. Gib an, mit welcher Zahl du den Bruch gekürzt oder erweitert hast.

a) $\frac{10}{50}$ b) $\frac{3}{7}$ c) $\frac{5}{15}$ d) $\frac{20}{60}$ e) $\frac{7}{9}$ f) $\frac{8}{12}$ g) $\frac{27}{81}$ h) $\frac{24}{36}$

3 ≡ **Immer feiner – Verfeinerungen erkennen**

Welcher Bruch ist dargestellt? Was wurde dann geändert, was bleibt gleich? Beschreibe.

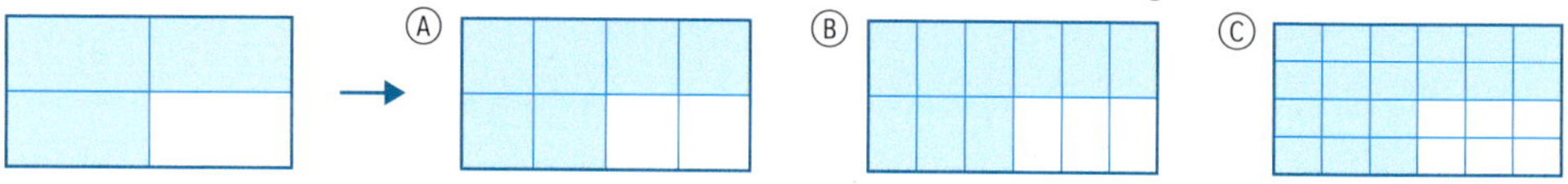

4 ≡ **Immer feiner – Verfeinerungen zeichnen**

a) Stelle am Rechteck $\frac{1}{3}=\frac{2}{6}=\frac{6}{18}$ dar.

b) Stelle am Rechteck $\frac{2}{5}=\frac{4}{10}=\frac{8}{20}=\frac{16}{40}$ dar.

Prüfe dich!
Lösungen auf
Seite 204

5 ≡ Gib den gefärbten Anteil als Bruch an. Bestimme vier weitere gleichwertige Brüche.

a) b) c) d)

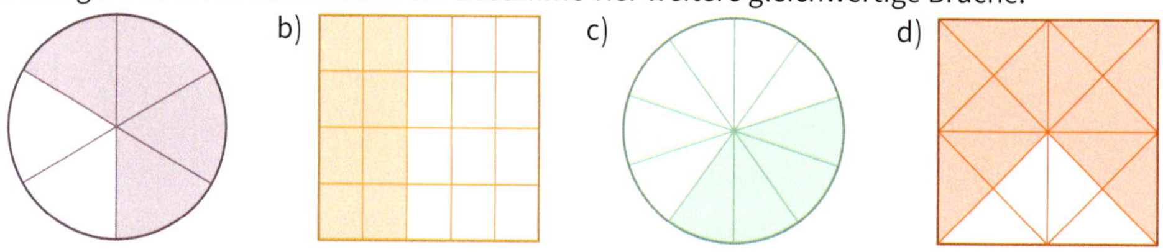

6 ≡ Veranschauliche an Rechtecken.

a) $\frac{1}{2}=\frac{2}{4}=\frac{4}{8}$ b) $\frac{1}{3}=\frac{2}{6}=\frac{4}{12}$ c) $\frac{1}{3}=\frac{3}{9}=\frac{6}{18}$ d) $\frac{5}{6}=\frac{10}{12}=\frac{15}{18}$

7 ≡ **Kürzen bis zum Ende – vollständig kürzen**

Kürze so weit wie möglich.

a) $\frac{30}{40}$ b) $\frac{16}{20}$ c) $\frac{5}{15}$ d) $\frac{24}{45}$ e) $\frac{6}{33}$ f) $\frac{5}{6}$ g) $\frac{12}{30}$ h) $\frac{13}{39}$

Formuliere die Eigenschaft eines vollständig gekürzten Bruchs.

8 ≡ **Brüche finden**

Gib zwei Brüche mit dem Nenner 36 an, die man …

a) … kürzen kann.

b) … mindestens zweimal kürzen kann.

c) … nicht kürzen kann.

d) … genau dreimal kürzen kann.

9 ≡ **Fehlender Zähler**

Bestimme den fehlenden Zähler.

a) $\frac{3}{4}=\frac{\square}{20}$ b) $\frac{18}{30}=\frac{\square}{5}$ c) $\frac{2}{7}=\frac{\square}{28}$ d) $\frac{24}{60}=\frac{\square}{5}$ e) $\frac{\square}{56}=\frac{5}{8}$ f) $\frac{74}{111}=\frac{\square}{3}$

10 ≡ **Fehlender Nenner**

Bestimme den fehlenden Nenner.

a) $\frac{3}{5}=\frac{36}{\square}$ b) $\frac{4}{7}=\frac{48}{\square}$ c) $\frac{1}{9}=\frac{12}{\square}$ d) $\frac{3}{8}=\frac{27}{\square}$ e) $\frac{5}{\square}=\frac{35}{56}$ f) $\frac{76}{\square}=\frac{2}{3}$

11 ≡ **Fehlerkorrektur**

Wenn du einen Fehler findest, dann ändere entweder nur den Zähler oder nur den Nenner so, dass die Brüche gleichwertig sind.

a) $\frac{3}{7}=\frac{18}{42}$ b) $\frac{48}{52}=\frac{12}{13}$ c) $\frac{72}{126}=\frac{9}{14}$ d) $\frac{8}{17}=\frac{32}{68}$ e) $\frac{22}{27}=\frac{66}{81}$ f) $\frac{45}{64}=\frac{5}{8}$

12 = **Kürzen auf verschiedenen Wegen**

Milena und Jan haben begonnen, den Bruch $\frac{48}{72}$ schrittweise zu kürzen.

a) Setze beide Wege fort. Was stellst du fest?

b) Kürze $\frac{80}{180}$ auf verschiedenen Wegen.

Milena: $\frac{48}{72} \overset{:2}{=} \frac{24}{36} =$

Jan: $\frac{48}{72} \overset{:3}{=} \frac{16}{24} =$

13 = Gib an, mit welcher Zahl der Bruch gekürzt bzw. erweitert wurde. Ergänze den fehlenden Nenner oder Zähler. Achtung: Zwei Fehler haben sich eingeschlichen!

Prüfe dich! Lösungen auf Seite 205

a) $\frac{12}{14} = \frac{■}{7}$ b) $\frac{9}{18} = \frac{■}{2}$ c) $\frac{3}{8} = \frac{15}{■}$ d) $\frac{21}{24} = \frac{7}{■}$

e) $\frac{7}{8} = \frac{■}{2}$ f) $\frac{9}{■} = \frac{63}{91}$ g) $\frac{■}{18} = \frac{17}{36}$ h) $\frac{9}{11} = \frac{■}{121}$

14 = a) Kürze jeden Bruch so weit wie möglich. $\frac{4}{10}$; $\frac{5}{11}$; $\frac{6}{12}$; $\frac{16}{22}$; $\frac{17}{23}$; $\frac{18}{24}$; $\frac{9}{33}$; $\frac{10}{43}$

b) Gib drei verschiedene Zahlen an, mit denen man $\frac{210}{420}$ kürzen kann. Kürze dann in unterschiedlicher Reihenfolge schrittweise mit diesen Zahlen. Was stellst du fest?

15 = **Anteile beschreiben**

Welcher Anteil ist farbig markiert? Schätze zuerst.
Gib den Anteil als vollständig gekürzten Bruch an.

a)  b) 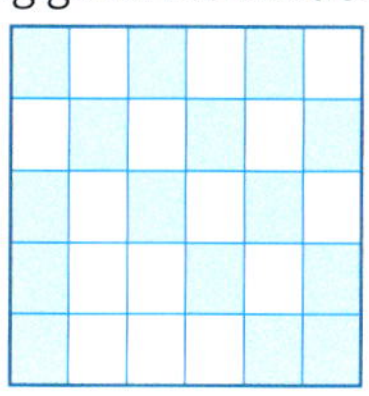 c) 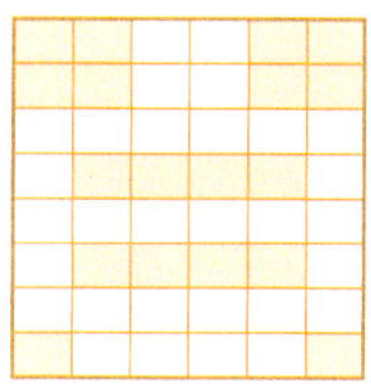 d) 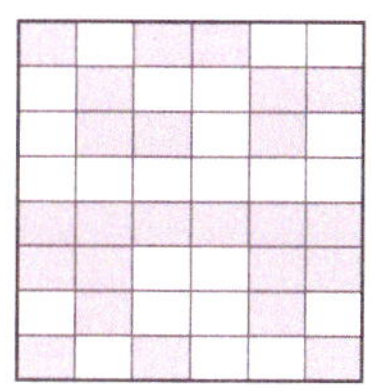

16 = **Auf den Nenner, fertig, los**

a) Erweitere jeden Bruch auf den Nenner 24 und sortiere dann die Brüche der Größe nach. Beginne mit dem größten Bruch. $\frac{5}{8}$; $\frac{2}{3}$; $\frac{7}{12}$; $\frac{4}{6}$; $\frac{3}{8}$

b) Erweitere jeden Bruch auf den Nenner 30 und sortiere dann die Brüche der Größe nach. Beginne mit dem kleinsten Bruch. $\frac{3}{5}$; $\frac{10}{15}$; $\frac{6}{10}$; $\frac{2}{30}$; $\frac{5}{6}$

17 = **Familien finden**

Einige Brüche sind gleichwertig, diese bilden eine Familie. Aber es gibt auch Brüche, die zu keiner Familie gehören. Finde sie.

a) $\frac{21}{35}$ $\frac{60}{100}$ $\frac{20}{30}$ $\frac{12}{18}$ $\frac{3}{5}$ $\frac{4}{6}$ $\frac{15}{25}$ $\frac{50}{30}$ $\frac{12}{20}$ $\frac{3}{2}$ $\frac{40}{60}$

b) $\frac{2}{7}$ $\frac{6}{18}$ $\frac{20}{60}$ $\frac{200}{300}$ $\frac{200}{700}$ $\frac{60}{210}$ $\frac{20}{700}$ $\frac{10}{30}$ $\frac{4}{14}$ $\frac{2}{6}$

18 = **Domino**

Man darf einen Stein an den anderen legen, wenn die Brüche auf beiden Steinen gleichwertig sind. 10 der 11 Dominosteine bilden so eine Reihe, aber ein Stein passt nicht hinein! Finde den falschen Stein. Schreibe die Dominoreihe in dein Heft.

1.3 Brüche vergleichen

Sortiere die Anteile der Kuchenreste der Größe nach. Alle Bleche sind gleich groß.

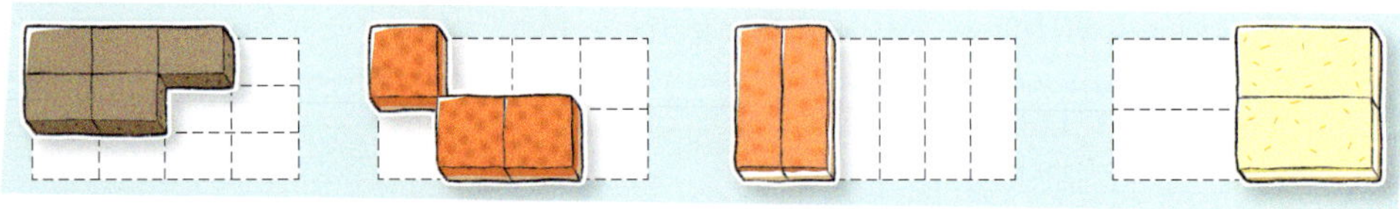

Anteile als Brüche angeben

Schokokuchen: $\frac{5}{12}$ Kirschkuchen: $\frac{3}{8}$ Erdbeerkuchen: $\frac{2}{6}$ Zitronenkuchen: $\frac{2}{4}$

Vergleich bei gleichem Zähler

Erdbeerkuchen: $\frac{2}{6}$; Zitronenkuchen: $\frac{2}{4}$

Sechstel sind kleiner als Viertel: $\frac{2}{6} < \frac{2}{4}$

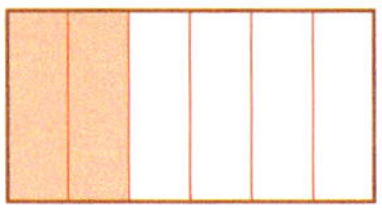

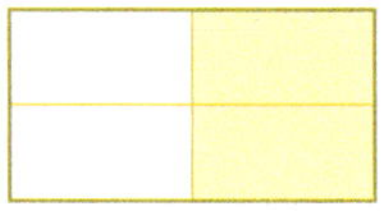

Einen gemeinsamen Nenner suchen

24 ist ein gemeinsames Vielfaches der Nenner 12, 6, 8 und 4. Alle vier Brüche lassen sich durch Erweitern auf den gemeinsamen Nenner 24 bringen.
Nun kann man die Brüche vergleichen.

$\frac{5}{12} \overset{\cdot 2}{=} \frac{10}{24}$ $\quad \frac{3}{8} \overset{\cdot 3}{=} \frac{9}{24}$ $\quad \frac{2}{6} \overset{\cdot 4}{=} \frac{8}{24}$ $\quad \frac{2}{4} \overset{\cdot 6}{=} \frac{12}{24}$

$\frac{8}{24} < \frac{9}{24} < \frac{10}{24} < \frac{12}{24}$

$\frac{2}{6} < \frac{3}{8} < \frac{5}{12} < \frac{2}{4}$

Die Kuchenreste der Größe nach sortiert ergibt: „Erdbeer < Kirsch < Schoko < Zitrone“

Brüche miteinander vergleichen

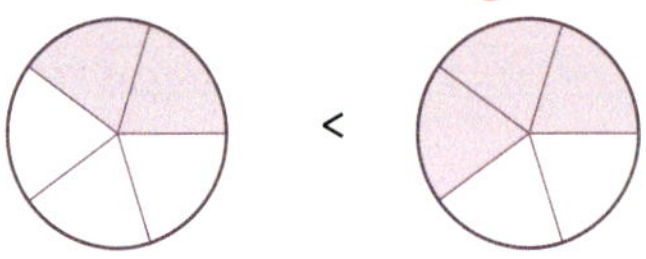

Beide Ganze bestehen aus gleich großen Teilen. Die Anzahl der Teile vergleichen.

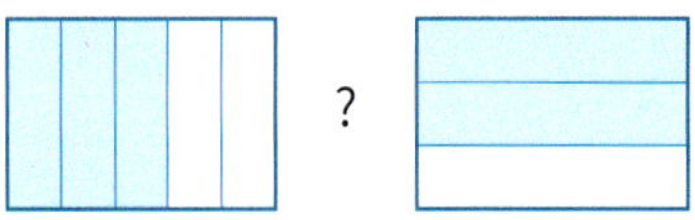

Eine gemeinsame Verfeinerung finden:

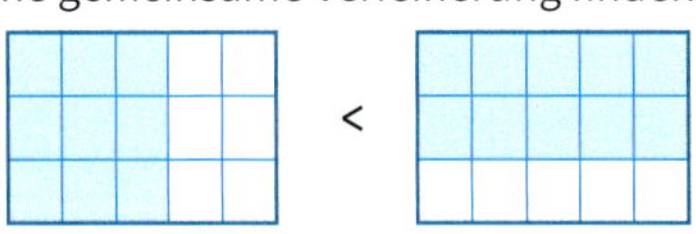

Beide Ganze bestehen aus gleich großen Teilen. Die Anzahl der Teile vergleichen.

Gleiche Nenner

- Die Zähler der Brüche vergleichen.

Vergleiche $\frac{2}{5}$ und $\frac{3}{5}$. Der Nenner ist 5.
Zähler vergleichen: $2 < 3$, also $\mathbf{\frac{2}{5} < \frac{3}{5}}$

Unterschiedliche Nenner

- Die Brüche gleichnamig machen, dazu beide Brüche auf einen gemeinsamen Nenner erweitern.
- Nun die Zähler der Brüche vergleichen.

Vergleiche $\frac{3}{5}$ und $\frac{2}{3}$. Die Nenner sind 5 und 3.
Ein gemeinsamer Nenner ist 15. $\frac{3 \cdot 3}{5 \cdot 3} = \frac{9}{15}$ $\quad \frac{2 \cdot 5}{3 \cdot 5} = \frac{10}{15}$

Zähler vergleichen: $\frac{\mathbf{9}}{15} < \frac{\mathbf{10}}{15}$, also $\frac{3}{5} < \frac{2}{3}$

Brüche vergleichen – unterschiedliche Nenner

$\frac{5}{8}$ und $\frac{2}{3}$ vergleichen: Die Nenner sind 8 und 3.

- 24 ist ein gemeinsamer Nenner, da $8 \cdot 3 = 24$.
  Beide Brüche auf den Nenner 24 erweitern.
- Nun die Zähler der erweiterten Brüche vergleichen.

$8 \cdot 3 = 24$

$\frac{5}{8} = \frac{5 \cdot 3}{8 \cdot 3} = \frac{15}{24}$ und $\frac{2}{3} = \frac{2 \cdot 8}{3 \cdot 8} = \frac{16}{24}$

$15 < 16$, also $\frac{\mathbf{15}}{24} < \frac{\mathbf{16}}{24}$, also $\frac{5}{8} < \frac{2}{3}$

WES-109211-004

1 **Welcher Bruch ist größer?**

Vergleiche die Brüche.

a) $\frac{5}{7}$ und $\frac{6}{7}$ b) $\frac{4}{98}$ und $\frac{3}{98}$ c) $\frac{2}{5}$ und $\frac{1}{2}$ d) $\frac{3}{5}$ und $\frac{1}{2}$ e) $\frac{3}{6}$ und $\frac{1}{2}$ f) $\frac{5}{8}$ und $\frac{3}{4}$

g) $\frac{2}{3}$ und $\frac{3}{4}$ h) $\frac{9}{15}$ und $\frac{17}{30}$ i) $\frac{7}{12}$ und $\frac{9}{16}$ j) $\frac{5}{6}$ und $\frac{7}{9}$ k) $\frac{8}{15}$ und $\frac{11}{21}$ l) $\frac{7}{11}$ und $\frac{7}{9}$

2 **Größer, kleiner oder gleich?**

Vergleiche die Brüche. Manchmal ist ein Nenner ein Vielfaches des anderen Nenners. Nutze <, > oder =.

$\frac{2}{3} \square \frac{5}{9}$ Ein gemeinsamer Nenner ist 9.

$\frac{2}{3}$ mit 3 erweitern. $\frac{2}{3} = \frac{2 \cdot 3}{3 \cdot 3} = \frac{6}{9} > \frac{5}{9}$

a) $\frac{2}{5} \square \frac{3}{5}$ b) $\frac{1}{4} \square \frac{1}{8}$ c) $\frac{3}{4} \square \frac{7}{9}$ d) $\frac{2}{5} \square \frac{4}{7}$ e) $\frac{3}{4} \square \frac{7}{8}$ f) $\frac{3}{14} \square \frac{1}{6}$

g) $\frac{9}{10} \square \frac{7}{8}$ h) $\frac{2}{5} \square \frac{14}{35}$ i) $\frac{2}{4} \square \frac{5}{8}$ j) $\frac{5}{9} \square \frac{4}{7}$ k) $\frac{2}{3} \square \frac{3}{4}$ l) $\frac{2}{3} \square \frac{4}{60}$

3 Übertrage in dein Heft und setze das passende Zeichen <, > oder = ein.

a) $\frac{1}{3} \square \frac{3}{6}$ b) $\frac{2}{4} \square \frac{4}{8}$ c) $\frac{3}{4} \square \frac{7}{8}$ d) $\frac{4}{5} \square \frac{6}{10}$ e) $\frac{2}{3} \square \frac{3}{5}$ f) $\frac{2}{3} \square \frac{5}{8}$

g) $\frac{3}{4} \square \frac{7}{10}$ h) $\frac{4}{5} \square \frac{7}{8}$ i) $\frac{5}{11} \square \frac{2}{5}$ j) $\frac{4}{5} \square \frac{6}{12}$ k) $\frac{1}{3} \square \frac{3}{7}$ l) $\frac{3}{5} \square \frac{30}{50}$

Prüfe dich!
Lösungen auf Seite 205

Brüche mit gleichen Zählern miteinander vergleichen

Sind die Zähler zweier Brüche gleich, so ist die Anzahl der Teile gleich.
Nun vergleicht man die Größe der Teile. Der Nenner gibt die Größe der Teile an.
„Je größer der Nenner, desto kleiner die Teile"

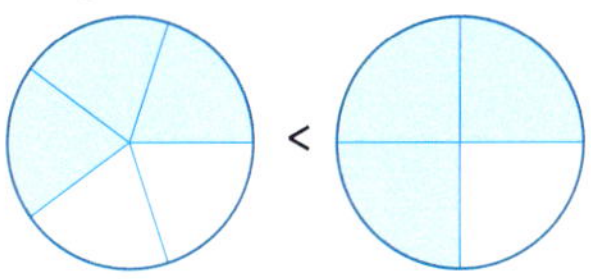

Gleiche Zähler
- Die Nenner der Brüche vergleichen.

Vergleiche $\frac{3}{5}$ und $\frac{3}{4}$.
Die Nenner sind 5 und 4:
5 > 4, also $\frac{3}{\mathbf{5}} < \frac{3}{\mathbf{4}}$

WES-109211-005

4 **Welcher Bruch ist größer?**

Vergleiche die Brüche. Wo helfen dir gleiche Zähler weiter?

a) $\frac{3}{7}$ und $\frac{3}{8}$ b) $\frac{3}{4}$ und $\frac{7}{8}$ c) $\frac{5}{9}$ und $\frac{10}{17}$ d) $\frac{7}{14}$ und $\frac{14}{28}$ e) $\frac{7}{12}$ und $\frac{13}{30}$ f) $\frac{6}{11}$ und $\frac{3}{5}$

5 **Zeitungsartikel**

„Bei einer Geschwindigkeitskontrolle am vergangenen Dienstag fuhr ein Viertel der Autos schneller als erlaubt. Am Mittwoch war sogar ein Fünftel der Autos zu schnell."
Was meinst du zu dieser Meldung?

6 **Eilmeldung**

Das Gesundheitsministerium befürchtet die Verbreitung einer neuen Krankheit und meldet: *„Inzwischen hat sich bereits jeder Dritte angesteckt. Wenn das so fortschreitet, ist demnächst jeder Fünfte infiziert."* Schreibe einen Leserbrief.

7 **Pizzareste**

Ordne die Pizzareste der Größe nach.

a)

b)

c)

d)

8 ≡ **Viele Brüche – groß und klein**

Sortiere die Brüche der Größe nach. Tipp: Vergleiche zuerst mit $\frac{1}{2}$ oder mit 1.

a) $\frac{5}{9}, \frac{1}{2}, \frac{4}{9}$ b) $\frac{5}{8}, \frac{2}{4}, \frac{2}{5}$ c) $\frac{2}{3}, \frac{6}{9}, \frac{12}{18}$ d) $\frac{5}{12}, \frac{1}{6}, \frac{2}{8}$ e) $\frac{35}{36}, \frac{11}{18}, \frac{123}{250}$ f) $\frac{3}{4}, \frac{21}{29}, \frac{7}{7}$

Prüfe dich! Lösungen auf Seite 205

9 ≡ Sortiere die Brüche der Größe nach. Beginne mit dem kleinsten Bruch.

a) $\frac{2}{9}, \frac{1}{4}, \frac{1}{3}, \frac{8}{9}$ b) $\frac{1}{2}, \frac{3}{4}, \frac{7}{8}, \frac{3}{8}$ c) $\frac{5}{8}, \frac{6}{9}, \frac{7}{10}, \frac{5}{9}$ d) $\frac{3}{20}, \frac{6}{28}, \frac{7}{14}, \frac{11}{12}$

10 ≡ Aus der Zeitschrift „Schule aktuell“: *„Im Jahr 2010 hatte ein Zehntel der Kinder in der Klassenstufe 6 regelmäßig die Hausaufgaben vergessen. Zum Glück hat sich das inzwischen gebessert. Heute vergisst nur noch ein Achtel der Kinder die Hausaufgaben.“*
Nimm Stellung zu der Nachricht.

11 ≡ **Geschicktes Vergleichen**

Sortiere die Brüche der Größe nach. Gehe dabei möglichst geschickt vor.

a) $\frac{4}{7}, \frac{1}{2}, \frac{4}{5}$ b) $\frac{3}{7}, \frac{4}{8}, \frac{5}{9}$ c) $\frac{15}{32}, \frac{2}{8}, \frac{7}{16}$ d) $\frac{7}{13}, \frac{9}{18}, \frac{7}{15}$ e) $\frac{7}{8}, \frac{3}{4}, \frac{1}{2}$ f) $\frac{17}{24}, \frac{5}{11}, \frac{5}{8}$

12 ≡ **Dein Artikel für das Mathe-Forum**

Beim Vergleichen von zwei Brüchen kann man verschieden vorgehen. Beschreibe, wie man zeichnerisch und wie man rechnerisch vorgeht. Nutze die Begriffe: „Größe/Anzahl der Teile“, „Zähler/Nenner“, „Erweitern/Kürzen“, „Vergleich mit $\frac{1}{2}$“ …

13 ≡ **Vergleichen von Anteilen**

Gib den Anteil der roten Kugeln in jedem Gefäß als Bruch an. In welchem Gefäß ist der Anteil der roten Kugeln am größten?
In welchem Gefäß ist der Anteil der blauen Kugeln am größten?

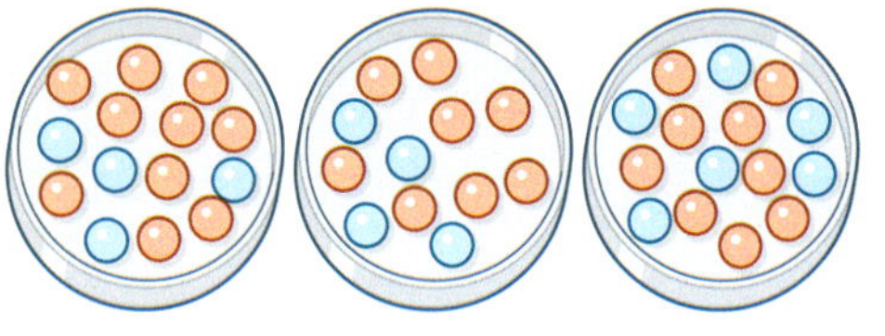

Prüfe dich! Lösungen auf Seite 205

14 ≡ Tim erzählt seinem Freund Tobias: *„Wir waren 14 Tage im Urlaub und hatten 4 Regentage“.*
„Wir hatten aber nur 3 Regentage bei 10 Urlaubstagen“, erwidert Tobias.
Wer hatte das bessere Wetter? Begründe.

15 ≡ Ordne der Größe nach, beginne mit dem kleinsten Bruch.

a) $\frac{1}{8}, \frac{5}{9}, \frac{1}{2}$ b) $\frac{15}{15}, \frac{11}{12}, \frac{3}{5}$ c) $\frac{7}{14}, \frac{9}{21}, \frac{13}{28}$ d) $\frac{7}{15}, \frac{11}{25}, \frac{13}{30}$

16 ≡ **Torwandschießen**

Den Anteil der Treffer an der Gesamtzahl der Schüsse nennt man auch Trefferquote.
Wer hat die beste, wer hat die schlechteste Trefferquote?

17 ≡ **Anteile vergleichen**

Gib zuerst an, welcher Anteil grün und welcher blau gefärbt ist. Die beiden Darstellungen werden übereinandergelegt. Was erkennst du nun? Erkläre mit Brüchen.

a) 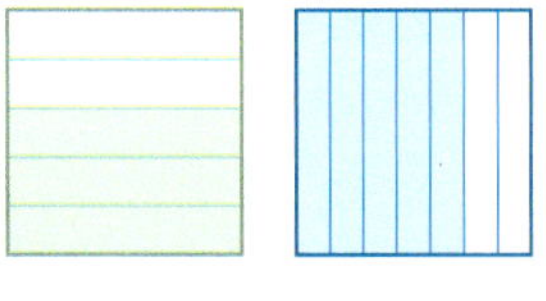

b) 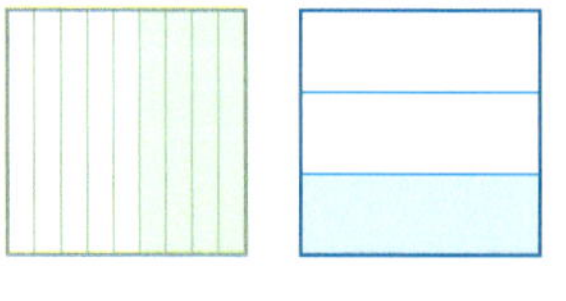

c) 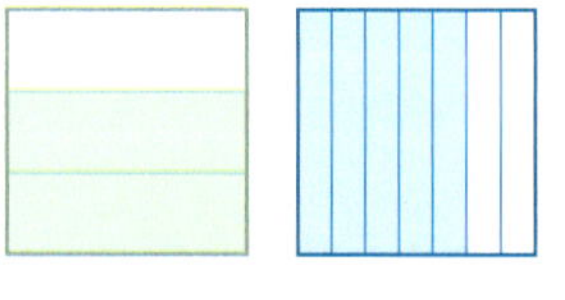

1.4 Gemischte Schreibweise

Jede Waffel wird beim Backen in Fünftel geteilt. Gib in Worten und als Bruch an, wie viele Waffeln Lena und Emil essen.

Lena:

Emil:

Lösung

Lena isst 3 ganze Waffeln.
Das sind 15 Fünftel Waffeln: $3 = \frac{15}{5}$

Emil isst 1 ganze und 3 Fünftel Waffeln.
Das sind 8 Fünftel Waffeln: $1 + \frac{3}{5} = \frac{8}{5}$

Unechte Brüche

Brüche, die **größer sind als ein Ganzes**, nennt man **unechte Brüche**.
Bei unechten Brüchen ist der Zähler größer als der Nenner.

$\frac{13}{5}$ ist größer als 1.

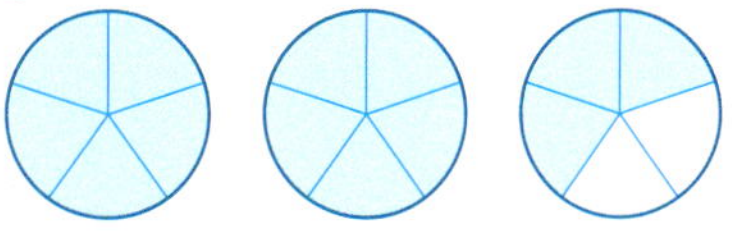

Gemischte Schreibweise

Man kann unechte Brüche auch in der **gemischten Schreibweise** angeben.

$\frac{13}{5}$ sind 2 Ganze und $\frac{3}{5}$

Schreibweise: $2\frac{3}{5}$
Sprechweise: *„zwei, drei Fünftel"*

Auch natürliche Zahlen kann man als unechten Bruch schreiben.

$3 = \frac{3}{1} = \frac{6}{2} = \frac{9}{3} = \frac{27}{9}$

WES-109211-006

Als unechten Bruch schreiben

Schreibe $3\frac{2}{9}$ als unechten Bruch.
3 Ganze als Neuntel sind $\frac{27}{9}$.
$\frac{27}{9}$ und $\frac{2}{9}$ ergibt zusammen $\frac{29}{9}$.
$3\frac{2}{9} = 3 + \frac{2}{9} = \frac{27}{9} + \frac{2}{9} = \frac{29}{9}$

In gemischter Schreibweise schreiben

Schreibe $\frac{17}{6}$ in gemischter Schreibweise.
Die 6 passt 2-mal in die 17, der Rest ist 5.
Das ergibt 2 Ganze und $\frac{5}{6}$.
$\frac{17}{6} = \frac{12}{6} + \frac{5}{6} = 2 + \frac{5}{6} = 2\frac{5}{6}$

1 **Als unechten Bruch schreiben**

a) $2\frac{1}{7}$ b) $4\frac{3}{4}$ c) $10\frac{1}{10}$ d) $5\frac{1}{2}$ e) 8 f) $33\frac{1}{3}$ g) $5\frac{5}{10}$ h) $7\frac{7}{7}$

2 **In gemischter Schreibweise schreiben**

a) $\frac{8}{3}$ b) $\frac{35}{8}$ c) $\frac{27}{6}$ d) $\frac{110}{100}$ e) $\frac{45}{4}$ f) $\frac{63}{6}$ g) $\frac{83}{4}$ h) $\frac{79}{8}$

3 Schreibe in gemischter Schreibweise, als unechten Bruch oder als natürliche Zahl.

a) $\frac{14}{8}$ b) $5\frac{3}{5}$ c) $\frac{25}{6}$ d) $7\frac{1}{7}$ e) $\frac{18}{3}$ f) $12\frac{4}{8}$ g) $\frac{13}{2}$ h) $\frac{41}{7}$

Prüfe dich!
Lösungen auf Seite 205

4 **Brüche im Alltag**

Welcher Bruch ist dargestellt?

a) b) c) d)

1.5 Brüche auf dem Zahlenstrahl

Vorbereiten
Zahlen auf dem Zahlenstrahl markieren
Seite 184

Auf dem Messbecher siehst du eine Skala von 0 bis 2.
- Wie muss man den Ausschnitt von 0 bis 1 einteilen, damit auch $\frac{3}{4}$ und $\frac{7}{8}$ eingetragen werden können?
- Zeichne einen Zahlenstrahl von 0 bis 2, der 16 Kästchen lang ist. Markiere darauf die Brüche $\frac{3}{8}$; $1\frac{1}{4}$; $1\frac{7}{8}$; $\frac{3}{4}$.

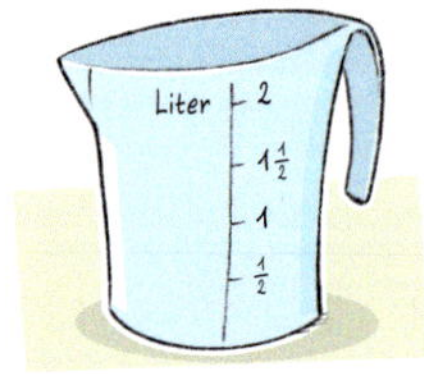

WES-109211-007

Brüche auf dem Zahlenstrahl

Brüche kann man, wie die natürlichen Zahlen, auf dem Zahlenstrahl eintragen.

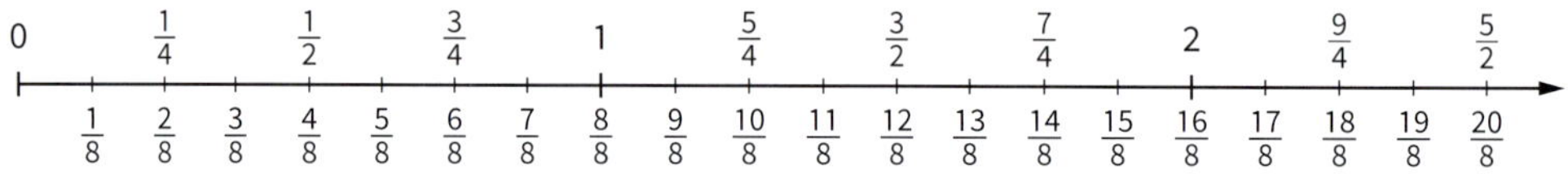

- Auch die natürlichen Zahlen gehören zu den Brüchen.
  Beispiel: $2 = \frac{2}{1} = \frac{4}{2} = \frac{6}{3} = \frac{8}{4} = \frac{16}{8} = \ldots$
- Gleichwertige Brüche stehen auf dem Zahlenstrahl an derselben Stelle.
  Beispiel: $\frac{3}{4} = \frac{6}{8} = \frac{9}{12} = \ldots$ sind verschiedene Schreibweisen für dieselbe Zahl.

Brüche auf dem Zahlenstrahl

Die Brüche $\frac{1}{3}$, $\frac{6}{3}$, $\frac{11}{6}$, $\frac{15}{6}$ und $1\frac{1}{6}$ auf einem Zahlenstrahl markieren.

Schreibe die unechten Brüche in gemischter Schreibweise. Der größte Bruch bestimmt die Länge des Zahlenstrahls. Der gemeinsame Nenner der Brüche gibt die Schrittlänge an.
Hier: 2 Kästchen für $\frac{1}{6}$ (das Ganze in 6 gleich große Teile unterteilen)

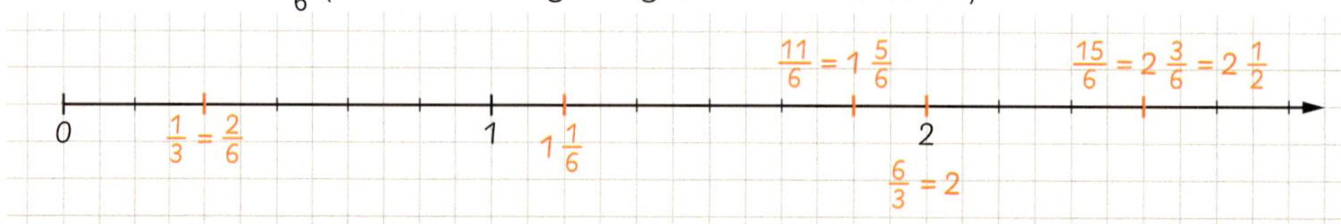

1 Zahlen ablesen

Welche Zahlen sind auf dem Zahlenstrahl markiert?

a)

b)
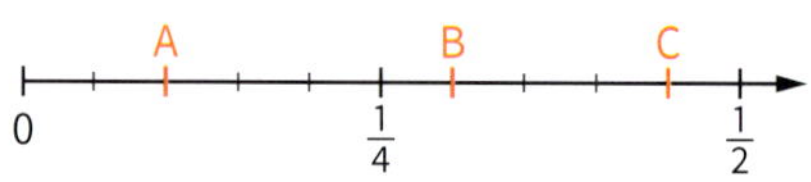

c)

d)
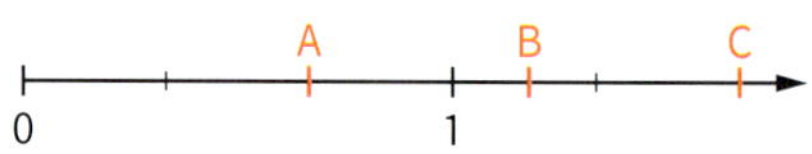

e)
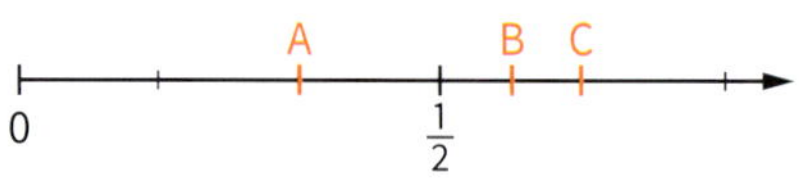

f)
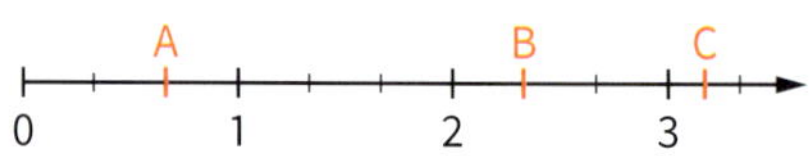

2 Zahlenstrahl zeichnen

a) Zeichne einen Zahlenstrahl. Wähle 20 Kästchen für die Schrittlänge von 0 bis 1. Markiere die Brüche $\frac{1}{2}$, $\frac{1}{5}$, $\frac{3}{10}$ und $\frac{1}{4}$ auf dem Zahlenstrahl.

b) Zeichne einen Zahlenstrahl. Wähle 12 Kästchen für die Schrittlänge von 0 bis 1. Markiere die Brüche $\frac{10}{6}$, $\frac{11}{6}$, $\frac{1}{12}$, $\frac{5}{4}$, $\frac{7}{12}$, $1\frac{1}{12}$ auf dem Zahlenstrahl.

3 Brüche auf einem Zahlenstrahl eintragen

a) Zeichne einen Zahlenstrahl. Markiere die Brüche $\frac{2}{3}$, $\frac{29}{12}$, $\frac{5}{6}$, $\frac{11}{4}$, $\frac{1}{12}$ und $\frac{11}{6}$ auf dem Zahlenstrahl. Nutze dazu eine Einteilung in 12 Teile zwischen zwei natürlichen Zahlen. Warum können mit der Einteilung die angegebenen Brüche einfach eingetragen werden?

b) Zeichne einen Zahlenstrahl. Finde eine sinnvolle Einteilung des Zahlenstrahls und markiere die Brüche $\frac{1}{4}$, $\frac{6}{5}$, $1\frac{1}{4}$, $\frac{7}{10}$, $\frac{27}{20}$ und $\frac{15}{20}$.

4 Wohin gehöre ich - wer fliegt raus?

Ordne die Brüche, wenn möglich, den Markierungen zu. Welche Brüche bleiben übrig?

$\frac{4}{6}$ $2\frac{1}{2}$ $\frac{3}{4}$ $\frac{6}{6}$ $1\frac{1}{3}$ $\frac{6}{9}$ $\frac{2}{3}$ $\frac{4}{3}$ $\frac{17}{17}$

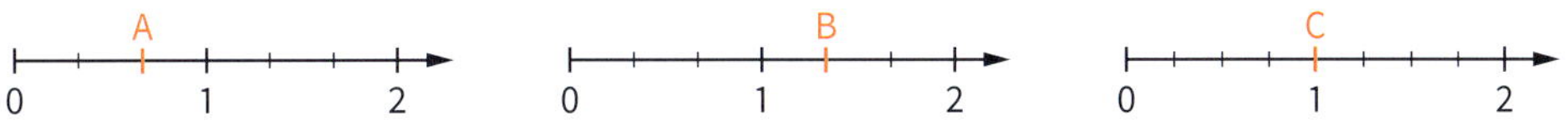

---

5 Gib die markierten Zahlen an.

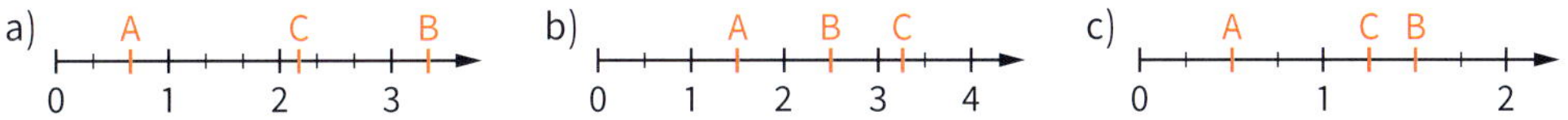

Prüfe dich!
Lösungen auf Seite 206

6 Sortiere die Brüche $\frac{7}{8}$, $\frac{19}{4}$, $\frac{30}{8}$, $\frac{9}{2}$, $\frac{17}{8}$, $\frac{1}{4}$ und $\frac{15}{4}$ der Größe nach und markiere sie auf dem Zahlenstrahl.

---

7 Viel los zwischen zwei Zahlen

Welche Zahl liegt genau in der Mitte zwischen den beiden angegebenen Zahlen?
Gib drei weitere Zahlen an, die zwischen den beiden angegebenen Zahlen liegen.

a) 5 und 6 b) $\frac{1}{4}$ und $\frac{1}{3}$ c) $\frac{1}{6}$ und $\frac{1}{5}$ d) $\frac{1}{4}$ und $\frac{2}{3}$ e) $\frac{9}{10}$ und $\frac{11}{10}$ f) $\frac{99}{100}$ und 1

8 Zahl gesucht

Von den drei markierten Zahlen liegt die zweite genau in der Mitte. Bestimme die fehlende Zahl.

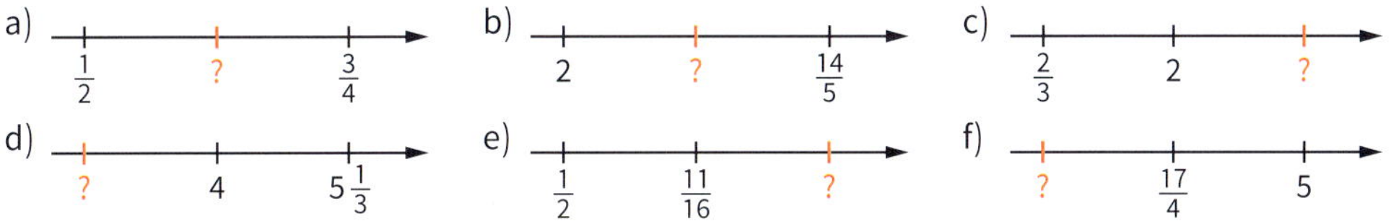

---

9 Gib die Zahl an, die genau in der Mitte liegt.

a) $\frac{1}{7}$ und $\frac{3}{7}$ b) $\frac{1}{7}$ und $\frac{2}{7}$ c) $\frac{1}{10}$ und $\frac{2}{10}$ d) $\frac{3}{4}$ und 1 e) $\frac{1}{3}$ und $\frac{1}{2}$ f) $\frac{1}{3}$ und $1\frac{2}{3}$

Prüfe dich!
Lösungen auf Seite 206

---

10 Brüche kleben aneinander

a) Erweitere die Brüche $\frac{8}{10}$ und $\frac{9}{10}$ so, dass du zwischen diesen beiden Brüchen
(1) mindestens einen Bruch angeben kannst;
(2) mindestens neun verschiedene Brüche angeben kannst;
(3) mindestens hundert verschiedene Brüche angeben kannst.

b) Wie viele Brüche gibt es zwischen $\frac{8}{10}$ und $\frac{9}{10}$?

11 Zwischen zwei Brüchen

a) Begründe: „*Zwischen zwei verschiedenen Brüchen liegt stets ein weiterer Bruch.*“

b) Begründe: „*Zwischen zwei Brüchen liegen unendlich viele Brüche.*“

1.6 Brüche und natürliche Zahlen – multiplizieren und dividieren

Greta findet im Kühlschrank eine Schokoladentafel. Sie öffnet die Packung und stellt fest: *„Es sind ja nur noch $\frac{4}{15}$ übrig!"*

- Am Tag davor war es noch dreimal so viel. Welcher Anteil einer Schokotafel war das?
- Könnte man den Rest $\frac{4}{15}$ exakt auf drei Personen aufteilen? Welchen Anteil einer ganzen Tafel bekäme dann jeder?

Lösung

- Rechne dreimal vier Fünfzehntel.
  $3 \cdot \frac{4}{15} = \frac{3 \cdot 4}{15} = \frac{12}{15}$ Am Vortag waren es $\frac{12}{15}$.
- Rechne vier Fünfzehntel geteilt durch drei.
  Erweitern des Bruchs mit 3 hilft:
  $\frac{4}{15} : 3 = \frac{4 \cdot 3}{15 \cdot 3} : 3 = \frac{4 \cdot 3 : 3}{15 \cdot 3} = \frac{4}{15 \cdot 3} = \frac{4}{45}$

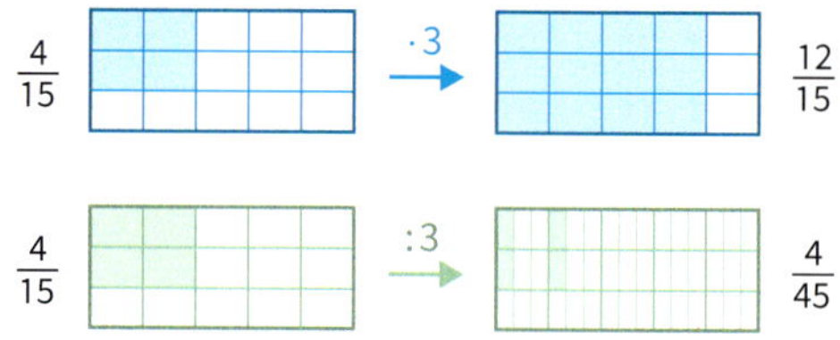

Dividieren durch eine Zahl bedeutet Multiplizieren im Nenner mit dieser Zahl.

WES-109211-008

Einen Bruch vervielfachen

Multiplizieren mit einer natürlichen Zahl

- Zähler mit der Zahl multiplizieren
- Nenner beibehalten

$3 \cdot \frac{2}{7} = \frac{3 \cdot 2}{7} = \frac{6}{7}$

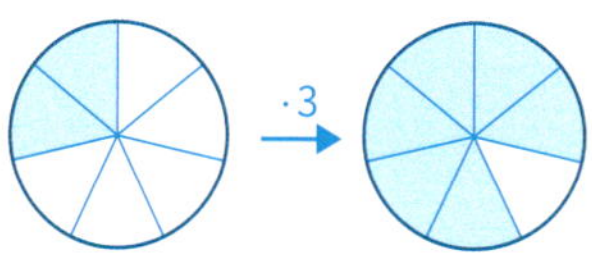

Einen Bruch teilen

Dividieren durch eine natürliche Zahl

- Zähler beibehalten
- Nenner mit der Zahl multiplizieren

$\frac{3}{4} : 2 = \frac{3}{4 \cdot 2} = \frac{3}{8}$

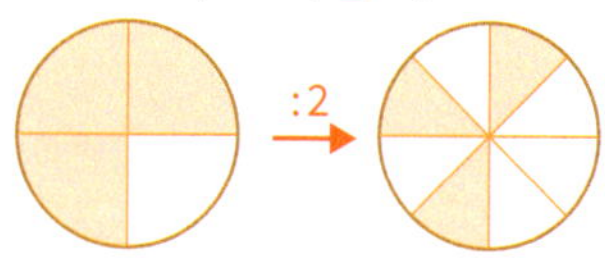

Einen Bruch vervielfachen

- $5 \cdot \frac{7}{12} = \frac{5 \cdot 7}{12} = \frac{35}{12}$
- $\frac{5}{12} \cdot 3 = \frac{5 \cdot 3}{12} = \frac{15}{12} = \frac{5}{4}$

Einen Bruch teilen

- $\frac{3}{4} : 5 = \frac{3}{4 \cdot 5} = \frac{3}{20}$
- $\frac{8}{10} : 3 = \frac{8}{10 \cdot 3} = \frac{8}{30} = \frac{4}{15}$

1 Kopfrechnen

a) $3 \cdot \frac{1}{2}$	b) $\frac{1}{2} : 2$	c) $5 \cdot \frac{1}{3}$	d) $\frac{1}{3} : 3$	e) $\frac{2}{3} : 4$	f) $4 \cdot \frac{3}{4}$	g) $7 \cdot \frac{1}{14}$	h) $\frac{5}{4} \cdot 3$
i) $5 \cdot \frac{3}{4}$	j) $\frac{3}{5} : 6$	k) $\frac{1}{5} \cdot 1$	l) $5 \cdot \frac{1}{5}$	m) $\frac{7}{50} \cdot 7$	n) $\frac{8}{3} : 3$	o) $\frac{81}{50} : 2$	p) $8 \cdot \frac{1}{2}$

2 Rechnen in Bildern

Was wurde hier gerechnet? Schreibe die Rechnung in dein Heft.

a) 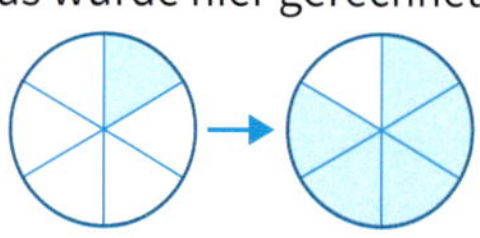

b) 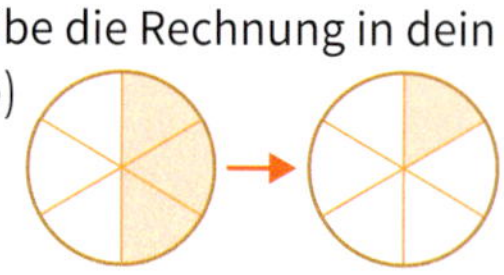

c) 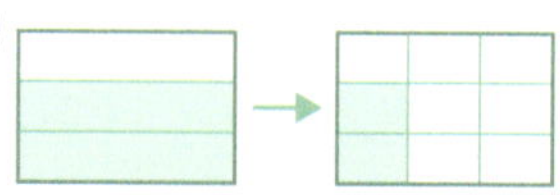

3 ≡ **Lücken füllen**

a) $4 \cdot \frac{3}{15} = \square$ b) $3 \cdot \square = \frac{9}{10}$ c) $\square \cdot \frac{2}{11} = \frac{10}{11}$ d) $\frac{4}{5} \cdot \square = \frac{24}{5}$ e) $\frac{2}{9} \cdot \square = 2$ f) $\square \cdot 5 = 6$

g) $\frac{3}{4} : \square = \frac{3}{16}$ h) $\frac{6}{11} : \square = \frac{2}{11}$ i) $\square : 2 = \frac{3}{20}$ j) $\square : 5 = \frac{3}{4}$ k) $\frac{7}{12} : \square = \frac{7}{120}$ l) $\frac{5}{8} : \square = \frac{1}{8}$

Einfache Fälle beim Dividieren

Einstieg

Erkläre, wie Paula gerechnet hat. Rechne, wenn möglich, so wie Paula. In welchen Fällen kann man Brüche so dividieren?

Paulas Division:
$\frac{9}{10} : 3 = \frac{9:3}{10} = \frac{3}{10}$

a) $\frac{18}{7} : 6$ b) $\frac{14}{5} : 7$ c) $\frac{14}{5} : 4$ d) $\frac{56}{42} : 7$ e) $\frac{42}{56} : 7$ f) $\frac{45}{30} : 15$

Einen Bruch teilen – einfacher Fall

Ist der Zähler eines Bruchs durch die Zahl teilbar, so kann direkt dividiert werden.

$\frac{49}{8} : 7 = \frac{49:7}{8} = \frac{7}{8}$

WES-109211-009

4 ≡ **Direktes Dividieren**

a) $\frac{24}{5} : 8$ b) $\frac{27}{2} : 9$ c) $\frac{40}{7} : 8$ d) $\frac{30}{11} : 6$ e) $\frac{2}{5} : 2$ f) $\frac{55}{13} : 11$

g) $\frac{48}{7} : 8$ h) $\frac{16}{9} : 2$ i) $\frac{75}{15} : 5$ j) $\frac{50}{13} : 5$ k) $\frac{48}{17} : 4$ l) $\frac{51}{3} : 17$

5 Berechne.

a) $5 \cdot \frac{3}{7}$ b) $\frac{2}{9} : 4$ c) $27 \cdot \frac{2}{9}$ d) $\frac{4}{5} : 2$ e) $\frac{5}{144} \cdot 12$ f) $\frac{28}{79} : 7$

Prüfe dich! Lösungen auf Seite 206

6 Schreibe die Rechnung in dein Heft.

a) 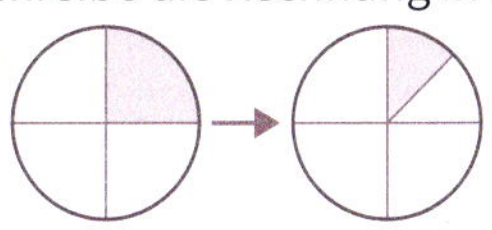

b) 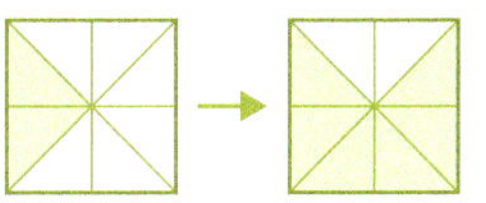

c) 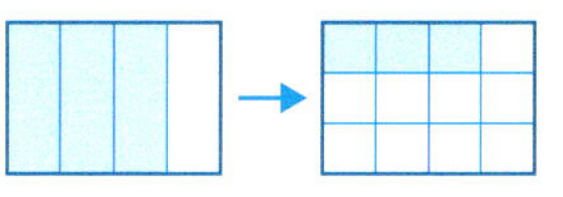

7 ≡ **Kürzen beim Multiplizieren – das ist prima!**

Rechne wie im Beispiel.

a) $\frac{7}{8} \cdot 12$ b) $\frac{7}{8} \cdot 4$ c) $\frac{18}{63} \cdot 7$ d) $9 \cdot \frac{8}{21}$

e) $\frac{8}{7} : 4$ f) $\frac{21}{8} : 9$ g) $\frac{56}{49} : 80$ h) $\frac{56}{81} : 7$

i) $\frac{6}{13} : 4$ j) $28 \cdot \frac{16}{21}$ k) $\frac{16}{21} : 28$ l) $\frac{12}{15} : 20$

m) $24 \cdot \frac{9}{12}$ n) $\frac{9}{12} : 24$ o) $\frac{144}{169} : 12$ p) $\frac{144}{169} \cdot 13$

Frühzeitig kürzen beim Multiplizieren

$\frac{5}{12} \cdot 8 = \frac{5 \cdot 8}{12} = \frac{5 \cdot \cancel{8}^{2}}{\cancel{12}_{3}} = \frac{5 \cdot 2}{3} = \frac{10}{3}$

$\frac{6}{7} : 3 = \frac{6}{7 \cdot 3} = \frac{\cancel{6}^{2}}{7 \cdot \cancel{3}_{1}} = \frac{2}{7 \cdot 1} = \frac{2}{7}$

8 ≡ Berechne. Denke an frühzeitiges Kürzen beim Multiplizieren.

a) $\frac{12}{20} : 8$ b) $4 \cdot \frac{3}{8}$ c) $\frac{9}{17} : 3$ d) $8 \cdot \frac{3}{6}$ e) $14 \cdot \frac{17}{49}$ f) $\frac{64}{33} : 16$

Prüfe dich! Lösungen auf Seite 206

9 ≡ **Gemischte Schreibweise**

Rechne wie im Beispiel.

a) $3\frac{1}{8} \cdot 2$ b) $4 \cdot 1\frac{2}{5}$ c) $2\frac{2}{9} : 4$ d) $4\frac{8}{11} : 5$

Zuerst in den unechten Bruch umwandeln

$1\frac{3}{4} : 5 = \frac{7}{4} : 5 = \frac{7}{20}$

10 ≡ **Natürliche Zahlen erzeugen**

Kann das Ergebnis der Multiplikation eines Bruchs mit einer natürlichen Zahl wieder eine natürliche Zahl sein? Multipliziere dazu $\frac{3}{4}$ mit verschiedenen natürlichen Zahlen und formuliere eine Regel. Prüfe die Regel für die Multiplikation von $\frac{2}{5}$ mit natürlichen Zahlen.

1.7 Brüche und Prozente

Nina recherchiert im Internet für ihr Erdkundereferat. Sie möchte wissen, wie hoch der Anteil der Bio-Anbauflächen an der gesamten landwirtschaftlichen Nutzfläche in den einzelnen Ländern Europas ist. Nina notiert die Angaben, die sie im Internet gefunden hat.

- Sortiere die Länder nach Größe des Anteils.
- Wie lassen sich die Anteile am besten vergleichen?
- Wie kann man diesen Vergleich anschaulich darstellen?

Lösung

Wandle die Angaben in Brüche um. Wähle zum Vergleich den Nenner 100. So können die Anteile verglichen und der Größe nach sortiert werden. In einem Rechteck mit 100 Kästchen lassen sich die Anteile gut darstellen. Der Anteil der Bio-Anbaufläche ist grün gefärbt.

Österreich $\frac{1}{4} = \frac{25}{100}$

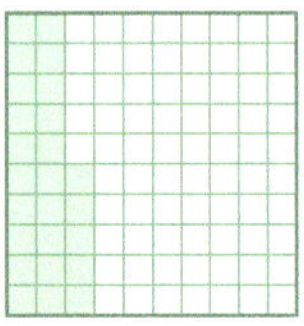

Schweden $\frac{1}{5} = \frac{20}{100}$

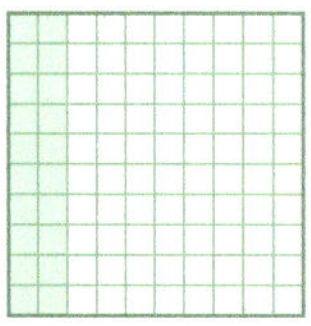

Griechenland $\frac{1}{10} = \frac{10}{100}$

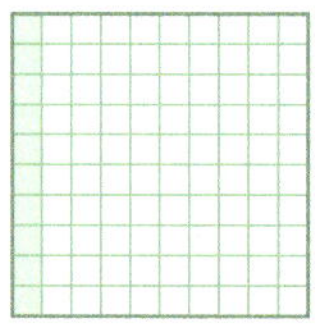

Deutschland $\frac{8}{100}$

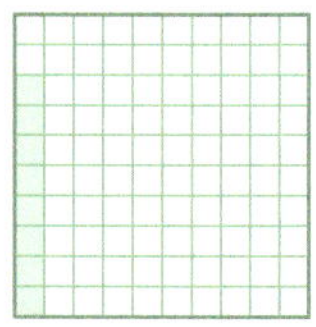

WES-109211-010

Anteile in Prozent angeben

Um die Größe von Anteilen zu vergleichen, nutzt man oft den gemeinsamen Nenner 100.

Anteile mit dem Nenner 100 nennt man **Prozent**. Schreibweise: $\frac{1}{100} = 1\,\% = 1$ Prozent

gekürzter Bruch	$\frac{1}{100}$	$\frac{1}{10}$	$\frac{1}{4}$	$\frac{1}{2}$	1
Hundertstel	$\frac{1}{100}$	$\frac{10}{100}$	$\frac{25}{100}$	$\frac{50}{100}$	$\frac{100}{100}$
Prozent	1 %	10 %	25 %	50 %	100 %
Sprache	ein Hundertstel	ein Zehntel	ein Viertel	die Hälfte	das Ganze
Grafik	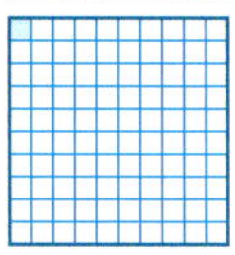	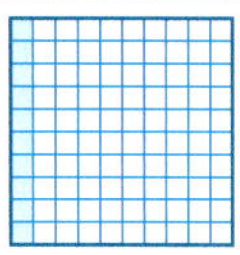	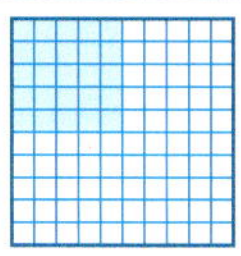	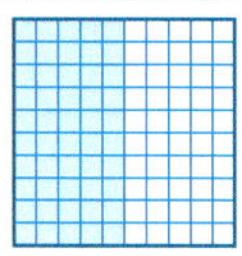	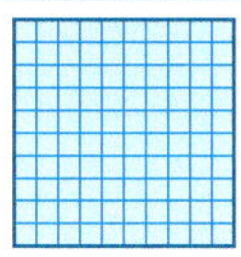

Anteile in Prozent angeben und vergleichen

In der Klasse 6 a haben 13 von 20 Kindern ein Haustier, in der Klasse 6 b haben 17 von 25 Kindern ein Haustier.

Klasse 6 a: $\frac{13}{20} = \frac{65}{100} = 65\,\%$

Klasse 6 b: $\frac{17}{25} = \frac{68}{100} = 68\,\%$

Der Anteil der Kinder mit einem Haustier ist in der Klasse 6 b etwas höher als in der Klasse 6 a.

Prozente als Bruch angeben

Eine Prozentangabe als Bruch schreiben und kürzen.

$60\,\% = \frac{60}{100} = \frac{6}{10} = \frac{3}{5}$

$4\,\% = \frac{4}{100} = \frac{1}{25}$

1 ≡ **Anteil in Prozent**
Gib den Anteil in Prozent an.
a) $\frac{1}{4}$ b) $\frac{1}{2}$ c) $\frac{3}{4}$ d) $\frac{1}{5}$ e) $\frac{3}{5}$ f) $\frac{17}{25}$ g) $\frac{600}{800}$ h) $\frac{27}{27}$

2 ≡ **Prozentangabe als Bruch**
Schreibe als Bruch und kürze, wenn möglich.
a) 20 % b) 75 % c) 40 % d) 15 % e) 30 % f) 99 % g) 100 % h) 8 %

3 ≡ Ergänze jeweils den Anteil als Bruch oder den Anteil in Prozent in deinem Heft.

Bruch	■	$\frac{3}{5}$	■	$\frac{17}{20}$	■	$\frac{3}{4}$	■	$\frac{15}{25}$	■	$\frac{150}{200}$
Prozent	10 %	■	80 %	■	20 %	■	3 %	■	100 %	■

Prüfe dich!
Lösungen auf Seite 206

4 ≡ **Besondere Anteile, die du kennen musst**
Gib den Anteil in Prozent an.
a) die Hälfte b) drei Viertel c) ein Zehntel d) ein Viertel e) ein Fünftel f) alles

5 ≡ **Anteile im Alltag vergleichen**
Gib die Anteile in Prozent an und vergleiche.
a) Von 60 Erwachsenen haben 24 ein Tablet.
Von 25 Kindern haben 11 ein Tablet.
b) 6 a: 5 von 25 Kindern haben eine Katze.
6 b: 6 von 30 Kindern haben eine Katze.

6 ≡ **Diagramme zeigen Anteile**
Gib den gefärbten Anteil in Prozent an.
a) 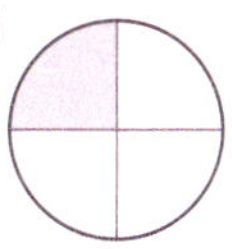
b) 
c) 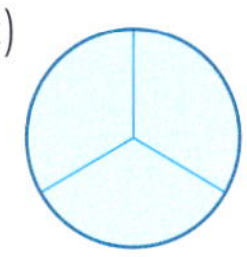
d) 
e) 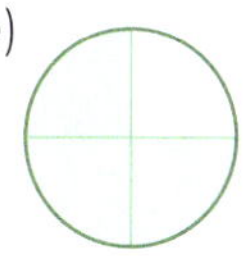
f) 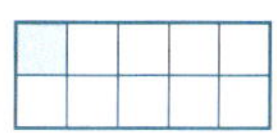

7 ≡ **Prozentangaben veranschaulichen**
Veranschauliche die Prozentangaben am Rechteck.
a) 25 % b) 75 % c) 10 % d) 90 % e) 30 % f) 100 % g) 20 % h) 40 %

8 ≡ Im SC Jagst schwimmen 120 von 500 Mädchen. Im SC Enz schwimmen 7 von 25 Mädchen. Vergleiche die Anteile, gib sie dazu in Prozent an. Stelle die Anteile am Rechteck dar.

Prüfe dich!
Lösungen auf Seite 206

9 ≡ **Prozente im Gespräch**
Was meinst du zu den beiden Gesprächen?

Lehrer Lempel:
„65 % von euch wissen immer noch nicht, was Prozente sind.“
Marc:
„So viele sind wir doch gar nicht.“

10 ≡ **Prozente rauf und runter**
Herr Maurer hat 6000 € in Aktien angelegt. Jetzt hat er 25 % verloren. Sein Freund Herr Sold meint: *„Die Zeiten werden wieder besser, dann wirst du zu deinem jetzigen Vermögen wieder 25 % gewinnen und alles ist wieder gut.“* Was meinst du dazu?

1.8 Dezimalschreibweise

Kannst du die Zahlen aus dem Sportkommentar als Kommazahl oder als Bruch schreiben?

„Nach dem Start liegt Tina 5 Hundertstelsekunden zurück. Bei der ersten Zwischenzeit ist sie 2 Zehntel zurück. Die Spitzkehre nimmt sie mit voller Geschwindigkeit und liegt 7 Tausendstel vorne. Bis zum Ziel baut sie ihren Vorsprung auf 15 Tausendstel aus. Mit 43,345 s fährt sie die neue Bestzeit."

WES-109211-011

Dezimalzahlen

Brüche mit Nenner 10, 100, 1000 … werden **Dezimalbrüche** genannt. Diese Brüche kann man einfach als Kommazahlen schreiben.

$\frac{3}{10} = 0{,}3$ $\qquad \frac{9}{100} = 0{,}09$ $\qquad \frac{57}{1000} = 0{,}057$ $\qquad 12\frac{803}{1000} = 12{,}803$

Zahlen wie 0,3; 0,09; 0,057; 12,803 heißen **Dezimalzahlen**.
Die Stellen nach dem Komma nennt man Nachkommastellen.
Die Stellenwerttafel wird um die **Stellenwerte** 0,1; 0,01; 0,001 … nach rechts erweitert.

10 Zehner Z	1 Einer E	0,1 Zehntel z	0,01 Hundertstel h	0,001 Tausendstel t	Die Nachkommastellen liest man einzeln:
	0	3			*„null-Komma-drei"*
	0	0	9		*„null-Komma-null-neun"*
	0	0	5	7	*„null-Komma-null-fünf-sieben"*
1	2	8	0	3	*„zwölf-Komma-acht-null-drei"*

Vom Dezimalbruch zur Dezimalzahl

Die Anzahl der Nullen im Nenner gibt die Anzahl der Nachkommastellen an.

$\frac{45}{1000} = 0{,}045$ Nenner 1000 → 3 Nachkommastellen

Die 4 steht an der Hundertstelstelle, die 5 steht an der Tausendstelstelle.

$\frac{23}{10}$ oder $2\frac{3}{10} = 2{,}3$ Nenner 10 → 1 Nachkommastelle

Die 2 steht an der Einerstelle, die 3 steht an der Zehntelstelle.

Von der Dezimalzahl zum Dezimalbruch

Die Anzahl der Nachkommastellen gibt die Anzahl der Nullen im Nenner an.

E	z	h	t
0	8	5	

$0{,}85 = \frac{85}{100}$

2 Nachkommastellen → Nenner 100

E	z	h	t
2	6	0	5

$2{,}605 = 2\frac{605}{1000}$ oder $\frac{2605}{1000}$

3 Nachkommastellen → Nenner 1000

1 Aus der Stellenwerttafel ablesen

Gib die in der Stellenwerttafel angegebenen Zahlen als Dezimalzahl und als Dezimalbruch an.

a)

E	z	h	t
0	7		
0	0	3	

b)

E	z	h	t
0	0	3	2
1	2	3	

c)

E	z	h	t
0	8	0	5
4	0	3	

d)

E	z	h	t
3	0	4	5
0	1	1	

2 Vom Dezimalbruch zur Dezimalzahl
Schreibe als Dezimalzahl.
a) $\frac{5}{10}$ b) $\frac{3}{100}$ c) $\frac{36}{100}$ d) $\frac{893}{1000}$ e) $\frac{652}{10}$ f) $\frac{450}{100}$

3 Von der Dezimalzahl zum Dezimalbruch
Schreibe als Dezimalbruch.
a) 0,1 b) 0,011 c) 2,037 d) 1,111 e) 0,307 f) 5,032

4 Wo stehe ich?
Gib den Stellenwert der Ziffern 3 und 7 an.
a) 0,073 b) 7,003 c) 0,037 d) 0,307 e) 3,700 f) 30,07

5 Komma setzen
Setze das Komma so, dass die Ziffer 1 den angegebenen Stellenwert hat.
Manchmal musst du Nullen ergänzen. Nutze die Stellenwerttafel.
a) 213 (z) b) 312 (h) c) 431 (h) d) 103 (z) e) 105 (E) f) 17 (h)

6 Bekannte Anteile
Schreibe zuerst als Dezimalbruch und kürze dann.
a) 0,5 b) 0,75 c) 0,25 d) 0,2 e) 0,8 f) 0,05

---

7 Gib den Stellenwert der Ziffer 7 an.
a) 0,07 b) 1,7 c) 0,72 d) 1,072 e) 0,327 f) 7,025

Prüfe dich!
Lösungen auf Seite 206

8 Schreibe die Dezimalzahlen als Dezimalbrüche und die Dezimalbrüche als Dezimalzahlen.
a) 0,009 b) $\frac{27}{1000}$ c) 4,07 d) $3\frac{19}{100}$ e) 0,071 f) $\frac{1056}{1000}$

---

9 Endnullen, die man sich sparen kann
Gib die Zahl als Dezimalzahl ohne unnötige Nullen an.
a) 30,170 b) 3,0500 c) 0,020000
d) $\frac{100}{1000}$ e) $\frac{9800}{1000}$ f) $2\frac{70}{100}$

Nullen am Ende
An jede Dezimalzahl kann man am Ende beliebig viele Endnullen anhängen.
Beispiel: 0,3 = 0,300; denn $\frac{3}{10} = \frac{300}{1000}$

WES-109211-012

10 Prozente nicht vergessen
Gib in Prozent an.
a) 0,5 b) 0,05 c) 0,25 d) 1 e) 0,6 f) 0,31
g) 0,10 h) 1,6 i) 0,03 j) 0,99 k) 2,00 l) 1,06

11 Durch Erweitern und Kürzen zur Dezimalzahl
Erweitere oder kürze auf einen Dezimalbruch. Schreibe den Bruch dann als Dezimalzahl.
a) $\frac{1}{4}$ b) $\frac{1}{5}$ c) $\frac{3}{4}$ d) $\frac{3}{8}$ e) $\frac{627}{3000}$ f) $\frac{15}{250}$

12 Umformen – nicht immer möglich
Begründe, warum man $\frac{2}{3}$ nicht durch Erweitern oder Kürzen in eine Dezimalzahl umformen kann. Bei welchen Brüchen siehst du dieselben Schwierigkeiten?

13 Behauptungen – nimm Stellung!
a) *„Links von den Hundertern stehen die Tausender, also stehen links von den Hundertsteln die Tausendstel.“*
b) *„Links vom Komma stehen die Einer, also stehen rechts vom Komma die Eintel.“*
c) *„Ich habe 9 Zehntel. Nun kommt noch ein Zehntel dazu, dann habe ich ein Hundertstel.“*

1.9 Verhältnisse

Der Kuchen soll mit Schokoguss und Zitronenguss im Verhältnis 3 zu 2 bestrichen werden.

Lösung

Teile den ganzen Kuchen in $3 + 2 = 5$ gleich große Stücke ein.
Teile nun im Verhältnis 3 zu 2 auf.
Bestreiche 3 Teile mit Schoko- und 2 Teile mit Zitronenguss.

WES-109211-013

Brüche und Verhältnisse

Lebensmittel bestehen häufig aus verschiedenen Bestandteilen. Wichtig ist dabei oft das Verhältnis der Bestandteile zueinander.
Beispiel: Marzipan besteht aus gemahlenen Mandeln und Zucker.

Verhältnis	Diagramm	Anteile	
Mandeln und Zucker stehen im Verhältnis **7 zu 3**.	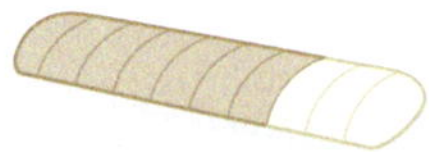	**7 von 10** Teilen sind Mandeln. **3 von 10** Teilen sind Zucker.	Mandeln $\frac{7}{10}$ Zucker $\frac{3}{10}$

Längenverhältnis

Teile eine 35 mm lange Strecke im Verhältnis 2 zu 5 auf.

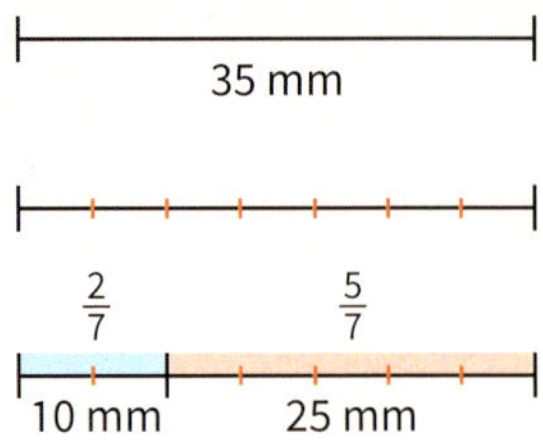

Lösung

Teile die Strecke in $2 + 5 = 7$ gleich lange Abschnitte.
Jeder Abschnitt ist also $35\,mm : 7 = 5\,mm$ lang.
Die Abschnitte von $2 \cdot 5\,mm = 10\,mm$ und $5 \cdot 5\,mm = 25\,mm$ stehen im Verhältnis 2 zu 5 zueinander.

1 **Längenverhältnis**

Zeichne eine Strecke von 12 cm und teile sie im angegebenen Verhältnis. Gib die Anteile an.

a) 1 zu 3 b) 5 zu 1 c) 4 zu 4 d) 1 zu 11 e) 8 zu 4 f) 3 zu 5

2 **Massenverhältnis**

Teile im angegebenen Verhältnis. Rechne dazu in eine kleinere Einheit um.

a) 2 kg im Verhältnis 1 zu 3 b) 5 kg im Verhältnis 4 zu 1 c) 200 g im Verhältnis 2 zu 3
d) 2,4 kg im Verhältnis 1 zu 11 e) 3,6 t im Verhältnis 2 zu 7 f) 75 g im Verhältnis 11 zu 4

3 **In einer Tischlerei**

In einer Tischlerei wurden Bretter nach vorgegebenen Verhältnissen zugeschnitten.

a) Ordne den Zuschnitten im Bild das passende Verhältnis zu.

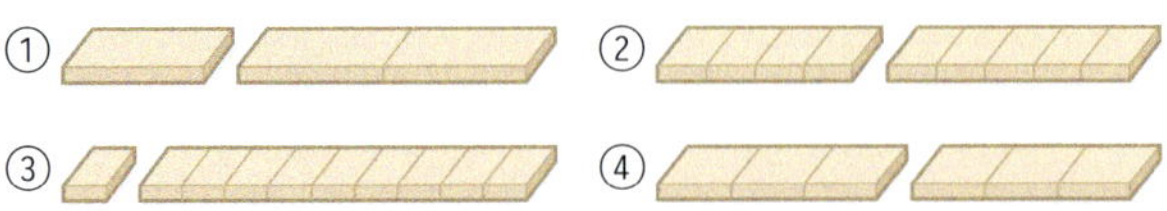

Ⓐ 4 zu 5 Ⓑ 1 zu 2
Ⓒ 3 zu 3 Ⓓ 1 zu 9

b) Kai: „*Ist 3 zu 3 nicht dasselbe wie 1 zu 1?*" Was meinst du?
Gib das Verhältnis 1 zu 2 auch mit anderen Zahlen an.

c) Zeichne Bretter in dein Heft, die in folgenden Verhältnissen zugeschnitten wurden:
Ⓐ 3 zu 4 Ⓑ 5 zu 5 Ⓒ 2 zu 7 Ⓓ 1 zu 9

4 **Farbmuster**

In welchem Verhältnis stehen die Farben in den einzelnen Mustern? Gib die Anteile an.

a)  b)  c) 

d)  e) 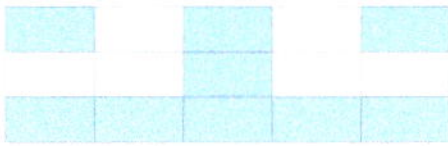 f) 

5 **Verhältnis aus Anteilen**

Gib das Verhältnis zu den angegebenen Anteilen an.

a) $\frac{2}{5}$ und $\frac{3}{5}$ b) $\frac{1}{4}$ und $\frac{3}{4}$ c) $\frac{25}{100}$ und $\frac{75}{100}$ d) $\frac{4}{8}$ und $\frac{4}{8}$ e) $\frac{2}{5}$ und $\frac{6}{10}$ f) $\frac{3}{12}$ und $\frac{3}{4}$

6 **Orangetöne**

Aus gelber und roter Farbe sollen verschiedene Orangetöne gemischt werden.

a) Zeichne zu den Mischungsverhältnissen die Anzahl der jeweils benötigten Farbdosen in dein Heft. Welcher der Orangetöne wird eher rötlich, welcher eher gelblich sein?
b) Gib an, welcher Anteil der Mischungen gelbe Farbe und welcher Anteil rote Farbe ist.

Mischung	Rot zu Gelb
A	3 zu 1
B	1 zu 1
C	4 zu 5
D	2 zu 5
E	3 zu 7

7 **Betonmischung**

Beton ist eine Mischung aus 4 Teilen Kies und einem Teil Zement. Berechne, wie viel Kies und wie viel Zement für eine Tonne Beton verwendet werden.

---

8 Teile eine 8 cm lange Strecke im angegebenen Verhältnis und gib die Anteile an.

a) 6 zu 2 b) 3 zu 5 c) 3 zu 1 d) 1 zu 7 e) 9 zu 3 f) 5 zu 7

Prüfe dich!
Lösungen auf Seite 206

9 Aus blauer und gelber Farbe sollen verschiedene Grüntöne gemischt werden.
Gib zuerst das Mischungsverhältnis an.
Gib anschließend den Anteil der gelben Farbe am Grünton als Bruch an.

a)  b)  c) 

10 Teile im angegebenen Verhältnis. Rechne dazu in eine kleinere Einheit um.

a) 2,5 kg im Verhältnis 4 zu 1 b) 4,2 kg im Verhältnis 2 zu 5 c) 7,5 t im Verhältnis 2 zu 1

---

11 **Erdbeermarmelade**

Zur Herstellung von Marmelade werden Erdbeeren und Gelierzucker im Verhältnis 1 zu 1 eingekocht. Um weniger Zucker zu verwenden, gibt es Gelierzucker im Verhältnis 2 zu 1 und 3 zu 1. Es sollen 6 kg Erdbeermarmelade hergestellt werden. Bestimme die Menge der Erdbeeren für die verschiedenen Gelierzucker. Gib jeweils den Zuckeranteil an.

12 **Salzgehalt der Nordsee**

In der Nordsee sind 35 g Salz in 1000 g Salzwasser enthalten. Gib das Verhältnis von Salz zu reinem Wasser an. Recherchiere nach dem Salzgehalt in der Ostsee und im Toten Meer und bestimme das Verhältnis von Salz zu reinem Wasser.

Geld – Euro und Cent

Hannah sammelt über das Jahr 1-, 2- und 5-Cent-Münzen.
Am Ende des Jahres sind 1783 Cent zusammengekommen.

- Gib den Geldbetrag in Euro an.
- Gib an, wie man den Geldbetrag mit möglichst wenig Geldscheinen und Münzen zusammenstellen kann.
  Wie viele Geldscheine und Münzen werden benötigt?

Geldbeträge als Dezimalzahlen

Geldbeträge werden in Euro (€) und Cent (ct) angegeben. 1 € = 100 ct und 1 ct = 0,01 €

Euro					
T	H	Z	E	z	h
		1	5	4	5
			2	3	0
			0	6	8
		1	0	0	7

in Euro	gemischt	in Cent
15,45 €	15 € 45 ct	1545 ct
2,30 €	2 € 30 ct	230 ct
0,68 €	0 € 68 ct	68 ct
10,07 €	10 € 7 ct	1007 ct

1 **Verschiedene Schreibweisen**

Gib den Geldbetrag in Euro, in gemischter Darstellung und in Cent an.

a) 2,57 € b) 30,05 € c) 5 € d) 8 € 45 ct e) 450 ct f) 8 € 8 ct
g) 12 000 ct h) 5 ct i) 10,03 € j) 1000 € k) 1000 ct l) 19 € 5 ct

2 **Rückgeld beim Bezahlen**

Ermittle das Rückgeld beim Bezahlen mit dem angegebenen Geldschein.

a) 1,80 € bezahlt mit 5 € b) 14,50 € bezahlt mit 20 € c) 37,05 € bezahlt mit 50 €

3 **An der Kasse**

Anna kauft für ihre Oma folgende Produkte ein:
2 Stück Butter zu je 1,89 €, 3 Tüten Milch zu je 0,79 € und 2 Becher Joghurt zu je 0,75 €.

a) Überschlage: Reichen 10 € für den Einkauf?
b) Wie viel bekommt Anna zurück, wenn sie mit einem 20-Euro-Schein bezahlt?

4 **Leckeres auf dem Schulfest**

Die Klasse 6 c möchte beim Schulfest Schokokuss-Brötchen anbieten. Beim Bäcker kostet ein Brötchen 50 ct. Eine Packung mit 18 Schokoküssen kostet 1,80 €. Die Klasse entscheidet sich, 45 Schokokuss-Brötchen zu einem Preis von 1,20 € pro Stück zu verkaufen.

a) Gib den Gewinn pro verkauftem Brötchen in Cent und in Prozent an.
b) Petra meint: „*1,20 € sind zu günstig, wir wollen doch mehr als 50 % Gewinn machen.*“
Was meinst du dazu?

5 **Tausendstel Euro an der Tankstelle**

Ein Liter Super kostet 2,149 € = 2 € 14,9 ct = 214,9 ct.
Gib alle Preise der Tankstelle in Euro, in gemischter Darstellung und in Cent an.

Was macht das Tausendstel aus? Herr Brahms tankt 70 Liter Diesel. Wie viel müsste er mehr bezahlen, wenn Diesel 2,05 € pro Liter kosten würde?

Informiere dich über Strompreise für das Laden von E-Autos.

Brüche in der Musik

Die Länge eines Tons

Noten geben die Höhe und die Länge eines Tons an. Länge eines Tones bedeutet, wie lange der Ton im Vergleich zu anderen klingt. Zwei halbe Noten dauern in der Musik genauso lange wie vier Viertelnoten oder wie eine ganze Note oder wie acht Achtelnoten usw. Zu den Brüchen sagt man auch Notenwert.

Ganze Note
Halbe Note
Viertelnote
Achtelnote mit Fähnchen
Achtelnote mit Balken

1 Welche Idee steckt hinter den Notenwerten?

Viertel | Achtel | Sechzehntel | Zweiunddreißigstel

Jeder hinzukommende Balken halbiert die Länge des Tons. Was bleibt hier gleich, was ändert sich? Erkläre mithilfe der Begriffe „Brüche“, „verfeinern“, „erweitern“ …

2 Takt und Taktarten

Ein Takt ist eine durch senkrechte Striche begrenzte Einheit im Notenbild. Die Taktart wird zu Beginn einer Notenzeile durch einen Bruch angegeben.
Der Zähler gibt an, wie viele Grundschläge in jedem Takt vorkommen, der Nenner steht für den Notenwert dieser Schläge. Jede Taktart erzeugt ein eigenes Klang- bzw. Rhythmusbild.

Ein Drei-Viertel-Takt hat die Länge $\frac{3}{4}$.

Ordne die Taktarten $\frac{9}{8}$; $\frac{3}{4}$; $\frac{4}{4}$ und $\frac{6}{8}$ den Notenbildern (I) bis (IV) zu.
Gibt es auch unklare Zuteilungen?

(I) 
(II) 
(III) 
(IV) 

3 Triolen und der Bolero

Du hast gelernt, dass man die Notenlängen mit Halbe, Viertel, Achtel usw. angibt.
Was schreibt man aber, wenn man 3 Töne in der Länge von einem Viertel, Halben, Achtel … spielen möchte? Man schreibt eine 3 über den Strich, das sind dann Triolen.
Ein Stück voller Triolen ist die Mondscheinsonate von Ludwig van Beethoven.
Welchen Wert hat eine einzelne Note der Triole, wenn man diesen als Bruch angibt?

Diesen Rhythmus kannst du klopfen. Kommt er dir bekannt vor? Der Tanz heißt Bolero.

Mein Merkzettel

Seite 10

Anteile angeben und darstellen

$\frac{3}{10}$ — Zähler (3), Bruchstrich, Nenner (10)

Lies: „drei Zehntel"

Ein Ganzes wird in 10 Teile geteilt (Nenner) und man nimmt 3 davon (Zähler).

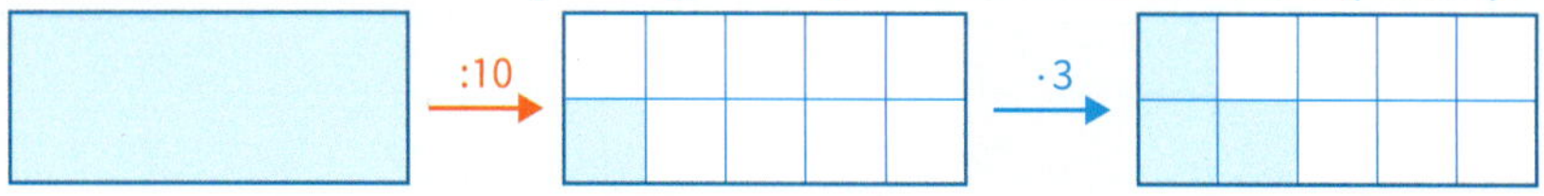

ein Ganzes → ein Zehntel → drei Zehntel

$1 \xrightarrow{:10} \frac{1}{10} \xrightarrow{\cdot 3} \frac{3}{10}$

Seite 15

Kürzen

$\frac{12}{16} = \frac{3}{4}$ (Zähler :4, Nenner :4)

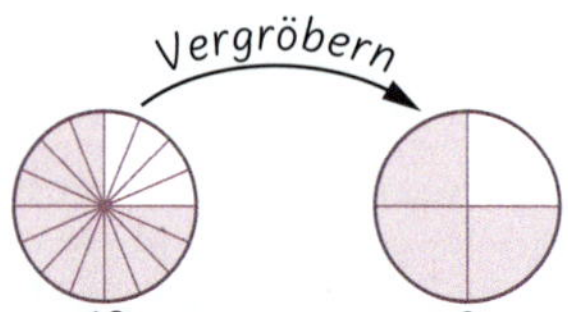

$\frac{12}{16}$ → Kürzen → $\frac{3}{4}$

Der Wert des Bruchs bleibt gleich.

Erweitern

$\frac{3}{4} = \frac{12}{16}$ (Zähler ·4, Nenner ·4)

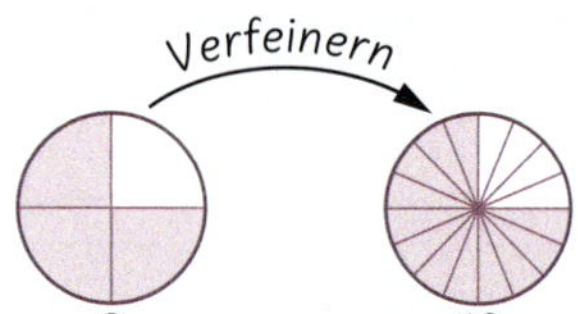

$\frac{3}{4}$ → Erweitern → $\frac{12}{16}$

Der Wert des Bruchs bleibt gleich.

Seite 21

In gemischter Schreibweise schreiben

$1 + 1 + \frac{2}{5} = 2\frac{2}{5}$ „zwei, zwei Fünftel"

$\frac{14}{3}$ in gemischter Schreibweise schreiben:
3 passt 4-mal in 14, übrig bleiben $\frac{2}{3}$,
also: $\frac{14}{3} = 4 + \frac{2}{3} = 4\frac{2}{3}$

Als unechten Bruch schreiben

$1\frac{9}{12} = 1 + \frac{9}{12} = \frac{12}{12} + \frac{9}{12} = \frac{21}{12} = \frac{7}{4}$

$2\frac{3}{7}$ als unechten Bruch schreiben:
2 Ganze sind $\frac{14}{7}$, nun noch $\frac{3}{7}$ dazu,
also: $2\frac{3}{7} = \frac{14}{7} + \frac{3}{7} = \frac{17}{7}$

Brüche vergleichen

Seite 18
Seite 19

Gleiche Nenner – Zähler vergleichen

$\frac{3}{7} < \frac{5}{7}$

- je größer der Zähler, desto mehr Teile

Gleiche Zähler – Nenner vergleichen

$\frac{5}{11} < \frac{5}{8}$

- je größer der Nenner, desto kleiner die Teile

Nenner verschieden

$\frac{3}{4}$ und $\frac{2}{3}$ vergleichen

- gemeinsamen Nenner finden
- erweitern auf einen gemeinsamen Nenner:
  $\frac{3 \cdot 3}{4 \cdot 3} = \frac{9}{12}$ und $\frac{2 \cdot 4}{3 \cdot 4} = \frac{8}{12}$
- nun die Zähler vergleichen:
  $\frac{8}{12} < \frac{9}{12}$, also: $\frac{2}{3} < \frac{3}{4}$

Mit Zahlen wie $\frac{1}{2}$, 1, 2 … vergleichen

$\frac{5}{11}$, $\frac{8}{9}$, $\frac{7}{5}$, $2\frac{3}{4}$ vergleichen

$\frac{5}{11}$ ist kleiner als $\frac{1}{2}$.
$\frac{8}{9}$ ist etwas kleiner als 1.
$\frac{7}{5}$ ist größer als 1, aber kleiner als 2.
$2\frac{3}{4}$ ist größer als 2.

$\frac{5}{11} < \frac{8}{9} < \frac{7}{5} < 2\frac{3}{4}$

Brüche auf dem Zahlenstrahl – Brüche zwischen Brüchen finden

Seite 22

Die Mitte zwischen $\frac{3}{6}$ und $\frac{4}{6}$ ist gesucht.

- *dazu die Brüche erweitern*
- *dann lassen sich Brüche dazwischen finden*

$\frac{3}{6} \overset{\cdot 2}{=} \frac{6}{12}$ $\qquad$ $\frac{4}{6} \overset{\cdot 2}{=} \frac{8}{12}$

$\frac{7}{12}$ *liegt in der Mitte.*

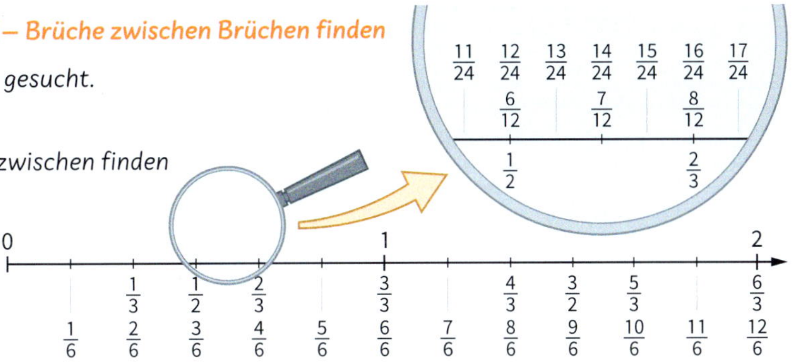

Brüche vervielfachen

Seite 24

- *Zähler mit der Zahl multiplizieren:*

$7 \cdot \frac{5}{9} = \frac{7 \cdot 5}{9} = \frac{35}{9}$ $\qquad$ $\frac{8}{15} \cdot 9 = \frac{8 \cdot \cancel{9}^{3}}{\cancel{15}_{5}} = \frac{8 \cdot 3}{5} = \frac{24}{5}$

- *wenn möglich, beim Multiplizieren kürzen*

Brüche teilen

Seite 25

- *Nenner mit der Zahl multiplizieren:*

$\frac{12}{7} : 9 = \frac{12}{7 \cdot 9} = \frac{\cancel{12}^{4}}{7 \cdot \cancel{9}_{3}} = \frac{4}{7 \cdot 3} = \frac{4}{21}$

- *manchmal kann man den Zähler dividieren:*

$\frac{8}{9} : 4 = \frac{8 : 4}{9} = \frac{2}{9}$

Vorsicht bei gemischter Schreibweise

Seite 25

- *immer erst in den unechten Bruch umwandeln*

$2\frac{2}{3} : 4 = \frac{8}{3} : 4 = \frac{2}{3}$ $\qquad$ $3 \cdot 1\frac{2}{5} = 3 \cdot \frac{7}{5} = \frac{21}{5} = 4\frac{1}{5}$

Prozente und Dezimalzahlen

Seite 26
Seite 28

Prozente sind Brüche mit dem Nenner 100:

$\frac{1}{100} = 1\,\%$ $\qquad$ $\frac{100}{100} = 1 = 100\,\%$

Dezimalzahlen sind Zahlen mit Komma.

$\frac{7}{10} = 0{,}7$ $\quad$ Nenner 10 → 1 Nachkommastelle

$\frac{35}{100} = 0{,}35$ $\quad$ Nenner 100 → 2 Nachkommastellen

$\frac{5}{1000} = 0{,}005$ $\quad$ Nenner 1000 → 3 Nachkommastellen

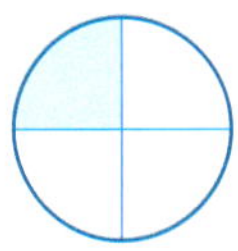

$\frac{1}{4} = \frac{25}{100}$ = 25 % = 0,25

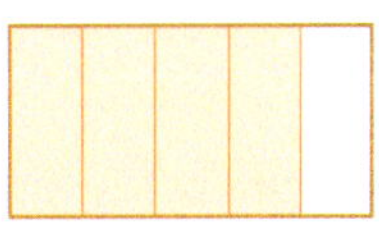

$\frac{4}{5} = \frac{80}{100}$ = 80 % = 0,8

Anwenden und Vertiefen – Anteile in Prozent

Seite 26

Anzahl gegeben – ***Anteil in Prozent gesucht***

6 von 15 Fischen sind Guppys.

Anteil als gekürzter Bruch: $\frac{6}{15} = \frac{2}{5}$ $\qquad$ *Anteil in Prozent:* $\frac{2}{5} = \frac{40}{100} = 40\,\%$

Antwort: 40 % von 15 Fischen sind Guppys.

Verhältnis

Seite 30

3 zu 5

Das Ganze besteht aus 8 Teilen – 3 rote Teile und 5 blaue Teile.

Anteile

$\frac{3}{8}$ und $\frac{5}{8}$

Wiederholen für die Klassenarbeit

Lösungen auf Seite 207

1 Brüche bestimmen

Gib für die gefärbten und die weißen Anteile den passenden Bruch an.

a) b) c) d) e) f)

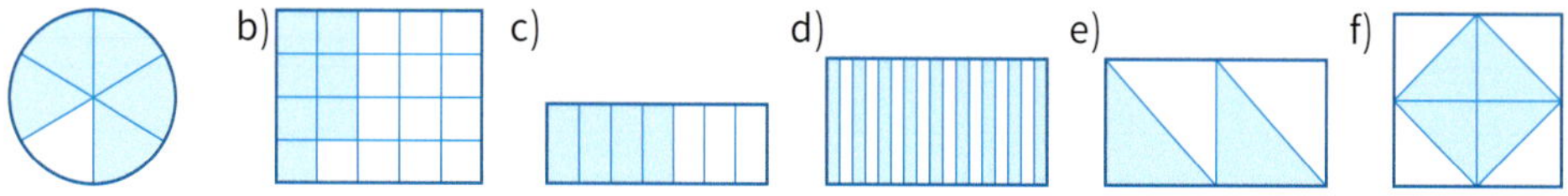

2 Den Teller nicht leer gegessen

Gib die Anteile der übrig gebliebenen Pizzen an. Begründe durch Vergleich der Brüche, wer am meisten, wer am wenigsten Pizza übriggelassen hat.

3 Rätselhafte Anteile

Zeichne die Figur ab. Welcher Anteil ist gefärbt? Begründe mithilfe weiterer Hilfslinien.

a) b) c) d)

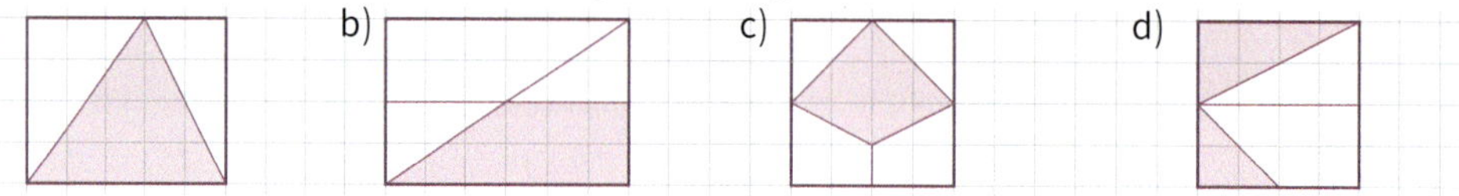

4 Brüche am Rechteck darstellen

Stelle den Bruch am Rechteck mit den Seitenlängen 3 cm und 4 cm dar.

a) $\frac{1}{2}$ b) $\frac{3}{4}$ c) $\frac{1}{3}$ d) $\frac{5}{6}$ e) $\frac{10}{12}$ f) $\frac{13}{24}$

5 Von Färbungen zu Brüchen

Gib den Anteil der gefärbten Fläche als Bruch an. Kürze den Bruch, wenn möglich.

a) b) c) d)

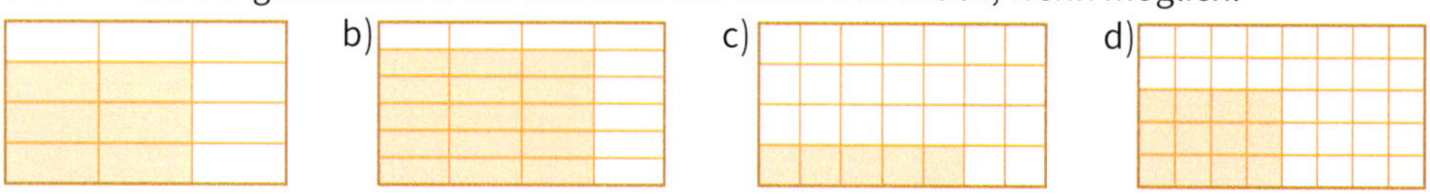

6 Gekürzt

Gib die Zahl an, mit der gekürzt wurde.

a) $\frac{6}{18} = \frac{1}{3}$ b) $\frac{14}{16} = \frac{7}{8}$ c) $\frac{16}{36} = \frac{4}{9}$ d) $\frac{9}{81} = \frac{1}{9}$ e) $\frac{25}{100} = \frac{1}{4}$ f) $\frac{12}{39} = \frac{4}{13}$

g) $\frac{34}{51} = \frac{2}{3}$ h) $\frac{18}{72} = \frac{1}{4}$ i) $\frac{3}{12} = \frac{1}{4}$ j) $\frac{12}{144} = \frac{1}{12}$ k) $\frac{19}{38} = \frac{1}{2}$ l) $\frac{375}{1000} = \frac{3}{8}$

7 Unechte Brüche im Bild

Gib den dargestellten Bruch als unechten Bruch und in der gemischten Schreibweise an.

a) b)

8 Unechte Brüche

Schreibe die Zahl als unechten Bruch.

a) $5\frac{1}{2}$ b) $3\frac{2}{3}$ c) $14\frac{1}{2}$ d) $7\frac{5}{9}$ e) $15\frac{1}{10}$ f) $8\frac{3}{7}$

Lösungen auf Seite 208

9 Gemischte Schreibweise

Schreibe den unechten Bruch in der gemischten Schreibweise.

a) $\frac{12}{5}$ b) $\frac{13}{4}$ c) $\frac{55}{23}$ d) $\frac{1001}{10}$ e) $\frac{219}{56}$ f) $\frac{51}{17}$

10 Vollständig kürzen

Kürze so weit wie möglich.

a) $\frac{18}{30}$ b) $\frac{15}{75}$ c) $\frac{36}{90}$ d) $\frac{192}{48}$ e) $1\frac{28}{42}$ f) $\frac{39}{42}$

11 Geschickt vergleichen durch Argumente

Welche Zahl ist größer? Setze die Zeichen <, > und begründe ohne Rechnung.

a) $\frac{2}{3} \square \frac{2}{5}$ b) $\frac{5}{6} \square \frac{4}{6}$ c) $\frac{2}{3} \square \frac{6}{9}$ d) $\frac{4}{5} \square \frac{4}{6}$ e) $\frac{3}{5} \square \frac{2}{7}$ f) $\frac{8}{9} \square \frac{9}{8}$

12 Gemeinsamer Nenner oder geschickt begründen

Untersuche, welcher Bruch der größere Bruch ist. Erweitere dazu auf einen gemeinsamen Nenner oder begründe.

a) $\frac{5}{6}$ oder $\frac{2}{3}$ b) $\frac{2}{9}$ oder $\frac{1}{6}$ c) $\frac{1}{2}$ oder $\frac{5}{8}$ d) $\frac{5}{6}$ oder $\frac{5}{9}$

e) $1\frac{1}{3}$ oder $2\frac{1}{3}$ f) $\frac{7}{30}$ oder $\frac{11}{45}$ g) $\frac{6}{5}$ oder $\frac{17}{18}$ h) $\frac{6}{21}$ oder $\frac{4}{15}$

13 Brüche ordnen

Ordne die Brüche der Größe nach, beginne mit dem kleinsten.

a) $\frac{1}{2}, \frac{3}{4}, 1\frac{1}{5}, \frac{3}{10}$ b) $\frac{4}{9}, \frac{1}{4}, \frac{7}{18}, \frac{5}{9}$ c) $\frac{5}{4}, \frac{8}{7}, \frac{7}{8}, \frac{3}{4}$ d) $\frac{15}{6}, \frac{19}{9}, 2\frac{1}{9}, 2\frac{1}{6}$

14 Anteil zum Ganzen ergänzen

Der Anteil ist dargestellt, ergänze zum Ganzen.

15 Brüche auf dem Zahlenstrahl

Gib die auf dem Zahlenstrahl markierten Zahlen an.

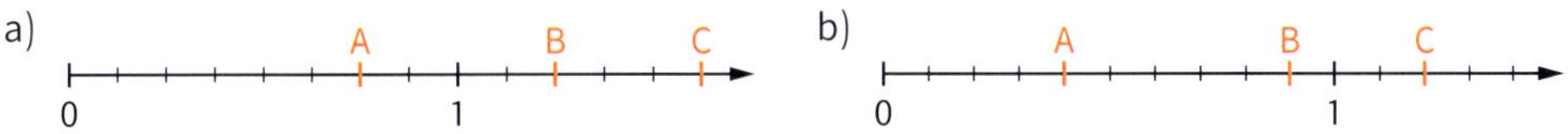

16 Platz auf dem Zahlenstrahl finden

Gib an, in welchem farbig markierten Bereich der Bruch liegt.

$\frac{2}{5}$ $\frac{14}{8}$ $\frac{13}{10}$ $\frac{25}{11}$ $\frac{17}{30}$ $\frac{16}{9}$ $\frac{29}{12}$ $\frac{29}{8}$

17 Zahlenstrahl zeichnen

Zeichne einen Zahlenstrahl. Teile den Zahlenstrahl sinnvoll ein und trage die Brüche ein.

$3\frac{1}{8}$ $\frac{1}{4}$ $\frac{3}{3}$ $\frac{13}{8}$ $\frac{3}{4}$ $\frac{9}{4}$ $\frac{15}{4}$ $\frac{7}{2}$

18 Platz zwischen zwei Brüchen finden

Gib zwei Brüche an, die zwischen den beiden Brüchen liegen.

a) $\frac{3}{7}$ und $\frac{5}{7}$ b) $\frac{8}{9}$ und 1 c) $\frac{199}{100}$ und 2 d) $\frac{1}{2}$ und $\frac{9}{16}$

19 Zahl gesucht

Von den drei markierten Zahlen liegt die zweite genau in der Mitte. Bestimme die fehlende Zahl.

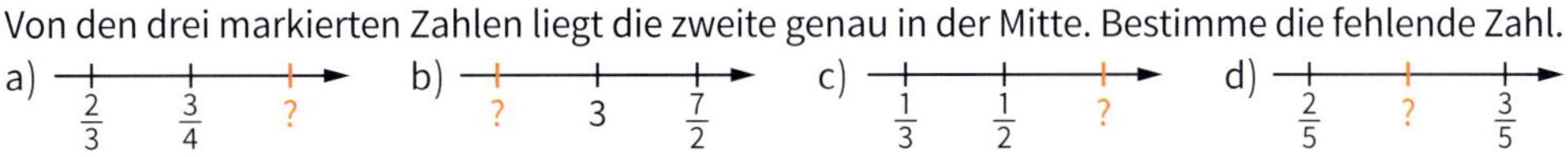

Lösungen auf Seite 209

20 ≡ Dichtheit

Nimm Stellung zu den Aussagen.

a) Zwischen $\frac{30}{80}$ und $\frac{31}{80}$ gibt es keinen Bruch mehr, der genau in der Mitte liegt.

b) Zwischen zwei Brüchen findet man immer wieder zwei Brüche.

21 ≡ Adam und Eva erben

Wer erbt mehr?

Begründe auf unterschiedliche Weise.

Testament
Adam soll $\frac{9}{20}$ des Vermögens erben.
Eva soll $\frac{7}{15}$ des Vermögens erben

22 ≡ Tage mit Sonnenschein

Michael, Ole und Jorin waren unterschiedlich lange im Urlaub. Michael hatte an 7 von 10 Tagen Sonnenschein, Ole an 3 von 5 Tagen und Jorin konnte an 8 von 14 Tagen in der Sonne spielen. Untersuche, wer das beste Wetter hatte.

23 ≡ Vervielfachen und Teilen

Berechne.

a) $3 \cdot \frac{5}{6}$ b) $\frac{3}{4} \cdot 12$ c) $\frac{6}{7} : 2$ d) $\frac{6}{7} : 7$ e) $\frac{7}{6} : 6$ f) $\frac{5}{7} \cdot 28$

g) $\frac{14}{3} : 7$ h) $\frac{14}{3} : 12$ i) $9 \cdot \frac{7}{3}$ j) $\frac{8}{9} : 4$ k) $4 \cdot 1\frac{1}{2}$ l) $3\frac{1}{4} \cdot 8$

24 ≡ Immer wenn

Setze die Sätze fort, sodass eine sinnvolle, wahre Aussage entsteht.

a) Wenn man den Nenner eines Bruches um 1 vergrößert, dann …

b) Wenn man den Zähler und den Nenner eines Bruchs verdoppelt, dann …

c) Wenn bei zwei Brüchen in gemischter Schreibweise die natürliche Zahl vor dem ersten Bruch größer ist als die natürliche Zahl vor dem zweiten Bruch, dann …

25 ≡ Brüche, Prozente und Dezimalzahlen

Übertrage die Tabelle in dein Heft und ergänze die Einträge.

Bruchschreibweise	$\frac{1}{4}$	■	■	■	$\frac{3}{5}$	■	$\frac{7}{20}$	■
Prozentangabe	■	30 %	45 %	■	■	12,5 %	■	■
Dezimalzahl	0,25	■	■	0,75	■	■	■	0,8

26 ≡ Anteile in Prozent

Bestimme den Anteil und gib ihn in Prozent an.

a) 16 m von 25 m b) 13 € von 20 € c) 70 € von 200 € d) 16 von 40 Leuten

27 ≡ Mischmasch aufräumen

Ordne die Zahlen der Größe nach, beginne mit der kleinsten Zahl.

$\frac{2}{5}$ 30 % $\frac{1}{4}$ $\frac{3}{10}$ $\frac{3}{8}$ 60 % 5 % $\frac{2}{3}$

28 ≡ Wahr oder falsch?

Überprüfe, ob die Aussage wahr ist. Gib eine Begründung an.

a) Wenn zwei Brüche denselben Nenner haben, ist der Bruch größer, der den größeren Zähler hat.

b) Es gibt unendlich viele verschiedene Möglichkeiten eine Zahl als Bruch darzustellen.

c) $1\frac{1}{2}$ sind 150 %.

d) 33 % sind ein Drittel.

29 ≡ Als Bruch schreiben

a) 0,3 b) 0,25 c) 0,01 d) 0,125 e) 37 % f) 0,028

g) 1,03 h) 7% i) 0,703 j) 6 % k) 15 % l) 0,123

Lösungen auf Seite 210

30 ☰ **Als Dezimalzahl schreiben**

a) $\frac{7}{100}$ b) $\frac{103}{1000}$ c) $\frac{1}{4}$ d) $\frac{19}{50}$ e) $\frac{3}{4}$ f) $\frac{2031}{1000}$

31 ☰ **In Prozent schreiben**

a) 0,75 b) 0,4 c) 1,1 d) $\frac{9}{10}$ e) $\frac{51}{100}$ f) $\frac{3}{5}$

32 ☰ **Der alte Scheich und seine 17 Kamele**

Vor langer Zeit lebte im Orient ein alter Scheich, der hatte siebzehn Kamele, sie waren sein ganzes Vermögen. Der Scheich hatte drei Söhne und als er im Sterben lag schrieb er in sein Testament: Der älteste soll die Hälfte, der mittlere soll ein Drittel und der jüngste ein Neuntel meines Vermögens erhalten.

Als der Scheich verstorben war, merkten die Söhne schnell, dass die Aufteilung der 17 Kamele so nicht möglich war. Sie waren ratlos.

Da ritt ein weiser Derwisch auf seinem Kamel vorbei und hörte von dem Problem. Er gab den Söhnen sein Kamel dazu, damit war das Aufteilen leicht. Am Ende blieb das Kamel des weisen Derwischs übrig und er ritt fröhlich davon. Erkläre, warum das möglich war.

33 ☰ **Kosten vor Gericht**

Die Gerichtskosten in Höhe von 4438 € sollen zwischen Frau Hahn und Herrn Henne im Verhältnis 3 zu 4 aufgeteilt werden. Bestimme den Betrag, den jede Person bezahlen muss.

34 ☰ **Strecken teilen**

Zeichne eine 12 cm lange Strecke. Teile die Strecke im angegebenen Verhältnis.

a) 3 zu 1 b) 1 zu 5 c) 7 zu 5 d) 3 zu 3 e) 1 zu 2 f) 4 zu 2

35 ☰ **Mischungen**

Gib die Anteile und das Mischungsverhältnis an.

a) b) c)

36 ☰ **Lötzinn**

Mit Lötzinn werden Metalle durch Löten verbunden. Lötzinn ist eine Mischung aus Zinn und Blei, die aus 3 Teilen Zinn und 7 Teilen Blei bestehen kann. Bestimme die Anteile als Bruch und die Mengen von Zinn und Blei in 60 g Lötzinn.

37 ☰ **Mürbeteig**

Jule benötigt 1,8 kg Mürbeteig. Dieser besteht aus Zucker, Butter und Mehl im Verhältnis 1 zu 2 zu 3. Bestimme die Anteile als Bruch und die Mengen der Zutaten.

38 ☰ **Brüche in der Musik**

Musiklehrer Herr Wessel hat in einen Viervierteltakt diese Notenwerte eingetragen: einmal $\frac{1}{8}$, zweimal $\frac{1}{16}$, zweimal $\frac{1}{4}$ und noch einmal $\frac{1}{8}$. Untersuche, ob das möglich ist.

2 Kreise und Winkel

Kornkreise sorgen weltweit immer wieder für Aufsehen. Es sind komplexe geometrische Muster in einem Getreidefeld, in denen die Kornhalme in einer regelmäßigen Weise umgeknickt, gebogen oder abgemäht worden sind. Sichtbar sind sie häufig erst von einer erhöhter Stelle oder aus der Luft.

Die Entstehung von Kornkreisen ist bis heute nicht eindeutig geklärt und gibt Raum für zahlreiche Theorien und Spekulationen. Während einige Menschen an außerirdische Aktivitäten oder übernatürliche Kräfte glauben, gehen Wissenschaftler von natürlichen Ursachen aus. Eine gängige Erklärung sind starke Luftwirbel, die die Halme zu Boden drücken.

- **Wie findet man den Mittelpunkt eines Kreises?**
- **Wie erzeugt man Kreismuster?**
- **Was ist ein Winkel?**

2.1 Kreise

Beim Fußball darf die Mannschaft, die den Anstoß nicht ausführt, den Mittelkreis nicht betreten.

- Warum ist der Anstoßbereich kein Quadrat?
- Beschreibe, wie der Anstoßkreis gezeichnet werden kann.

WES-109211-014

Kreis

Alle Punkte eines Kreises haben vom **Mittelpunkt** M den gleichen Abstand. Dieser Abstand wird **Radius** r genannt. Der **Durchmesser** d eines Kreises ist doppelt so groß wie sein Radius r: $d = 2 \cdot r$

Kreise kann man zum Beispiel mit einem Zirkel oder mit einem Bindfaden, einer Nadel und einem Bleistift zeichnen.

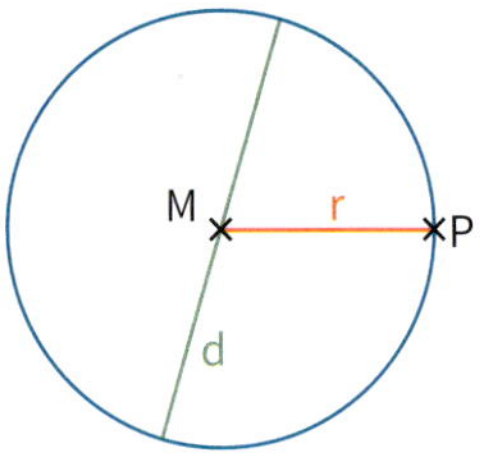

Einen Kreis mit dem Zirkel zeichnen

Zeichne einen Kreis um den Punkt M mit dem Radius 2 cm.

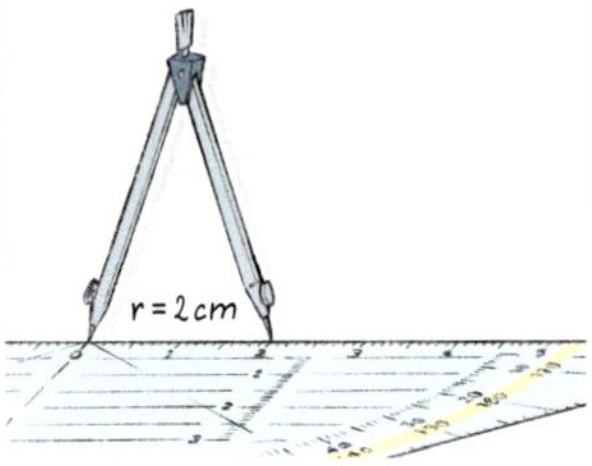

Den Radius r = 2 cm am Zirkel mithilfe eines Lineals einstellen.

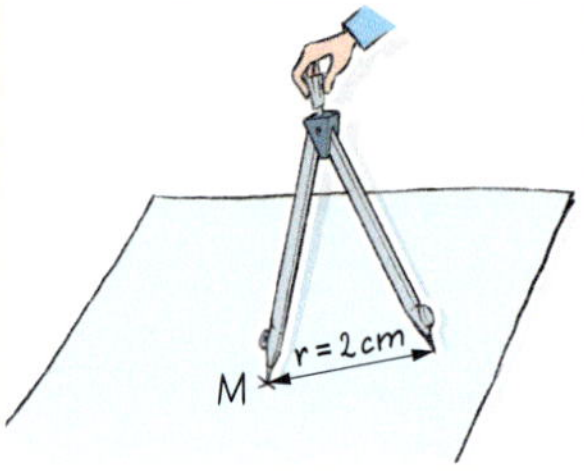

Den Zirkel mit der Spitze in den Mittelpunkt des Kreises einstechen.

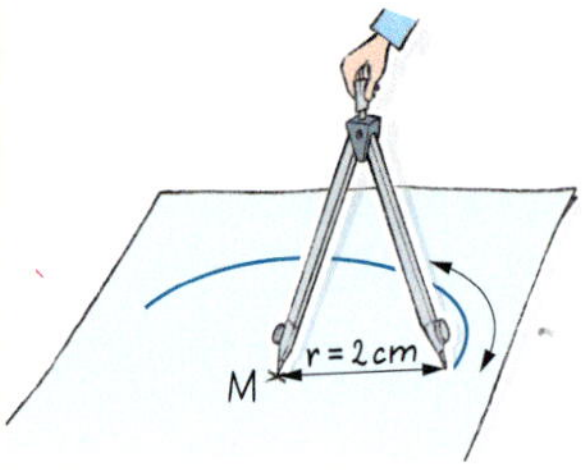

Bleistiftspitze vorsichtig aufsetzen und den Kreis zeichnen.

1 **Kreise zeichnen**

a) Zeichne Kreise mit den Radien 2 cm, 3 cm, 4 cm und 4,5 cm.

b) Zeichne zwei Punkte A und B, die 6 cm voneinander entfernt sind, und einen Kreis mit dem Durchmesser $\overline{AB}$.

2 **Radius und Durchmesser eines Kreises**

Bestimmt abwechselnd die fehlenden Werte und nennt sie euch gegenseitig.

Radius r	5 cm	■	■	25 cm	■	■
Durchmesser d	■	12 cm	64 mm	■	2,30 m	0,65 km

3 **Schnittpunkte von Kreisen**

Zwei Kreise können unterschiedlich viele gemeinsame Punkte haben. Zeichne zwei Kreise mit dem Radius 4 cm so, dass sie die angegebene Anzahl von gemeinsamen Punkten haben.

a) zwei gemeinsame Punkte b) ein gemeinsamer Punkt c) kein gemeinsamer Punkt

4 **Kreise im Koordinatensystem**

a) Zeichne die Punkte A(2|1), B(5|2), C(8|2), D(8|5), E(8|9), F(6|7), G(1|8), H(3|4) und den Punkt M(5|5) in ein Koordinatensystem.

b) Zeichne durch jeden der Punkte A bis H einen Kreis um den Mittelpunkt M. Miss die Radien der Kreise.

Prüfe dich!
Lösungen auf Seite 211

5 Zeichne im Koordinatensystem einen Kreis um den Mittelpunkt M (5 | 6) mit dem Radius 5 cm. Gib an, ob die Punkte A (5 | 1), B (8 | 4), C (3 | 2), D (10 | 12), E (1 | 9), F (8 | 2), G (5 | 10) und H (1 | 2) auf dem Kreis, im Inneren des Kreises oder außerhalb des Kreises liegen.

6 Zeichne einen Kreis um den Mittelpunkt M, der durch den Punkt P geht. Miss den Radius.
a) M (4 | 5); P (8 | 5)   b) M (6 | 5); P (6 | 10)   c) M (5 | 5); P (2 | 1)   d) M (7 | 5); P (3 | 6)

7 **Quadrat und Kreis**

Zeichne ein Quadrat mit der Seitenlänge 4 cm.

a) Zeichne einen Kreis, der genau in das Quadrat passt. Wo liegt der Mittelpunkt des Kreises? Bestimme den Durchmesser des Kreises.
b) Zeichne einen Kreis, in den das Quadrat genau hineinpasst. Miss den Durchmesser dieses Kreises.

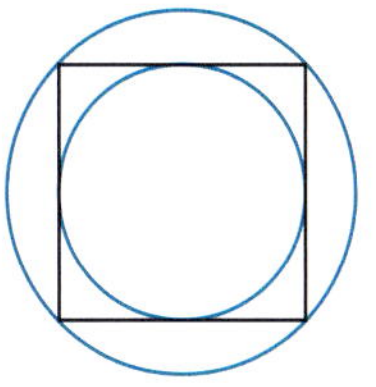

8 **Rettungshubschrauber**

In Hannover ist der Rettungshubschrauber „Christoph 4“ stationiert, der alle Orte bis zu einer Entfernung von 50 km anfliegen kann.

a) Bestimme auf der Karte alle Orte, die im Einsatzbereich des Hubschraubers liegen.
b) Gib die Orte an, die der Rettungshubschrauber zusätzlich anfliegen muss, wenn er für Orte bis zu einer Entfernung von 100 km zuständig ist.

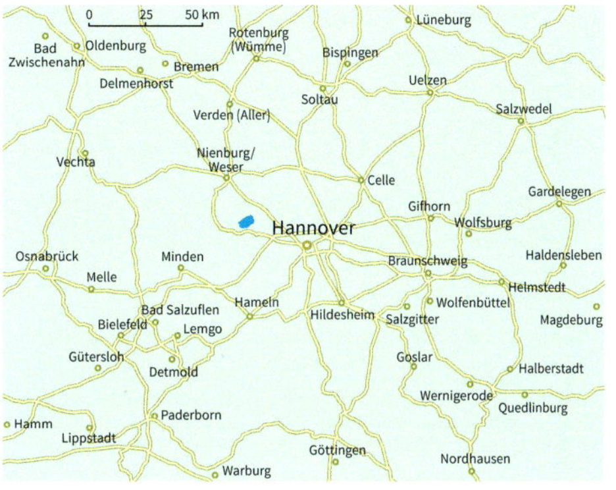

9 Mit dem Radarsystem auf der Insel können alle Schiffe geortet werden, die nicht mehr als 25 km vom Sender entfernt sind. Zeichne die Karte mit den Positionen der Schiffe in dein Heft und beantworte die Fragen mithilfe eines passenden Kreises.

a) Welche der eingezeichneten Schiffe befinden sich im Sendebereich?
b) Gibt es Schiffe, die sich gerade an der Grenze befinden?

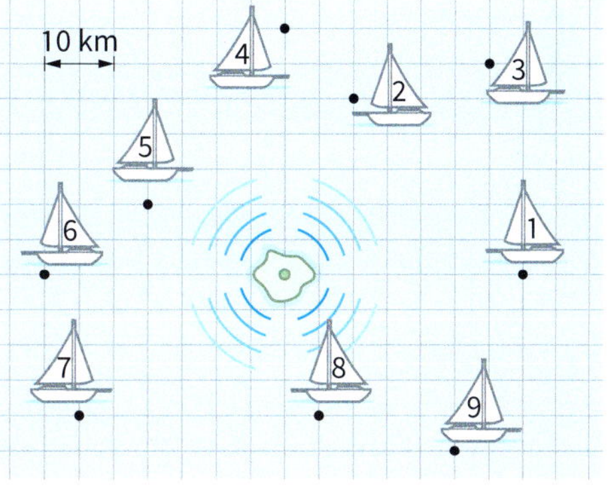

10 **Sparschwein**

Ein Sparschwein hat einen 2 cm langen und 3 mm breiten Schlitz zum Einwerfen der Münzen.

a) Welche Euro-Münzen (1 ct, …, 2 €) passen in das Sparschwein?
b) Welche Maße muss der Schlitz haben, damit alle Euro-Münzen hineinpassen?

11 **Kann das stimmen?**

a) Ein Kreis mit dem Durchmesser 10 cm hat einen Radius von 3 cm.
b) Paul hat den Radius einer 1-Euro-Münze mit 23 mm gemessen.
c) Eine 2-Cent-Münze hat den doppelten Radius einer 1-Cent-Münze.

2.2 Konstruieren mit Kreisen

Ben weiß schon, dass man sechs identische gleichseitige Dreiecke zu einem (regelmäßigen) Sechseck zusammenlegen kann.
Anne hat die Idee, dass man mit einem Zirkel das gleiche Sechseck auf andere Weise erhalten kann.
Finde anhand der Skizze heraus, wie Anne vorgegangen ist, und schreibe eine (stichpunktartige) Anleitung für jemanden, der die Abbildungen nicht zur Verfügung hat.

Ben:

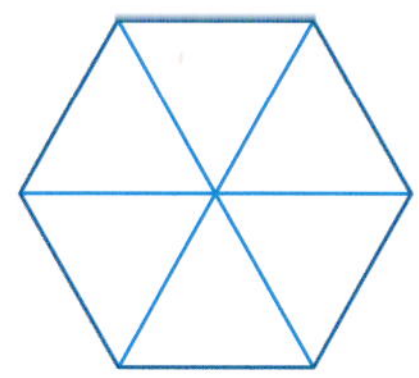

Anne:

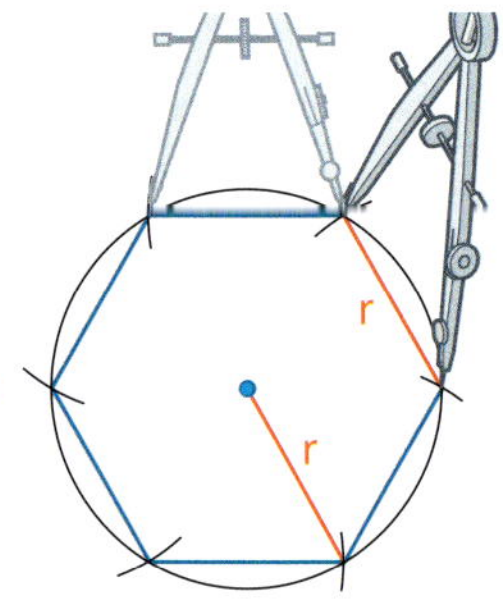

WES-109211-015

Konstruktion

Eine **Konstruktion** besteht aus
- Zeichnung
- **Konstruktionsbeschreibung**
- Begründung.

Verwende zum Zeichnen Bleistift, Lineal und Zirkel.

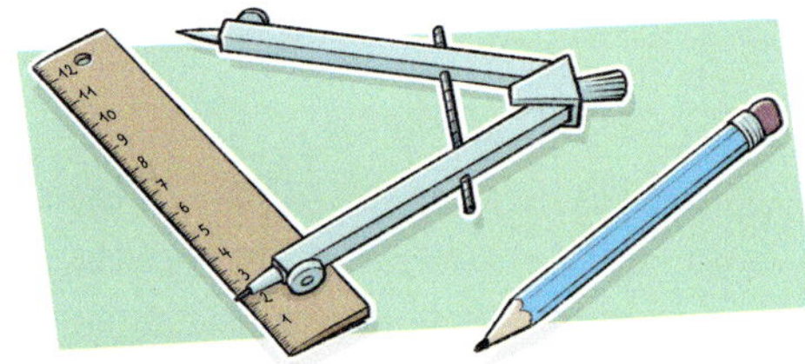

Konstruktion eines gleichseitigen Dreiecks

Beschreibe die Konstruktion eines gleichseitigen Dreiecks.

Zeichnung

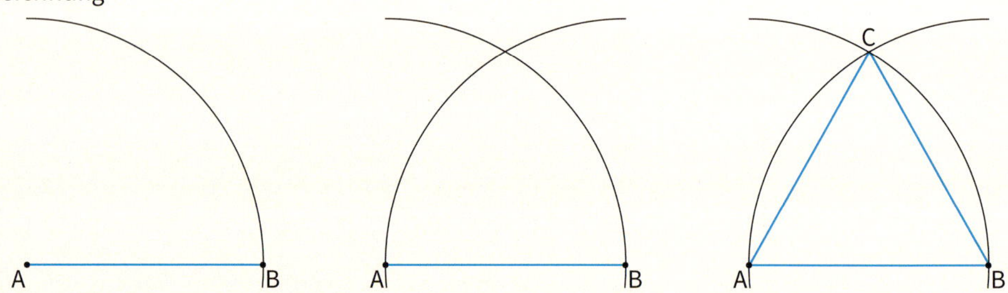

Konstruktionsbeschreibung

Zeichne einen Kreis um A mit Radius $\overline{AB}$.	Zeichne einen Kreis um B mit Radius $\overline{AB}$.	Der Schnittpunkt der Kreise ist der dritte Eckpunkt C.

Begründung

Auf dem Kreis liegen alle Punkte, die von A genauso weit entfernt sind wie A von B.	Auf dem Kreis liegen alle Punkte, die von B genauso weit entfernt sind wie A von B.	Der Schnittpunkt C ist zu A und B jeweils genauso weit entfernt wie A von B.

1 **Konstruktion eines gleichschenkligen Dreiecks**
Konstruiere ein gleichschenkliges Dreieck ABC mit $|AB| = 5\,cm$ und $|AC| = |BC| = 3\,cm$.

2 **Konstruktion mit Kreisen**
Konstruiere die Kreisfigur mithilfe der Konstruktionsbeschreibung. Welches besondere Viereck entsteht?

> Zeichne zwei Punkte.
> Zeichne um die beiden Punkte je einen Kreis mit dem gleichen Radius so, dass sich die beiden Kreise schneiden.
> Verbinde die Schnittpunkte der beiden Kreise mit den Mittelpunkten der Kreise.

3 Konstruktionsbeschreibung ausführen

a) Konstruiere die Figur nach der Konstruktionsbeschreibung. Begründe, welche Art von Viereck man mit dieser Konstruktion erhält.

Zeichne eine Strecke $\overline{AC}$ mit der Länge 7 cm.
Zeichne einen Kreis mit Radius 5 cm um den Punkt A.
Zeichne einen Kreis mit Radius 4 cm um den Punkt C.
Benenne die Schnittpunkte der beiden Kreise mit B und D.
Verbinde zum Viereck ABCD.

b) Denkt euch ähnliche Konstruktionsbeschreibungen aus und gebt sie anderen zur Ausführung.

4

Zeichne die Strecke $\overline{AB}$ mit der Länge 4 cm. Zeichne um A und um B je einen Kreis mit dem Radius $r = 4$ cm. Verbinde die beiden Schnittpunkte der Kreise mit den Punkten A und B. Es entstehen zwei Dreiecke. Welche Eigenschaft haben diese beiden Dreiecke?

Prüfe dich!
Lösungen auf Seite 211

5 Vielecke konstruieren

Konstruiere das regelmäßige Vieleck ohne zu messen auf einem Papier ohne Kästchen.

a)

b)
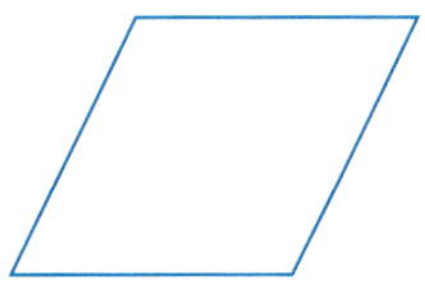

c)
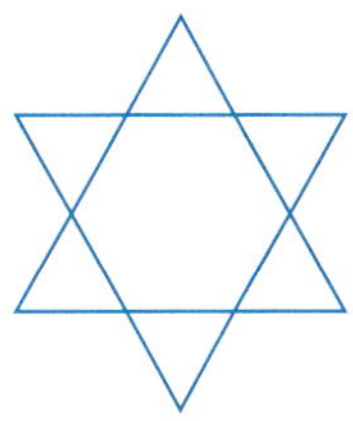

6 Kreismuster aus einem gleichseitigen Dreieck

Konstruiere ein gleichseitiges Dreieck mit der Seitenlänge $a = 4$ cm. Zeichne dann jeweils drei gleich große Kreise um die Eckpunkte des Dreiecks mit dem Radius $r = 3$ cm. Bestimme die Anzahl der Schnittpunkte der Kreise miteinander. Zeichne farbig die Bereiche ein, die jeweils von zwei (drei) Kreisen überdeckt werden.

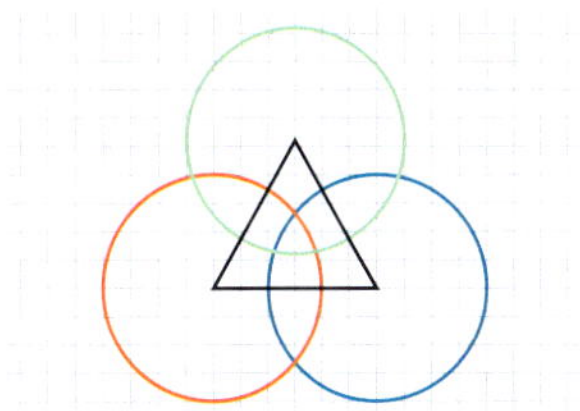

7 Das Viereck im Kreis

Falte einen Kreis zweimal in der skizzierten Weise.
Verbinde die vier Schnittpunkte der beiden Durchmesser mit dem Kreis zu einem Viereck.
Begründe, um welche Art von Viereck es sich handelt.

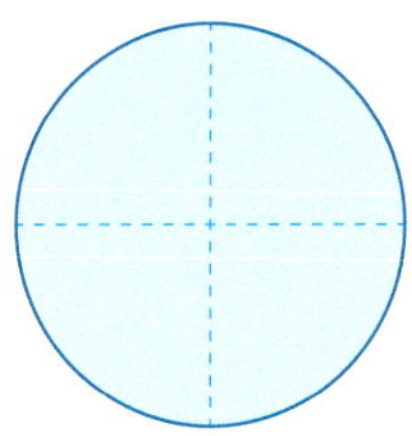

8 Mittelpunkt eines Kreises

Zeichne mithilfe eines Bechers einen Kreis auf Pappe.
Schneide den Kreis aus.
Versuche, den Mittelpunkt des Kreises mit den dargestellten Methoden zu finden.

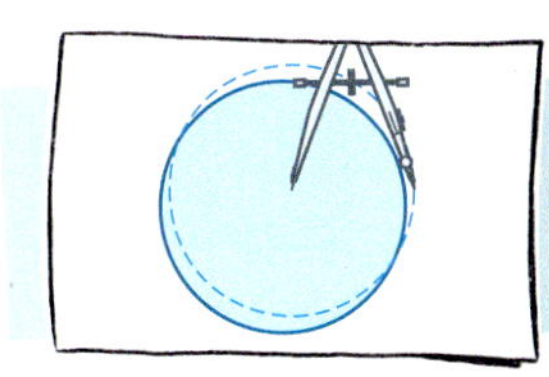

Probieren mit dem Zirkel

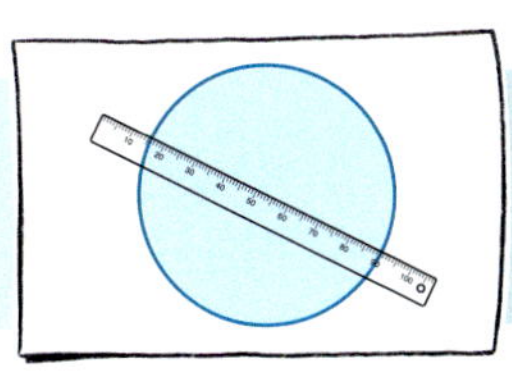

Probieren mit dem Lineal

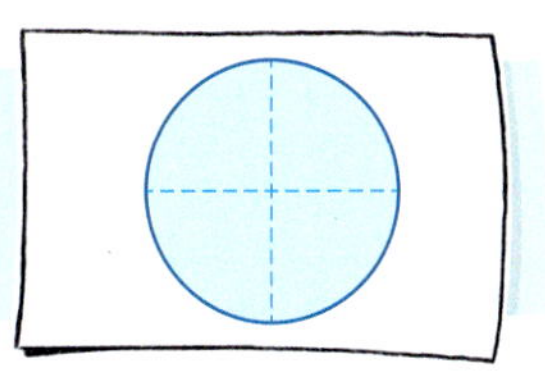

Durch Falten bestimmen

2.3 Winkel

Cem und Doreen haben Winkelscheiben hergestellt. Dazu haben sie aus farbigem Papier Kreise ausgeschnitten, diese entlang eines Radius eingeschnitten und ineinander gesteckt. Bei Cem haben die Kreise einen Radius von 5 cm und bei Doreen von 12 cm. Doreen behauptet, dass ihr blauer Winkel größer sei. Was meinst du dazu?

Cem: Doreen:

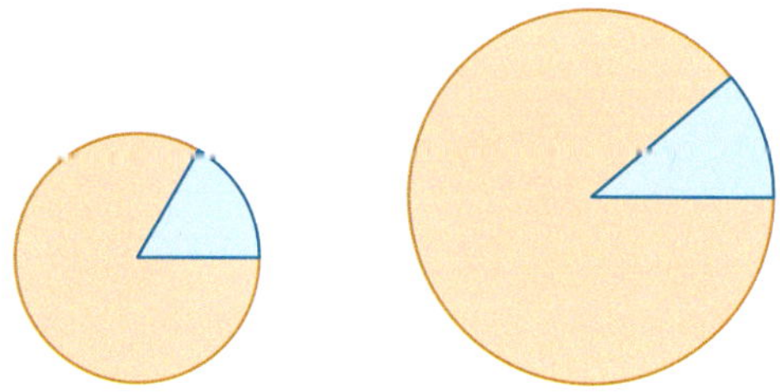

WES-109211-016

Winkel

Ein **Winkel** wird durch den **Scheitelpunkt** S und zwei **Schenkel** g und h festgelegt.
Durch die beiden Schenkel entstehen zwei Winkel.
Zur Bezeichnung von Winkeln verwendet man kleine griechische Buchstaben, hier α und β.

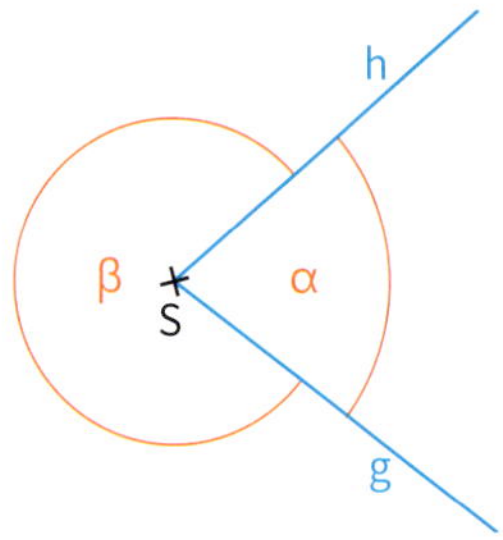

Winkel werden in verschiedene **Winkelarten** eingeteilt.

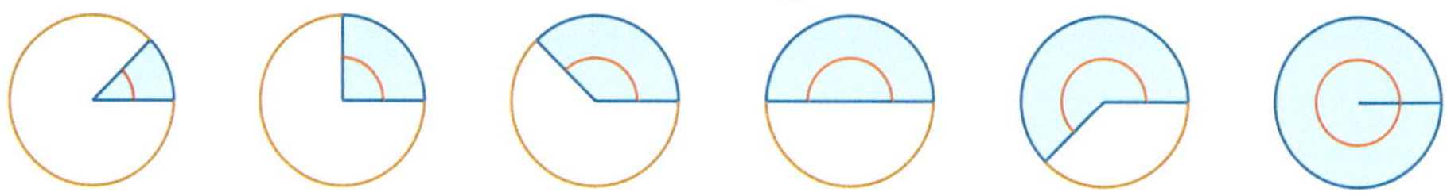

spitzer Winkel | rechter Winkel | stumpfer Winkel | gestreckter Winkel | überstumpfer Winkel | Vollwinkel

Winkel erkennen und bezeichnen

Gib den Scheitelpunkt, die Schenkel und die Winkelart an.
Der Scheitelpunkt S ist der Schnittpunkt von g, h und k.
α liegt zwischen g und k, α ist ein spitzer Winkel.
β liegt zwischen h und g, β ist ein stumpfer Winkel.
γ liegt zwischen k und h, γ ist ein überstumpfer Winkel.

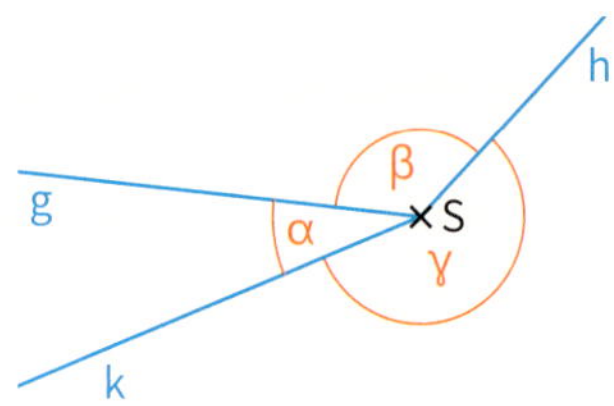

1 **Winkel im Alltag**

a) Beschreibe den Scheitelpunkt und die beiden Schenkel. Gib die Winkelart an.

(1)

(2)

(3)

(4)

b) Finde weitere Beispiele aus deiner Umwelt.

2 Winkel skizzieren

Fertige zu der Situation eine Skizze an, in der man den Winkel erkennen kann.

a) Der Böschungswinkel eines Deiches an der Nordseeküste.

b) Der Neigungswinkel des schiefen Turms von Pisa.

c) Der Steigungswinkel einer Auffahrrampe.

3 Winkelart bestimmen

a) 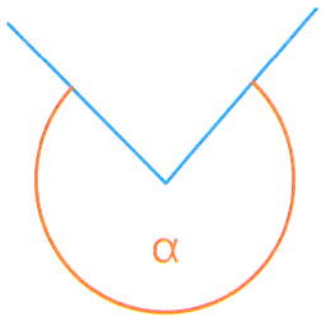

b) 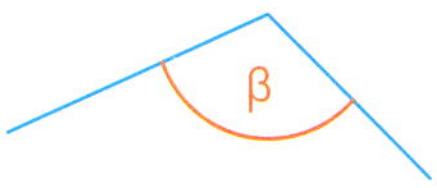

c) 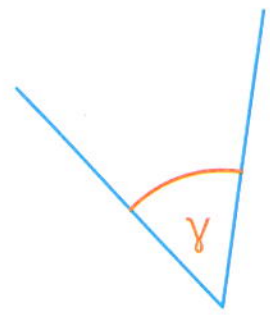

d) 

4 Winkelarten im Alltag

Gib an, um welche Winkelart es sich handelt.

5 Die Dachneigung gibt an, wie steil ein Dach ist. Beschreibe, wo sich in der Abbildung der Scheitelpunkt und die Schenkel des entsprechenden Dachneigungswinkels befinden. Welche Winkelart hat der Dachneigungswinkel? Welche Art hat der Winkel an der Spitze?

Prüfe dich!
Lösungen auf Seite 211

6 Der tote Winkel

Radfahrer sind im Straßenverkehr durch abbiegende oder rangierende Lkw besonders gefährdet. Informiere dich über den sogenannten toten Winkel.

- Warum ist der tote Winkel so gefährlich?
- In welchem Bereich kann dich der Lkw-Fahrer sehen?
- Wie kann der tote Winkel vermieden werden?
- Wie solltest du dich verhalten?

7 Sehwinkel bei Lebewesen

a) Ermittle deinen Sehwinkel, indem du die gestreckten Arme solange nach außen bewegst, bis du deine Hände gerade noch sehen kannst, ohne den Kopf zu bewegen.

b) Vergleiche mit dem Sehwinkel anderer Tiere. Gib an, welche Winkelart jeweils vorliegt.

2.4 Winkel messen

Vorbereiten
Geodreieck
Seite 196

Mit dem Geodreieck kannst du die Größe von Winkeln messen und zeichnen. Sieh dir den Halbkreis auf deinem Geodreieck genau an.

- Wie viele Teilstriche findest du darauf?
- Wo findest du Winkel von 90°, 45° und 150°?
- Warum steht 150° zweimal auf der Skala?
- Welcher Zusammenhang besteht zwischen den Werten 30° und 150°?
- Welche Bedeutung haben die Teilstriche außen am Geodreieck?

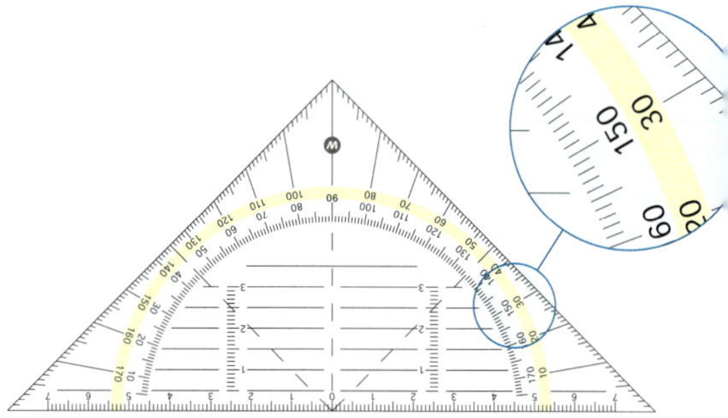

WES-109211-017

Winkel messen

Nutze zum Messen von Winkelgrößen die Teilstriche auf dem Halbkreis.

spitzer Winkel

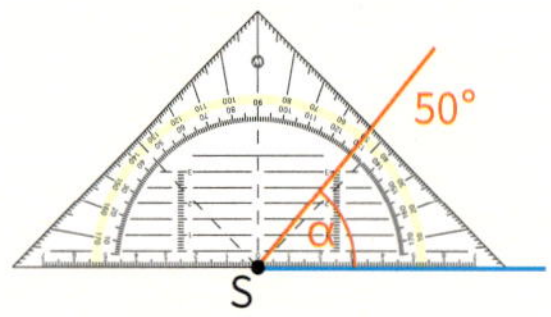

50° auf der Skala ablesen.

stumpfer Winkel

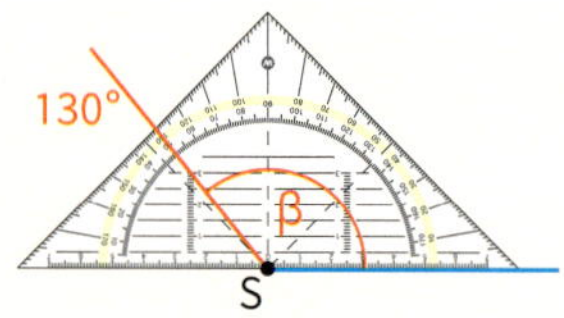

130° auf der Skala ablesen.

überstumpfer Winkel

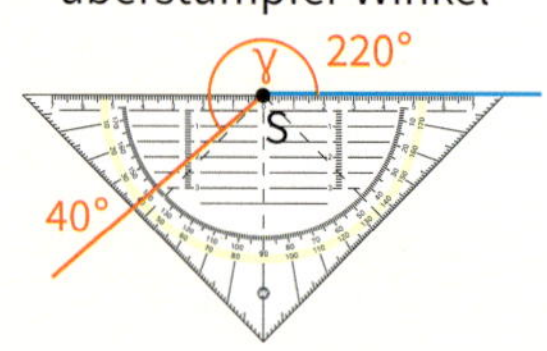

40° ablesen; 180° + 40° = 220°

1 Winkelgrößen der Winkelarten

Gib an, in welchen Größenbereichen sich die Winkelarten bewegen.

spitzer Winkel	rechter Winkel	stumpfer Winkel
gestreckter Winkel	überstumpfer Winkel	Vollwinkel

2 Winkel schätzen und messen

Zeichne die Punkte in ein Koordinatensystem. Schätze die Winkelgrößen in den Figuren und gib die Winkelarten an. Miss die Winkelgrößen mit dem Geodreieck.

a)

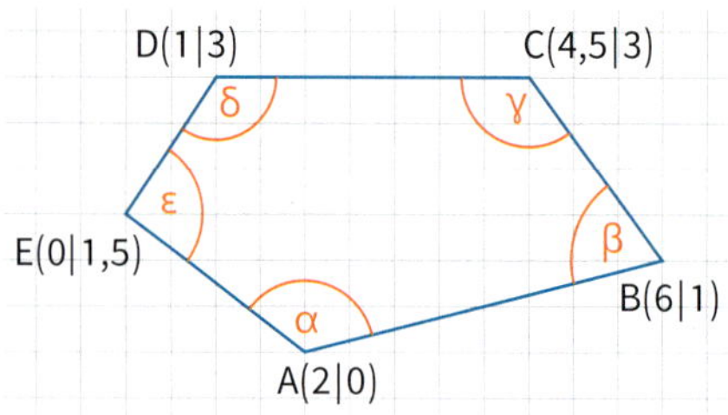

b) A(0|0), B(4|0), C(1|4)
c) A(3|2,5), B(6|2,5), C(2|6,5), D(2|3,5)
d) A(8|0), B(10|7), C(7|7), D(6|4)

3 Winkel im Koordinatensystem

Zeichne die Winkel im Koordinatensystem, miss die Winkelgrößen und gib die Winkelart an.

a) Scheitelpunkt S(2|1), die Schenkel verlaufen durch A(5|1) und B(2|5).
b) Scheitelpunkt S(4|6), die Schenkel verlaufen durch A(0|3) und B(3|0).
c) Scheitelpunkt S(3|3), die Schenkel verlaufen durch A(2|6) und B(2|0).

4 Winkel in Dreiecken

Durch die Punkte A, B und C wird ein Dreieck festgelegt. Zeichne das Dreieck ABC mit den Winkeln α, β und γ.

a) A(0|0), B(10|0), C(5|5)
b) A(2|1), B(6,5|0,5), C(3,5|2)
c) A(0|5), B(15|0), C(10|10)
d) A(0|2), B(5|0), C(7|3)

Miss die Größe der drei Winkel und bestimme die Winkelart.

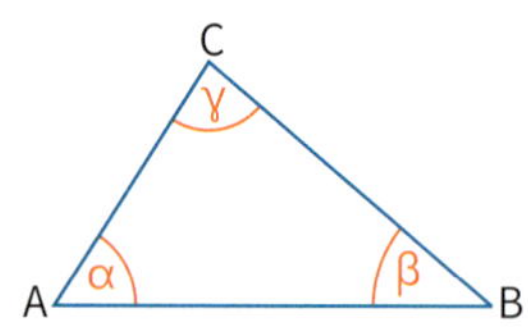

5 Übertrage die Figur in dein Heft. Wähle dazu 2 Kästchen für 1 cm. Miss die Winkelgrößen und gib jeweils die Winkelart an.

a)

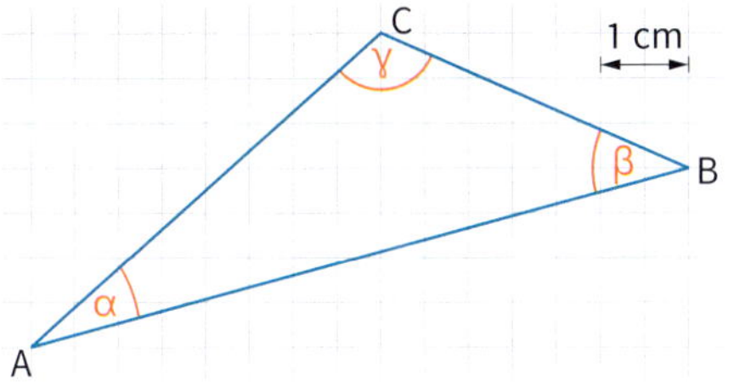

b)

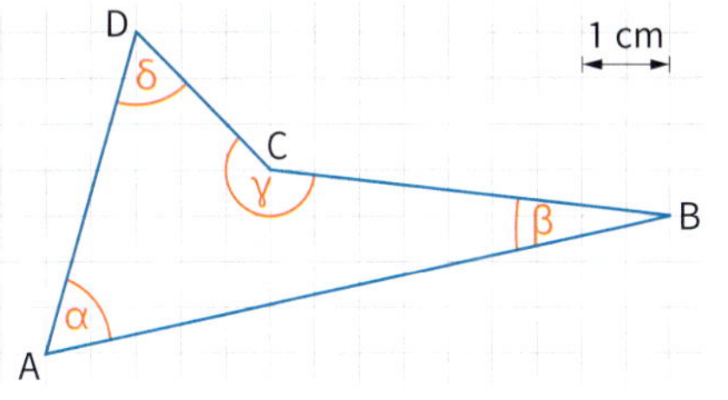

Prüfe dich! Lösungen auf Seite 211

6 **Winkel mit der Winkelscheibe schätzen und messen**

Ein Kind aus der Gruppe darf auf der Winkelscheibe einen Winkel einstellen. Die anderen schätzen dessen Größe. Wer am besten schätzt, stellt den nächsten Winkel ein. Zur Kontrolle messt ihr mit dem Geodreieck nach.

Spielvariante: Ein Kind nennt einen Winkel zwischen 0 und 360° und die anderen versuchen ohne Hilfsmittel, diesen auf ihrer Winkelscheibe einzustellen.

7 **Uhrzeiten**

Die beiden Zeiger bilden zwei Winkel. Bestimme die Größe der Winkel.

a)  b)  c)  d) 

8 **Kompassrose**

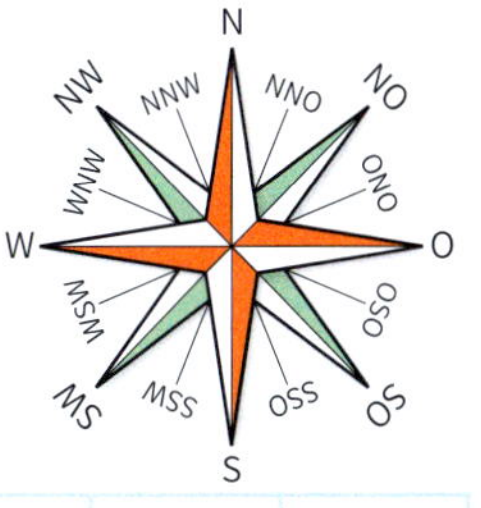

Zeichne eine Kompassrose mit 16 verschiedenen Himmelsrichtungen.

N = Nord, NO = Nordost, NNW = Nordnordwest, ...

a) Wie groß ist der Winkel zwischen N und W, O und NO, N und NNW?

b) Übertrage die Tabelle in dein Heft und fülle sie aus.

Winkel zwischen	O, NO	NW, SW	NNO, N	NO, S	SO, O	NNW, O	O, SO	NNO, O
Winkelgröße	45°							
Winkelart	spitz							

9 **Winkel messen mit einem dynamischen Geometrie-System**

Sara und Ahmed haben mit einem dynamischen Geometrie-System ein Dreieck gezeichnet. Sie wollen nun die entstandenen Winkel innerhalb des Dreiecks messen. Dazu klicken sie zunächst einen Schenkel an, dann den Scheitelpunkt und schließlich den zweiten Schenkel. Beim Winkel α hat das gut geklappt, bei den anderen beiden Winkeln jedoch nicht.

Probiere mit einem dynamischen Geometrie-System aus, wie du vorgehen musst. Welchen Tipp kannst du Sara und Ahmed geben?

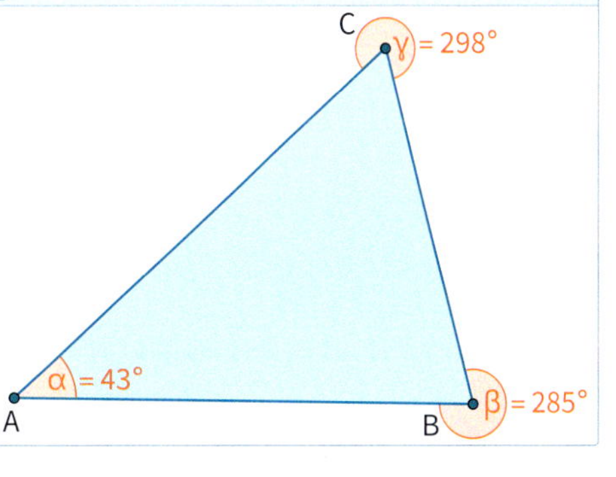

2.5 Winkel zeichnen

Vorbereiten
Geodreieck
Seite 196

Im Umgang mit der Winkelscheibe hast du schon das Schätzen von Winkeln beim Ablesen und Einstellen kennengelernt. Nun gibt ein Kind eine Winkelgröße vor und die anderen versuchen, einen Winkel dieser Größe mit dem Lineal zu zeichnen. Anschließend erst darf das Geodreieck zur Kontrolle verwendet werden.

WES-109211-018

Einen spitzen Winkel mit der Größe 40° zeichnen

1. Möglichkeit – durch Markieren

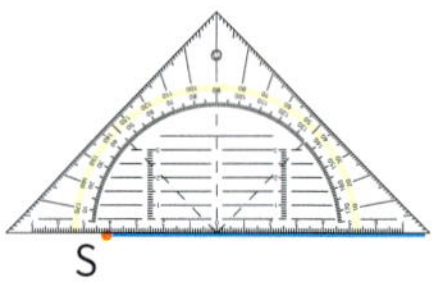

Scheitelpunkt S und einen Schenkel zeichnen

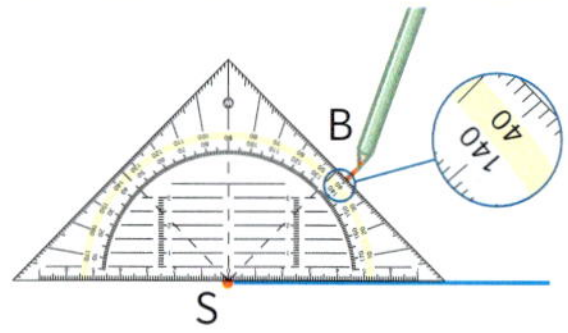

Geodreieck mit 0 am Scheitelpunkt anlegen, Punkt B bei 40° markieren

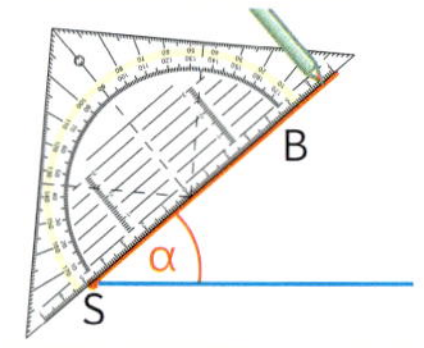

Schenkel durch die Punkte S und B zeichnen, Winkel kennzeichnen

2. Möglichkeit – durch Drehen

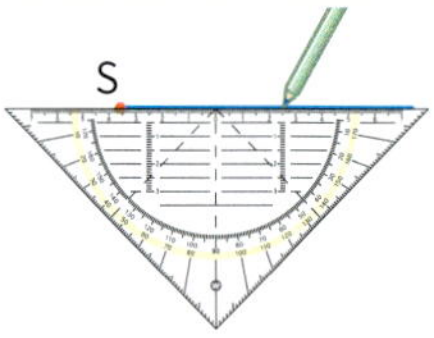

Scheitelpunkt S und einen Schenkel zeichnen

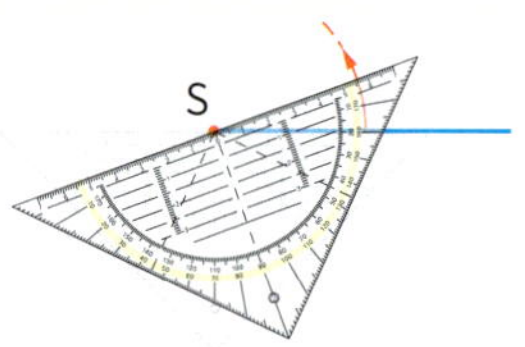

Geodreieck mit 0 am Scheitelpunkt anlegen, Geodreieck drehen

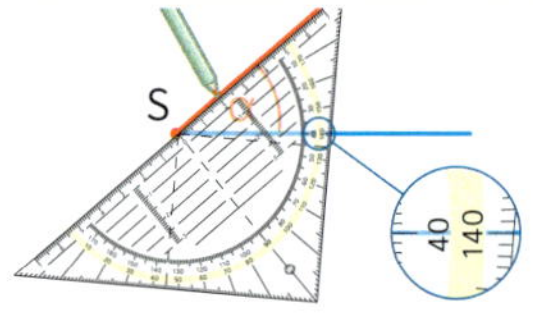

Geodreieck bis 40° drehen, Schenkel zeichnen

1 **Spitze Winkel zeichnen**

Zeichne den spitzen Winkel in dein Heft. Probiere beide Möglichkeiten aus.

a) $\alpha = 45°$ b) $\beta = 28°$ c) $\gamma = 80°$ d) $\delta = 30°$ e) $\varepsilon = 50°$ f) $\varphi = 72°$

2 **Winkel im Kreis**

Zeichne einen Kreis um einen Mittelpunkt M mit dem Radius 5 cm. Zeichne einen beliebigen Radius r ein. Zeichne an r einen 40° großen Winkel mit dem Scheitelpunkt M. Zeichne an diesen Winkel weitere Winkel mit 40°, 50°, 60°, 70° und 80°. Bestimme die Winkelgröße des Winkels bis zum Vollwinkel.

3 **Dreiecke zeichnen**

Zeichne ein Dreieck mit den Winkeln α und β und der Seite $|AB| = 10\,cm$.
Miss dann die Größe des Winkels γ.

a) $\alpha = 30°$, $\beta = 60°$ b) $\alpha = 40°$, $\beta = 70°$
c) $\alpha = 20°$, $\beta = 85°$ d) $\alpha = 37°$, $\beta = 59°$

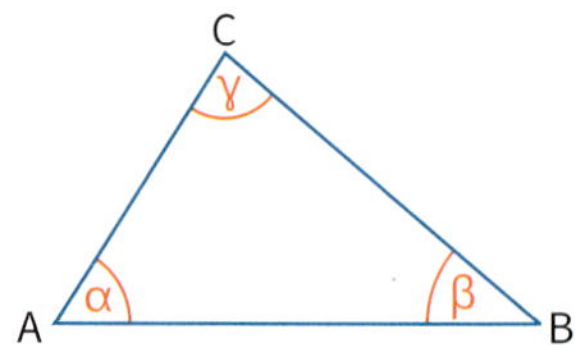

4 **Stumpfe Winkel zeichnen**
Zeichne die Winkel mit den angegebenen Winkelgrößen in dein Heft.
$\alpha = 140°$ $\beta = 100°$ $\gamma = 135°$ $\delta = 165°$

5 **Viereck mit stumpfen Winkeln**
Zeichne in dein Heft ein Viereck ABCD mit $\alpha = 150°$, $\beta = 120°$ und $|AB| = 5\,cm$, $|BC| = 5\,cm$ und $|AD| = 5\,cm$.
Miss die Länge der fehlenden Vierecksseite.
Wie groß sind γ und δ?

6 **Überstumpfe Winkel zeichnen**
Zeichne die Winkel mit den angegebenen Winkelgrößen mit beiden Möglichkeiten in dein Heft.
$\alpha = 200°$ $\beta = 300°$ $\gamma = 270°$ $\delta = 350°$

7 **Winkel im Koordinatensystem**
Durch den Scheitelpunkt S und den Punkt P ist ein Schenkel gegeben. Zeichne den Winkel α an den Schenkel SP.
a) $S(1|2)$, $P(4|0)$, $\alpha = 210°$
b) $S(3|4)$, $P(0|7)$, $\alpha = 340°$

Stumpfen Winkel von 110° zeichnen

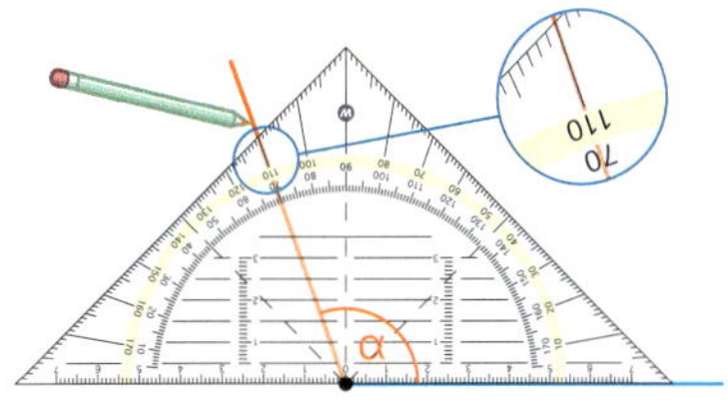

Geodreieck mit 0 am Scheitelpunkt anlegen, 110° markieren, zweiten Schenkel zeichnen

Überstumpfen Winkel von 310°zeichnen

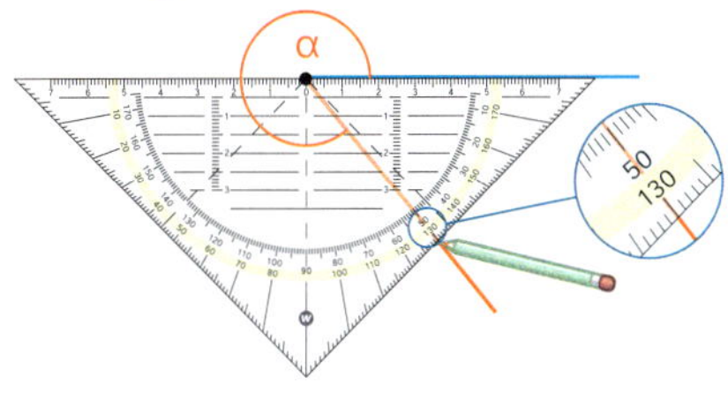

Geodreieck mit 0 am Scheitelpunkt anlegen;

zum gestreckten Winkel addieren:	vom Vollwinkel subtrahieren:
$\alpha = 180° + 130° = 310°$	$\alpha = 360° - 50° = 310°$

WES-109211-019

8 Zeichne jeweils einen Winkel der vorgegebenen Größe. Gib für jeden Winkel die Art an.
a) $\alpha = 45°$ b) $\beta = 60°$ c) $\gamma = 100°$ d) $\delta = 145°$ e) $\varepsilon = 320°$

9 a) Zeichne ein Dreieck ABC mit $\alpha = 35°$ und $\beta = 105°$. Miss die Größe des Winkels γ.
b) Zeichne eine Raute mit einem 55° großen Winkel. Miss die anderen Winkelgrößen.

Prüfe dich!
Lösungen auf Seite 212

10 **Torwinkel**
In der D-Jugend ist das Fußballtor 5 m breit. Ein Strafstoß wird aus einer Entfernung von 9 m zum Tor ausgeführt.
a) Erstelle eine maßstabsgerechte Zeichnung und miss die Größe des Torwinkels beim Neunmeter.
b) Suche auf dem Spielfeld weitere Punkte mit derselben Winkelgröße wie beim Neunmeter. Beschreibe die Lage solcher Punkte.

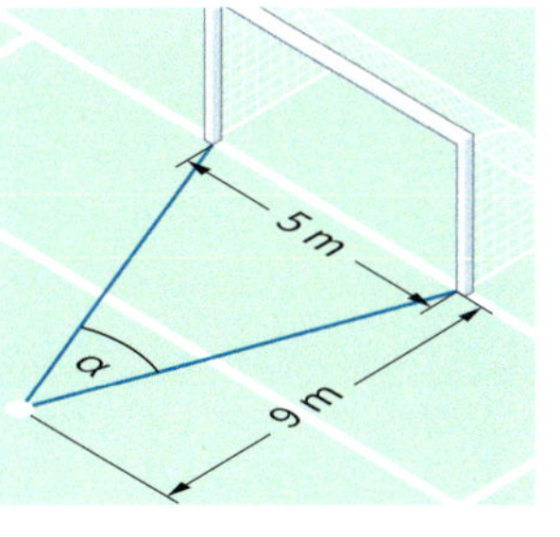

11 **Richtungswechsel**

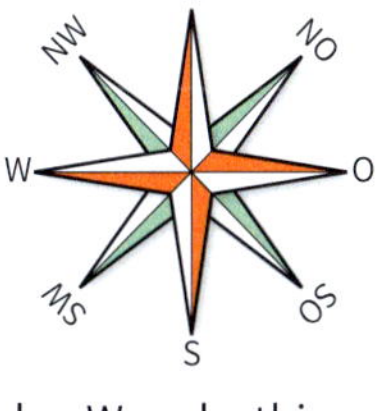

a) Ein Schiff fährt von einem Punkt A aus 5 km direkt in östlicher Richtung zu einem Punkt E. Dort ändert es seinen Kurs um 50° zur Nordrichtung hin und fährt von dort aus 7 km weiter zu einem Punkt F. Stelle fest, in welchem Winkel zur Nordrichtung und wie weit das Schiff fahren müsste, um von A direkt nach F zu gelangen.
b) Luca hat den Weg zum Eingang einer Höhle entdeckt. Er beschreibt Mia den Weg dorthin so: Gehe 50 m nach Norden. Drehe dich dann um 120° nach rechts und gehe 40 m geradeaus. Drehe dich anschließend um 90° nach links und gehe noch 80 m geradeaus. Zeichne den Weg zur Höhle und gib einen einfacheren Weg an.

Mein Merkzettel

Seite 42

Kreise

Kreis um den Mittelpunkt M mit dem Radius r

1. M zeichnen
2. Radius r einstellen
3. Kreis zeichnen

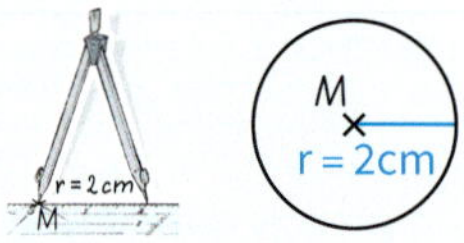

Kreis um den Mittelpunkt M durch den Punkt P

1. M zeichnen
2. Radius $\overline{MP}$ einstellen
3. Kreis zeichnen

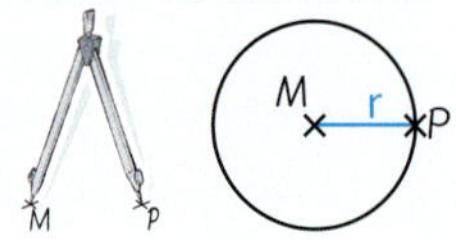

Der Durchmesser d ist doppelt so groß wie der Radius r: $d = 2 \cdot r$

Seite 48
Seite 50
Seite 51

Winkel messen und zeichnen

spitzer Winkel mit 40°

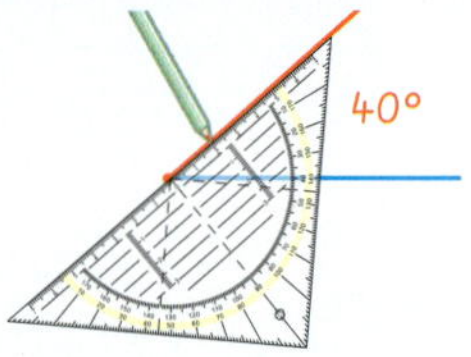

stumpfer Winkel mit 110°

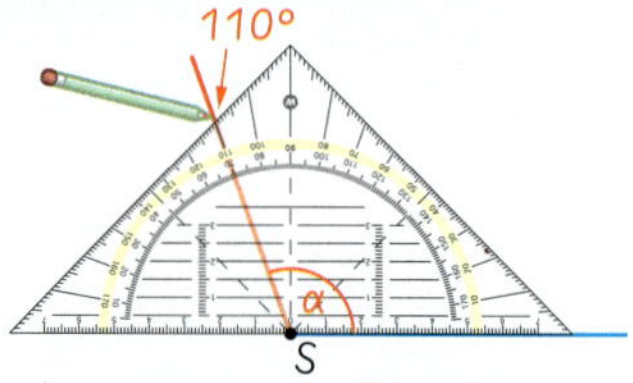

überstumpfer Winkel mit 310°

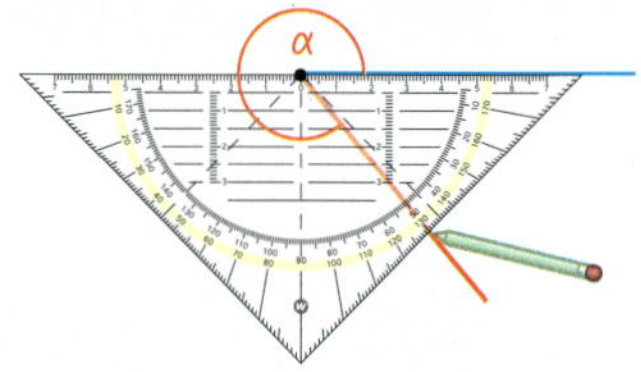

Seite 46

Winkel

Ein Winkel hat einen Scheitelpunkt S und zwei Schenkel, hier g und h.
α ist der Winkel zwischen g und h.
β ist der Winkel zwischen h und g, $\beta = 360° - \alpha$.

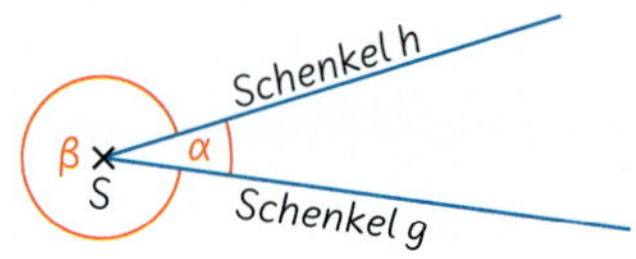

Griechische Buchstaben: α alpha β beta γ gamma δ delta ε epsilon φ phi

Seite 46
Seite 48

Winkelarten

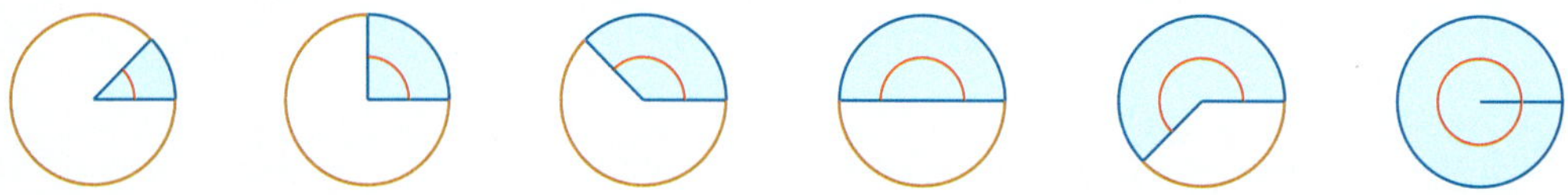

spitz	rechter Winkel	stumpf	gestreckt	überstumpf	Vollwinkel
$0° < \alpha < 90°$	$\alpha = 90°$	$90° < \alpha < 180°$	$\alpha = 180°$	$180° < \alpha < 360°$	$\alpha = 360°$

Seite 44

Konstruktion eines gleichschenkligen Dreiecks

Zeichnung

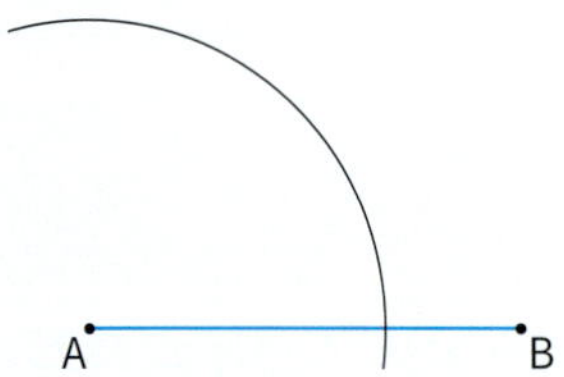

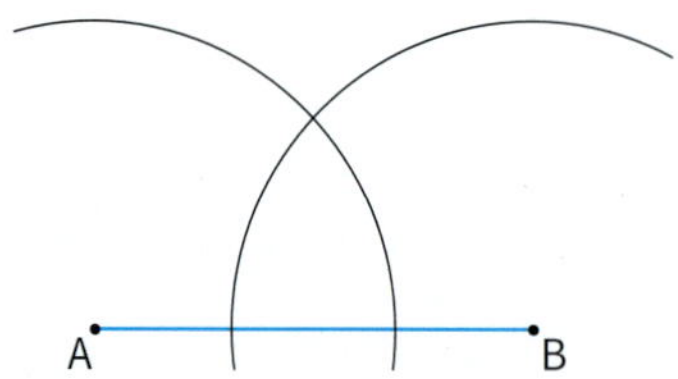

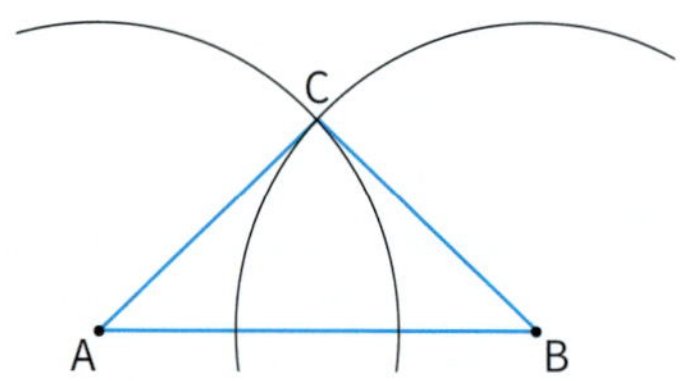

Konstruktionsbeschreibung

Zeichne einen Kreis um A.

Zeichne einen Kreis mit dem gleichen Radius um B.

Der Schnittpunkt der Kreise ist der dritte Eckpunkt C.

Begründung

Auf dem Kreis liegen alle Punkte, die von A gleich weit entfernt sind.

Auf dem Kreis liegen alle Punkte, die von B gleich weit entfernt sind.

Der Schnittpunkt C ist von A und B gleich weit entfernt.

Wiederholen für die Klassenarbeit

Lösungen auf Seite 212

1 Kreise zeichnen

Zeichne Kreise um einen Mittelpunkt M mit den Radien r = 2 cm, r = 3 cm, r = 4 cm und r = 5 cm. Färbe die entstehenden Ringe.

2 Kreis im Koordinatensystem

Zeichne die Punkte A(0|5), B(8|1), C(10|5) und D(9|8) in ein Koordinatensystem. Zeichne einen Kreis, der durch diese vier Punkte geht. Gib die Koordinaten des Mittelpunktes an. Miss den Radius des Kreises.

3 Winkel zeichnen

Zeichne Winkel mit 30°, 50°, 80°, 100°, 175° und 235°. Gib jeweils die Winkelart an.

4 Kreismuster mit gleichseitigen Dreiecken

Konstruiere die Muster auf Papier ohne Kästchen.

a) 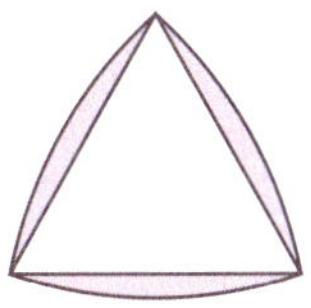

b) 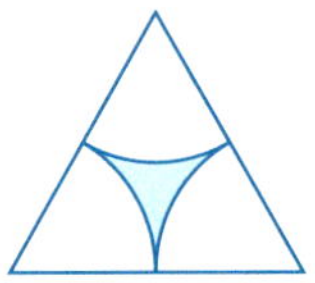

c) 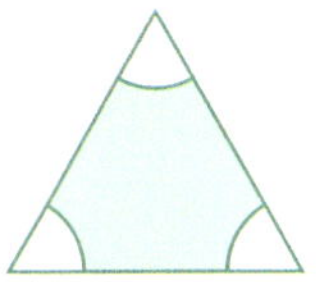

d) 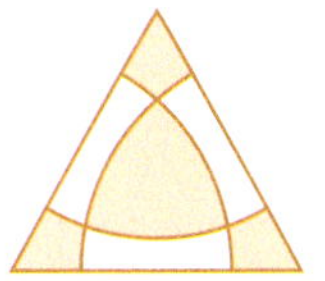

5 Winkel in Vierecken

Durch die Punkte A, B, C und D werden Vierecke beschrieben. Zeichne alle Vierecke in ein Koordinatensystem und miss jeweils die vier Innenwinkel.

a) A(0|0); B(4|0); C(3|5); D(1|4)
b) A(7|1); B(10|2); C(6|4); D(5|2)
c) A(1|5); B(5|7); C(7|7); D(4|8)
d) A(8|4); B(9|5); C(8|6); D(7|5)

6 Uhrzeiger

a) Welche Winkel werden gebildet um 15:00 Uhr, welche um 5:00 Uhr?
b) Um 16:30 Uhr bilden der große und der kleine Zeiger einer Uhr einen Winkel von 45°. Begründe.
c) Welche Winkel werden gebildet um 10:30 Uhr, welche um 1:30 Uhr?
d) Nenne verschiedene Uhrzeiten, bei denen der Winkel zwischen den Zeigern genau 60° groß ist.

7 Pizzateilung

Eine runde Pizza wird in gleich große Teile zerschnitten. Bestimme die Winkelgröße, die ein Pizzastück hat, wenn die Pizza in zwei, drei, vier, fünf, sechs, acht oder zehn Teile geteilt ist.

8 Winkelsituationen

Zeichne den Winkel und skizziere die Situation.

a) Der Steigungswinkel eines Flugzeugs beträgt beim Start 15°.
b) Der Schnittwinkel einer Schere beträgt 50°.
c) Der Neigungswinkel eines Daches beträgt 38°.

9 Winkelgrößen bestimmen

Bestimme mithilfe der Skizze die fehlende Winkelgröße.

a) 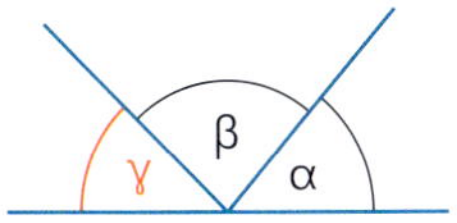

$\alpha = 50°, \beta = 85°$

b) 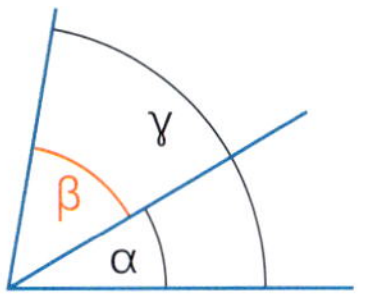

$\alpha = 30°, \gamma = 80°$

c) 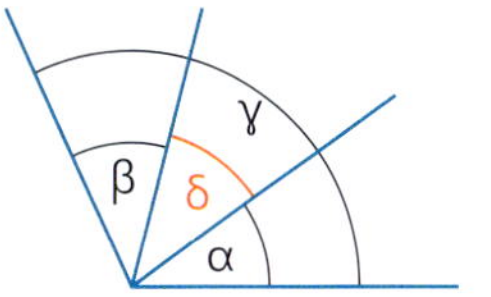

$\alpha = 35°, \beta = 40°, \gamma = 115°$

3 Rechnen mit Brüchen

Welcher Teil eines Apfels ist übrig geblieben?

Welchen Anteil aller Äpfel bekommt jeder beim Verteilen?

Solche Fragen kannst du mit Brüchen beantworten.

Und noch viel mehr:
Man kann mit den Brüchen auch rechnen wie mit anderen Zahlen.

- Welche Bedeutungen kann der Bruch $\frac{3}{4}$ haben?
- Plus, minus, mal und geteilt: Wie rechnet man mit Brüchen?
- Gelten die Rechengesetze auch beim Rechnen mit Brüchen?

3.1 Brüche addieren und subtrahieren

Vorbereiten
Erweitern
Seite 15

Der Kuchenverkauf am Hölderlin-Gymnasium ist beendet. Maria hatte ihren Kuchen in 8 Teile geteilt, Paul in 10 Teile, hier siehst du die Reste. *„Das ist ja zusammen fast ein halber Kuchen"*, sagt Maria.

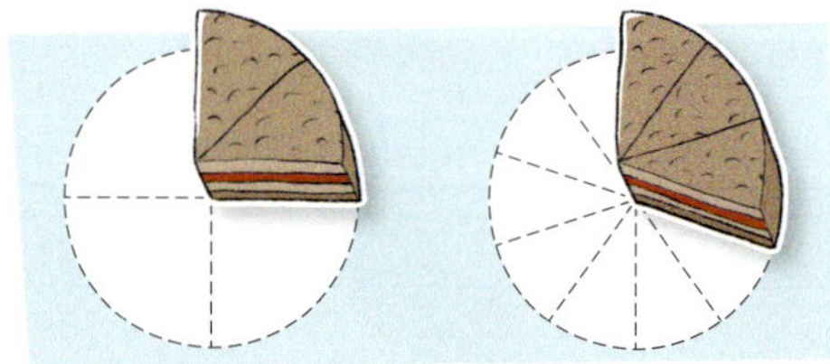

Stimmt das?

Lösung

Kuchenreste: bei Maria $\frac{2}{8} = \frac{1}{4}$; bei Paul $\frac{3}{10}$

Da die Kuchenstücke unterschiedlich groß sind, kann man sie nicht zusammenzählen. Man muss die Aufteilung verfeinern, um gleich große Kuchenstücke zu erhalten.

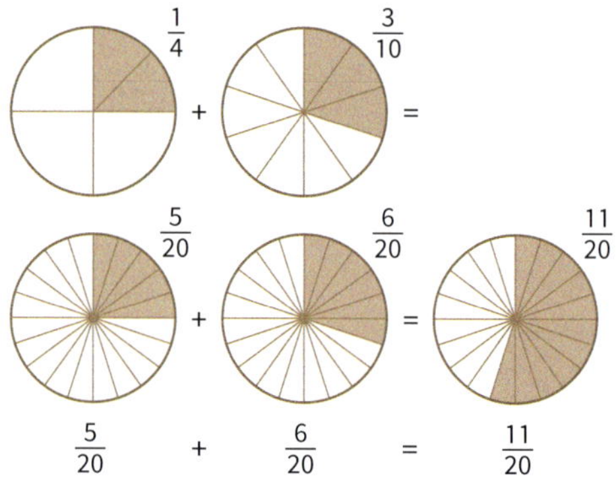

Um die Brüche zu addieren, erweitert man sie so, dass sie den gleichen Nenner haben.

Hier 20: $\frac{1}{4} = \frac{1 \cdot 5}{4 \cdot 5} = \frac{5}{20}$ $\quad \frac{3}{10} = \frac{3 \cdot 2}{10 \cdot 2} = \frac{6}{20}$

Antwort: Insgesamt sind $\frac{11}{20}$ übriggeblieben, das ist etwas mehr als ein halber Kuchen.

Brüche addieren und subtrahieren

Gleiche Nenner
- Zähler addieren
- Nenner beibehalten

$$\frac{2}{9} + \frac{5}{9} = \frac{2+5}{9} = \frac{7}{9}$$

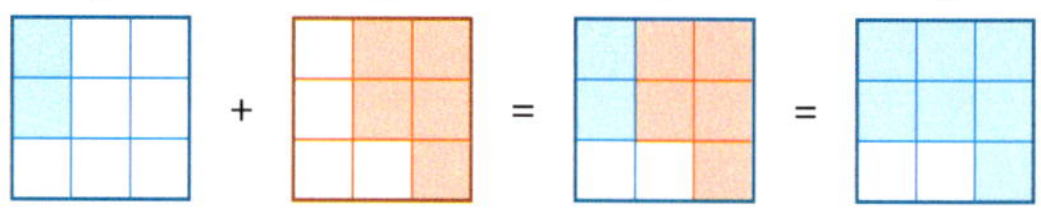

2 Neuntel + 5 Neuntel = 7 Neuntel

Unterschiedliche Nenner
- Brüche gleichnamig machen: gemeinsamen Nenner finden
- Zähler addieren
- Nenner beibehalten

$$\frac{1}{3} + \frac{1}{4} = \frac{4}{12} + \frac{3}{12} = \frac{4+3}{12} = \frac{7}{12}$$

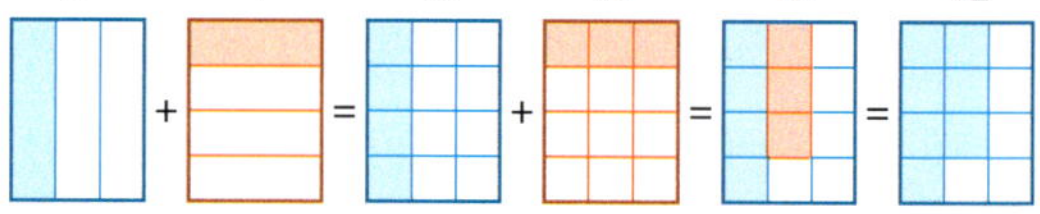

4 Zwölftel + 3 Zwölftel = 7 Zwölftel

Beim Subtrahieren geht man ebenso vor: Die Zähler werden dann subtrahiert.

$$\frac{4}{5} - \frac{7}{10} = \frac{8}{10} - \frac{7}{10} = \frac{8-7}{10} = \frac{1}{10}$$

8 Zehntel – 7 Zehntel = 1 Zehntel

WES-109211-020

Brüche addieren

$$\frac{1}{9} + \frac{5}{6} = \frac{1 \cdot 2}{9 \cdot 2} + \frac{5 \cdot 3}{6 \cdot 3} = \frac{2}{18} + \frac{15}{18} = \frac{2+15}{18} = \frac{17}{18}$$

- Ein gemeinsamer Nenner ist 18.
- beide Brüche erweitern
- Zähler addieren

Brüche subtrahieren

$$\frac{2}{3} - \frac{7}{15} = \frac{2 \cdot 5}{3 \cdot 5} - \frac{7}{15} = \frac{10}{15} - \frac{7}{15} = \frac{10-7}{15} = \frac{3}{15} = \frac{1}{5}$$

- Ein gemeinsamer Nenner ist 15.
- nur den ersten Bruch erweitern
- Zähler subtrahieren
- Ergebnis kürzen

1 **Rechnung in einem Bild**

Schreibe eine Rechnung zu „blauer Anteil plus roter Anteil“. Gib auch an, welcher Anteil übrig ist (weiß).

a) 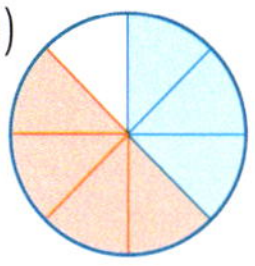 b) 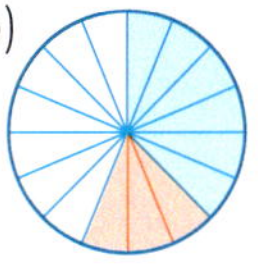 c) 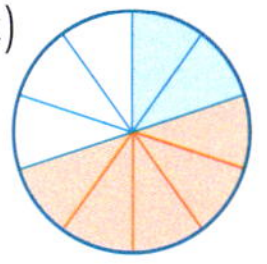 d) 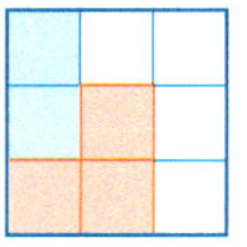 e)  f) 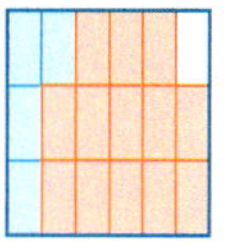

2 **Rechnung mit Bildern**

Notiere die passende Rechnung und stelle die Lösung als Bild in deinem Heft dar.

a) 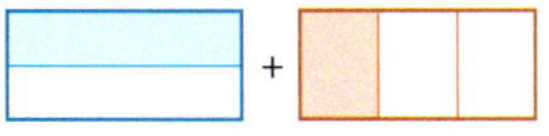 b) 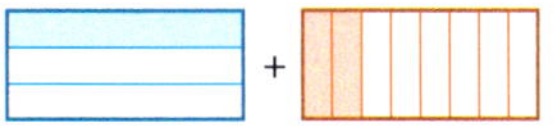 c) 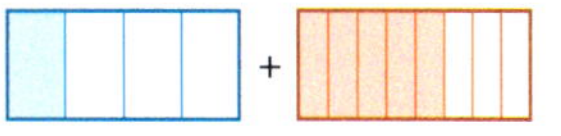

3 **Mit gleichnamigen Brüchen rechnen**

Berechne und kürze das Ergebnis, wenn möglich.

a) $\frac{4}{9}+\frac{2}{9}$ b) $\frac{9}{17}-\frac{7}{17}$ c) $\frac{13}{8}-\frac{5}{8}$ d) $\frac{3}{20}+\frac{7}{20}$ e) $\frac{8}{9}-\frac{4}{9}+\frac{13}{9}+\frac{1}{9}-\frac{8}{9}$

4 **Ein Nenner muss sich anpassen**

Erweitere nur einen Bruch und berechne. Kürze das Ergebnis, wenn möglich.

a) $\frac{1}{5}+\frac{3}{10}$ b) $\frac{7}{8}-\frac{3}{4}$ c) $\frac{8}{15}+\frac{2}{3}$ d) $\frac{11}{12}-\frac{3}{4}$ e) $\frac{48}{56}+\frac{1}{7}$ f) $\frac{14}{65}-\frac{1}{5}$

5 **Kopfrechnen**

Berechne im Kopf und notiere das Ergebnis.

a) $\frac{1}{4}+\frac{2}{4}$ b) $\frac{4}{5}-\frac{2}{5}$ c) $\frac{3}{4}+\frac{1}{8}$ d) $\frac{5}{6}-\frac{2}{3}$ e) $\frac{3}{8}+\frac{3}{16}$ f) $\frac{4}{10}-\frac{1}{5}$

6 **Gemeinsamen Nenner finden**

Erweitere auf einen gemeinsamen Nenner und berechne. Kürze das Ergebnis, wenn möglich.

a) $\frac{3}{5}+\frac{1}{2}$ b) $\frac{4}{5}-\frac{1}{3}$ c) $\frac{6}{7}+\frac{3}{10}$ d) $\frac{6}{11}-\frac{1}{3}$ e) $\frac{5}{6}-\frac{2}{9}$ f) $\frac{3}{8}+\frac{1}{6}$

g) $\frac{13}{49}+\frac{3}{7}$ h) $\frac{3}{2}-\frac{1}{6}$ i) $\frac{2}{7}+\frac{1}{5}$ j) $\frac{1}{4}-\frac{1}{6}$ k) $\frac{5}{7}-\frac{5}{8}$ l) $\frac{5}{15}+\frac{5}{12}$

Kleinster gemeinsamer Nenner von $\frac{4}{15}$ und $\frac{7}{20}$

Bilde die Vielfachen des größeren Nenners, bis du auf ein Vielfaches des kleineren Nenners triffst.

Den kleinsten gemeinsamen Nenner nennt man auch **Hauptnenner**.

Vielfache von 20: 20, 40, 60, 80 …
Vielfache von 15: 15, 30, 45, 60, 75 …
60 ist der kleinste gemeinsame Nenner.

$$\frac{4}{15}+\frac{7}{20}=\frac{4\cdot 4}{15\cdot 4}+\frac{7\cdot 3}{20\cdot 3}=\frac{16+21}{60}=\frac{37}{60}$$

WES-109211-021

7 **Der kleinste gemeinsame Nenner – Hauptnenner**

Bestimme den kleinsten gemeinsamen Nenner wie im Beispiel. Berechne.

a) $\frac{4}{30}+\frac{3}{5}$ b) $\frac{6}{14}-\frac{2}{21}$ c) $\frac{11}{20}-\frac{3}{8}$ d) $\frac{11}{12}-\frac{4}{9}$ e) $\frac{3}{42}+\frac{11}{70}$ f) $\frac{3}{18}+\frac{7}{12}$

g) $\frac{7}{18}+\frac{9}{45}$ h) $\frac{2}{5}+\frac{1}{35}$ i) $\frac{3}{14}-\frac{9}{98}$ j) $\frac{7}{56}-\frac{1}{20}$ k) $\frac{11}{21}-\frac{7}{15}$ l) $\frac{150}{150}+\frac{3}{187}$

8 Berechne.

a) $\frac{1}{2}-\frac{1}{8}$ b) $\frac{3}{4}-\frac{1}{2}$ c) $\frac{5}{6}+\frac{1}{3}$ d) $3-\frac{2}{3}$ e) $\frac{1}{6}+\frac{3}{4}$ f) $\frac{7}{9}-\frac{2}{3}$

Prüfe dich!
Lösungen auf Seite 215

9 Berechne und gib das Ergebnis als vollständig gekürzten Bruch an.

a) $\frac{10}{12}-\frac{1}{6}$ b) $\frac{4}{9}+\frac{2}{3}$ c) $\frac{9}{10}-\frac{7}{15}$ d) $\frac{9}{100}-\frac{3}{70}$ e) $\frac{18}{50}-\frac{12}{175}$ f) $\frac{22}{42}-\frac{7}{15}$

10 ≡ **Hausaufgabenkontrolle**
Beschreibe die Fehler, die David gemacht hat.

a) $\frac{2}{5}+\frac{1}{2}=\frac{3}{7}$ b) $\frac{5}{6}-\frac{3}{5}=\frac{2}{30}$ c) $\frac{3}{8}-\frac{1}{3}=\frac{2}{5}$ d) $\frac{3}{8}+\frac{1}{2}=\frac{14}{16}$

11 ≡ **Größer, kleiner oder gleich**
Setze im Heft das passende Zeichen <, > bzw. = ein.

a) $\frac{4}{5}+\frac{30}{20}\ \square\ 1$ b) $\frac{17}{8}-\frac{3}{2}\ \square\ \frac{10}{16}$ c) $\frac{1}{5}+\frac{1}{9}\ \square\ \frac{1}{3}$ d) $\frac{1}{4}-\frac{1}{5}\ \square\ \frac{1}{40}-\frac{1}{50}$
e) $\frac{3}{8}+\frac{1}{6}\ \square\ \frac{13}{24}$ f) $\frac{3}{8}-\frac{1}{6}\ \square\ \frac{1}{6}$ g) $\frac{17}{19}-\frac{5}{21}\ \square\ 0$ h) $\frac{1}{6}-\frac{1}{8}\ \square\ \frac{3}{8}+\frac{1}{3}$

12 ≡ **Brüche und Einheiten**
Berechne und kürze, wenn möglich.

a) $\frac{1}{5}$ kg + $\frac{3}{5}$ kg b) $\frac{1}{4}$ m² − $\frac{1}{8}$ m² c) $\frac{1}{2}$ km − $\frac{1}{5}$ km d) $\frac{3}{4}$ cm + $\frac{3}{8}$ cm
e) $\frac{4}{7}$ ha − $\frac{1}{14}$ ha f) $\frac{4}{3}$ m − $\frac{5}{6}$ m g) $\frac{3}{4}$ kg + $\frac{1}{8}$ kg h) $\frac{4}{5}$ km − $\frac{3}{10}$ km
i) $\frac{1}{4}$ cm − $\frac{7}{8}$ mm j) $\frac{1}{8}$ kg + 200 g k) $\frac{1}{6}$ m − $\frac{4}{3}$ dm l) $\frac{5}{2}$ cm + $\frac{2}{8}$ dm

13 ≡ **Wettrennen**
Julia kommt beim Schulfest-Wettlauf $\frac{3}{10}$ Sekunden später ins Ziel als die Siegerin. Sarah kommt $\frac{1}{2}$ Sekunde später ins Ziel als ihre Freundin Julia. Um welchen Bruchteil einer Sekunde ist Sarah langsamer als die Siegerin?

14 ≡ **Bundesjugendspiele der Bruchrechen-AG**
Elena springt $\frac{3}{20}$ m weiter als Carla. Carla schafft $\frac{7}{4}$ m. Sienna springt $\frac{2}{5}$ m weniger als Elena. Wie weit springen Elena und Sienna? Gib das Ergebnis auch in Zentimeter an.

Prüfe dich!
Lösungen auf Seite 215

15 ≡ Berechne.

a) $\frac{1}{5}$ kg + $\frac{1}{8}$ kg b) $\frac{3}{4}$ km − $\frac{3}{8}$ km c) $\frac{1}{5}$ dm − $\frac{3}{4}$ cm d) $\frac{2}{10}$ a + $\frac{9}{2}$ m²

16 ≡ Omi kauft Kartoffeln ein. Ihr Einkaufskorb wiegt leer $\frac{1}{9}$ kg. Nach dem Einkauf wiegt der mit Kartoffeln gefüllte Einkaufskorb $\frac{5}{6}$ kg. Berechne das Gewicht der Kartoffeln.

17 ≡ **Addieren und Subtrahieren in gemischter Schreibweise**

Peter:
$$2\frac{3}{4}+4\frac{7}{10}=\frac{11}{4}+\frac{47}{10}=\frac{55}{20}+\frac{94}{20}=\frac{55+94}{20}=\frac{149}{20}=7\frac{9}{20}$$

Carolin:
$$2\frac{3}{4}+4\frac{7}{10}=2\frac{15}{20}+4\frac{14}{20}=2+4+\frac{15+14}{20}=6\frac{29}{20}=7\frac{9}{20}$$

a) Erkläre, wie Peter und Carolin gerechnet haben.
b) Berechne einmal wie Peter und einmal wie Carolin: (1) $3\frac{2}{3}+1\frac{1}{6}$ (2) $4\frac{5}{9}-2\frac{1}{6}$

18 ≡ **Amelie rechnet in gemischter Schreibweise**
Amelie mag die gemischte Schreibweise, selbst wenn diese zu Stolperstellen führt. Erkläre, wie sie hier vorgegangen ist. Rechne genauso.

Amelie:
$$3\frac{1}{4}-2\frac{3}{8}=3\frac{2}{8}-2\frac{3}{8}=2\frac{10}{8}-2\frac{3}{8}=\frac{7}{8}$$

a) $3\frac{1}{8}-2\frac{7}{8}$ b) $5\frac{3}{10}-2\frac{4}{5}$ c) $3\frac{1}{6}-1\frac{8}{9}$ d) $2\frac{3}{5}-1\frac{7}{5}$ e) $3\frac{5}{2}-4\frac{3}{4}$

19 ≡ **Rechenkönig**

Berechne.

a) $1\frac{2}{7}+\frac{3}{7}$ b) $3\frac{4}{5}-\frac{3}{5}$ c) $2\frac{7}{10}+1\frac{3}{10}$ d) $8\frac{7}{9}-8\frac{4}{9}$ e) $1\frac{4}{9}+\frac{5}{9}$ f) $3\frac{9}{10}-1\frac{9}{10}$

g) $2-\frac{1}{8}$ h) $7-\frac{9}{14}$ i) $6+\frac{11}{7}$ j) $3+\frac{21}{3}$ k) $11-\frac{14}{8}$ l) $9\frac{4}{7}-4$

20 ≡ Berechne und kürze das Ergebnis, wenn möglich.

a) $5\frac{1}{5}+\frac{4}{5}$ b) $1\frac{3}{4}+\frac{5}{8}$ c) $2\frac{1}{2}+\frac{1}{4}$ d) $8\frac{2}{3}-\frac{4}{9}$ e) $2+\frac{7}{4}$ f) $6\frac{1}{2}-\frac{3}{4}$

g) $6\frac{2}{5}-3\frac{4}{5}$ h) $5\frac{9}{10}-3\frac{1}{2}$ i) $10\frac{4}{9}-9$ j) $2\frac{1}{4}-1\frac{5}{8}$ k) $3-2\frac{3}{4}$ l) $2\frac{1}{9}-1\frac{2}{3}$

Prüfe dich!
Lösungen auf Seite 215

21 ≡ **Umkehrrechnungen**

Bestimme die gesuchte Zahl.

a) $\square+\frac{3}{8}=\frac{3}{4}$ b) $\square-\frac{3}{8}=\frac{3}{4}$ c) $\frac{7}{4}+\square=\frac{9}{4}$ d) $\frac{14}{9}-\square=\frac{1}{3}$

e) $\square-3\frac{2}{5}=4$ f) $\square+2\frac{1}{4}=5\frac{1}{2}$ g) $4\frac{5}{6}-\square=1\frac{1}{4}$ h) $3\frac{1}{5}-\square=\frac{3}{5}$

i) $\square+4\frac{1}{5}=7$ j) $\square-4\frac{1}{5}=7$ k) $2\frac{1}{2}+\square=7\frac{1}{4}$ l) $\square-\frac{5}{6}=2\frac{1}{2}$

22 ≡ **Hilfe im Forum**

In einem Matheforum im Internet findet sich folgende Frage: „*Hilfe! Ich weiß immer noch nicht, wie man Brüche addiert und subtrahiert! Erklärt mir bitte, wie das funktioniert!*"
Schreibe eine Antwort.

23 ≡ **Mischungsverhältnisse**

$\frac{3}{8}$ l Saft sollen mit Wasser verdünnt werden.

a) Wie viel Wasser muss zugegossen werden, damit man insgesamt $1\frac{1}{2}$ l erhält?
b) In welchem Verhältnis sind dann Saft und Wasser gemischt?
c) Wie viel Wasser muss man dazu gießen, um eine Mischung von Saft zu Wasser im Verhältnis 1 zu 2 zu erhalten? Passt dies dann in einen 1 l-Krug?

24 ≡ **Brüche auf dem Marktplatz**

Auf dem Markt kauft Herr Per an einem Stand $2\frac{1}{2}$ kg Kartoffeln, $\frac{3}{4}$ kg Äpfel und $1\frac{1}{4}$ kg Birnen. Herr Mai kauft an demselben Stand $3\frac{1}{4}$ kg Kartoffeln, $1\frac{1}{2}$ kg Äpfel und $2\frac{1}{8}$ kg Birnen. Stellt euch geeignete Aufgaben und löst sie.

25 ≡ **In der Goldschmiede**

Einen neuen Werkstoff aus verschmolzenen Metallen nennt man Legierung. Für Schmuck verwendet man oft die Legierung Weißgold, die einfach zu verarbeiten ist.
Weißgold besteht zu $\frac{3}{4}$ aus reinem Gold, zu $\frac{3}{20}$ aus reinem Silber und zum restlichen Teil aus Kupfer. Gold und Silber sind Edelmetalle, Kupfer ist kein Edelmetall.

a) Wie groß ist der Anteil der Edelmetalle in Weißgold?
b) Wie groß ist der Kupferanteil in Weißgold?
c) Eine Kette aus Weißgold wiegt 60 g, ein Ring 12 g. Wie viel Gramm Edelmetalle bzw. Kupfer enthalten die Kette und der Ring?

26 ≡ **Auffällige Rechnungen**

Berechne die Differenz der gegebenen Brüche.

(1) $\frac{1}{2}$ und $\frac{1}{3}$ (2) $\frac{1}{3}$ und $\frac{1}{4}$ (3) $\frac{1}{4}$ und $\frac{1}{5}$ (4) $\frac{1}{5}$ und $\frac{1}{6}$

Was stellst du fest? Überprüfe an weiteren Beispielen. Formuliere eine Erklärung.

3.2 Brüche beim Verteilen

Heute ist Pizzatag. Vier Geschwister bestellen 5 Pizzen.
Wie viel Pizza bekommt jedes Kind?

WES-109211-022

Bruch als Quotient beim gerechten Verteilen

4 Pizzen auf 3 Personen aufteilen ergibt:

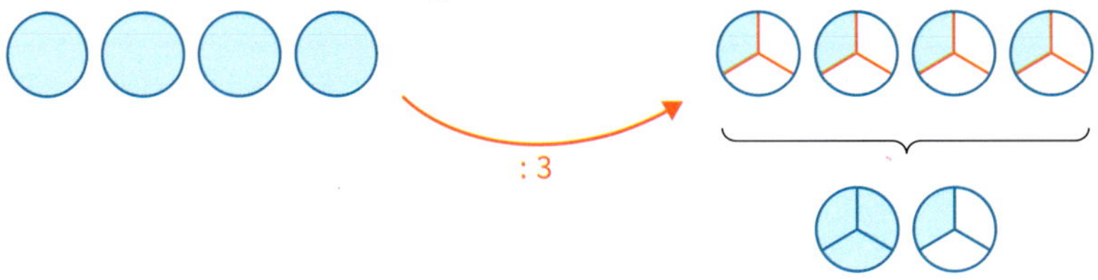

$4 \quad : 3 \quad = \quad \frac{4}{3}$

Jede Person bekommt $\frac{4}{3}$ einer Pizza.

Brüche beim Verteilen – Bruch als Quotient

8 Pizzen werden an 4 Kinder verteilt.
Rechne: $8:4 = \frac{8}{4} = 2$
Jedes Kind erhält zwei Pizzen.

6 Pizzen werden an 8 Kinder verteilt.
Rechne: $6:8 = \frac{6}{8} = \frac{3}{4}$
Jedes Kind erhält eine dreiviertel Pizza.

1 **Gerecht verteilen**
Bestimme, wie viel jedes Kind bekommt, wenn gerecht aufgeteilt wird.
a) 16 Äpfel werden an 12 Kinder verteilt.
b) 4 Kinder teilen 3 Pizzen unter sich auf.
c) 2 Torten stehen für 18 Gäste bereit.
d) 5 Kinder essen 7 Pfannkuchen.

2 **Manchmal ist Verteilen schwierig**
Drei Geschwister teilen stets alles gerecht untereinander auf.
a) Wie viel bekommt jeder von fünf Pfannkuchen?
b) Für das Rasenmähen bekommen die drei Geschwister zusammen 10 €.
Warum fällt es den Dreien schwer, die 10 € untereinander aufzuteilen?

3 **„Besondere Brüche“ beim Verteilen**
Wie viel Pizza bekommt jedes Kind? Gib zunächst als Bruch an.
a) Verteile vier Pizzen an ein Kind.
b) Verteile fünf Pizzen an fünf Kinder.
c) Verteile null Pizzen an vier Kinder.
d) Verteile eine Pizza an ein Kind.

Prüfe dich!
Lösungen auf Seite 215

4 4 l Saft werden gerecht an 2 [3; 4; 5; 6] Personen verteilt. Bestimme, wie viel jede Person erhält.

5 **Hildas große Geburtstagsparty**
Bei Hildas Filmabend werden 5 Packungen Erdnüsse auf 4 Kinder verteilt. An Hildas großer Geburtstagsparty nehmen 36 Kinder teil. Wie viele Packungen Erdnüsse sind nötig, damit jedes Kind gleich viel bekommt wie damals am Filmabend?

6 **Wer bekommt mehr im Imbiss?**
3 Personen teilen sich in einem Imbiss 2 Portionen Pommes. Am Nachbartisch sitzen 18 Personen bei einer Feier. Dort wurden insgesamt 10 Portionen Pommes bestellt. Entscheide, an welchem Tisch du als Pommes-Liebhaber lieber mitessen würdest. Begründe.

7 **Schokoladentafeln verteilen**
8 Kinder teilen 6 Schokoladentafeln gleichmäßig untereinander auf. In einer anderen Gruppe erhält jedes Kind ebenso viel Schokolade, dort werden allerdings 9 Tafeln verteilt. Wie viele Kinder sind in der anderen Gruppe?

8 **Größen beim Verteilen**
Auch eine beliebige Größe kann man in gleich große Teile zerlegen.

a) Erkläre mithilfe der Abbildungen, dass $3\,\text{m} : 4 = \frac{3}{4}\,\text{m}$ ist.

b) Schreibe $2\,\text{h} : 5$ und $5\,\text{kg} : 8$ als Bruch und fertige passende Abbildungen wie im Beispiel an.

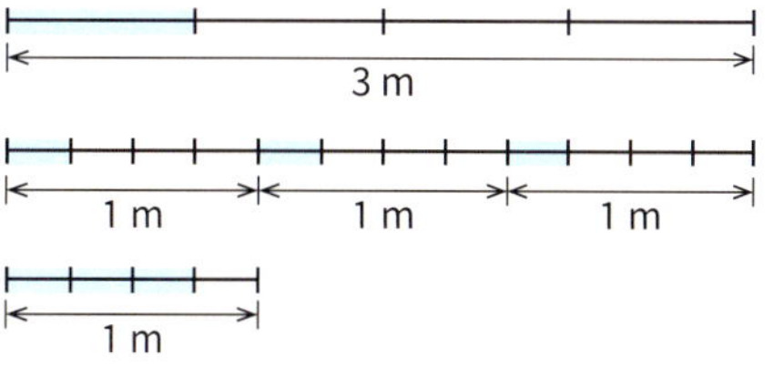

9 **Dividieren mit Größen**
Schreibe das Ergebnis mithilfe eines Bruches. Gib das Ergebnis auch in der nächstkleineren Einheit ohne Bruch an.

a) $3\,\text{m} : 4$ b) $5\,\text{kg} : 8$ c) $11\,\text{m}^2 : 25$ d) $7\,\text{km} : 8$ e) $5\,\text{h} : 20$ f) $2\,\text{g} : 4$

10 **Pudding verteilen**
3 kg Pudding sollen gleichmäßig auf 20 Schälchen verteilt werden. Wie viel Pudding ist in jedem Schälchen? Gib das Ergebnis auch in der Einheit g an.

---

11 Schreibe als Bruch. Notiere auch in gemischter Schreibweise, wenn möglich. Gib das Ergebnis dann in der nächstkleineren Einheit ohne Bruch an.

a) $4\,\text{m} : 5$ b) $8\,\text{h} : 3$ c) $24\,\text{m}^2 : 10$ d) $27\,\text{kg} : 50$

Prüfe dich!
Lösungen auf Seite 215

---

12 **Quotient von Größen als Bruch**

a) Formuliere eine Frage und beantworte sie.
   (1) Eine 12 cm lange Stange wird in 3 cm lange Stücke aufgeteilt.
   (2) Ein Quadrat mit dem Flächeninhalt $256\,\text{cm}^2$ wird in kleinere Quadrate mit dem Flächeninhalt von $4\,\text{cm}^2$ geteilt.
   (3) Eine Lkw-Ladung von 10 000 l Sand wird auf 80-l-Schubkarren aufgeteilt.

b) Erkläre mithilfe der Aufgaben aus a) die Regel „Dividiert man zwei gleiche Größen, so erhält man eine Zahl."

13 **Kuchen aufteilen**
Peter hat 2 Kuchen für insgesamt 12 Personen gebacken.

a) Berechne, wie viel Kuchen jede Person bekommt.

b) Untersuche, für wie viele Personen der Kuchen insgesamt reichen würde, wenn Peter noch einen weiteren Kuchen backt und jeder Person die gleiche Kuchenmenge wie in Teilaufgabe a) zustehen soll.

3.3 Anteile mehrerer Ganzer

Das Zeppelingymnasium hat insgesamt 960 Schülerinnen und Schüler. Heute ist Sporttag.

- $\frac{4}{5}$ mögen den Sporttag. Bestimme die Anzahl.
- 240 Schülerinnen und Schüler haben sich für das Fußballturnier angemeldet. Gib den Anteil als Bruch an.

WES-109211-023

Anteile mehrerer Ganzer

$\frac{3}{4}$ von 8 sind 6 Ganze.
Teile die 8 Ganzen in 4 gleich große Teile und nimm 3 davon.

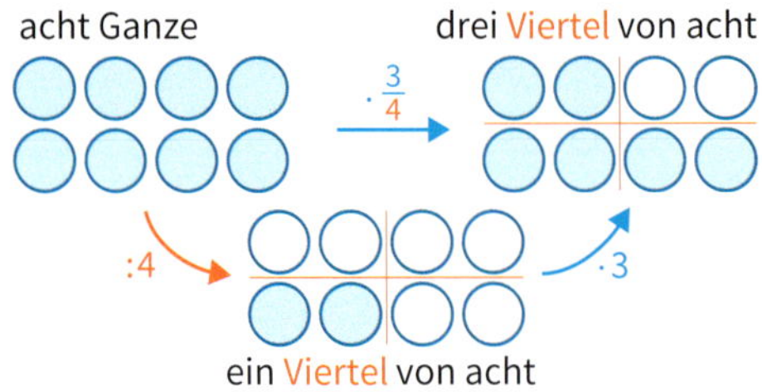

1 **Wie viel ist es?**

a) $\frac{2}{5}$ von 20 b) $\frac{3}{8}$ von 32 c) $\frac{5}{7}$ von 56 d) $\frac{8}{9}$ von 189 e) $\frac{4}{5}$ von 380 f) $\frac{3}{16}$ von 96

2 **Mehr, weniger oder gleich?**

Vergleiche – Kannst du sofort erkennen, welcher Teil größer ist? Begründe.

a) $\frac{1}{4}$ von 20 oder $\frac{1}{5}$ von 20 b) $\frac{5}{6}$ von 120 oder $\frac{5}{6}$ von 150 c) $\frac{1}{2}$ von 210 oder $\frac{3}{6}$ von 210

3 **Anteile bestimmen – Anteil in Prozent**

Bestimme den roten Anteil. Gib den Anteil als Bruch und in Prozent an.

a) 

b) 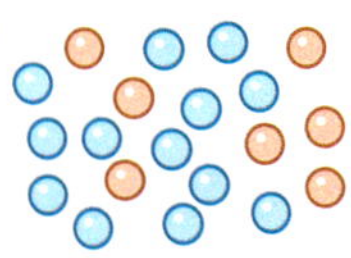

c) 

d) 

Teil mehrerer Ganzer mit dem Pfeilschema berechnen

$\frac{5}{7}$ von 42 Gästen tragen ein T-Shirt. Wie viele sind das?
Antwort: 30 Gäste tragen ein T-Shirt.

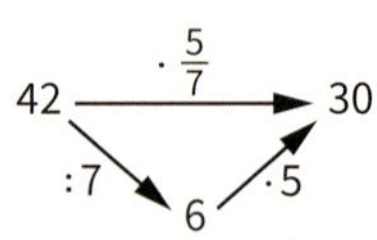

4 **Lücken füllen**

a) 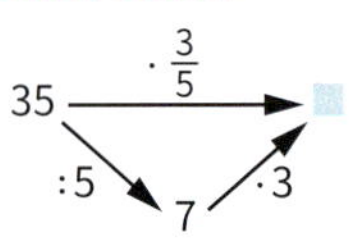

b) 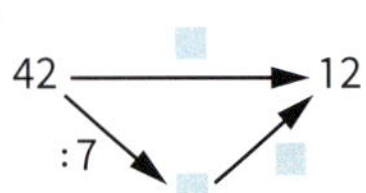

c) 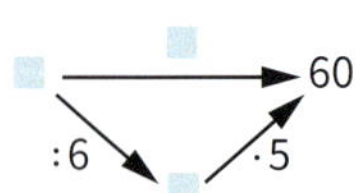

d) 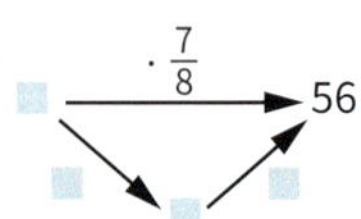

5 **Den Teil mit dem Pfeilschema bestimmen**

Wie viele sind es? Berechne mithilfe des Pfeilschemas.

a) $\frac{5}{8}$ von 72 Handys sind schwarz.
b) Von 28 Kindern in der Klasse 6 c spielen $\frac{3}{4}$ ein Instrument.
c) $\frac{5}{7}$ von 56 kg Kartoffeln werden zu Pommes verarbeitet.
d) Von 120 l Milch werden $\frac{1}{3}$ zur Käseherstellung verwendet.
e) Von 156 Schrauben brechen $\frac{2}{13}$ ab.

Deutung der Multiplikation eines Bruchs mit einer natürlichen Zahl

Bei der Multiplikation eines Bruchs mit einer natürlichen Zahl erhält man einen Teil vom Ganzen.

$\frac{3}{4}$ von 10 bestimmen

Rechne:

$\frac{3}{4} \cdot 10 = \frac{3 \cdot 10}{4} = \frac{15}{2} = 7\frac{1}{2}$

$\frac{3}{4}$ von 10 sind $7\frac{1}{2}$

6 Teile berechnen

Berechne durch Multiplizieren.

a) $\frac{3}{4}$ von 30 b) $\frac{5}{6}$ von 10 c) $\frac{3}{8}$ von 100 d) $\frac{5}{6}$ von 15
e) $\frac{5}{8}$ von 12 f) $\frac{2}{3}$ von 120 g) $\frac{1}{3}$ von 10 h) $\frac{3}{8}$ von 50

7 Wie viel war es?

a) $\frac{3}{4}$ von ▢ ergibt 60 b) $\frac{2}{5}$ von ▢ ergibt 280 c) $\frac{2}{7}$ von ▢ ergibt 40 d) $\frac{5}{9}$ von ▢ ergibt 135

8 Vervielfachen

Berechne und kürze das Ergebnis, falls möglich.

a) $\frac{3}{5} \cdot 6$ b) $6 \cdot \frac{2}{9}$ c) $15 \cdot \frac{5}{9}$ d) $\frac{5}{9} \cdot 2$ e) $6 \cdot \frac{3}{16}$ f) $\frac{7}{12} \cdot 8$ g) $\frac{10}{121} \cdot 22$ h) $12 \cdot \frac{7}{8}$

Prüfe dich!
Lösungen auf Seite 215

9 Bestimme die Anzahl. Gib danach den Anteil in Prozent an.

a) $\frac{3}{4}$ von 520 Kindern b) $\frac{3}{5}$ von 150 Hasen c) $\frac{7}{20}$ von 560 Fischen d) $\frac{9}{15}$ von 30 Katzen

10 Berechne. a) $\frac{5}{7} \cdot 77$ b) $45 \cdot \frac{3}{5}$ c) $12 \cdot \frac{3}{5}$ d) $\frac{3}{20} \cdot 10$ e) $6 \cdot \frac{5}{22}$ f) $24 \cdot \frac{5}{64}$ g) $\frac{5}{33} \cdot 22$

11 Teil mehrerer Ganzer mit Einheiten

Berechne.

a) $\frac{3}{4}$ von 24 m b) $\frac{3}{5}$ von 80 km c) $\frac{2}{3}$ von 24 h d) $\frac{4}{5}$ von 25 km

12 Hausaufgabenkontrolle

Untersuche Kais Hausaufgaben auf Fehler.

a) $\frac{3}{4}$ von 9 € sind 12 € *b) $\frac{7}{10}$ von 30 cm sind 21 cm* *c) $\frac{5}{6}$ von 30 min sind 25 min*

13 Wie groß ist das Ganze?

a) $\frac{1}{4}$ des Gewichts sind 3 kg b) $\frac{3}{4}$ der Zeitspanne sind 9 s c) $\frac{7}{8}$ des Preises sind 56 €

14 Spielsteinverlust – Teil gesucht

Lars hat zu Beginn eines Spiels 48 Spielsteine. Beim Spiel verliert er $\frac{3}{4}$ seiner Spielsteine. Wie viele hat er am Ende des Spiels noch?

15 Sparen für ein Smartphone – Teil gesucht

Janesch wünscht sich ein Smartphone. Er hat mit seinen Eltern eine Abmachung: Wenn er $\frac{3}{5}$ des Betrags anspart, geben ihm seine Eltern den Rest dazu. Das Smartphone kostet 400 €. Wie viel Euro muss er sparen und wie viel Euro geben ihm seine Eltern dazu?

16 Klassensprecherwahl – Ganzes gesucht

Anne wurde mit 18 Stimmen zur Klassensprecherin gewählt. Das waren $\frac{9}{14}$ aller abgegebenen Stimmen. Wie viele Stimmen wurden insgesamt abgegeben?

3.4 Brüche multiplizieren

Vorbereiten
Kürzen
Seite 15
Brüche und natürliche Zahlen
Seite 24

Magda und Erwin haben ein Gemüsebeet. Magda beschließt, dass $\frac{3}{4}$ davon für Salat genutzt wird.
Ihr Mann Erwin teilt die Salatfläche wiederum auf. Er möchte, dass $\frac{2}{5}$ von der Salatfläche für Feldsalat genutzt werden.
- Welcher Anteil des gesamten Beets wird für Feldsalat genutzt?
- Mit welcher Rechnung kann man diesen Anteil bestimmen?

WES-109211-024

Anteile von Anteilen

$\frac{2}{3}$ von $\frac{4}{5}$ bedeutet: Der Anteil $\frac{4}{5}$ ist gegeben, davon soll der Anteil $\frac{2}{3}$ bestimmt werden.

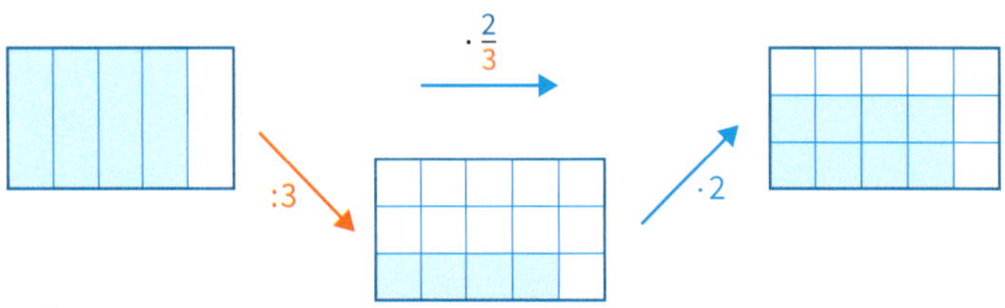

$\frac{4}{5}$ durch 3 teilen $\frac{4}{5}:3=\frac{4}{15}$ mit 2 malnehmen $\frac{4}{15}\cdot 2=\frac{8}{15}$

Brüche multiplizieren

- Zähler mal Zähler
- Nenner mal Nenner

$$\frac{2}{3}\cdot\frac{4}{5}=\frac{2\cdot 4}{3\cdot 5}=\frac{8}{15}$$

Der **Anteil von einem Anteil** wird durch das **Multiplizieren** von Brüchen berechnet.
$\frac{2}{3}$ von $\frac{4}{5}$ durch das Multiplizieren der beiden Brüche $\frac{2}{3}$ und $\frac{4}{5}$ berechnen: $\frac{2}{3}\cdot\frac{4}{5}$

Brüche multiplizieren

a) Berechne $\frac{2}{5}\cdot\frac{1}{3}$

Lösung
$\frac{2}{5}\cdot\frac{1}{3}=\frac{2\cdot 1}{5\cdot 3}=\frac{2}{15}$

b) Bestimme $\frac{2}{3}$ von $\frac{7}{9}$

Lösung – „von" bedeutet hier „mal"
$\frac{2}{3}\cdot\frac{7}{9}=\frac{2\cdot 7}{3\cdot 9}=\frac{14}{27}$

1 **Kopfrechnen**
Berechne das Produkt im Kopf und notiere das Ergebnis.
a) $\frac{1}{7}\cdot\frac{2}{5}$ b) $\frac{5}{7}\cdot\frac{4}{3}$ c) $\frac{7}{8}\cdot\frac{3}{5}$ d) $\frac{1}{2}\cdot\frac{1}{2}$ e) $\frac{1}{9}\cdot\frac{2}{3}$ f) $\frac{2}{3}\cdot 4$
g) $\frac{3}{7}\cdot\frac{3}{2}$ h) $\frac{2}{9}\cdot\frac{11}{3}$ i) $\frac{4}{1}\cdot\frac{2}{3}$ j) $\frac{1}{3}\cdot\frac{1}{9}$ k) $\frac{3}{5}\cdot\frac{1}{5}$ l) $\frac{2}{3}\cdot\frac{3}{2}$

2 **Anteile von Anteilen bestimmen**
Berechne den Anteil durch Multiplizieren.
a) $\frac{1}{9}$ von $\frac{2}{3}$ b) $\frac{1}{4}$ von $\frac{1}{3}$ c) $\frac{2}{3}$ von $\frac{7}{13}$ d) $\frac{3}{8}$ von $\frac{9}{10}$ e) $\frac{2}{5}$ von $\frac{1}{9}$ f) $\frac{3}{7}$ von $\frac{1}{5}$

Kürzen vor dem Ausrechnen bei der Multiplikation

a) Berechne $\frac{15}{6} \cdot \frac{3}{10}$

Lösung

$\frac{15}{6} \cdot \frac{3}{10} = \frac{\overset{3}{\cancel{15}} \cdot \overset{1}{\cancel{3}}}{\underset{2}{\cancel{6}} \cdot \underset{2}{\cancel{10}}} = \frac{3 \cdot 1}{2 \cdot 2} = \frac{3}{4}$ frühzeitig kürzen!

b) Bestimme $\frac{2}{3}$ von $\frac{9}{8}$

Lösung

$\frac{2}{3} \cdot \frac{9}{8} = \frac{\overset{1}{\cancel{2}} \cdot \overset{3}{\cancel{9}}}{\underset{1}{\cancel{3}} \cdot \underset{4}{\cancel{8}}} = \frac{1 \cdot 3}{1 \cdot 4} = \frac{3}{4}$ frühzeitig kürzen!

3 **Frühzeitiges Kürzen hilft beim Multiplizieren**

Berechne, kürze dabei möglichst frühzeitig.

a) $\frac{5}{8} \cdot \frac{4}{3}$ b) $\frac{6}{7} \cdot \frac{4}{9}$ c) $\frac{7}{8} \cdot \frac{8}{9}$ d) $\frac{8}{9} \cdot \frac{3}{4}$ e) $\frac{10}{9} \cdot \frac{6}{15}$ f) $\frac{6}{7} \cdot \frac{7}{12}$

g) $\frac{49}{32} \cdot \frac{24}{35}$ h) $\frac{63}{25} \cdot \frac{45}{49}$ i) $\frac{64}{25} \cdot \frac{35}{56}$ j) $\frac{26}{56} \cdot \frac{42}{39}$ k) $\frac{63}{11} \cdot \frac{8}{49}$ l) $\frac{36}{33} \cdot \frac{11}{54}$

4 **Mit natürlichen Zahlen rechnen**

a) $\frac{4}{3} \cdot 12$ b) $\frac{5}{7}$ von 56 c) $48 \cdot \frac{9}{20}$ d) $20 \cdot \frac{1}{90}$ e) $\frac{5}{12}$ von 60 f) $\frac{11}{210} \cdot 70$

5 **Anteile von Anteilen – in einer Klasse**

In einer Klasse sind 24 Kinder. $\frac{3}{4}$ der Kinder spielen ein Instrument. $\frac{2}{3}$ dieser Kinder sind Mädchen. Wie groß ist der Anteil der Mädchen, die ein Instrument spielen, in der Klasse? Wie viele Mädchen und viele Jungen in der Klasse spielen ein Instrument?

6 **Anteile von Anteilen – in einer Fläche**

Ein Fahnentuch ist $\frac{4}{5}\,m^2$ groß. $\frac{2}{3}$ des Tuches sind gefärbt.
Wie viel Quadratmeter sind das?
Du kannst das Ergebnis anschaulich an der Zeichnung finden. Erkläre die Zeichnung.
Du kannst das Ergebnis auch durch Rechnung finden.
Vergleiche die Ergebnisse.

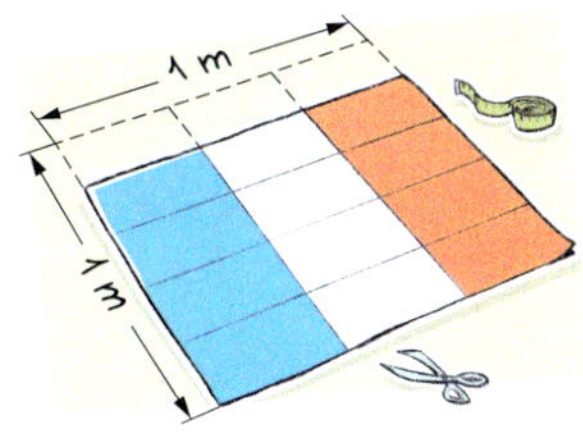

7 Schreibe zu den Bildern eine Rechnung. Das Ergebnis ist $\frac{10}{21}$.

Prüfe dich! Lösungen auf Seite 215

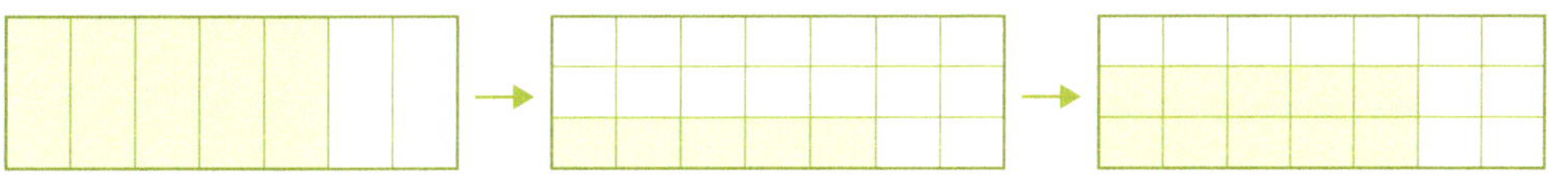

8 In der Klasse 6 a sind 30 Kinder, $\frac{2}{3}$ davon sind Mädchen. Von den Mädchen benutzen $\frac{3}{5}$ den Bus, um zur Schule zu kommen.

a) Berechne die Anzahl der Mädchen in der Klasse 6 a, die mit dem Bus zur Schule kommen.
b) Bestimme den Anteil der Mädchen in der Klasse 6 a, die mit dem Bus zur Schule kommen.

9 Berechne. Denke an frühzeitiges Kürzen.

a) $\frac{6}{15} \cdot \frac{5}{18}$ b) $\frac{12}{25} \cdot \frac{20}{8}$ c) $\frac{17}{16} \cdot \frac{16}{17}$ d) $\frac{8}{35} \cdot \frac{70}{16}$ e) $\frac{44}{42} \cdot \frac{35}{33}$ f) $\frac{120}{36} \cdot \frac{72}{360}$

10 **Rechentraining**

a) $\frac{1}{3} \cdot \frac{2}{5}$ b) $\frac{1}{2} \cdot \frac{3}{7}$ c) $\frac{3}{10} \cdot \frac{7}{8}$ d) $\frac{2}{9} \cdot \frac{2}{5}$ e) $\frac{2}{3} \cdot \frac{5}{6}$ f) $\frac{6}{7} \cdot \frac{6}{7}$

g) $\frac{8}{9} \cdot \frac{3}{4}$ h) $\frac{3}{5} \cdot \frac{7}{10}$ i) $\frac{7}{8} \cdot \frac{1}{4}$ j) $\frac{13}{4} \cdot \frac{2}{52}$ k) $\frac{8}{35} \cdot \frac{7}{36}$ l) $\frac{6}{7} \cdot \frac{7}{6}$

11 Besondere Ergebnisse

Bei diesen Aufgaben kann man das Ergebnis schnell erkennen. Begründe.

a) $\frac{2}{3}\cdot\frac{3}{2}$ b) $\frac{12}{9}\cdot\frac{9}{12}\cdot\frac{3}{3}$ c) $\frac{3}{2}\cdot\frac{5}{7}\cdot\frac{7}{5}\cdot\frac{2}{3}$ d) $\frac{4}{5}\cdot\frac{5}{6}\cdot\frac{6}{7}\cdot 0$ e) $\frac{22}{7}\cdot\frac{7}{11}$ f) $\frac{3}{4}\cdot\frac{4}{5}\cdot\frac{5}{6}\cdot 2$

12 Brüche in gemischter Schreibweise

Nachschlagen
Gemischte Schreibweise
Seite 21

Berechne wie im Beispiel.

a) $1\frac{1}{2}\cdot\frac{1}{8}$ b) $2\frac{1}{4}\cdot\frac{2}{5}$ c) $2\frac{1}{3}\cdot 2\frac{1}{4}$

d) $3\frac{2}{3}\cdot 2\frac{3}{5}$ e) $5\frac{3}{2}\cdot\frac{1}{2}$ f) $1\frac{2}{3}\cdot 1\frac{4}{5}$

Vorsicht bei gemischter Schreibweise
Erst in unechte Brüche umwandeln:
$2\frac{1}{2}\cdot 1\frac{1}{3}=\frac{5}{2}\cdot\frac{4}{3}=\frac{20}{6}=\frac{10}{3}=3\frac{1}{3}$

13 Vorsicht bei der gemischten Schreibweise

Erkläre, warum Raul sich wundert.
Führe Rauls Begründung zu Ende.
Was hätte Anna vor der Multiplikation machen müssen?

14 Flächeninhalte

Berechne den Flächeninhalt des Rechtecks.

a) $a=\frac{3}{2}$ cm; $b=4$ cm b) $a=\frac{2}{3}$ dm; $b=\frac{9}{4}$ dm

c) $a=4\frac{1}{2}$ cm; $b=\frac{2}{3}$ cm d) $a=\frac{3}{2}$ cm; $b=2\frac{2}{3}$ cm

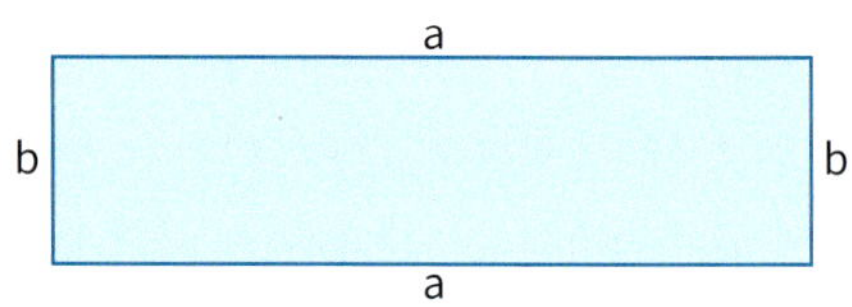

Prüfe dich!
Lösungen auf Seite 215

15 Berechne.

a) $\frac{3}{4}\cdot 3\frac{1}{2}$ b) $\frac{2}{3}\cdot 2\frac{1}{4}$ c) $\frac{3}{4}\cdot 1\frac{7}{9}$ d) $\frac{4}{5}\cdot 1\frac{7}{8}$ e) $2\frac{1}{2}\cdot 1\frac{1}{4}$ f) $\frac{7}{8}\cdot 16$

16 Berechne den Flächeninhalt des Rechtecks mit den Seitenlängen a und b.

a) $a=\frac{1}{2}$ m; $b=8$ m b) $a=\frac{5}{3}$ cm; $b=\frac{9}{10}$ cm c) $a=\frac{5}{6}$ cm; $b=2\frac{2}{5}$ cm d) $a=\frac{5}{7}$ m; $b=2\frac{1}{3}$ m

---

17 Zahl gesucht

Bestimme die gesuchte Zahl durch geschicktes Probieren.

a) $\frac{2}{3}\cdot\square=\frac{8}{27}$ b) $\square\cdot 3=\frac{6}{7}$ c) $\frac{3}{8}\cdot\square=\frac{15}{24}$ d) $\frac{1}{9}\cdot\square=\frac{9}{9}$ e) $\frac{4}{9}\cdot\square=1$ f) $\square\cdot\frac{7}{4}=7$

18 Wachsen oder schrumpfen

Nachschlagen
Potenzen
Seite 184

Berechne die Potenzen. Vergleiche die Ergebnisse. Bei welchen Brüchen wächst das Ergebnis? Begründe.

a) $\frac{3}{2}$, $\left(\frac{3}{2}\right)^2$, $\left(\frac{3}{2}\right)^3$, $\left(\frac{3}{2}\right)^4$ b) $\frac{2}{3}$, $\left(\frac{2}{3}\right)^2$, $\left(\frac{2}{3}\right)^3$, $\left(\frac{2}{3}\right)^4$

c) $\frac{2}{3}$, $\frac{2^2}{3}$, $\frac{2^3}{3}$, $\frac{2^4}{3}$ d) $\frac{9}{10}$, $\left(\frac{9}{10}\right)^2$, $\left(\frac{9}{10}\right)^3$, $\left(\frac{9}{10}\right)^4$

e) $\frac{5}{4}$, $\left(\frac{5}{4}\right)^2$, $\left(\frac{5}{4}\right)^3$, $\left(\frac{5}{4}\right)^4$ f) $\frac{9}{2}$, $\frac{9^2}{2}$, $\frac{9^3}{2}$, $\frac{9^4}{2}$

Potenzen bei Brüchen

$\left(\frac{3}{4}\right)^5=\frac{3}{4}\cdot\frac{3}{4}\cdot\frac{3}{4}\cdot\frac{3}{4}\cdot\frac{3}{4}=\frac{3^5}{4^5}$

Zähler: $\frac{3^5}{4}=\frac{3\cdot3\cdot3\cdot3\cdot3}{4}$

Nenner: $\frac{3}{4^5}=\frac{3}{4\cdot4\cdot4\cdot4\cdot4}$

19 Produkt mit mehreren Faktoren

Berechne das Produkt. Kürze möglichst frühzeitig.

a) $\frac{1}{2}\cdot\frac{2}{3}\cdot\frac{3}{4}$ b) $\frac{3}{10}\cdot\frac{2}{3}\cdot\frac{5}{4}$ c) $\frac{2}{5}\cdot\frac{3}{2}\cdot\frac{5}{3}$ d) $\frac{11}{13}\cdot\frac{13}{17}\cdot\frac{17}{11}$ e) $\frac{3}{4}\cdot\frac{8}{15}\cdot\frac{7}{12}$ f) $\frac{2}{3}\cdot\frac{6}{7}\cdot\frac{5}{8}$

g) $\frac{3}{4}\cdot\frac{5}{6}\cdot\frac{8}{15}$ h) $\frac{2}{3}\cdot 2\frac{1}{2}\cdot 1\frac{4}{5}$ i) $\frac{2}{5}\cdot\frac{7}{10}\cdot\frac{15}{8}\cdot\frac{3}{7}$ j) $\frac{5}{12}\cdot\frac{4}{5}\cdot\frac{3}{12}\cdot\frac{6}{5}$ k) $\frac{4}{7}\cdot\frac{5}{9}\cdot\frac{36}{23}\cdot\frac{21}{32}$ l) $\frac{14}{15}\cdot\frac{55}{2}\cdot\frac{15}{22}$

20 Erweitern und Multiplizieren

Was meinst du dazu?

3.5 Brüche dividieren

Nova und Sven spielen Zahlenraten.
Sven denkt sich eine Zahl aus.
Er multipliziert sie mit $\frac{2}{5}$ und erhält $\frac{3}{10}$.
Nova versucht, die Zahl durch Rückwärtsrechnen herauszufinden. Sie überlegt:
„Für $\cdot\frac{2}{5}$ *rechne ich* $\cdot 2$ *und* $:5$.
Für $:\frac{2}{5}$ *mache ich die einzelnen Schritte rückgängig und rechne* $\cdot 5$ *und* $:2$.
Zähler und Nenner werden also vertauscht."

Spielt auch Zahlenraten.

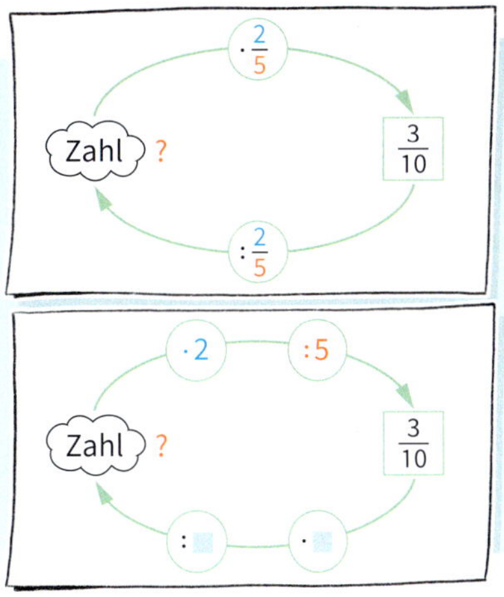

WES-109211-025

Durch einen Bruch dividieren

- Multipliziere mit dem Kehrbruch

Der **Kehrbruch** entsteht, wenn man Zähler und Nenner des Bruchs vertauscht.

Ersetze : durch ·

$$\frac{5}{7} : \frac{2}{3} = \frac{5}{7} \cdot \frac{3}{2} = \frac{15}{14}$$

Tausche Zähler und Nenner

Brüche dividieren

$\frac{7}{5} : \frac{4}{3} = \frac{7}{5} \cdot \frac{3}{4} = \frac{7 \cdot 3}{5 \cdot 4} = \frac{21}{20}$

Kehrbruch bilden: Zähler und Nenner tauschen

$\frac{8}{9} : \frac{5}{18} = \frac{8}{9} \cdot \frac{18}{5} = \frac{8 \cdot \cancel{18}^{2}}{\cancel{9}_{1} \cdot 5} = \frac{8 \cdot 2}{1 \cdot 5} = \frac{16}{5}$

Erst Kehrbruch bilden, dann beim Multiplizieren frühzeitig kürzen

$8 : \frac{4}{9} = 8 \cdot \frac{9}{4} = \frac{\cancel{8}^{2} \cdot 9}{\cancel{4}_{1}} = 2 \cdot 9 = 18$

Erst Kehrbruch bilden, dann beim Multiplizieren frühzeitig kürzen

1 Brüche dividieren

a) $\frac{3}{2} : \frac{5}{2}$ b) $\frac{2}{7} : \frac{2}{9}$ c) $\frac{2}{3} : \frac{1}{3}$ d) $12 : \frac{6}{5}$ e) $\frac{14}{25} : \frac{7}{5}$ f) $\frac{7}{3} : \frac{3}{7}$

2 Kopfrechnen

a) $\frac{2}{3} : \frac{1}{2}$ b) $\frac{4}{5} : \frac{1}{10}$ c) $\frac{7}{10} : \frac{7}{10}$ d) $\frac{3}{7} : \frac{2}{7}$ e) $\frac{1}{2} : \frac{9}{10}$ f) $8 : \frac{1}{2}$
g) $\frac{5}{9} : \frac{3}{9}$ h) $6 : \frac{1}{4}$ i) $\frac{8}{5} : \frac{4}{5}$ j) $\frac{10}{9} : \frac{10}{3}$ k) $\frac{8}{3} : \frac{4}{5}$ l) $\frac{5}{3} : \frac{3}{5}$

3 Überprüfen durch Probe

Berechne und überprüfe dein Ergebnis durch eine Probe.

a) $\frac{1}{9} : \frac{7}{6}$ b) $\frac{14}{22} : \frac{21}{11}$ c) $\frac{7}{5} : \frac{3}{10}$ d) $\frac{4}{9} : \frac{16}{3}$
e) $\frac{12}{35} : \frac{4}{7}$ f) $\frac{5}{12} : \frac{16}{3}$ g) $\frac{14}{9} : \frac{7}{9}$ h) $\frac{25}{15} : \frac{50}{27}$

$\frac{10}{3} : \frac{8}{9} = \frac{\cancel{10}^{5}}{\cancel{3}_{1}} \cdot \frac{\cancel{9}^{3}}{\cancel{8}_{4}} = \frac{5 \cdot 3}{1 \cdot 4} = \frac{15}{4}$

Probe: $\frac{\cancel{15}^{5}}{\cancel{4}_{1}} \cdot \frac{\cancel{8}^{2}}{\cancel{9}_{3}} = \frac{5 \cdot 2}{1 \cdot 3} = \frac{10}{3}$ ✓

4 Durch eine natürliche Zahl dividieren

Sven und Nova nutzen unterschiedliche Methoden, um einen Bruch durch eine natürliche Zahl zu dividieren.
Berechne, wenn möglich, mit beiden Methoden.

a) $\frac{9}{5} : 3$ b) $\frac{16}{7} : 8$ c) $\frac{21}{14} : 7$ d) $\frac{9}{7} : 6$
e) $\frac{11}{10} : 5$ f) $\frac{14}{9} : 7$ g) $\frac{4}{9} : 8$ h) $\frac{56}{49} : 7$

Sven:
$\frac{8}{5} : 4 = \frac{8}{5} : \frac{4}{1} = \frac{\cancel{8}^{2}}{5} \cdot \frac{1}{\cancel{4}_{1}} = \frac{2}{5}$

Nova:
$\frac{8}{5} : 4 = \frac{8 : 4}{5} = \frac{2}{5}$

5 **Training**

a) $\frac{1}{2}:\frac{1}{4}$ b) $\frac{15}{12}:\frac{10}{9}$ c) $\frac{28}{22}:\frac{7}{11}$ d) $\frac{4}{10}:2$ e) $\frac{3}{7}:\frac{9}{21}$ f) $\frac{56}{80}:8$

Prüfe dich!
Lösungen auf Seite 215

6 Berechne.

a) $\frac{9}{4}:\frac{3}{4}$ b) $6:\frac{1}{2}$ c) $\frac{12}{7}:\frac{3}{2}$ d) $\frac{8}{9}:\frac{4}{3}$ e) $\frac{2}{5}:4$ f) $9:\frac{3}{5}$

Nachschlagen
Gemischte Schreibweise Seite 21

7 **Brüche in gemischter Schreibweise**

Berechne.

a) $1\frac{1}{2}:1\frac{1}{4}$ b) $1\frac{2}{3}:1\frac{1}{2}$ c) $2\frac{1}{3}:1\frac{1}{4}$

d) $2\frac{1}{2}:1\frac{3}{4}$ e) $1\frac{4}{5}:2\frac{7}{10}$ f) $1\frac{1}{8}:6\frac{3}{4}$

g) $6\frac{2}{3}:5\frac{5}{7}$ h) $6\frac{2}{9}:5\frac{5}{6}$ i) $2\frac{1}{4}:1\frac{3}{5}$

Vorsicht bei gemischter Schreibweise-
Erst in unechte Brüche umwandeln:

$1\frac{9}{15}:2\frac{2}{5}=\frac{24}{15}:\frac{12}{5}=\frac{\cancel{24}^{2}}{\cancel{15}_{3}}\cdot\frac{\cancel{5}^{1}}{\cancel{12}_{1}}=\frac{2}{3}$

8 **Fehlende Seitenlänge**

Berechne die fehlende Seitenlänge. Gib das Ergebnis als Bruch in Zentimeter an.
Mache danach die Probe, indem du den Flächeninhalt durch Multiplikation bestimmst.

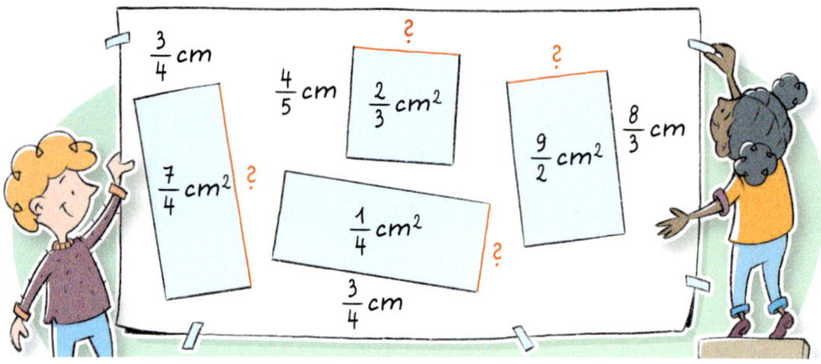

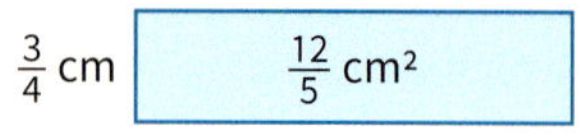

$A=a\cdot b$

$\frac{12}{5}\text{cm}^2=\frac{3}{4}\text{cm}\cdot\frac{\square}{\square}\text{cm}$

$\frac{12}{5}:\frac{3}{4}=\frac{12}{5}\cdot\frac{4}{3}=\frac{\cancel{12}^{4}}{5}\cdot\frac{4}{\cancel{3}_{1}}=\frac{16}{5}=3\frac{1}{5}$

Die fehlende Seite ist $3\frac{1}{5}$ cm lang.

9 **Lücken füllen**

a) $\frac{3}{5}:\frac{\square}{7}=\frac{21}{10}$ b) $\frac{3}{\square}:\frac{1}{5}=\frac{15}{10}$ c) $\frac{5}{7}:\frac{\square}{14}=\frac{10}{3}$ d) $\square:\frac{3}{4}=1$ e) $\frac{4}{7}:\square=\frac{4}{5}$ f) $8:\square=16$

Prüfe dich!
Lösungen auf Seite 215

10 Berechne die fehlende Seitenlänge des Rechtecks mit dem Flächeninhalt A.

a) $A=3\,\text{cm}^2$, $a=\frac{7}{3}\,\text{cm}$ b) $A=6\,\text{cm}^2$, $a=3\frac{3}{4}\,\text{cm}$ c) $A=2\frac{1}{4}\,\text{cm}^2$, $b=1\frac{1}{2}\,\text{cm}$ d) $A=\frac{5}{2}\,\text{cm}^2$, $b=\frac{10}{3}\,\text{cm}$

11 Fülle die Lücken aus.

a) $\square:\frac{8}{21}=\frac{3}{4}$ b) $\frac{5}{6}:\frac{\square}{3}=\frac{1}{4}$ c) $\frac{3}{14}:\frac{12}{\square}=\frac{1}{4}$ d) $3:\square=15$

12 **Fehlersuche**

Erkläre den Fehler und rechne richtig.

a) $\frac{6}{5}:\frac{3}{5}=\frac{6:3}{5}=\frac{2}{5}$ b) $\frac{8}{5}:\frac{4}{7}=\frac{8\cdot4}{5\cdot7}=\frac{32}{35}$

c) $\frac{3}{4}:\frac{2}{5}=\frac{4}{3}\cdot\frac{2}{5}=\frac{8}{15}$ d) $2:\frac{3}{4}=\frac{1}{2}\cdot\frac{3}{4}=\frac{2}{1}\cdot\frac{3}{4}=\frac{3}{2}$

e) $\frac{5}{6}:3=\frac{5\cdot3}{6\cdot3}=\frac{15}{18}$ f) $8:\frac{2}{3}=\frac{8:2}{3}=\frac{4}{3}$

g) $\frac{5}{6}:\frac{6}{7}=\frac{5}{7}$ h) $\frac{3}{7}:\frac{7}{2}=\frac{3\cdot7}{7\cdot2}=\frac{3}{2}$

13 Mit der Null muss man rechnen

Berechne, wenn möglich.

a) $0 \cdot 7$ b) $\frac{2}{3} : 0$ c) $\frac{2}{3} \cdot 0$

d) $0 : \frac{9}{7}$ e) $\frac{0}{12} : 12$ f) $9 \cdot \frac{7}{9}$

g) $\frac{13}{12} \cdot \frac{7}{0}$ h) $\frac{5}{7} \cdot \frac{0}{7}$ i) $\frac{0}{7} \cdot \frac{7}{9}$

Durch 0 zu dividieren ist verboten!

$9 \cdot 0 = 0$ ✓ $0 \cdot \frac{3}{5} = 0$ ✓ $0 : 7 = 0$ ✓ $\frac{0}{3} = 0$ ✓

Aber: $5 : 0$ ✗ oder $0 : 0$ ✗ oder $\frac{7}{0}$ ✗

sind **nicht möglich**, denn durch Null darf man nicht dividieren!

Nachschlagen
Rechnen mit der Null
Seite 185

14 Ein sonderbares Ergebnis

Nora hat $3 : \frac{1}{4}$ berechnet und als Ergebnis 12 erhalten. Sie wundert sich: *„Das Ergebnis ist viel zu groß, ich muss mich verrechnet haben.“* Was sagst du Nora?

15 Rechnung erklären

Rechne und erkläre wie im Beispiel.

$\frac{3}{2} : \frac{1}{4} = 6$, denn $\frac{1}{4}$ passt 6-mal in $\frac{3}{2}$

a) $\frac{3}{5} : \frac{1}{10}$ b) $\frac{5}{3} : \frac{5}{9}$ c) $6 : \frac{1}{2}$ d) $\frac{1}{3} : \frac{1}{3}$ e) $\frac{5}{2} : \frac{1}{4}$ f) $\frac{1}{4} : \frac{1}{2}$

16 Größenvergleiche

Eine Zahl wird dividiert. Ist der Quotient größer oder kleiner als der Dividend?
Betrachte den Divisor und entscheide, ohne zu rechnen. Rechne dann.

a) $5 : \frac{7}{8}$ b) $\frac{2}{3} : \frac{3}{2}$ c) $2\frac{3}{4} : \frac{3}{4}$ d) $\frac{1}{100} : \frac{1}{10}$ e) $\frac{7}{2} : 3\frac{1}{2}$ f) $\frac{2}{3} : \frac{2}{5}$

17 In Gläser verteilen

Denisa deckt den Frühstückstisch. Im Kühlschrank sind 6 l Frühstückssaft.

a) In die schönen großen Saftgläser passen jeweils $\frac{2}{5}$ l. Wie viele Gläser kann Denisa füllen?
b) In die Krüge passen jeweils $1\frac{1}{2}$ l. Wie viele Krüge kann Denisa füllen?
c) In die kleinen Kristallgläser passen jeweils $\frac{1}{6}$ l. Wie viele Kristallgläser kann Denisa füllen?

18 Grillfest bei Lena

Beim Grillfest in Lenas Garten gibt es Grillkäse, Würstchen, Baguette und Kartoffelsalat. Zwölf Kinder kommen zum Tisch und es liegen $3\frac{1}{2}$ Baguette und 8 Würstchen bereit.
Lena meint: *„Das ist zu wenig für jeden, wenn man exakt aufteilt.“*
Berechne, welchen Anteil jedes Kind vom Baguette und von den Würstchen bekommt.

---

19 Berechne, wenn möglich.

a) $0 \cdot 7$ b) $\frac{2}{3} : \frac{5}{7}$ c) $\frac{2}{3} \cdot 0$ d) $0 : \frac{9}{7}$ e) $\frac{7}{12} : 0$ f) $9 \cdot \frac{7}{9}$

Prüfe dich!
Lösungen auf Seite 215

20 Entscheide, ob der Quotient größer oder kleiner als der Dividend ist.

a) $5 : \frac{7}{8}$ b) $\frac{2}{3} : \frac{3}{2}$ c) $2\frac{3}{4} : \frac{3}{4}$ d) $\frac{1}{100} : \frac{1}{10}$ e) $\frac{17}{2} : 3\frac{1}{2}$ f) $\frac{2}{3} : \frac{2}{5}$

21 Auf der Gartenparty ist der leckere Sunny-Cocktail sehr beliebt. Für ein Glas Sunny-Cocktail benötigt man Wasser und $\frac{3}{20}$ l Himbeersirup. Es sind noch $\frac{12}{5}$ l Sirup vorhanden.
Berechne die Anzahl der Sunny-Cocktails, die man damit mixen kann.

---

22 Veränderungen

Was passiert mit dem Ergebnis der Divisionsaufgabe $\frac{a}{b} : \frac{c}{d}$?
Probiere zunächst mit $\frac{2}{3} : \frac{4}{5}$ aus.
Formuliere zu jeder Teilaufgabe einen Ergebnissatz.

a) a wird verdoppelt b) b wird verdoppelt
c) c wird verdoppelt d) d wird verdoppelt
e) a und b werden verdoppelt f) c und d werden verdoppelt

Beispiel
$\frac{2}{3} : \frac{4}{5} = \frac{5}{6}$ $\frac{2 \cdot 2}{3} : \frac{4}{5} = \ldots$
„Wenn a verdoppelt wird, dann … sich das Ergebnis.“

3.6 Vermischtes zur Bruchrechnung

1 ≡ **Training mit allen Rechenarten**

a) $\frac{3}{4}+\frac{2}{5}$ b) $\frac{3}{4}-\frac{2}{5}$ c) $\frac{3}{4}\cdot\frac{2}{5}$ d) $\frac{3}{4}:\frac{2}{5}$ e) $\frac{5}{6}+4$ f) $4-\frac{5}{6}$

g) $4\cdot\frac{5}{6}$ h) $4:\frac{5}{6}$ i) $4\frac{1}{2}+\frac{7}{4}$ j) $4\frac{1}{3}-\frac{7}{5}$ k) $4\frac{1}{3}\cdot\frac{7}{5}$ l) $4\frac{1}{3}:\frac{7}{5}$

2 ≡ **Natürliche Zahl minus Bruch**

Berechne die Differenz.

a) $3-\frac{1}{4}$ b) $4-\frac{1}{3}$ c) $7-\frac{5}{4}$ d) $11-3\frac{1}{4}$ e) $14-5\frac{5}{9}$ f) $1-\frac{123}{200}$

3 ≡ **Subtraktion mit gemischten Zahlen**

Valentin möchte ganze Zahlen und die Brüche getrennt voneinander subtrahieren. Doch bei $\frac{1}{2}-\frac{3}{4}$ klappt es nicht.
Valentin nutzt einen Trick: „*Was im Subtrahenden zu viel ist, schneide ich weg und ziehe es später von der ganzen Zahl ab.*“
Rechne genauso.

a) $3\frac{1}{2}-1\frac{3}{4}$ b) $4\frac{1}{3}-2\frac{5}{6}$ c) $8\frac{3}{5}-6\frac{9}{10}$

d) $5-2\frac{3}{7}$ e) $1\frac{4}{5}-\frac{7}{8}$ f) $7\frac{3}{10}-5\frac{1}{3}$

$3\frac{1}{2}-1\frac{3}{4}$

$=(3-1)+\left(\frac{1}{2}-\frac{3}{4}\right)$

$=2+\left(\frac{1}{2}-\frac{1}{2}-\frac{1}{4}\right)$

$=2-\frac{1}{4}$

$=1\frac{3}{4}$

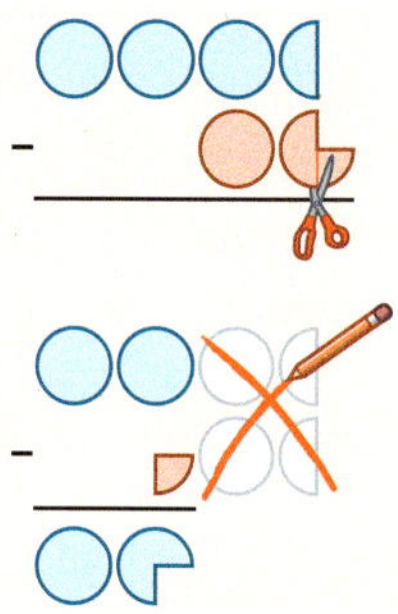

4 ≡ **Überprüfe Marens Hausaufgaben**

Finde die Fehler und korrigiere sie.

a) $0:5=0$ b) $\frac{2}{3}\cdot 0=0$ c) $0:\frac{2}{3}=\frac{3}{2}$ d) $5:0=\frac{5}{0}=0$

e) $\frac{0}{7}:\frac{1}{8}$ geht nicht f) $\frac{3}{2}\cdot\frac{2}{3}=0$ g) $0\cdot 0=0$ h) $\frac{0}{0}=1$

5 ≡ **Dividieren**

Berechne. Nicht immer ist dies möglich.

a) $3\frac{1}{2}:1\frac{1}{2}$ b) $0:\frac{27}{4}$ c) $7\frac{7}{9}:0$ d) $\frac{0}{2}:\frac{17}{2}$

6 ≡ **Aufgaben bauen**

Baue aus den gegebenen Zahlen Rechenaufgaben mit Brüchen $\frac{\square}{\square}:\frac{\square}{\square}$
Löse sie. Wie viele unterschiedliche Ergebnisse erhältst du?

a) 2, 3, 4, 5 b) 4, 6, 8, 12 c) 0, 3, 6, 8 d) 1, 5, 7, 9

7 ≡ **Aus Fehlern wird man klug**

Wo stecken Fehler? Erkläre, was falsch gemacht wurde.

a) $\frac{8}{9}+\frac{2}{9}=\frac{10}{18}$ b) $\frac{8}{9}:\frac{2}{9}=\frac{8:2}{9}$ c) $\frac{9}{11}:3=\frac{9}{11\cdot 3}$ d) $\frac{8}{9}\cdot 3=\frac{8\cdot 3}{9\cdot 3}$

e) $\frac{2}{3}\cdot\frac{1}{2}=\frac{4}{6}\cdot\frac{3}{6}=\frac{12}{36}$ f) $3:\frac{3}{4}=\frac{3:3}{4}$ g) $2:\frac{1}{2}=2\cdot 2$ h) $\frac{5}{7}:\frac{5}{3}=\frac{7}{5}\cdot\frac{5}{3}=\frac{7}{3}$

8 ≡ **Zahl gesucht**

Finde die fehlende Zahl.

a) $\square\cdot 8=1$ b) $\square-2=\frac{1}{3}$ c) $\frac{1}{2}:\square=2$ d) $\square\cdot 12=4$

e) $\square+3\frac{2}{5}=4\frac{7}{10}$ f) $39\cdot\square=13$ g) $7:\square=3$ h) $5\frac{1}{2}:\square=2\frac{1}{4}$

9 ≡ **Wenn-dann-Aussagen**

Beurteile die Aussagen. Finde Beispiele oder Gegenbeispiele.

a) Wenn man einen Bruch mit einer natürlichen Zahl multipliziert, dann wird das Ergebnis größer als die natürliche Zahl.

b) Wenn man einen Bruch und eine natürliche Zahl addiert, dann ist die Summe größer als jeder Summand.

c) Wenn man zwei echte Brüche addiert, dann entsteht wieder ein echter Bruch.

d) Wenn man das Produkt aus einer beliebigen Zahl als ersten Faktor und dem Faktor $\frac{4}{5}$ bildet, dann ist das Ergebnis immer kleiner als der erste Faktor.

e) Wenn man Brüche dividiert, dann ist das Ergebnis kleiner als der Dividend.

f) Wenn man Zähler und Nenner eines Bruchs mit derselben Zahl multipliziert, dann entsteht ein gleichwertiger Bruch.

g) Wenn man zu Zähler und Nenner eines Bruchs dieselbe Zahl addiert, dann ändert sich der Wert des Bruchs nicht.

10 = **Bärchenverteilung**

Fünf Packungen Gummibärchen werden an vier Mädchen verteilt. Neun Packungen Gummibärchen werden an sieben Jungen verteilt. In jeder Packung sind gleich viele Bärchen. Bekommt ein Junge oder ein Mädchen mehr Gummibärchen?

11 = **Wie groß ist die Schule?**

a) Das Goethe-Gymnasium besuchen 336 Mädchen. Das sind $\frac{4}{7}$ der gesamten Schüleranzahl. Wie viele Schülerinnen und Schüler hat die Schule?

b) Am Friedhelm-Eugen-Gymnasium sind $\frac{9}{20}$ der Schülerinnen und Schüler in einem Sportverein. $\frac{1}{4}$ davon spielen Fußball. Das sind 135 Schülerinnen und Schüler.
Wie viele Schülerinnen und Schüler gehen auf das Friedhelm-Eugen-Gymnasium?

12 = **Wassergehalt der Butter**

Butter hat einen Fettgehalt von 84 %. Wie viel Fett ist in $\frac{1}{4}$ kg Butter enthalten? Gib die Antwort in Gramm und Kilogramm an.

13 = **Konzert**

Zum Schulkonzert kommen 36 Lehrerinnen und Lehrer. Das sind $\frac{3}{8}$ aller Besucherinnen und Besucher. Wie viele Besucherinnen und Besucher sind beim Konzert?

14 = **Traubensaft verteilen**

Christians Eltern haben einen Weinbaubetrieb. Bei der Weinlese im Herbst wird aus Trauben Wein gewonnen. Doch bevor die Trauben für die Weinherstellung abgeliefert werden, presst Christian gesammelte Trauben zu Traubensaft. Er füllt den Traubensaft in $\frac{3}{4}$-Liter-Flaschen ab. Wie viele Flaschen benötigt Christian für die angegebene Taubensaftmenge?

a) $11\frac{1}{2}$ Liter Traubensaft b) 20 Liter Traubensaft c) 30 Liter Traubensaft

15 = **Vom Text zum Rechenausdruck**

a) Berechne die Summe aus $\frac{3}{4}$ und $\frac{4}{9}$.

b) Berechne die Differenz aus $\frac{3}{4}$ und $\frac{4}{9}$.

c) Berechne das Produkt aus $\frac{3}{4}$ und $\frac{4}{9}$.

d) Berechne den Quotienten aus $\frac{3}{4}$ und $\frac{4}{9}$.

16 ≡ **Emre dividiert heute mal anders**

Überprüfe Emres Rechnung.
Kann man immer so rechnen wie Emre?
Formuliere hierzu eine passende Rechenregel.

Emres Rechnung:

$$\frac{2}{3}:\frac{4}{5} = \frac{20}{30}:\frac{4}{5} = \frac{20:4}{30:5} = \frac{5}{6}$$

3.7 Rechenausdrücke

Vorbereiten
Regeln und Gesetze
Seite 185

Alle Rechenregeln und Rechengesetze, die du kennengelernt hast, gelten auch für die Brüche.

- Ordne den Rechenwegen die Begriffe Vertauschen, Verbinden und Verteilen zu.
- Welche Rechenregeln und Rechengesetze wurden hier genutzt?

$\frac{1}{4}+\frac{5}{7}+\frac{3}{4}=\frac{1}{4}+\frac{3}{4}+\frac{5}{7}=1\frac{5}{7}$

$\frac{1}{3}+\frac{7}{17}+\frac{10}{17}=\frac{1}{3}+\left(\frac{7}{17}+\frac{10}{17}\right)=\frac{1}{3}+1=1\frac{1}{3}$

$6\cdot\left(\frac{2}{3}+\frac{1}{4}\right)=\frac{12}{3}+\frac{6}{4}=5\frac{1}{2}$

Gesetze:
Kommutativgesetz, Assoziativgesetz, Distributivgesetz

WES-109211-026

Kommutativgesetz der Addition
Beim Addieren darf man die Summanden vertauschen.

$\frac{5}{8}+\frac{1}{3}+\frac{3}{8}=\frac{1}{3}+\frac{5}{8}+\frac{3}{8}$

Assoziativgesetz der Addition
Beim Addieren darf man die Reihenfolge, in der man rechnen möchte, frei wählen.

$\frac{1}{3}+\frac{5}{8}+\frac{3}{8}=\frac{1}{3}+\left(\frac{5}{8}+\frac{3}{8}\right)$

Kommutativgesetz der Multiplikation
Beim Multiplizieren darf man die Faktoren vertauschen.

$\frac{5}{8}\cdot\frac{6}{7}\cdot\frac{4}{5}=\frac{6}{7}\cdot\frac{5}{8}\cdot\frac{4}{5}$

Assoziativgesetz der Multiplikation
Beim Multiplizieren darf man die Reihenfolge, in der man rechnen möchte, frei wählen.

$\frac{6}{7}\cdot\frac{5}{8}\cdot\frac{4}{5}=\frac{6}{7}\cdot\left(\frac{5}{8}\cdot\frac{4}{5}\right)$

Distributivgesetz

Ausmultiplizieren
Ein Faktor vor oder nach einer Klammer wird mit jedem Summanden in der Klammer multipliziert.

$\frac{2}{3}\cdot\left(\frac{3}{8}+\frac{9}{4}\right)=\frac{2}{3}\cdot\frac{3}{8}+\frac{2}{3}\cdot\frac{9}{4}$

Ausklammern
Umgekehrt kann man eine Klammer setzen und einen Faktor vorziehen, der in jedem Summanden enthalten ist.

$\frac{2}{9}\cdot\frac{5}{12}+\frac{2}{9}\cdot\frac{7}{12}=\frac{2}{9}\cdot\left(\frac{5}{12}+\frac{7}{12}\right)$

Rechengesetze nutzen

Geschickt kürzen bei mehreren Faktoren

$\frac{3}{5}\cdot\frac{8}{7}\cdot\frac{5}{6}=\frac{3\cdot8\cdot5}{5\cdot7\cdot6}=\frac{\overset{1}{\cancel{3}}\cdot8\cdot\overset{1}{\cancel{5}}}{\underset{1}{\cancel{5}}\cdot7\cdot\underset{2}{\cancel{6}}}=\frac{8}{7\cdot2}=\frac{4}{7}$

Reihenfolge geschickt wählen

$\frac{2}{5}+\frac{11}{2}+\frac{1}{2}=\frac{2}{5}+\frac{12}{2}=6\frac{2}{5}$

Ausmultiplizieren

$\frac{2}{3}\cdot\left(\frac{9}{4}-\frac{3}{8}\right)=\frac{2}{3}\cdot\frac{9}{4}-\frac{2}{3}\cdot\frac{3}{8}=\frac{3}{2}-\frac{1}{4}=\frac{5}{4}$

Ausklammern

$\frac{3}{4}\cdot\frac{5}{7}+\frac{3}{4}\cdot\frac{2}{7}=\frac{3}{4}\cdot\left(\frac{5}{7}+\frac{2}{7}\right)=\frac{3}{4}\cdot1=\frac{3}{4}$

1 Terme berechnen
Berechne geschickt.

a) $\frac{4}{5}\cdot\frac{1}{3}\cdot\frac{5}{4}\cdot\frac{3}{4}$
b) $\frac{3}{7}+\frac{9}{20}+\frac{1}{20}$
c) $2\frac{1}{2}+\frac{1}{3}+1\frac{1}{2}+\frac{5}{3}$
d) $\frac{4}{5}+1\frac{1}{4}+\frac{1}{4}+\frac{1}{5}-\frac{1}{2}$
e) $\frac{5}{9}+3-\frac{2}{9}+\frac{2}{3}$
f) $\frac{2}{5}\cdot\frac{1}{3}\cdot\frac{3}{8}\cdot\frac{5}{4}$
g) $5\frac{4}{7}+5\frac{2}{3}+5\frac{3}{7}-5\frac{1}{3}$
h) $\frac{3}{4}\cdot\frac{5}{7}\cdot\frac{2}{9}\cdot\frac{14}{15}$
i) $\frac{1}{2}-\frac{3}{4}+\frac{1}{2}$
j) $\frac{2}{3}+\frac{1}{2}-\frac{1}{3}+\frac{1}{6}$
k) $\frac{1}{2}\cdot\frac{4}{7}+\frac{1}{2}\cdot\frac{2}{7}+\frac{1}{2}\cdot\frac{1}{7}$
l) $3\frac{3}{4}\cdot1\frac{3}{7}\cdot\frac{4}{15}$
m) $\frac{1}{8}+\frac{5}{9}-\frac{3}{8}+\frac{4}{9}+\frac{1}{2}$
n) $\left(\frac{1}{2}+\frac{1}{4}\right):\frac{1}{8}$
o) $\frac{1}{4}\cdot\left(\frac{4}{3}+8\right)+\frac{5}{3}$
p) $\frac{7}{5}\cdot\frac{6}{7}:(12:2)$

2 ## Rechenregeln beachten

Die Rechenregeln gelten weiterhin. Berechne.

a) $1\frac{3}{7} \cdot \frac{3}{11} : \frac{5}{7}$ b) $\frac{4}{5} - \frac{1}{6} \cdot \frac{3}{5} + \frac{1}{5}$ c) $\frac{3}{5} : \frac{6}{15} \cdot \frac{5}{3}$

d) $\frac{2}{3} \cdot \frac{4}{5} + \frac{1}{5}$ e) $\left(\frac{3}{4} + \frac{9}{2}\right) \cdot \frac{2}{9}$ f) $2 + \frac{1}{6} : \frac{5}{6} - 1\frac{1}{5}$

g) $\frac{5}{9} + \frac{1}{9} \cdot (6 - 2)$ h) $\frac{1}{10} : \frac{2}{5} - \frac{1}{5} + \frac{1}{2}$ i) $\frac{3}{4} - \frac{1}{4} \cdot \left(\frac{7}{3} - 1\right)$

„Vorrangregeln"
- von links nach rechts
- Punkt-vor-Strich
- Klammer zuerst oder ausmultiplizieren

3 ## Punkt vor Strich – auch wenn bedauerlich

Welcher Fehler könnte passieren? Berechne korrekt.

a) $2 + 8 \cdot \frac{1}{3}$ b) $\frac{19}{15} - \frac{4}{15} : 2$ c) $\frac{9}{7} - \frac{2}{7} : 5$ d) $7 \cdot \frac{2}{3} + \frac{1}{3}$ e) $\frac{2}{7} + \frac{5}{7} \cdot 9$

4 ## Distributivgesetz nutzen

Rechne geschickt, nutze das Distributivgesetz.

a) $\frac{1}{3} \cdot \left(\frac{6}{5} + \frac{3}{2}\right)$ b) $\left(\frac{5}{12} + \frac{3}{4}\right) \cdot \frac{4}{15}$ c) $\left(\frac{7}{6} + \frac{1}{8}\right) : \frac{7}{12}$

d) $\frac{4}{3} \cdot \left(\frac{3}{12} + \frac{3}{8}\right)$ e) $15 \cdot \left(\frac{9}{5} + \frac{14}{15}\right)$ f) $\left(\frac{13}{20} - \frac{3}{5}\right) \cdot 10$

g) $\frac{4}{9} \cdot \left(\frac{3}{8} + \frac{27}{32}\right)$ h) $\left(\frac{5}{11} + \frac{1}{2}\right) : \frac{7}{22}$ i) $\left(\frac{22}{27} + \frac{3}{18}\right) : \frac{12}{9}$

Dividieren

Dividiere durch einen Bruch, indem du mit dem Kehrbruch multiplizierst.

$\left(\frac{7}{6} + \frac{1}{8}\right) : \frac{7}{12} = \left(\frac{7}{6} + \frac{1}{8}\right) \cdot \frac{12}{7}$

Nachschlagen
Dividieren
Seite 67

5 ## Entscheidung

Berechne. Entscheide vorher, ob du die Klammer zuerst ausrechnen oder das Distributivgesetz anwenden möchtest.

a) $\frac{2}{9} \cdot \left(\frac{4}{5} - \frac{4}{10}\right)$ b) $\frac{3}{7} \cdot \left(\frac{7}{3} + 4\right)$ c) $\frac{3}{2} \cdot \left(\frac{7}{4} - \frac{5}{4}\right)$ d) $\frac{5}{8} \cdot \left(\frac{4}{3} - \frac{2}{5}\right)$ e) $12 \cdot \left(\frac{1}{4} + \frac{5}{6}\right)$

6 ## Distributivgesetz rückwärts

Rechne geschickt durch Ausklammern.

a) $\frac{2}{3} \cdot \frac{17}{31} + \frac{2}{3} \cdot \frac{14}{31}$ b) $\frac{4}{9} \cdot \frac{6}{7} + \frac{4}{9} \cdot \frac{8}{7}$ c) $\frac{11}{25} \cdot \frac{3}{7} + \frac{3}{25} \cdot \frac{3}{7}$ d) $\frac{3}{7} \cdot \frac{5}{9} - \frac{3}{7} \cdot \frac{2}{9}$ e) $\frac{4}{5} \cdot \frac{7}{9} - \frac{4}{5} \cdot \frac{2}{9}$

7 ## Ausklammern oder Punkt-vor-Strich

Berechne. Nutze das Distributivgesetz, wenn es vorteilhaft ist.

a) $\frac{4}{7} \cdot \frac{7}{12} + \frac{4}{7} \cdot \frac{7}{6}$ b) $\frac{7}{11} \cdot \frac{5}{9} - \frac{7}{11} \cdot \frac{2}{9}$ c) $\frac{8}{15} \cdot \frac{5}{12} + \frac{8}{15} \cdot \frac{7}{6}$ d) $\frac{3}{11} \cdot \frac{7}{9} - \frac{3}{11} \cdot \frac{2}{9}$ e) $\frac{4}{5} \cdot \frac{15}{16} - \frac{4}{5} \cdot \frac{5}{8}$

f) $2\frac{1}{5} \cdot \frac{5}{22} + 2\frac{1}{5} \cdot \frac{5}{11}$ g) $\frac{4}{5} \cdot 17 + 33 \cdot \frac{4}{5}$ h) $7 \cdot \frac{7}{12} - \frac{1}{12} \cdot 7$ i) $\frac{3}{8} \cdot \frac{4}{7} + \frac{3}{8} \cdot \frac{5}{7} - \frac{3}{8} \cdot \frac{1}{7}$ j) $1\frac{1}{3} \cdot \left(\frac{9}{12} + 1\frac{4}{5}\right)$

---

8 Berechne geschickt.

a) $\frac{1}{10} + \frac{1}{15} + \frac{7}{10}$ b) $\frac{1}{16} + \frac{7}{24} + \frac{11}{24}$ c) $5\frac{1}{2} + \frac{1}{7} + 1\frac{1}{4} + \frac{6}{7}$ d) $\frac{8}{9} \cdot \frac{7}{12} \cdot \frac{27}{32} \cdot \frac{6}{7}$ e) $2\frac{3}{4} \cdot \frac{12}{15} \cdot \frac{5}{4} \cdot \frac{8}{11}$

Prüfe dich!
Lösungen auf
Seite 216

9 Nutze das Distributivgesetz, wenn es vorteilhaft ist, und berechne.

a) $\frac{3}{4} \cdot \frac{5}{7} + \frac{3}{4} \cdot \frac{2}{7}$ b) $5 \cdot \frac{2}{3} + \frac{2}{15} \cdot 5$ c) $\left(\frac{5}{2} + \frac{5}{4}\right) \cdot \frac{4}{15}$ d) $\frac{4}{9} \cdot \left(\frac{3}{8} + \frac{9}{24}\right)$ e) $\left(\frac{3}{4} - \frac{3}{8}\right) : \frac{9}{8}$

---

10 ## Salatsoße für ein Gartenfest

Costa und sein Vater bereiten für ein Gartenfest zwei große Schüsseln mit Salaten zu: einen griechischen Bauernsalat und einen klassischen Blattsalat.
Es gibt eine Salatsoße für beide Salate, diese enthält $\frac{3}{8}$ l Olivenöl und $\frac{1}{4}$ l Essig.
$\frac{2}{5}$ der fertigen Salatsoße kommt an den Bauernsalat, der Rest an den Blattsalat.
Wie viel Liter Salatsoße kommt an den Blattsalat?

11 ≡ **Ratenkauf**

Frau Wolf kauft einen Schlafzimmerschrank für 1800 €. Sie zahlt $\frac{1}{3}$ des Kaufpreises direkt, den Rest bezahlt Frau Wolf in 12 Monatsraten. Berechne die Höhe einer Monatsrate.
Du kannst in mehreren Schritten rechnen, aber kannst du das auch in einem einzigen Rechenausdruck aufschreiben?

Prüfe dich!
Lösungen auf Seite 216

12 ≡ Ein Kasten Orangenlimonade enthält zwölf Flaschen mit je $1\frac{1}{2}$ l Limonade. $1\frac{1}{2}$ l Liter Limonade wiegen $1\frac{1}{2}$ kg. Eine leere Flasche wiegt $\frac{1}{6}$ kg. Der leere Kasten wiegt $1\frac{1}{4}$ kg.
Berechne das Gewicht eines Kastens mit vollen Flaschen.
Schreibe für die Rechnung einen einzigen Rechenausdruck auf.

13 ≡ **Renovierungsgeschichten**

Vorbereiten
Rechenwege beschreiben Seite 187

„Das Agnes-Gymnasium wird sieben Tage lang renoviert. Ein Maler kann pro Tag $\frac{2}{3}$ eines Klassenzimmers streichen. Am Montag kommen 6 Maler, ab Mittwoch ist einer von ihnen krank."

a) Was wird durch den Rechenausdruck $2 \cdot 6 \cdot \frac{2}{3} + 3 \cdot 5 \cdot \frac{2}{3}$ ausgerechnet?

b) Erfinde eine passende Renovierungsgeschichte zu den folgenden Rechenausdrücken und berechne. Was bedeutet das Ergebnis?

(1) $4 \cdot 6 \cdot \frac{3}{4} + 8 \cdot \frac{3}{4}$ (2) $8 \cdot 5 \cdot \frac{1}{4} + 6 \cdot 5 \cdot \frac{1}{3}$ (3) $6 \cdot \left(\frac{2}{3} + \frac{3}{4}\right) + 6 \cdot \frac{3}{4}$

14 ≡ **Vom Text zum Rechenausdruck**

Schreibe den Rechenausdruck auf und berechne.

a) Multipliziere die Summe von $\frac{9}{5}$ und $\frac{14}{15}$ mit 15.

b) Dividiere die Differenz der Zahlen $\frac{1}{2}$ und $\frac{1}{3}$ durch $\frac{1}{4}$.

c) Addiere zum Produkt der Zahlen $\frac{2}{5}$ und $\frac{3}{4}$ die Differenz aus $\frac{4}{5}$ und $\frac{1}{4}$.

d) Subtrahiere vom Quotienten der Zahlen 12 und $\frac{3}{4}$ das Produkt dieser Zahlen.

15 ≡ **Vom Rechenausdruck zum Text**

Schreibe den Rechenausdruck in Worten. Nutze Fachbegriffe wie Summe, Differenz, Produkt, Quotient.

a) $5 - \frac{3}{4} \cdot \frac{4}{6}$ b) $\frac{1}{2} \cdot 5 + \frac{1}{4}$ c) $\left(1 - \frac{3}{4}\right) \cdot \left(\frac{8}{9} + \frac{4}{5}\right)$ d) $\left(\frac{3}{4} - \frac{5}{12}\right) \cdot \frac{4}{3} + \frac{1}{2}$

16 ≡ **Klammern richtig setzen**

Welche Rechnung ist falsch? Setze dann Klammern so, dass die Rechnung richtig ist.

a) $7 - 6 \cdot \frac{2}{3} + \frac{1}{2} = 0$ b) $1 + \frac{2}{3} \cdot \frac{9}{2} - 2 = 2$ c) $\frac{1}{2} + \frac{1}{3} \cdot \frac{1}{2} = \frac{5}{12}$ d) $\frac{1}{8} + \frac{2}{5} \cdot \frac{3}{4} + \frac{1}{2} = \frac{5}{8}$

e) $\frac{1}{4} + \frac{2}{5} \cdot \frac{3}{8} - \frac{1}{8} = \frac{7}{20}$ f) $\frac{3}{5} - \frac{1}{5} \cdot \frac{2}{3} = \frac{4}{15}$ g) $\frac{1}{4} + \frac{1}{2} - \frac{1}{8} = \frac{5}{8}$ h) $3\frac{1}{2} - \frac{2}{5} + \frac{1}{2} = \frac{13}{5}$

17 ≡ **Goldsuchergeschichten**

„Jim und John sind Goldsucher. Alle zwei Tage teilen sie das gefundene Gold. Gestern waren es 30 g, heute waren es nur 10 g."

a) Der Rechenausdruck $\frac{1}{2} \cdot (30 + 10)$ passt zu der Geschichte. Was berechnet man damit?

b) Der Rechenausdruck $\frac{1}{2} \cdot 30 + \frac{1}{2} \cdot 10$ ergibt das gleiche Ergebnis wie in a). Schreibe die Geschichte so um, dass der Rechenausdruck passt.

c) Erfinde eine Geschichte zu dem Rechenausdruck $\frac{1}{4} \cdot (36 + 44) + \frac{1}{4} \cdot (28 + 52)$.

d) Wie könnte die Geschichte zu dem Ausdruck $\frac{1}{4} \cdot (16 + 24) + \frac{1}{3} \cdot (12 + 18)$ lauten?

18 Schreibe den Rechenausdruck auf und berechne.

a) Multipliziere die Summe von $\frac{2}{3}$ und $\frac{3}{4}$ mit 24.

b) Subtrahiere von dem Produkt der Zahlen $\frac{8}{9}$ und $\frac{3}{4}$ die Differenz aus $\frac{2}{3}$ und $\frac{1}{2}$.

Prüfe dich!
Lösungen auf Seite 216

19 Setze Klammern so, dass die Rechnung richtig ist.

a) $\frac{1}{2}+\frac{1}{4}\cdot 4=3$ b) $\frac{5}{2}\cdot\frac{2}{3}\cdot\frac{3}{10}=\frac{1}{2}$ c) $5-2\cdot\frac{1}{6}+1\frac{1}{2}=2$ d) $\frac{3}{4}+\frac{2}{7}-\frac{3}{14}:\frac{2}{7}=1$

20 Rechenbaum erstellen

Die Reihenfolge der Berechnung kann man mit einem Rechenbaum darstellen. Stelle den Rechenausdruck in einem Rechenbaum dar und berechne ihn.

a) $2-\left(\frac{3}{8}+\frac{1}{4}\right)$ b) $\left(\frac{3}{5}-\frac{1}{10}\right):\frac{1}{2}$ c) $\left(\frac{1}{2}+\frac{2}{3}\right)\cdot\left(\frac{3}{4}-\frac{2}{5}\right)$

d) $3\cdot\frac{5}{7}+\frac{2}{7}\cdot 9$ e) $1\frac{1}{3}-\frac{3}{8}\cdot\left(\frac{4}{9}+\frac{5}{9}\right)$ f) $\left(\frac{5}{12}+1\frac{1}{4}\right):\frac{5}{6}-\frac{3}{8}$

Rechenbaum

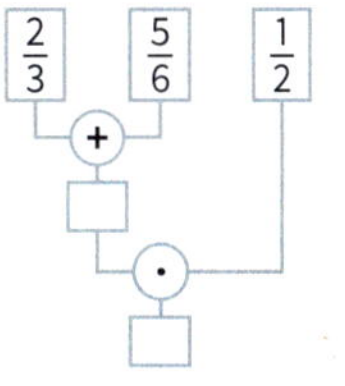

21 Vom Rechenbaum zum Rechenausdruck

Stelle einen Rechenausdruck zum Rechenbaum auf und berechne.

a)
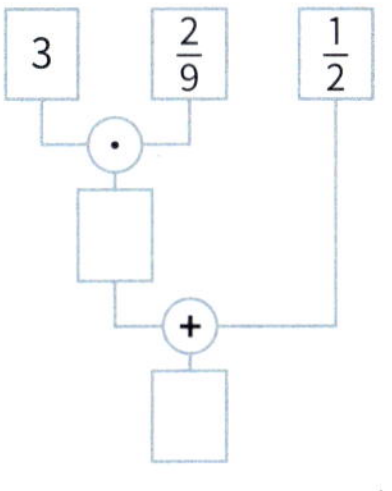

b)
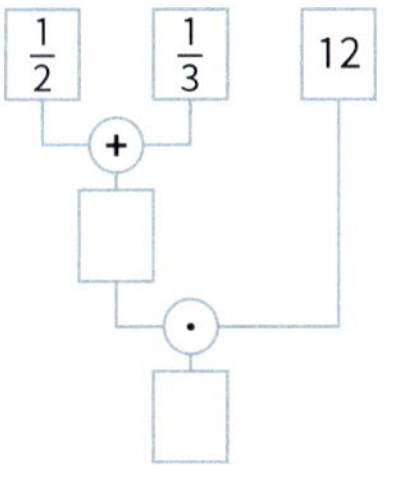

c)
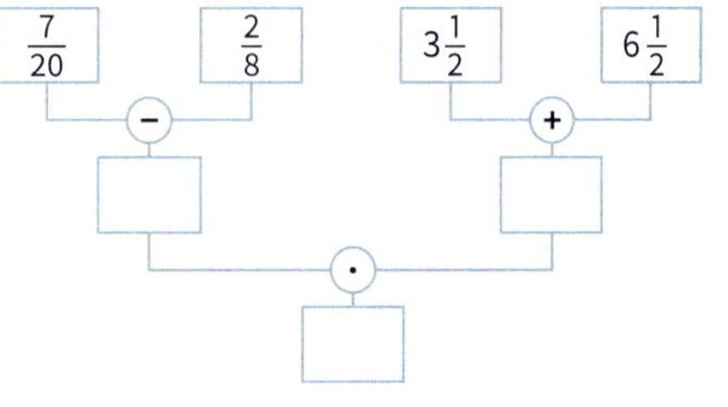

22 Vorsicht, gemischte Schreibweise

Berechne geschickt.

a) $\left(3\frac{4}{7}+6\frac{1}{4}\right)\cdot\frac{7}{25}$ b) $\frac{11}{16}\cdot 2\frac{1}{3}+\frac{11}{16}\cdot 5\frac{2}{3}$ c) $\frac{8}{9}\cdot\left(2\frac{1}{4}-1\frac{4}{5}\right)$ d) $3\frac{1}{5}\cdot\frac{7}{8}-3\frac{1}{5}\cdot\frac{1}{4}$

e) $\left(\frac{7}{6}+\frac{7}{4}\right):3\frac{1}{2}$ f) $\frac{5}{9}:2\frac{1}{3}+\frac{2}{9}:2\frac{1}{3}$ g) $\left(1\frac{1}{10}-\frac{1}{5}\right):4\frac{1}{2}$ h) $\frac{8}{9}:2\frac{1}{3}-\frac{1}{9}:2\frac{1}{3}$

23 Zum Weiterüben

Berechne.

a) $\left(\frac{8}{9}-\frac{2}{3}\right)\cdot 12$ b) $\left(\frac{2}{7}+\frac{12}{21}\right):\frac{21}{5}$ c) $\left(3\frac{8}{9}-2\frac{2}{3}\right)\cdot 18$ d) $8:\frac{3}{4}:\frac{1}{4}$

e) $\left(\frac{1}{3}-\frac{1}{6}\right)-\frac{1}{9}$ f) $\frac{1}{3}-\left(\frac{1}{6}-\frac{1}{9}\right)$ g) $\left(3-2\frac{2}{5}\right)\cdot 10$ h) $\left(\frac{1}{2}-\frac{1}{3}\right)\cdot\left(\frac{1}{2}+\frac{1}{3}\right)$

i) $7-\left(\frac{1}{5}+\frac{3}{5}\right)$ j) $\frac{7}{9}-\left(\frac{5}{18}+\frac{1}{9}\right)$ k) $\left(\frac{8}{9}-\frac{2}{9}\right):4$ l) $\frac{8}{25}:\left(\frac{1}{3}-\frac{1}{5}\right)$

24 Wer erhält das kleinste Ergebnis?

Finde einen Rechenausdruck, bei dem das Ergebnis möglichst klein ist.

Beachte dabei diese Spielregeln:

- Du musst jede der drei Zahlen genau einmal verwenden.
- Du darfst Klammern verwenden.
- Du darfst addieren, subtrahieren, multiplizieren und dividieren.

Gegeben: $\frac{1}{3}$, $\frac{1}{4}$, $\frac{1}{5}$

$\left(\frac{1}{3}-\frac{1}{4}\right)\cdot\frac{1}{5}=\frac{1}{60}$ oder $\frac{1}{3}\cdot\frac{1}{4}\cdot\frac{1}{5}=\frac{1}{60}$

Tipp: Differenzen und Produkte vergleichen.
Der Kehrbruch einer großen Zahl ist klein.

a) $\frac{3}{8}$, $\frac{1}{4}$, $\frac{1}{2}$ b) $\frac{1}{3}$, $\frac{1}{6}$, $\frac{1}{9}$ c) $\frac{1}{2}$, 2, $\frac{4}{3}$ d) $\frac{4}{5}$, $\frac{9}{2}$, 5

Mein Merkzettel

Seite 62

Die Größe des Teils bestimmen

Anteile „von" oder „davon" → multiplizieren

$\frac{3}{7}$ von 63 Kindern:

$\frac{3}{7} \cdot 63 = \frac{3 \cdot \cancel{63}^{9}}{\cancel{7}_{1}} = 3 \cdot 9 = 27$

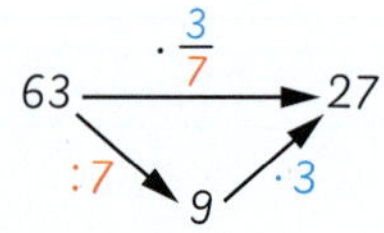

$\frac{3}{7}$ von 63 Kindern sind 27 Kinder.

Die Gesamtzahl bestimmen

Wie viele waren es, wenn $\frac{2}{5}$ davon 30 sind?

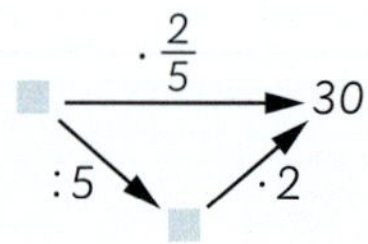

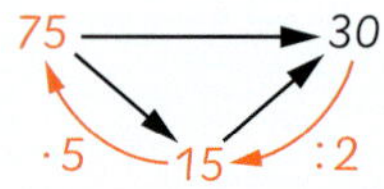

Rückwärtsrechnen

Es waren insgesamt 75.

Seite 60

Mehrere Ganze verteilen

3 Pizzen an 8 Kinder aufteilen: Jedes Kind bekommt $\frac{3}{8}$ einer Pizza.

12 Kuchen an 5 Käufer verteilen: Jeder Käufer bekommt $\frac{12}{5} = 2\frac{2}{5}$ Kuchen.

Seite 56
Seite 57

Brüche addieren und subtrahieren

- **Brüche gleichnamig machen**
- **Zähler addieren oder subtrahieren**
- **Nenner beibehalten**

$\frac{1}{3} + \frac{2}{5} = \frac{1 \cdot 5}{3 \cdot 5} + \frac{2 \cdot 3}{5 \cdot 3} = \frac{5+6}{15} = \frac{11}{15}$

$\frac{7}{10} - \frac{1}{4} = \frac{7 \cdot 2}{10 \cdot 2} - \frac{1 \cdot 5}{4 \cdot 5} = \frac{14-5}{20} = \frac{9}{20}$

Hauptnenner (kleinster gemeinsamer Nenner)

Für $\frac{5}{42} + \frac{11}{70}$ den Hauptnenner bestimmen:

Vielfache von 42: 42 84 126 168 210 252 …

Vielfache von 70: 70 140 210 …

Der Hauptnenner ist 210.

$\frac{5}{42} + \frac{11}{70} = \frac{5 \cdot 5}{42 \cdot 5} + \frac{11 \cdot 3}{70 \cdot 3} = \frac{25+33}{210} = \frac{58}{210}$

Seite 64

Brüche multiplizieren

- **Zähler mal Zähler**
- **Nenner mal Nenner**

$\frac{3}{7} \cdot \frac{5}{8} = \frac{3 \cdot 5}{7 \cdot 8} = \frac{15}{56}$

Anteile von Anteilen bestimmen

$\frac{4}{5}$ 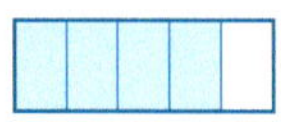

$\frac{2}{3}$ von $\frac{4}{5}$ 

Anteile von Anteilen: $\frac{2}{3}$ von $\frac{4}{5}$

Brüche multiplizieren: $\frac{2}{3} \cdot \frac{4}{5} = \frac{8}{15}$

Seite 67

Durch einen Bruch dividieren

- **Multiplizieren mit dem Kehrbruch**

$\frac{3}{4} : \frac{2}{5} = \frac{3}{4} \cdot \frac{5}{2} = \frac{15}{8}$

Wie oft passt $\frac{3}{4}$ in $\frac{9}{2}$?

$\frac{9}{2} : \frac{3}{4} = \frac{9}{2} \cdot \frac{4}{3} = \frac{9 \cdot 4}{2 \cdot 3} = 6$

$\frac{3}{4}$ passt 6-mal in $\frac{9}{2}$

Seite 24

Einen Bruch vervielfachen

$\frac{5}{7} \cdot 3 = \frac{5 \cdot 3}{7} = \frac{15}{7}$ oder $\frac{5}{7} \cdot \frac{3}{1} = \frac{5 \cdot 3}{7 \cdot 1} = \frac{15}{7}$

Einen Bruch teilen

$\frac{3}{4} : 5 = \frac{3}{4 \cdot 5} = \frac{3}{20}$ oder $\frac{3}{4} : \frac{5}{1} = \frac{3}{4} \cdot \frac{1}{5} = \frac{3}{20}$

Seite 69

Rechnen mit der 0

$3 \cdot 0 = 0$ $\frac{3}{4} \cdot 0 = 0$ $0 : \frac{2}{5} = 0$ $\frac{0}{7} = 0 : 7 = 0$

Dividieren durch 0 ist verboten!

$\frac{3}{4} : 0$ verboten $\frac{7}{0}$ verboten $\frac{0}{0}$ verboten

Frühzeitiges Kürzen

$\frac{4 \cdot 5 \cdot 7}{3 \cdot 7 \cdot 8} = \frac{\cancel{4} \cdot 5 \cdot \cancel{7}}{3 \cdot \cancel{7} \cdot \cancel{8}} = \frac{5}{3 \cdot 2} = \frac{5}{6}$

Achtung: Kürzen nur beim Multiplizieren!

$\frac{4}{9} \cdot \frac{8}{3} = \frac{\cancel{4}}{\cancel{9}} \cdot \frac{\cancel{3}}{\cancel{8}} = \frac{1}{3} \cdot \frac{1}{2} = \frac{1}{6}$

Seite 65

Vorsicht bei gemischter Schreibweise: Brüche erst in unechte Brüche umwandeln

$2\frac{1}{5} + 1\frac{3}{4} = \frac{11}{5} + \frac{7}{4} = \frac{44}{20} + \frac{35}{20} = \frac{79}{20} = 3\frac{19}{20}$

$1\frac{9}{12} \cdot 2\frac{2}{5} = \frac{21}{12} \cdot \frac{12}{5} = \frac{21}{5} = 4\frac{1}{5}$

Seite 66

Kommutativgesetz

$\frac{5}{2} + \frac{1}{5} = \frac{1}{5} + \frac{5}{2}$

$\frac{1}{2} \cdot \frac{4}{5} = \frac{4}{5} \cdot \frac{1}{2}$

Assoziativgesetz

$\frac{1}{8} + \frac{5}{7} + \frac{2}{5} = \frac{1}{8} + \left(\frac{5}{7} + \frac{2}{5}\right)$

$\frac{1}{7} \cdot \frac{2}{5} \cdot \frac{3}{4} = \frac{1}{7} \cdot \left(\frac{2}{5} \cdot \frac{3}{4}\right)$

Rechenregeln für Rechenausdrücke

- Klammer zuerst oder ausmultiplizieren
- Punkt-vor-Strich
- von links nach rechts

Seite 72

Ausmultiplizieren

$\frac{2}{3} \cdot \left(\frac{9}{4} - \frac{3}{8}\right) = \frac{2}{3} \cdot \frac{9}{4} - \frac{2}{3} \cdot \frac{3}{8} = \frac{3}{2} - \frac{1}{4} = \frac{5}{4}$

Ausklammern

$\frac{3}{4} \cdot \frac{5}{7} + \frac{3}{4} \cdot \frac{2}{7} = \frac{3}{4} \cdot \left(\frac{5}{7} + \frac{2}{7}\right) = \frac{3}{4} \cdot 1 = \frac{3}{4}$

Seite 72

Multiplizieren und Dividieren im Sachzusammenhang

Anteile von Anteilen
Die Flasche Apfelsaft enthält $\frac{3}{4}$ Liter. Mateo trinkt $\frac{5}{6}$ davon. Wie viel Liter hat er getrunken?

$\frac{5}{6}$ von $\frac{3}{4}$ bestimmen: $\frac{5}{6} \cdot \frac{3}{4} = \frac{5 \cdot 3}{6 \cdot 4} = \frac{5}{8}$

Antwort: Er hat $\frac{5}{8}$ Liter getrunken.

Seite 64

Verteilen
Mia hat $2\frac{1}{4}$ Pizza und möchte sie an 3 Kinder verteilen. Wie viel bekommt jedes Kind?

$2\frac{1}{4} = \frac{9}{4}$ an 3 verteilen: $\frac{9}{4} : 3 = \frac{3}{4}$

Antwort: Jedes Kind bekommt eine $\frac{3}{4}$-Pizza.

Seite 60

Aufteilen
Sabrinas Mutter benötigt $2\frac{1}{2}$ kg Butter. Wie viele $\frac{1}{4}$-kg-Packungen sind das?

Wie oft passt $\frac{1}{4}$ in $2\frac{1}{2} = \frac{5}{2}$? $\frac{5}{2} : \frac{1}{4} = \frac{5}{2} \cdot \frac{4}{1} = 10$

Antwort: Sie benötigt 10 Packungen.

Seite 67

Rechteckfläche berechnen

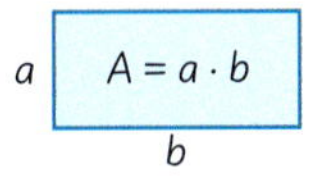

$a = \frac{4}{5}$ cm, $b = 2\frac{1}{2}$ cm, $A = ?$

$A = a \cdot b = \frac{4}{5} \cdot \frac{5}{2} = 2$ A ist 2 cm² groß.

Fehlende Rechteckseite berechnen

$a = \frac{3}{7}$ m, $A = 2\frac{1}{4}$ m², $b = ?$

$b = A : a = \frac{9}{4} : \frac{3}{7} = \frac{9}{4} \cdot \frac{7}{3} = \frac{21}{4}$ b ist $5\frac{1}{4}$ m lang.

Seite 68

Beurteilen und Begründen

Untersuche die Aussage:
„Beim Multiplizieren zweier Brüche ist das Ergebnis immer kleiner als jeder der Faktoren."

1. Beispiel finden und beobachten

$\frac{1}{3} \cdot \frac{2}{5} = \frac{2}{15}$ $\frac{2}{15} < \frac{1}{3}$ und $\frac{2}{15} < \frac{2}{5}$

Die Aussage stimmt für dieses Beispiel.

2. Nach Gegenbeispielen suchen

$\frac{2}{3} \cdot \frac{7}{2} = \frac{14}{6} = \frac{7}{3}$ $\frac{7}{3} > \frac{2}{3}$

Die Aussage stimmt nicht immer.

3. Ergebnis der Untersuchung formulieren

Die Aussage stimmt immer dann, wenn beide Brüche kleiner als 1 sind. Ist ein Faktor größer als 1, dann stimmt die Aussage nicht.

Seite 71

Wiederholen für die Klassenarbeit

Lösungen auf Seite 216

1 Zahlenstrahl

Gib die markierten Zahlen an.

a) 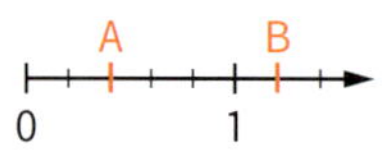

b) 

c) 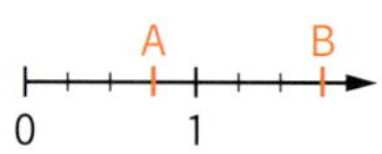

d) 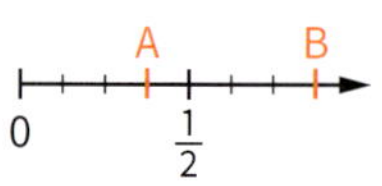

2 Drei Zahlen im gleichen Abstand

Die drei Zahlen liegen im gleichen Abstand auf dem Zahlenstrahl. Gib die fehlende Zahl an.

a) 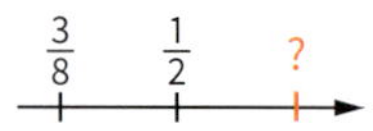

b) 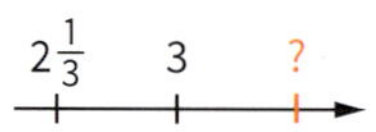

c) 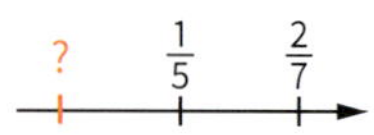

d) 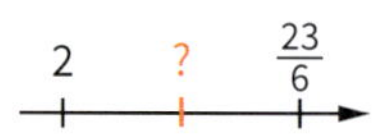

3 Wie viel sind es?

Bestimme rechnerisch, wie viele es sind.

a) $\frac{3}{5}$ von 400 Kindern lieben Schokoladeneis.

b) In einer Schulmensa werden pro Woche 4280 Essen ausgegeben. $\frac{2}{5}$ davon sind vegetarisch.

c) Familie Konz hatte im letzten Jahr 2520 € Energiekosten, $\frac{2}{7}$ davon waren für Warmwasser.

4 Wie viel war es?

a) Die Hausgemeinschaft der Gaußstraße bekommt 13 560 € Zuschuss von Stadt und Land für die neue Heizungsanlage. Das sind $\frac{5}{12}$ der Gesamtkosten. Bestimme die Gesamtkosten.

b) Chemisch betrachtet besteht ein Mensch zu $\frac{4}{5}$ aus Wasser. Bestimme, wie schwer ein Mensch ist, bei dem es 60 kg Wasser sind.

5 Lücken füllen

Übertrage die Darstellungen in dein Heft und fülle die Lücken aus.

a) 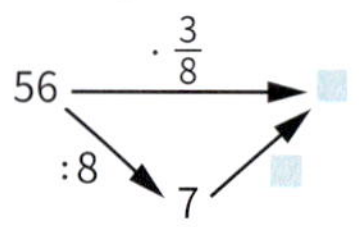

b) 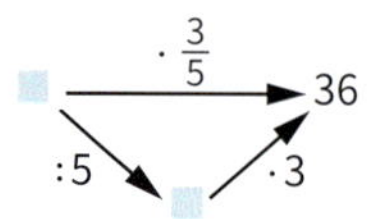

c) 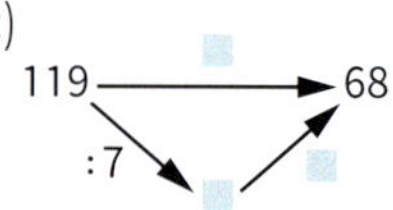

d) 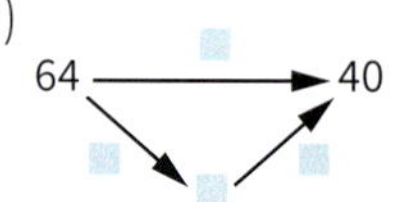

6 Brüche vervielfachen

Berechne und kürze das Ergebnis, falls möglich.

a) $\frac{2}{7} \cdot 3$　b) $5 \cdot \frac{1}{8}$　c) $3 \cdot \frac{10}{27}$　d) $\frac{5}{12} \cdot 4$　e) $12 \cdot \frac{5}{6}$　f) $1\frac{3}{4} \cdot 8$

7 Teile berechnen

Berechne das Ergebnis.

a) $\frac{3}{4}$ von 5 kg　b) $\frac{2}{7}$ von 28 Kindern　c) $\frac{3}{8}$ von 10 l　d) $\frac{3}{5}$ von 4 t

e) $\frac{7}{10}$ von 2 km　f) $\frac{1}{5}$ von 12 kg　g) $\frac{3}{20}$ von 50 m　h) $\frac{24}{100}$ von 200 l

8 Gerechte Verteilung

Gib an, wie viel jeder bekommt, wenn alle gleich viel bekommen.

a) 16 Bananen werden an 12 Kinder verteilt.　b) 5 Kinder teilen 3 Pizzen unter sich auf.

c) 2 Torten stehen für 16 Gäste bereit.　d) 4 Kinder essen 10 Pfannkuchen.

9 Summe und Differenz

Berechne die Summen und die Differenzen.

a) $\frac{3}{4} - \frac{1}{6}$　b) $\frac{1}{6} + \frac{3}{8}$　c) $\frac{2}{5} + \frac{3}{10}$　d) $\frac{3}{5} - \frac{1}{8}$　e) $\frac{7}{20} + \frac{3}{25}$　f) $\frac{13}{18} - \frac{5}{12}$

g) $\frac{2}{3} - \frac{2}{9}$　h) $\frac{1}{7} + \frac{1}{5}$　i) $\frac{3}{10} + \frac{1}{4}$　j) $\frac{5}{18} - \frac{1}{12}$　k) $\frac{33}{77} - \frac{5}{14}$　l) $\frac{4}{27} + \frac{5}{18}$

Lösungen auf Seite 217

10 Addieren und Subtrahieren mit gemischten Zahlen

Berechne. Verwende ein Verfahren, das dir am günstigsten erscheint.

a) $2\frac{1}{4}+5\frac{1}{4}$ b) $5\frac{5}{8}-2\frac{1}{2}$ c) $4\frac{2}{3}+2\frac{3}{5}$ d) $5\frac{7}{10}-2\frac{1}{4}$ e) $3\frac{1}{6}+2\frac{3}{4}$ f) $12\frac{3}{5}+8\frac{7}{8}$

g) $7\frac{7}{10}-6\frac{3}{5}$ h) $9\frac{7}{9}+6\frac{1}{2}$ i) $3\frac{3}{4}+7\frac{3}{4}$ j) $5\frac{1}{8}-2\frac{1}{3}$ k) $3\frac{3}{5}+6\frac{9}{10}$ l) $5\frac{21}{25}+2\frac{3}{4}$

11 Der König vererbt

König Karl hat Kinder, Enkel und Urenkel. In seinem Testament sieht er vor, dass die Hälfte seines Vermögens unter seinen Kindern aufgeteilt wird, ein Viertel unter seinen Enkeln und ein Achtel unter seinen Urenkeln. Überprüfe, ob noch etwas für seine Diener übrig bleibt.

12 Onkel Theodor gewinnt im Lotto

Onkel Theodor verteilt seinen ganzen Lottogewinn an seine Neffen Kai und Dirk und an seine Nichte Claudia. Kai erhält $\frac{2}{5}$ des Gewinns, Dirk $\frac{1}{3}$ des Gewinns und Claudia den Rest.

a) Bestimme den Anteil des Gewinns, den die Neffen insgesamt erhalten.

b) Gib an, welchen Anteil die Nichte erhält.

c) Claudias Anteil am Gewinn ist 80 000 €. Berechne, wie hoch der gesamte Lottogewinn war.

13 Multiplizieren mit natürlichen Zahlen

Fülle die Lücken aus.

a) $4\cdot\frac{3}{15}=\square$ b) $3\cdot\square=\frac{9}{10}$ c) $\square\cdot\frac{2}{11}=\frac{10}{11}$ d) $\frac{4}{5}\cdot\square=\frac{24}{5}$ e) $\frac{2}{9}\cdot\square=2$ f) $\square\cdot 5=6$

g) $\square\cdot\frac{1}{20}=3$ h) $\square\cdot 100=1$ i) $\frac{2}{9}\cdot\square=4$ j) $\frac{3}{7}=\frac{1}{14}\cdot\square$ k) $\square\cdot 1\frac{1}{2}=4\frac{1}{2}$ l) $\square\cdot\frac{2}{9}=1\frac{1}{3}$

14 Dividieren und Probe machen

Berechne und mache danach die Probe.

a) $\frac{3}{2}:\frac{1}{4}$ b) $8:\frac{1}{2}$ c) $\frac{1}{3}:2$ d) $\frac{8}{9}:\frac{2}{3}$ e) $\frac{2}{7}:\frac{8}{21}$ f) $\frac{8}{10}:4$

g) $2:\frac{1}{4}$ h) $2\frac{3}{4}:\frac{1}{4}$ i) $\frac{1}{3}:\frac{1}{9}$ j) $1\frac{1}{3}:\frac{6}{9}$ k) $1\frac{7}{8}:\frac{4}{5}$ l) $\frac{30}{55}:1\frac{4}{11}$

15 Frühzeitiges Kürzen hilft

Berechne. Denke an frühzeitiges Kürzen.

a) $\frac{3}{4}:\frac{1}{4}$ b) $\frac{5}{9}:\frac{2}{3}$ c) $\frac{7}{20}:\frac{14}{30}$ d) $\frac{4}{9}:\frac{2}{3}$ e) $\frac{11}{15}:\frac{22}{30}$ f) $\frac{25}{16}:\frac{5}{8}$

g) $\frac{10}{9}:\frac{15}{6}$ h) $1\frac{1}{9}:3\frac{1}{3}$ i) $\frac{26}{56}:\frac{39}{42}$ j) $4\frac{3}{4}:2\frac{1}{4}$ k) $2\frac{5}{9}:1\frac{1}{3}$ l) $3\frac{1}{7}:5\frac{1}{7}$

16 Multiplizieren und Dividieren

Berechne die Produkte und die Quotienten.

a) $\frac{9}{20}:\frac{3}{5}$ b) $\frac{1}{2}:\frac{1}{4}$ c) $\frac{2}{3}\cdot 9$ d) $5:\frac{1}{2}$ e) $27\cdot\frac{1}{3}$ f) $\frac{5}{9}\cdot\frac{2}{3}$

g) $\frac{5}{9}:\frac{1}{3}$ h) $\frac{5}{7}\cdot\frac{14}{8}$ i) $\frac{3}{8}:\frac{1}{8}$ j) $\frac{2}{9}:\frac{1}{3}$ k) $\frac{1}{2}\cdot\frac{2}{5}$ l) $\frac{2}{5}:\frac{1}{2}$

m) $\frac{7}{8}\cdot\frac{4}{21}$ n) $\frac{8}{7}:\frac{4}{21}$ o) $\frac{3}{8}\cdot 6$ p) $6:\frac{1}{3}$ q) $6\cdot\frac{1}{3}$ r) $\frac{1}{3}:6$

17 Anteile

a) In der Klasse 6 d der Gauß-Schule kommen $\frac{2}{3}$ der Schülerinnen und Schüler aus Meppen, das sind 18 Kinder. Bestimme die Gesamtzahl der Kinder in der Klasse 6 d.

b) Marlene mischt sich einen Hafermilchshake. Der Hafermilchanteil ist $\frac{4}{5}$. Berechne, wie viel Liter Hafermilch sie für 2 Liter Milchshake benötigt.

c) Die Klasse 6 a macht auf ihrer Wanderung in der Lüneburger Heide nach $5\frac{1}{2}$ km zum ersten Mal Rast. Die Lehrerin Frau Schmitz sagt: *„Jetzt haben wir $\frac{5}{12}$ der gesamten Strecke geschafft.“* Bestimme die Länge der gesamten Wanderstrecke.

d) Enno hat in 20 min bereits 6,2 kg Äpfel gepflückt. Das sind $\frac{4}{7}$ aller Äpfel. Berechne, wie lange er für den ganzen Baum benötigt und wie viel Kilogramm Äpfel er insgesamt erntet.

Lösungen auf Seite 217

18 ≡ **Anteile von Anteilen im Garten**

Familie Grün hat 300 m^2 des Gartens mit Feldgemüse bepflanzt. $\frac{2}{3}$ der Fläche ist mit Salat bepflanzt, und $\frac{2}{5}$ davon ist mit Kopfsalat bepflanzt. Bestimme die Fläche für den Kopfsalat.

19 ≡ **Anteile von Anteilen im Chor**

Am Friedrich-Eugens-Gymnasium hat der Musiklehrer Herr Flöthe einen Kursstufenchor zusammengestellt. $\frac{3}{8}$ der Schülerinnen und Schüler machen mit, $\frac{2}{5}$ davon sind männlich, das sind insgesamt 12 Jungen. Berechne die Anzahl der Schülerinnen und Schüler in der Kursstufe.

20 ≡ **Altersrätsel**

Mia ist $16\frac{1}{6}$ Jahre alt. Ben ist $2\frac{5}{12}$ Jahre älter, ihre Schwester Emma $3\frac{1}{4}$ Jahre jünger.

a) Bestimme das Alter von Ben und Emma.

b) Berechne den Altersunterschied der beiden.

21 ≡ **Verteilungsrätsel**

Tina behauptet, dass sie 7 l Holundergelee in Gläser zu $\frac{1}{2}$ l, $\frac{1}{4}$ l und $\frac{1}{8}$ l so abfüllen kann, dass sie von jeder Glasgröße gleich viele volle Gläser erhält.

Hat Tina recht? Begründe und gib die Anzahl der Gläser an, die sie benötigt.

22 ≡ **Alle Rechenarten**

Berechne.

a) $\frac{3}{4}\cdot\frac{1}{4}$	b) $\frac{3}{4}-\frac{1}{4}$	c) $\frac{3}{4}:\frac{1}{4}$	d) $\frac{3}{4}+\frac{1}{4}$	e) $\frac{5}{6}:\frac{2}{3}$	f) $\frac{5}{6}\cdot\frac{2}{3}$
g) $\frac{5}{6}+\frac{2}{3}$	h) $\frac{5}{6}-\frac{2}{3}$	i) $\frac{3}{4}-\frac{2}{3}$	j) $\frac{3}{4}\cdot\frac{2}{3}$	k) $\frac{3}{4}:\frac{2}{3}$	l) $\frac{3}{4}+\frac{2}{3}$
m) $\frac{4}{5}-\frac{2}{3}$	n) $\frac{4}{5}\cdot\frac{2}{3}$	o) $\frac{4}{5}:\frac{2}{3}$	p) $\frac{4}{5}+\frac{2}{3}$	q) $\frac{5}{6}-\frac{3}{8}$	r) $\frac{5}{6}\cdot\frac{3}{8}$
s) $\frac{5}{6}+\frac{3}{8}$	t) $\frac{5}{6}:\frac{3}{8}$	u) $\frac{7}{12}\cdot\frac{2}{15}$	v) $\frac{7}{12}-\frac{2}{15}$	w) $\frac{7}{12}+\frac{2}{15}$	x) $\frac{7}{12}:\frac{2}{15}$

23 ≡ **Brüche in gemischter Schreibweise**

Berechne. Wandle dazu, wenn nötig, in unechte Brüche um.

a) $8\cdot3\frac{1}{4}$ b) $12\frac{2}{3}\cdot3$ c) $2\frac{3}{4}+1\frac{1}{2}$ d) $8\frac{1}{4}-4\frac{1}{2}$ e) $4\frac{2}{3}:\frac{7}{5}$ f) $3\frac{1}{2}:1\frac{2}{5}$

24 ≡ **Lücken füllen**

Bestimme die fehlende Zahl.

a) $2\frac{3}{7}-\square=1$	b) $\frac{8}{9}-\square=\frac{2}{9}$	c) $\frac{1}{2}=\square+\frac{1}{16}$	d) $\square-\frac{3}{10}=2\frac{1}{5}$	e) $3\frac{1}{7}-\square=3$	f) $\frac{5}{8}+\square=\frac{8}{5}$
g) $\square\cdot\frac{2}{3}=\frac{1}{2}$	h) $\frac{4}{5}\cdot\square=\frac{14}{15}$	i) $\frac{2}{3}:\square=\frac{9}{8}$	j) $\square:\frac{2}{5}=\frac{9}{4}$	k) $\square\cdot\frac{3}{2}=2\frac{1}{4}$	l) $\square:\frac{1}{2}=\frac{3}{7}$
m) $\frac{5}{8}+\frac{1}{2}\cdot\square=1$		n) $\frac{1}{2}\cdot\left(\square+\frac{1}{4}\right)=\frac{3}{8}$		o) $\left(\square+\frac{1}{10}\right):\frac{3}{5}=\frac{1}{2}$	

25 ≡ **Vorsicht mit der Null**

Berechne, wenn möglich.

a) $\frac{0}{8}$ b) $\frac{8}{0}$ c) $\frac{1}{2}:0$ d) $5\cdot\frac{1}{0}$ e) $0:\frac{6}{1}$ f) $\frac{6}{1}:0$

26 ≡ **Holzplatten**

Berechne die fehlende Seitenlänge.

a)

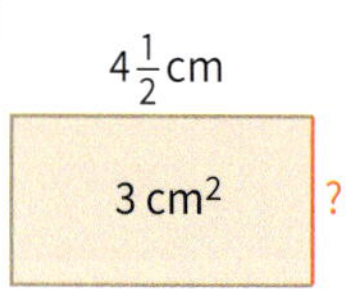

b)

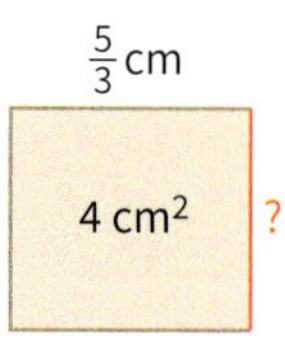

c)

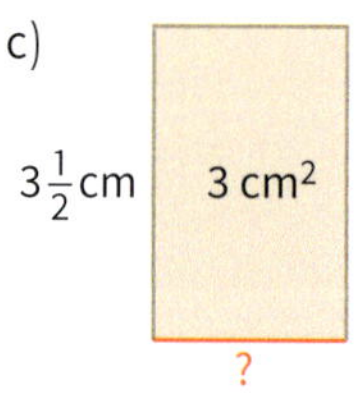

d)

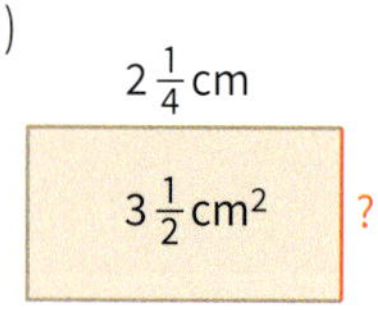

Lösungen auf Seite 218

27 ≡ Wasserspender

Ein Wasserspender ist mit 5 l Wasser gefüllt. Aus dem Wasserspender werden 7 Gläser zu $\frac{1}{4}$ l und 3 Gläser zu $\frac{1}{8}$ l abgefüllt. Bestimme die Wassermenge, die noch im Wasserspender ist. Stelle für die Rechnung zunächst einen einzigen Rechenausdruck auf.

28 ≡ Aussagen beurteilen

Finde Beispiele. Beurteile, ob die Aussage immer wahr ist.

a) Beim Multiplizieren ist das Ergebnis immer größer als jeder der beiden Faktoren.
b) Bei der Division ist das Ergebnis immer kleiner als der Dividend.
c) Addiert man zwei unechte Brüche, so ist die Summe immer größer als 1.
d) Bildet man den kleinsten gemeinsamen Nenner zweier Brüche und addiert diese, so entsteht immer ein Ergebnis, das man nicht mehr kürzen kann.
e) Addiert man zwei echte Brüche, so ist das Ergebnis niemals eine natürliche Zahl.

29 = Versunkenes Dorf

Aus dem Reschensee ragt von einem Kirchturm noch $\frac{2}{3}$ der Gesamtlänge aus dem Wasser heraus. $\frac{5}{24}$ steht im Wasser und der Rest von 4,5 m ist im Seeboden versunken.

a) Bestimme die Höhe des Kirchturms.
b) Berechne, wie tief das Wasser an dieser Stelle ist.

30 = Geschickt rechnen

Berechne geschickt.

a) $\frac{4}{7}+\frac{1}{2}+\frac{3}{7}$ b) $\frac{2}{5}\cdot\frac{2}{3}\cdot\frac{5}{6}\cdot\frac{3}{2}$ c) $\frac{3}{8}+\frac{3}{4}-\frac{1}{8}-1$ d) $5-\frac{5}{6}+\frac{1}{6}\cdot\frac{1}{2}-4$

31 = Vom Text zum Rechenausdruck

Stelle zunächst den Rechenausdruck auf. Berechne ihn dann.

a) Multipliziere die Summe der Zahlen 5 und $\frac{3}{4}$ mit $\frac{1}{8}$ und subtrahiere dann $\frac{1}{2}$.
b) Subtrahiere von dem Quotienten der Zahlen $\frac{1}{2}$ und $\frac{2}{5}$ das Produkt dieser beiden Zahlen.
c) Dividiere die Summe von $2\frac{1}{8}$ und $3\frac{1}{2}$ durch $\frac{1}{8}$.

32 = Vom Rechenausdruck zum Text

Schreibe den Rechenausdruck in Worten.

a) $\left(\frac{3}{4}+\frac{1}{8}\right)\cdot\frac{5}{7}+7$ b) $\frac{2}{3}\cdot\frac{9}{14}-\frac{1}{7}$ c) $5:\frac{1}{2}-\frac{2}{3}$ d) $\left(1\frac{3}{4}-\frac{3}{8}\right)+\frac{2}{5}\cdot\frac{5}{8}$

33 = Distributivgesetz nutzen

Nutze das Distributivgesetz und berechne dann.

a) $4\cdot\left(\frac{3}{2}+\frac{1}{4}\right)$ b) $\frac{3}{2}\cdot\left(\frac{5}{6}-\frac{1}{3}\right)$ c) $\frac{2}{3}\cdot\left(\frac{9}{4}-\frac{3}{8}\right)$ d) $\frac{4}{5}\cdot\left(\frac{10}{4}+\frac{15}{4}\right)$

e) $\left(\frac{5}{7}-\frac{5}{21}\right)\cdot 42$ f) $\frac{6}{10}\cdot\left(\frac{5}{3}-\frac{20}{33}\right)$ g) $\frac{9}{21}\cdot\left(\frac{7}{12}-\frac{1}{6}\right)$ h) $\left(\frac{9}{20}-\frac{3}{15}\right):\frac{3}{5}$

34 = Distributivgesetz umgekehrt

Klammere aus und berechne dann.

a) $18\cdot\frac{5}{8}-18\cdot\frac{1}{8}$ b) $\frac{5}{9}\cdot\frac{5}{11}+\frac{5}{9}\cdot\frac{6}{11}$ c) $\frac{17}{3}\cdot\frac{2}{9}-\frac{2}{9}\cdot\frac{7}{6}$ d) $\frac{12}{25}\cdot\frac{3}{8}+\frac{3}{8}\cdot\frac{4}{25}$

35 = Terme – Allerlei

Achte auf die Rechenregeln. Nutze Rechenvorteile und berechne.

a) $20+\frac{5}{3}-\frac{5}{4}\cdot 8$ b) $\frac{7}{3}+\frac{2}{3}\cdot 8-3\frac{1}{9}$ c) $\frac{3}{5}+\frac{2}{5}:\frac{4}{5}-\frac{4}{5}$ d) $\frac{2}{3}-\frac{1}{3}\cdot\left(\frac{5}{6}+\frac{1}{6}\right)$

e) $\frac{2}{5}\cdot\left(\frac{2}{3}+\frac{1}{3}\right)-\frac{1}{3}$ f) $\frac{3}{11}+\frac{8}{11}\cdot\frac{3}{7}:6$ g) $\frac{5}{9}\cdot\frac{11}{20}+\frac{5}{9}\cdot\frac{3}{20}+\frac{3}{10}\cdot\frac{5}{9}$ h) $\frac{1}{4}\cdot\left(\frac{2}{9}+\frac{1}{3}\right)\cdot 8$

Am Markt

4 Symmetrie

Das Gebäudeensemble „dree Süsters“ (drei Schwestern) steht am Norder Marktplatz. Jeder der drei Gebäudeteile greift Elemente des anderen auf. Welche Muster finden sich durch eine Verschiebung oder Spiegelung in der Fassade des Hauses wieder?

- Wie finde ich Symmetrien in einem Gebäude?
- Wie finde ich die Symmetrieachse eines Winkels?
- Wie schlage ich ein Ass beim Minigolf?

4.1 Achsenspiegelung

Vorbereiten
Achsensymmetrie
Seite 197

- Übertrage die Figuren in dein Heft.
- Spiegele die Figuren an der roten Geraden.
- Beschreibe, wie du den Bildpunkt der Dachspitze findest.

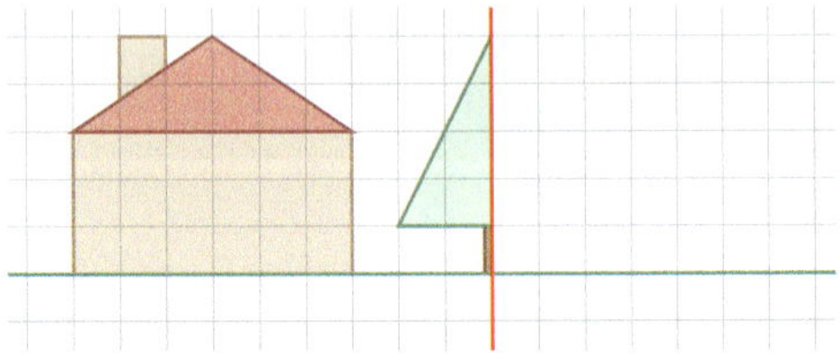

WES-109211-027

Den Punkt A an der Geraden g spiegeln

1. Lege die Mittellinie des Geodreiecks auf die Gerade g.
2. Miss den Abstand von A zur Geraden g.
3. Markiere den Bildpunkt A′ im selben Abstand zur Geraden g.

Die Gerade g wird **Spiegelachse** genannt.

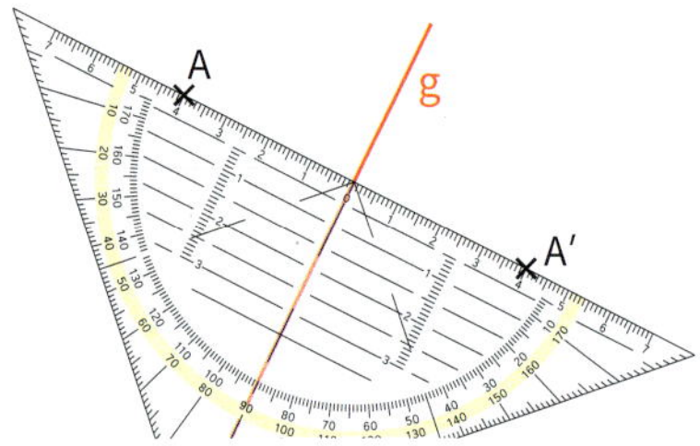

Spiegeln einer Figur

Spiegele das Quadrat ABCD an der roten Spiegelachse.

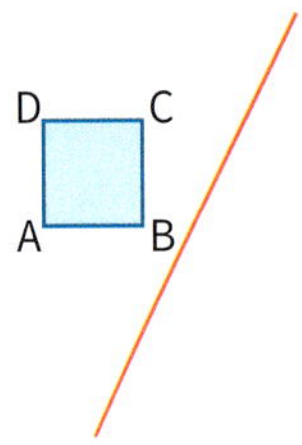

Quadrat und Spiegelachse sind gegeben.

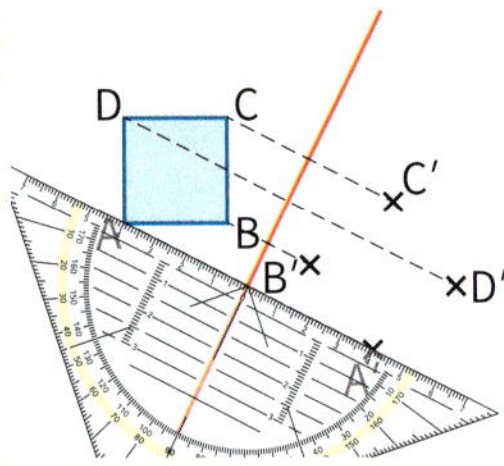

Spiegele die Punkte A, B, C und D.

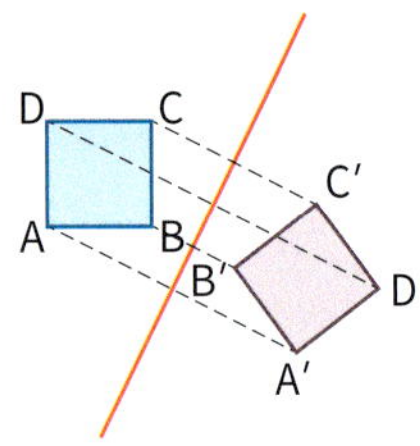

Verbinde die Bildpunkte A′, B′, C′ und D′.

1 Spiegelbilder

Übertrage die Figur mit der roten Spiegelachse in dein Heft.
Spiegele die Figur an der Spiegelachse.

a)
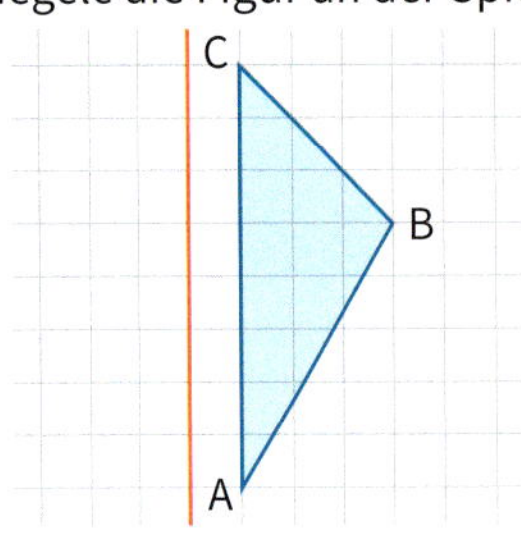

b)
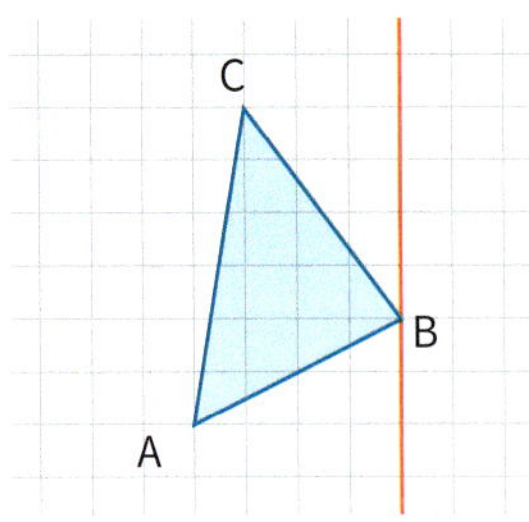

c)
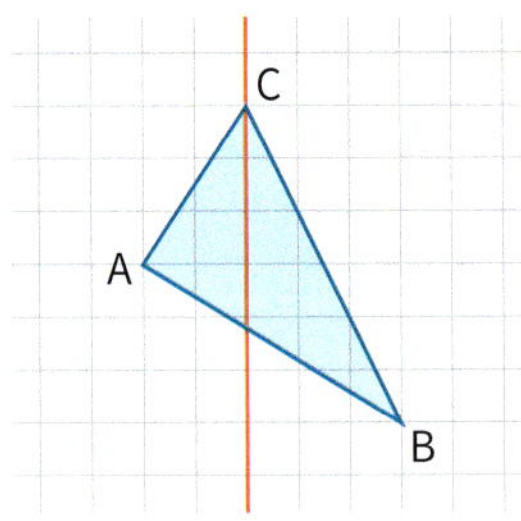

d)
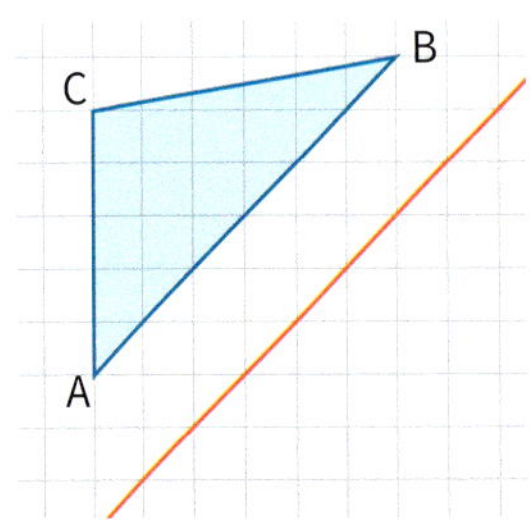

e)
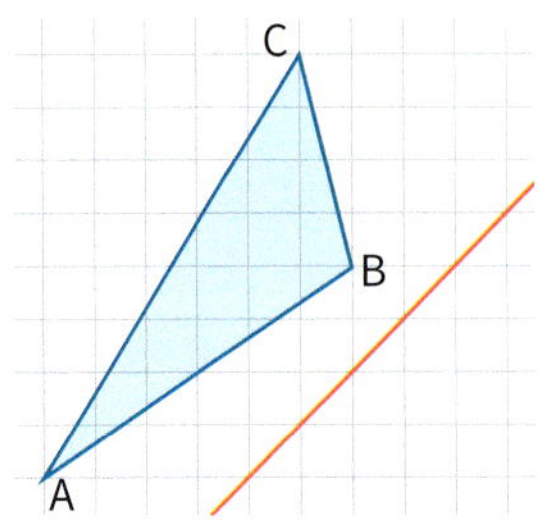

f)
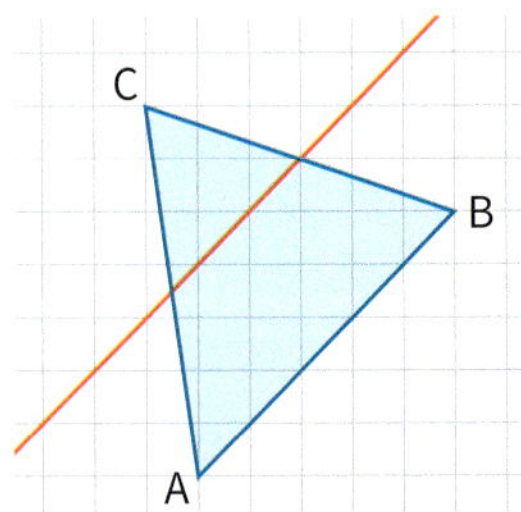

2 **Rechteck spiegeln**
Übertrage das Rechteck mit der roten Spiegelachse in dein Heft. Zeichne das Spiegelbild.

a)
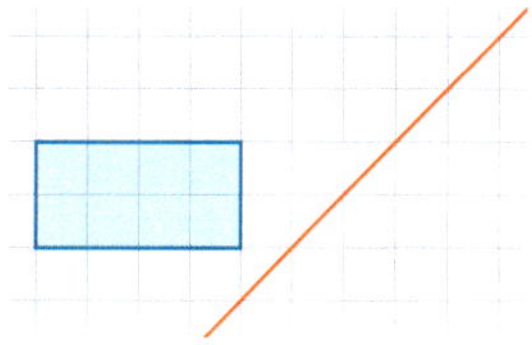
b)
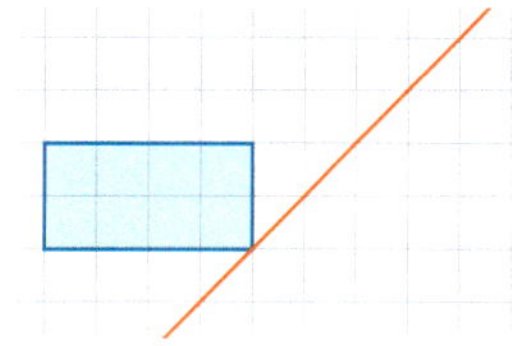
c)
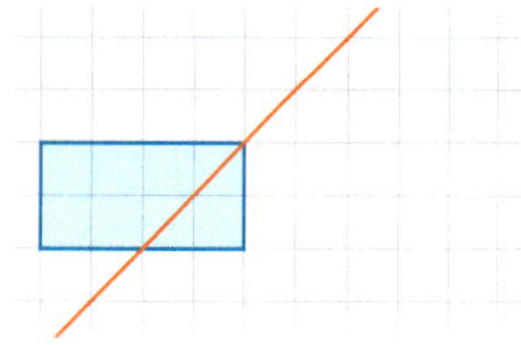

3 **Figuren spiegeln**
Übertrage die Figur mit der roten Spiegelachse in dein Heft. Spiegele an der Spiegelachse.

a)
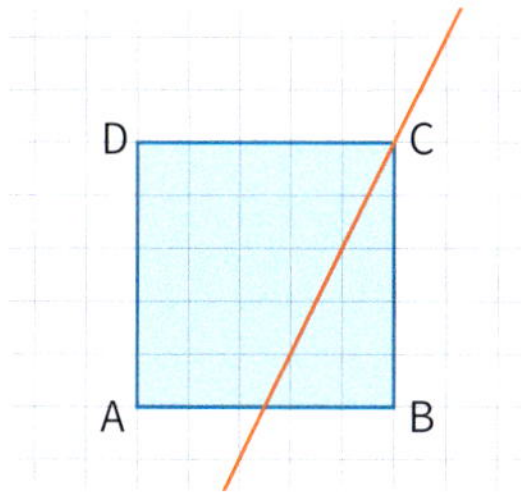

b)
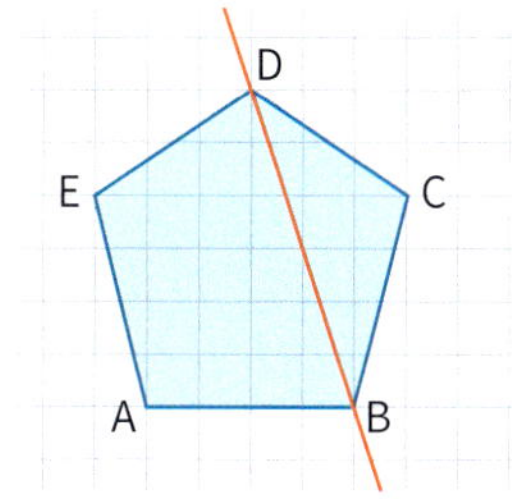

c)
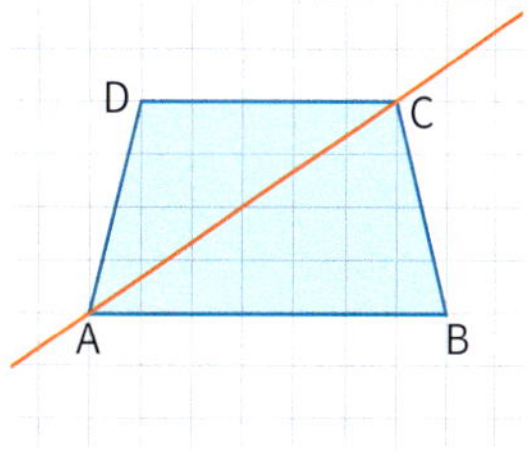

4 **Spiegeln im Koordinatensystem**
Zeichne das Dreieck ABC mit den Punkten A(4|5), B(5,5|6) und C(5|7) in ein Koordinatensystem (2 Kästchen = 1 LE).

a) Spiegele das Dreieck an der Parallelen zur x-Achse durch den Punkt P(0|4).
b) Spiegele das Dreieck an der Parallelen zur y-Achse durch den Punkt Q(3|0).
c) Spiegele das Dreieck an der Geraden durch die Punkte R(1|1) und S(2|2).
d) Vergleiche die Koordinaten des Dreiecks ABC mit den jeweiligen Bildpunkten. Was fällt dir auf? Hättest du die Koordinaten der Bildpunkte auch berechnen können?

Gerade durch die Punkte (0|0), (1|1), (2|2), (3|3)...
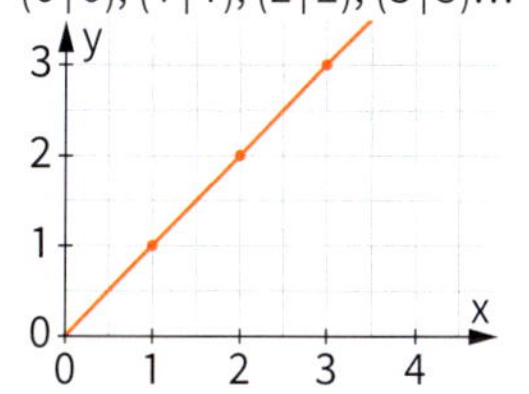

5 **Rechtecke spiegeln – ohne Kästchen**
Übertrage das Rechteck mit den Kantenlängen 5 cm und 3 cm und die rote Spiegelachse auf Papier ohne Kästchen. Spiegele das Rechteck an der Spiegelachse.

a)
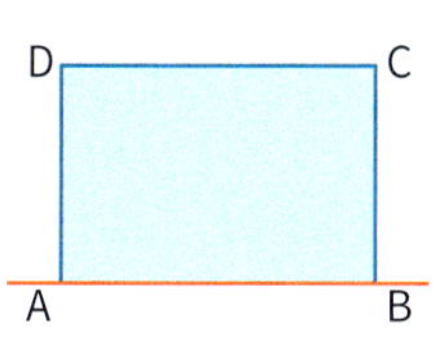

b)
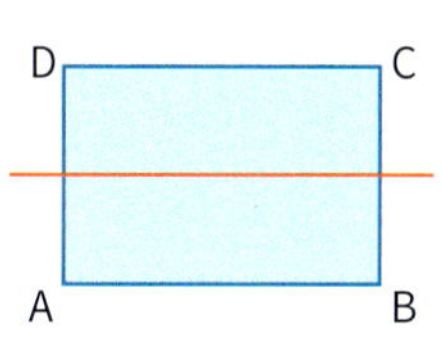

c)
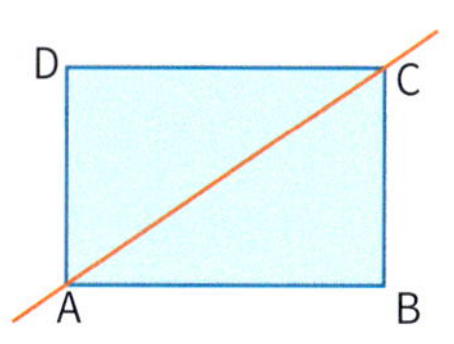

d)
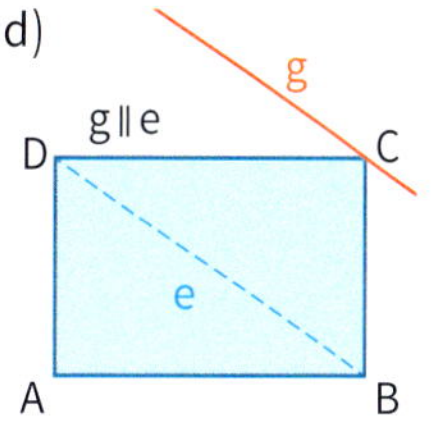

6 Übertrage die Figur in dein Heft. Spiegele an der roten Geraden.

a)
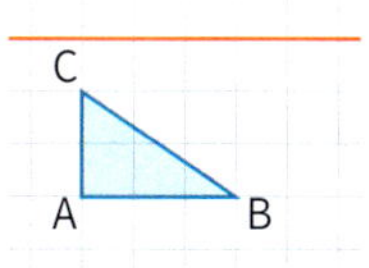

b)
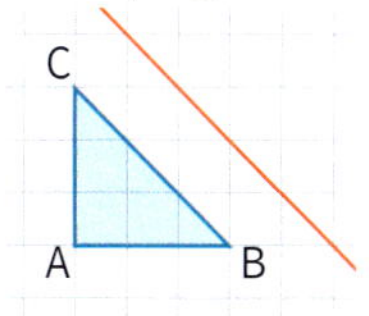

c)
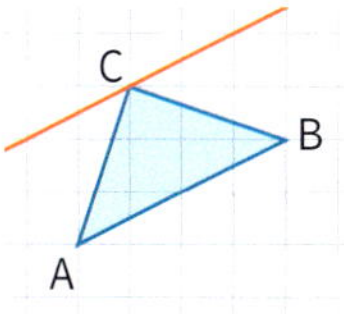

d)
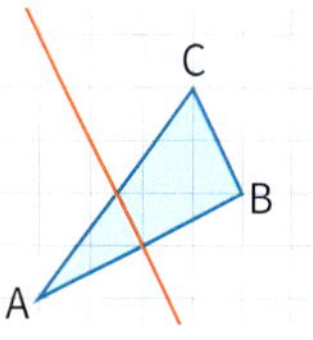

Prüfe dich!
Lösungen auf Seite 219

7 Spiegele das Fünfeck ABCDE mit den Eckpunkten A(2|0), B(4|0,5), C(2|2,5), D(1|2) und E(1|1) an der Seite $\overline{BC}$. Gib die Koordinaten der Bildpunkte an.

8 Wo steckt der Fehler?

a) Beschreibe die Fehler.

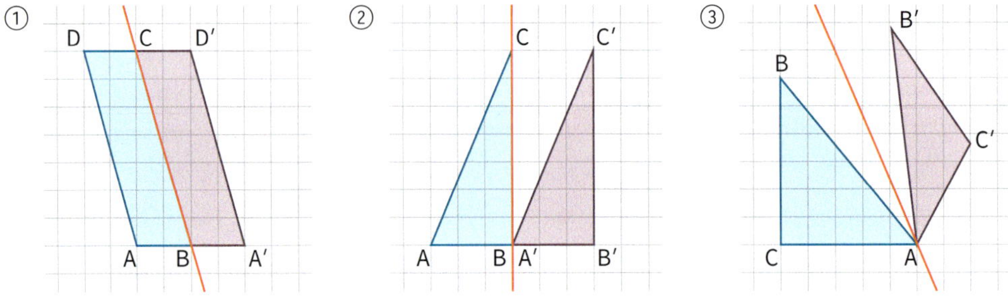

b) Übertrage die blauen Ausgangsfiguren mit der Spiegelachse in dein Heft und spiegele die Ausgangsfiguren richtig.

WES-109211-028

Die Spiegelachse bestimmen

Das blaue Dreieck ABC wurde an einer Spiegelachse gespiegelt.

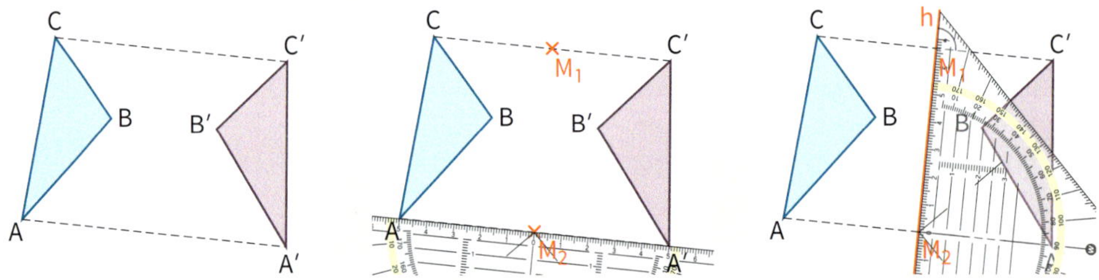

Verbinde zwei Punkte mit ihren jeweiligen Bildpunkten.

Markiere die Mittelpunkte der Verbindungsstrecken.

Zeichne die Gerade durch die Mittelpunkte. Diese Gerade ist die Spiegelachse.

9 Spiegelachse gesucht

Übertrage die Ausgangsfigur und die Bildfigur in dein Heft. Bestimme, falls möglich, die Spiegelachse.

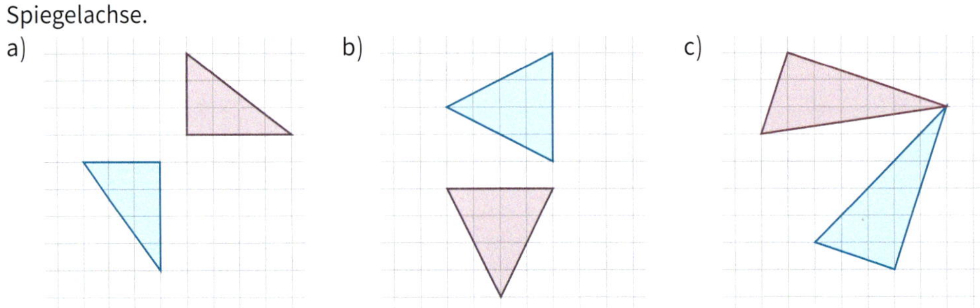

Prüfe dich!
Lösungen auf Seite 219

10 Das Dreieck A(5 | 10), B(14 | 12), C(8 | 14) wurde gespiegelt. Leider ist die Spiegelachse verschwunden. Nur die bereits gespiegelten Punkte A′(4 | 7) und B′(10 | 0) sind bekannt. Bestimme die Spiegelachse. Spiegele den Punkt C und vervollständige das gespiegelte Dreieck.

11 Zeichne ein Rechteck ABCD. Dieses Rechteck soll gespiegelt werden. Zeichne die Spiegelachse so ein, dass A′ = D und B′ = C gilt.

Mathematik beim Billard und beim Minigolf

Beim Billard müssen die Kugeln über die Bande (Rand des Billard-Tisches) so gespielt werden, dass eine andere Kugel nach festen Regeln getroffen wird. Informiere dich im Internet über die unterschiedlichen Billard-Varianten (Pool-Billard, Karambolage-Billard).

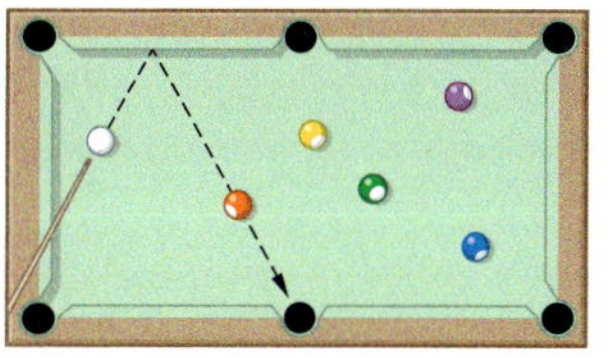

Wenn eine Kugel auf eine Bande trifft, so sind der Einfallswinkel und der Reflexionswinkel gleich groß. Somit ist es wichtig, dass dieser Punkt S bestimmt wird. Hier hilft die Mathematik, insbesondere die Achsenspiegelung.

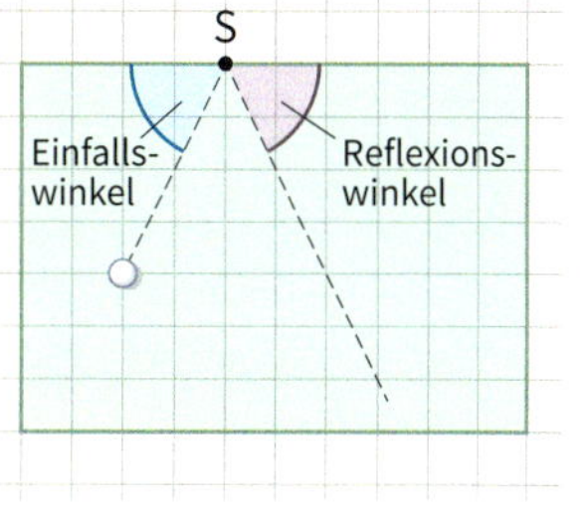

Billard auf Kästchenpapier

Die weiße Kugel soll so über die Bande gespielt werden, dass sie die rote Kugel trifft.
Wie bestimmt man den Punkt S an der Bande?

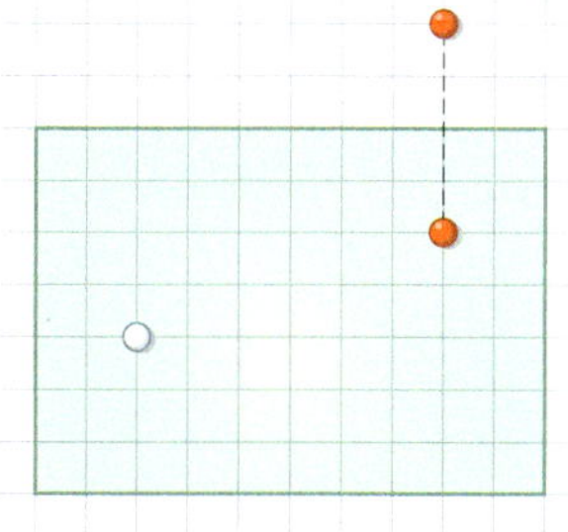

Spiegele die rote Kugel an der Bande, über die gespielt werden soll.

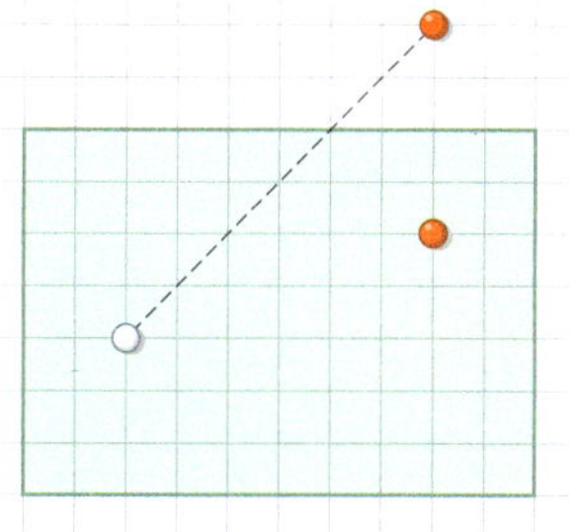

Verbinde die weiße Kugel mit der gespiegelten roten Kugel.

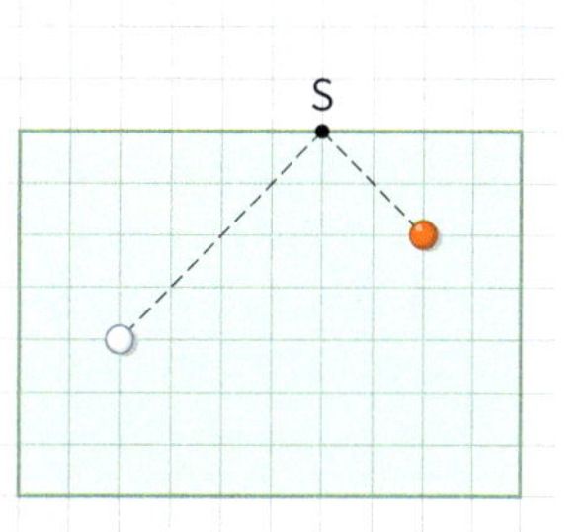

Der Schnittpunkt mit der Bande ist der Punkt, der angespielt werden muss.

- Übertrage den Plan mit den Kugeln in dein Heft. Die rote Kugel soll über eine andere Bande gespielt werden. Bestimme den neuen Punkt S. Zeichne den Weg der Kugel ein.
- Variiere die Lage der beiden Kugeln.
- Finde Wege, wenn du über zwei Banden spielst. Welche Achsenspiegelungen musst du durchführen?
- Spiele die weiße Kugel auch über drei Banden zur roten Kugel.

Minigolf

Beim Minigolf soll der Minigolfball mit möglichst wenigen Schlägen vom Startpunkt zum Zielpunkt geschlagen werden. Übertrage die Minigolfbahn maßstabsgetreu in dein Heft. Finde verschiedene Möglichkeiten über unterschiedliche Banden zu spielen.

a)

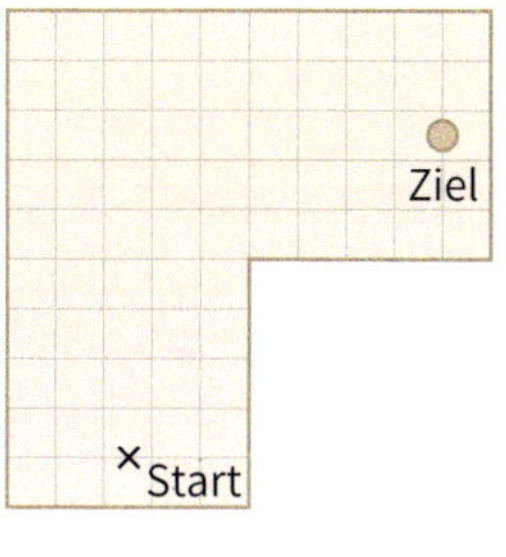

b)

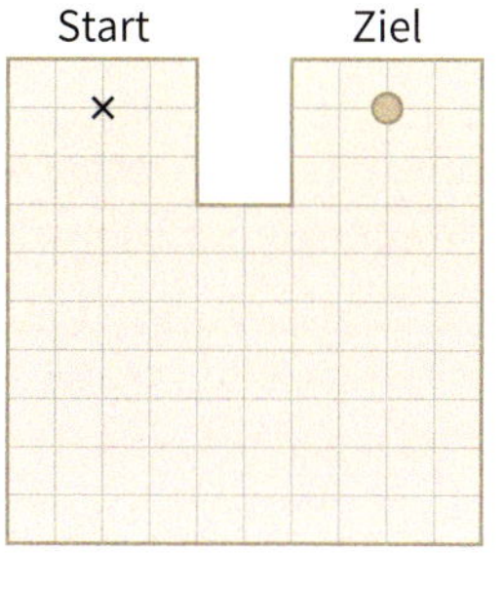

c)

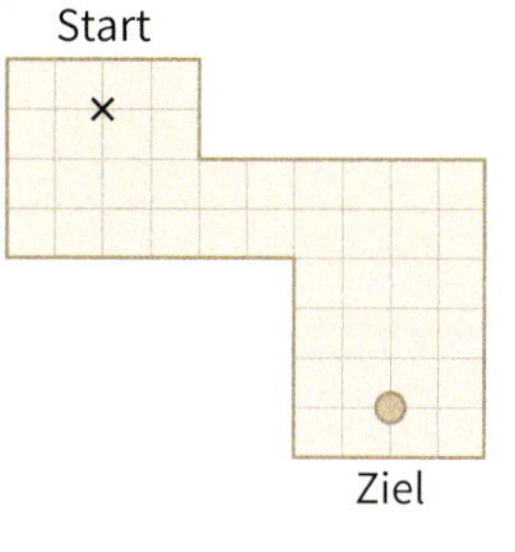

4.2 Mittelsenkrechte – Winkelhalbierende

Frau Aslan hat in der 6 a die Strecke $\overline{AB}$ an die Tafel gezeichnet. Gesucht werden Punkte, die gleich weit weg von A und B sind. Nach den ersten zwei Vorschlägen meint Paula: *„Wenn ich die beiden Ideen verbinde, bekomme ich so viele Punkte, wie ich will."*
Fertige eine Zeichnung an und untersuche Paulas Überlegung.

WES-109211-029

Mittelsenkrechte als Symmetrieachse

Eine **Mittelsenkrechte** ist eine besondere Symmetrieachse. Sie teilt eine Strecke $\overline{AB}$ in zwei Hälften. Alle Punkte auf der Mittelsenkrechten sind gleich weit von den Punkten A und B entfernt.

1. Miss die Strecke $\overline{AB}$.
2. Markiere auf der Hälfte den Mittelpunkt M.
3. Zeichne eine Gerade, die senkrecht zu $\overline{AB}$ durch den Punkt M verläuft.

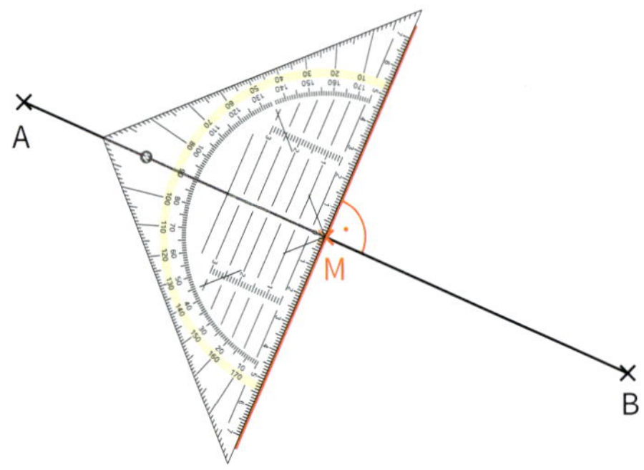

1 Mittelsenkrechte zeichnen

Zeichne eine Strecke $\overline{AB}$ mit der Länge 8 cm in dein Heft.

a) Zeichne die Mittelsenkrechte zu $\overline{AB}$.
b) Markiere drei Punkte auf der Mittelsenkrechten. Bestimme die Entfernung der Punkte zu A und B.

2 Mittelsenkrechte im Koordinatensystem

a) Zeichne zur Strecke $\overline{AB}$ mit den Punkten A(4|1) und B(7|3) die Mittelsenkrechte.
b) Gib drei Punkte an, die auf der Mittelsenkrechten liegen.

3 Kreise und Mittelsenkrechte

Zeichne einen Kreis um A(3|3) und um B(6|3) mit dem Radius 2 cm.

a) Zeichne zur Strecke $\overline{AB}$ die Mittelsenkrechte.
b) Gib drei Punkte an, die auf der Mittelsenkrechten liegen.
c) Beschreibe die Lage der Mittelsenkrechten im Koordinatensystem.

Prüfe dich!
Lösungen auf Seite 220

4 Zeichne die Mittelsenkrechte der Strecke $\overline{AB}$ mit A(0|4) und B(2|2). Gib an, an welcher Stelle die Mittelsenkrechte die y-Achse schneidet.

Nachschlagen
Konstruieren
Seite 44

Die Mittelsenkrechte mit Zirkel und Lineal konstruieren

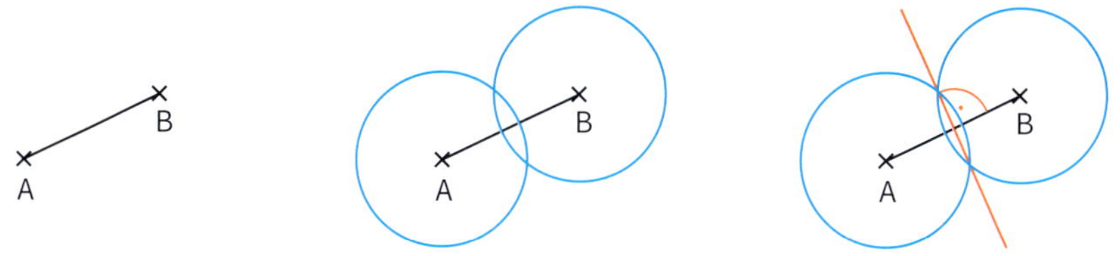

Die Strecke $\overline{AB}$ ist gegeben.	Zeichne gleich große Kreise um A und um B, sodass sich die Kreise schneiden.	Zeichne eine Gerade durch die beiden Schnittpunkte der Kreise.
Begründung:	Die Schnittpunkte sind von A und B gleich weit entfernt.	Alle Punkte auf der Geraden sind von A und B gleich weit entfernt.

5 Eine kleine Konstruktion

Zeichne eine Strecke $\overline{AB}$ mit der Länge 6 cm in dein Heft. Konstruiere die Mittelsenkrechte auf $\overline{AB}$ mit Zirkel und Lineal. Wie groß muss der Radius der Kreise sein, damit es klappt?

6 Fehlerhafte Konstruktion

Lexi hat ebenfalls versucht, eine Mittelsenkrechte zu konstruieren. Erkläre ihr, was sie falsch gemacht hat.

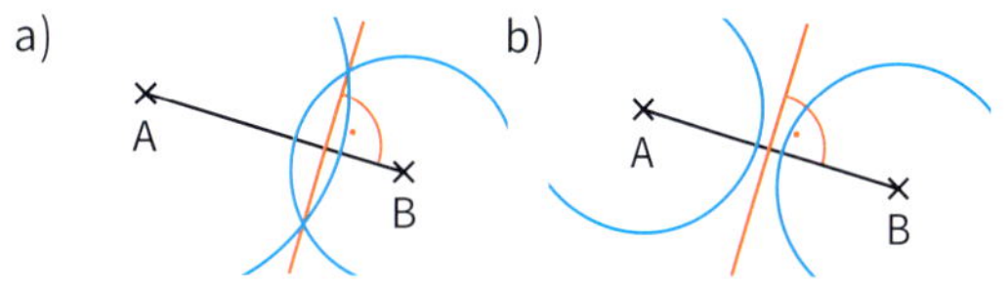

Winkelhalbierende

Hilf Thea und Viet, die Entdecker-Karte von Frau Aslan zu bearbeiten. Was findest du heraus?

ENTDECKER-KARTE

1. Zeichne die Winkelfigur ab und schneide sie aus.
2. Falte die Figur so, dass die Schenkel aufeinander liegen.
3. Falte auseinander. Untersuche die Linie, die entstanden ist.

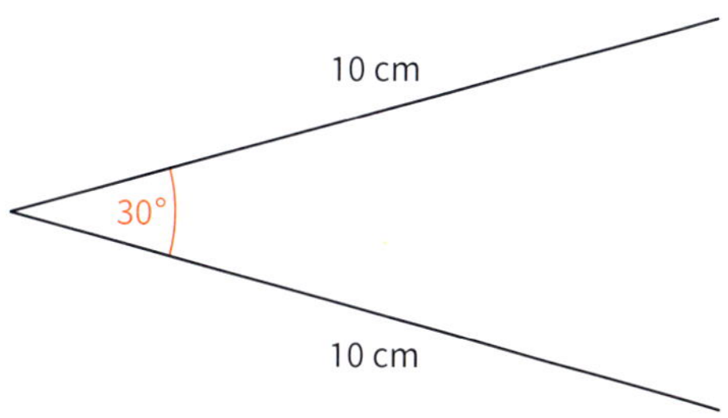

Winkelhalbierende als Symmetrieachse

Eine **Winkelhalbierende** ist eine besondere Symmetrieachse.
Sie teilt einen Winkel α in zwei Hälften.
Auf der Winkelhalbierenden liegen alle Punkte, die gleich weit von beiden Schenkeln entfernt sind.

1. Miss die Größe des Winkels α mit dem Geodreieck.
2. Trage von einem Schenkel aus einen halb so großen Winkel ab.
3. Zeichne einen neuen Schenkel passend zu dem halb so großen Winkel.

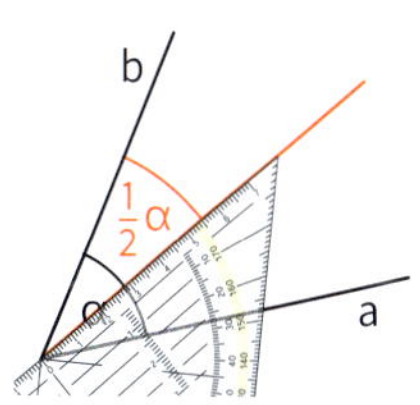

WES-109211-030

7 Winkelhalbierende zeichnen

Zeichne einen Winkel α mit $\alpha = 70°$.

a) Zeichne die Winkelhalbierende von α.

b) Zeichne auf den Schenkeln drei Punkte ein. Spiegele diese an der Winkelhalbierenden.

Nachschlagen
Konstruieren
Seite 44

Die Winkelhalbierende mit Zirkel und Lineal konstruieren

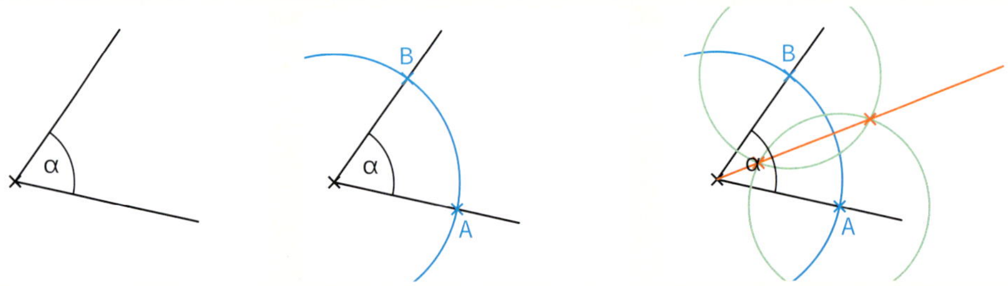

Der Winkel α und zwei Schenkel sind gegeben.	Zeichne einen Kreis um den Scheitelpunkt. Bezeichne die Schnittpunkte mit A und B.	Zeichne um A und B gleich große Kreise. Verbinde die Schnittpunkte mit dem Scheitelpunkt.
Begründung:	A und B sind gleich weit vom Scheitelpunkt entfernt.	Alle Punkte der Geraden sind gleich weit von den Schenkeln entfernt.

8 **Winkelhalbierende mit Check**
Zeichne den Winkel α mit $\alpha = 60°$ in dein Heft. Konstruiere die Winkelhalbierende zu α mit Zirkel und Lineal. Überprüfe die Größe der halbierten Winkel mit deinem Geodreieck.

Prüfe dich!
Lösungen auf
Seite 220

9 Zeichne den Winkel α mit dem Scheitelpunkt S(0|5) und den Schenkeln durch die Punkte A(3|0) sowie B(5|2). Konstruiere die Winkelhalbierende zu α ohne zu messen. Gib an, an welcher Stelle die Winkelhalbierende die x-Achse schneidet.

10 **Aussagen auf dem Prüfstand**
Überprüfe die folgenden Aussagen:
(1) *„Die Winkelhalbierende eines gestreckten Winkels ist doch eine Mittelsenkrechte."*
(2) *„Die Winkelhalbierenden an einer Geradenkreuzung stehen senkrecht aufeinander."*
(3) *„Die Winkelhalbierende erhalte ich durch Drehen des Geodreiecks um den Scheitelpunkt. Drehe von einem Schenkel, bis die Linealkante gleich weit von den Schenkeln entfernt ist."*

11 **Ein ruhiger Angelplatz**
Familie Petri möchte angeln gehen. Sie sucht einen ruhigen Platz, der möglichst gleich weit von beiden Straßen entfernt ist. Kannst du helfen?

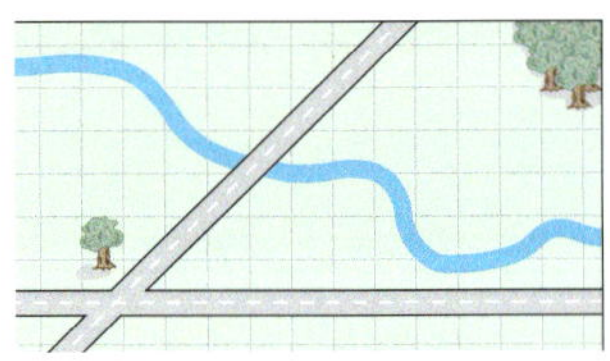

12 **Auf der Suche nach dem Mittelpunkt**
Jeder zeichnet für seinen Partner einen Kreis. Zusätzlich werden in diesen Kreis zwei beliebige Sehnen eingezeichnet. Entscheidet selbst, ob diese sich berühren oder sogar schneiden sollen. Mithilfe dieser Sehnen lässt sich der Mittelpunkt des Kreises durch Konstruktion finden. Probiert gemeinsam aus.

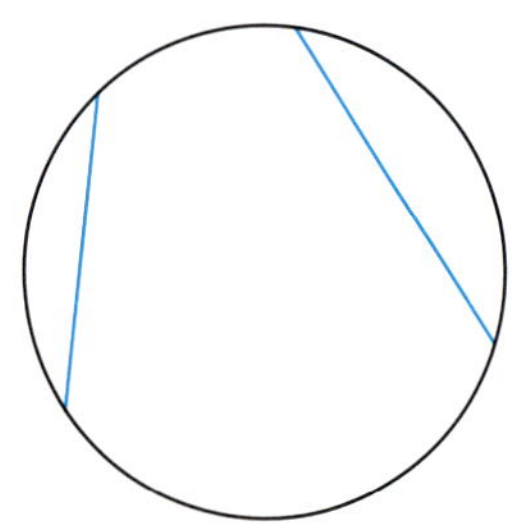

13 **Forschen mit DGS**
a) Zeichne die Mittelsenkrechten zu den drei Seiten im Dreieck ABC. Was fällt dir auf?
b) Zeichne die Winkelhalbierenden zu den drei Seiten im Dreieck ABC. Was fällt dir auf?
c) Was passiert, wenn besondere Dreiecke (z. B. gleichschenklig) verwendet werden?

Symmetrie im Raum

Viele Gebäude sind in ihrem Grundriss, ihrer Form oder ihrer Fassade symmetrisch gestaltet.

Ebenensymmetrie
Genau wie sich bei manchen Figuren eine Symmetrieachse einzeichnen lässt, können Körper (z. B. Gebäude) sich symmetrisch zu einer **Symmetrieebene** verhalten.
Ein Körper mit dieser Eigenschaft heißt **ebenensymmetrisch**.

1 Schnittflächen im Blick
Die Symmetrieebene eines Körpers schneidet den Körper in einer Fläche. Diese Schnittfläche ist von Körper zu Körper unterschiedlich.

(1)

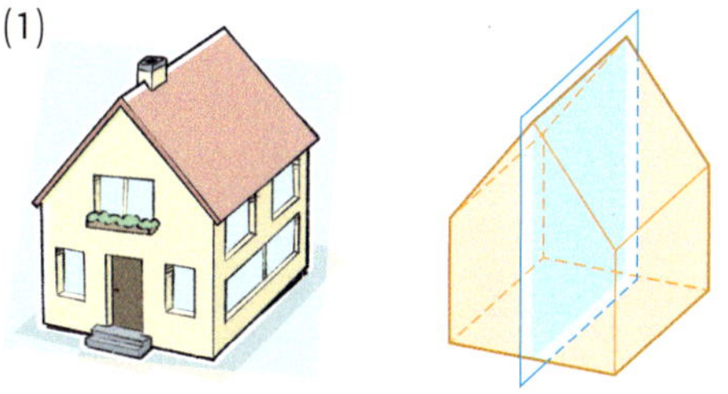

(2)

a) Beschreibe die Schnittflächen, die für die Körper (1) und (2) entstehen.
b) Untersuche, ob das Haus und die Dose weitere Symmetrieebenen haben.

2 Ja wie schneiden Sie denn?
Welche der Körper sind ebenensymmetrisch? Wie viele Symmetrieebenen haben sie?

Gib weitere Körper aus deinem Alltag an, die ebenensymmetrisch sind.

3 Eine Frage des Daches
Häuser weisen verschiedene Dachformen auf. Untersuche die Häuser auf Symmetrien.
Gib auch an, wie viele Symmetrieebenen jedes Haus hat.

Mansardendach
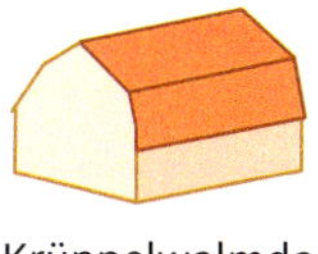
Pultdach

Satteldach

Walmdach
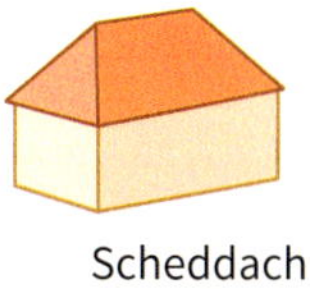
Zeltdach

Krüppelwalmdach
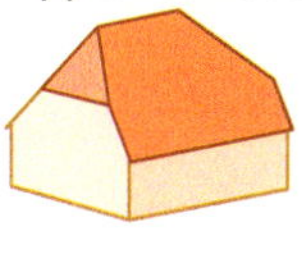
Bogendach
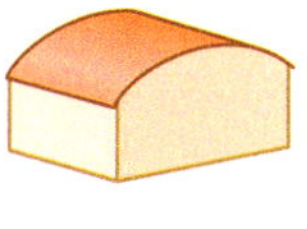
Kegeldach

Scheddach

Kuppeldach
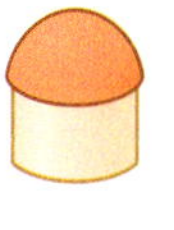

4.3 Punktspiegelung

Vorbereiten
Punktsymmetrie
Seite 197

Michel ist nicht fertig geworden. Was fehlt noch zu einer punktsymmetrischen Figur? Zeichne ein Quadrat mit der Kantenlänge 3 cm. Übertrage das Farbmuster in dein Heft. Färbe anschließend die weißen Flächen so, dass ein punktsymmetrisches Muster entsteht.

WES-109211-031

Den Punkt A am Punkt Z spiegeln

1. Lege das Geodreieck mit dem Nullpunkt auf den Punkt Z.
2. Miss den Abstand von A zum Punkt Z.
3. Markiere den Bildpunkt A′ im selben Abstand zum Punkt Z.

Der Punkt Z wird **Spiegelzentrum** genannt.

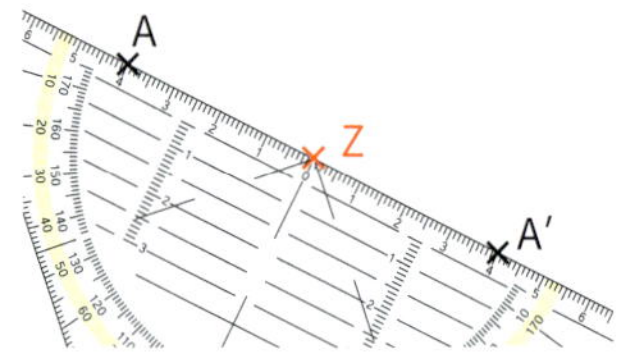

Ein Dreieck an einem Punkt spiegeln

Spiegele das Dreieck ABC am Spiegelzentrum Z.

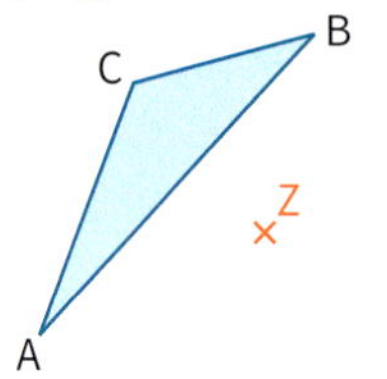

Ausgangsfigur und Spiegelzentrum sind gegeben.

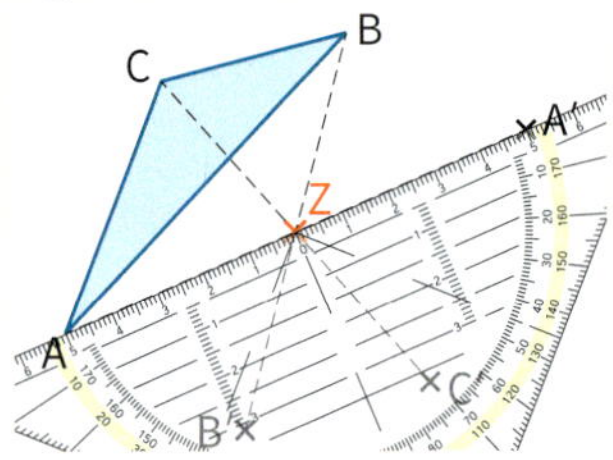

Spiegele die Punkte A, B und C am Spiegelzentrum Z.

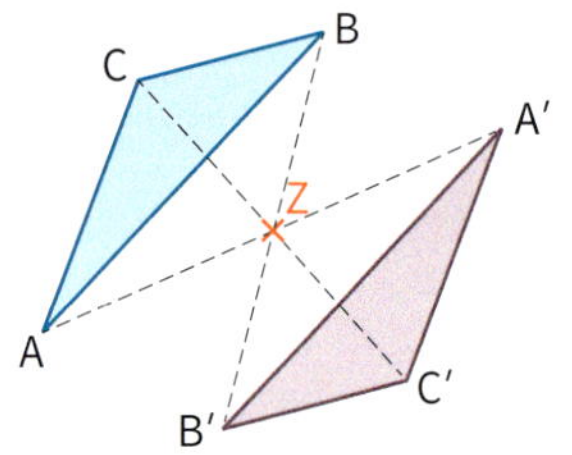

Verbinde die Bildpunkte A′, B′ und C′ zur Bildfigur.

1 ≡ **Spiegelzentrum außerhalb der Figur**

Übertrage die Figur und das rote Spiegelzentrum Z in dein Heft. Spiegele die Figur an Z.

a) 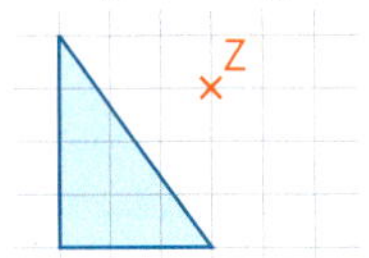

b) 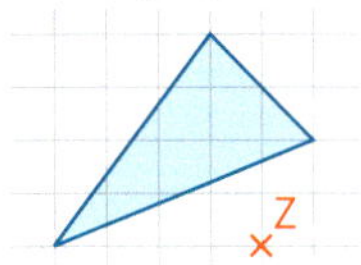

c) 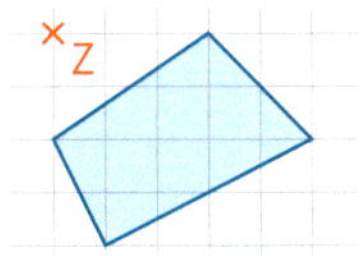

d) 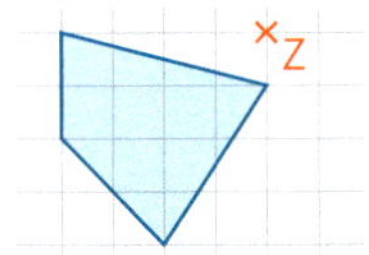

2 ≡ **Spiegelzentrum innerhalb der Figur**

Übertrage die Figur und das rote Spiegelzentrum Z in dein Heft. Spiegele die Figur an Z.

a) 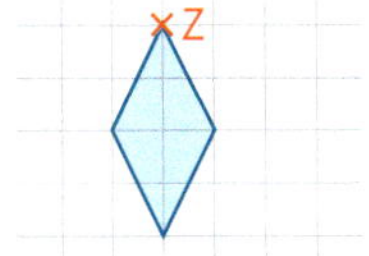

b) 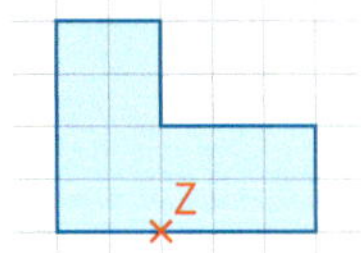

c) 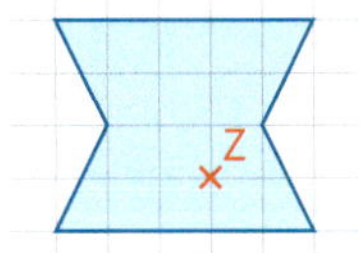

d) 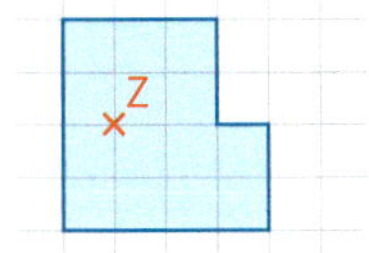

3 ≡ **Punktspiegelung im Koordinatensystem**

Zeichne ein Koordinatensystem mit 1 cm pro Einheit in dein Heft. Spiegele das Dreieck ABC mit A(1|1), B(4|2) und C(1|3) einmal am Punkt Z(3|4) und einmal am Punkt B. Notiere beide Male die Koordinaten der Bildpunkte. Hättest du die Koordinaten auch ohne Zeichnung voraussagen können?

4 = **Spiegelpunkte berechnen**
Der Punkt P wird am Spiegelzentrum Z gespiegelt. Bestimme den Spiegelpunkt P′ ohne zu zeichnen.
a) P(3|1), Z(5|2) b) P(4|4), Z(2|2) c) P(1|3), Z(2|5) d) P(0|5), Z(4|6)

---

5 = Spiegele das Viereck ABCD mit den Punkten A(1|10), B(3|7), C(5|10) und D(3|9) am Punkt Z(4,5|5). Gib die Koordinaten der Bildpunkte A′, B′, C′ und D′ an.

Prüfe dich! Lösungen auf Seite 220

---

6 = **Spiegelzentrum gesucht**
Der Punkt P(3|7) wurde am Spiegelzentrum auf den Bildpunkt P′(7|11) gespiegelt. Felix sucht das Spiegelzentrum. Wie kann er vorgehen? Gib die Koordinaten des Spiegelzentrums Z an.

Das Spiegelzentrum bestimmen
Das blaue Dreieck ABC wurde an einem Spiegelzentrum Z gespiegelt.

WES-109211-032

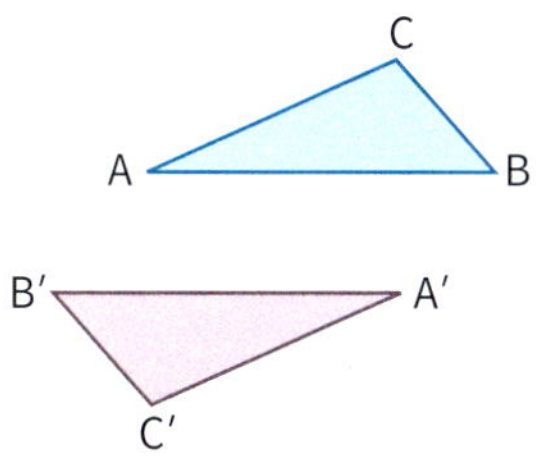

Wähle zwei Punkte A und B, ihre Bildpunkte sind A′ und B′.

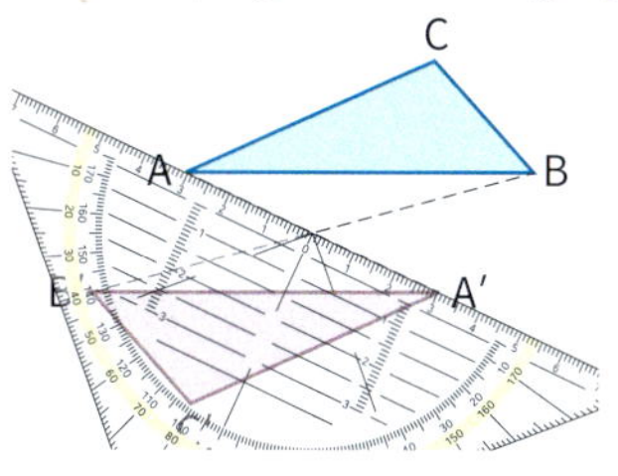

Verbinde jeden Punkt mit seinem Bildpunkt.

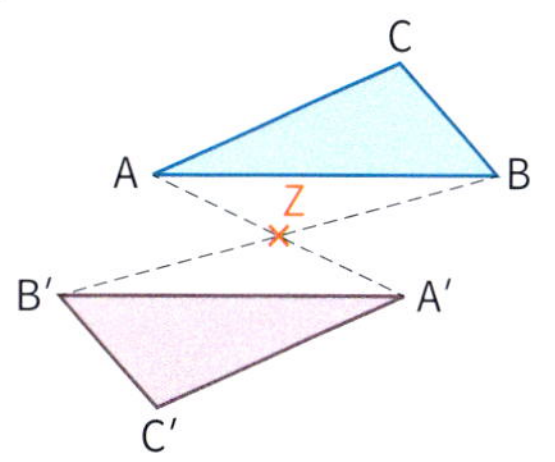

Der Schnittpunkt der Linien ist das Spiegelzentrum Z.

7 = **Spiegelzentrum konstruieren**
Übertrage die Figuren in dein Heft. Bestimme, falls möglich, das Spiegelzentrum.

a)
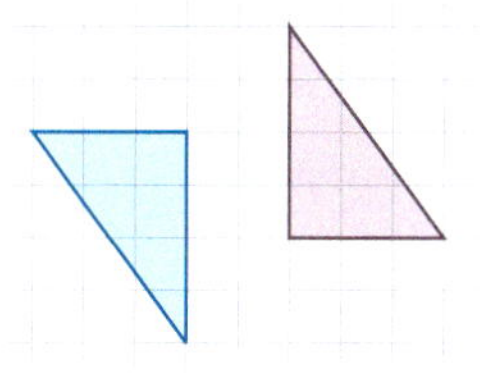

b)
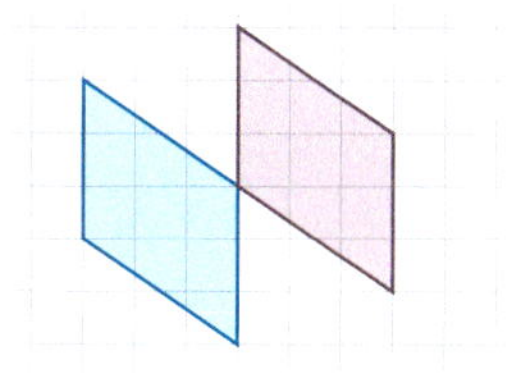

c)
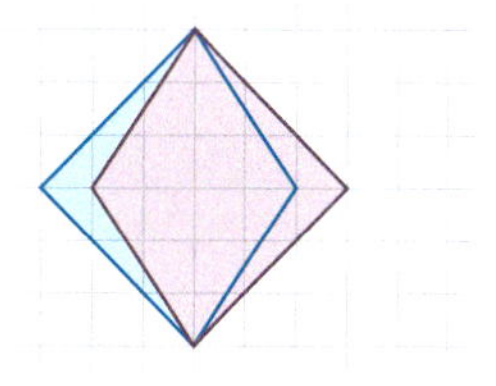

8 = **Wo steckt der Fehler?**

Alexander sollte die blaue Figur am Spiegelzentrum Z spiegeln. Beschreibe, welche Fehler er dabei gemacht hat.
Nutze die Begriffe: „*Länge*“, „*Strecke*“, „*Schnittpunkt*“, „*Spiegelzentrum*“, „*Spiegelachse*“

a)
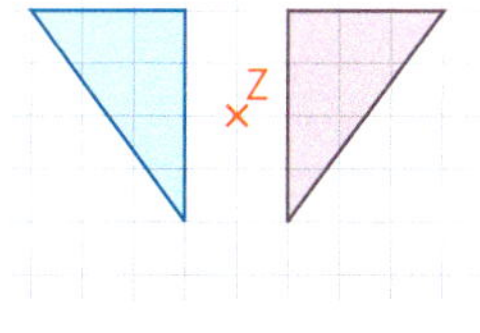

b)
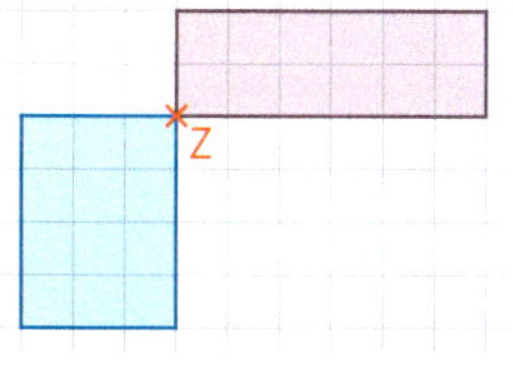

c)
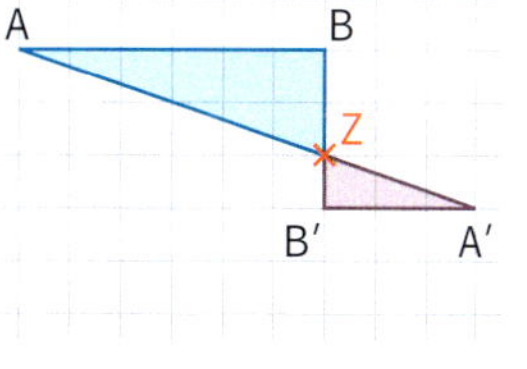

---

9 = Das Dreieck ABC mit A(3|2), B(5|2) und C(3|4) wurde auf die Bildpunkte A′(11|4), B′(9|4) und C′(11|2) gespiegelt. Gib die Koordianten des Spiegelzentrums an.

Prüfe dich! Lösungen auf Seite 220

4.4 Drehungen

Vorbereiten
Geodreieck
Seite 196

Abgebildet sind der Reifen eines Fahrrads, das Rad eines E-Scooters und die Rolle eines Inline-Skates. Beschreibe, wie man sie drehen muss, damit die neue Position genauso aussieht wie die Startposition.

WES-109211-033

Den Punkt P um das Drehzentrum Z mit dem Drehwinkel φ drehen

1. Zeichne den Schenkel von Z durch P.
2. Zeichne einen zweiten Schenkel im Winkel φ an die Strecke $\overline{ZP}$.
3. Miss den Abstand von Z zu P. Zeichne im gleichen Abstand den Bildpunkt P′ auf dem neuen Schenkel ein.
   Man kann P auch mit dem Zirkel auf den anderen Schenkel übertragen.

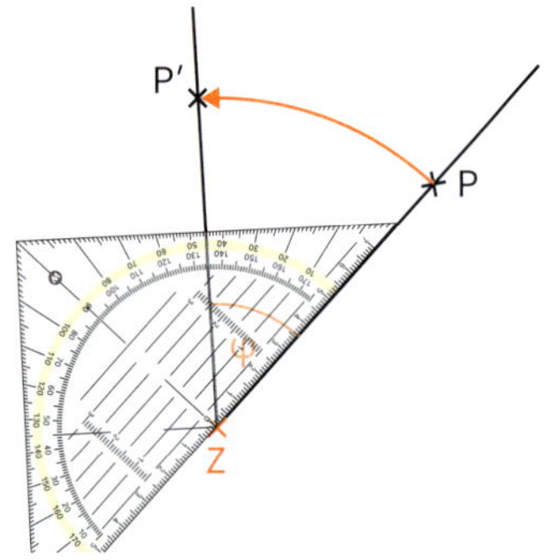

Ein Dreieck um einen Punkt drehen

Drehe das Dreieck ABC um das Drehzentrum Z mit φ.

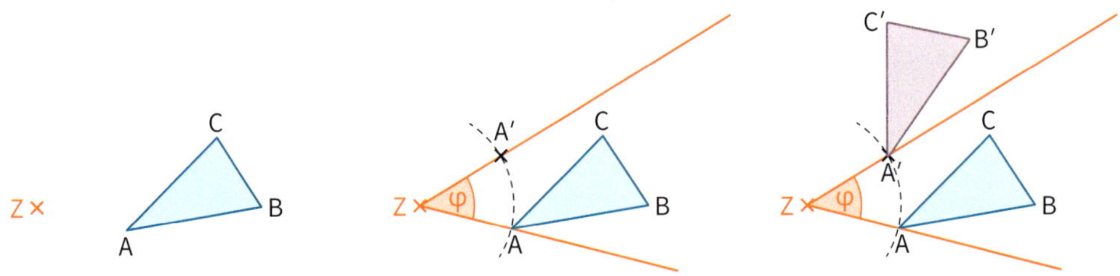

Ausgangsfigur, Drehzentrum und Drehwinkel φ sind gegeben. Um die Figur zu drehen, drehe alle Punkte um Z.

Zeichne den Schenkel von Z durch A. Zeichne φ und den zweiten Schenkel. Markiere A′ mithilfe eines Zirkels.

Drehe die anderen Punkte. Verbinde die Bildpunkte A′, B′ und C′ zum gedrehten Dreieck.

1 **Dreieck drehen**

Übertrage das Dreieck ABC und das Drehzentrum Z in dein Heft.

a) Drehe das Dreieck um das Drehzentrum Z mit dem Drehwinkel $\varphi = 70°$.

b) Drehe das Dreieck um das Drehzentrum A mit dem Drehwinkel $\varphi = 90°$.

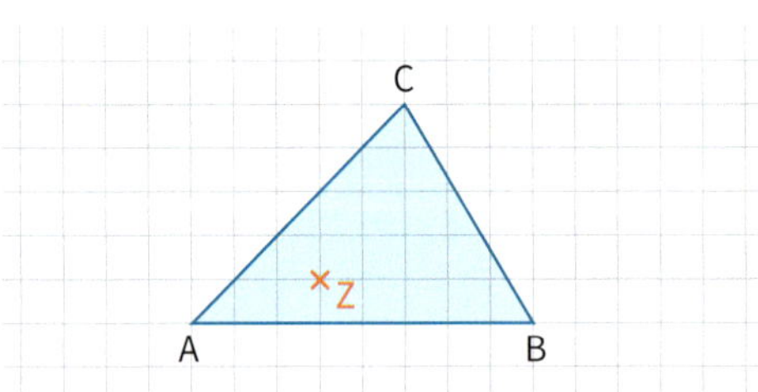

2 **Drehen im Koordinatensystem**

Drehe den Punkt P um Z mit α. Gib die Koordinaten des Bildpunktes P′ an.

a) P(7|1), Z(0|0), $\alpha = 50°$ b) P(1|2,5), Z(2,5|1), $\alpha = 60°$ c) P(2|3), Z(3|4), $\alpha = 125°$

3 Zeichne in einem Koordinatensystem mit der Einheit 1 cm das Viereck ABCD mit den Eckpunkten A(1|2), B(4|1), C(4|4) und D(2|6). Gib die Koordinaten der Bildpunkte nach einer Drehung um Z(5|5) mit $\varphi = 90°$ an.

Prüfe dich! Lösungen auf Seite 220

4 Muster erdrehen

Übertrage die vier Figuren in dein Heft.

(1) (2) (3) (4)

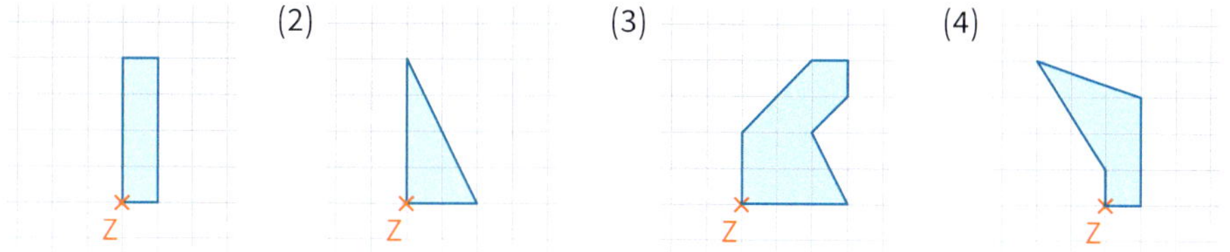

a) Erzeuge ein Muster aus jeweils vier gedrehten Figuren, indem du jede Figur drei Mal nacheinander um 90° nach links um das Drehzentrum Z drehst.

b) Ergänze den folgenden Satz: „Statt zweier Drehungen um Z mit 90° könnte ich auch …“

c) Die Muster, die aus den jeweils vier Figuren entstanden sind, heißen „drehsymmetrisch“. Vergleiche diese Art der Symmetrie mit der Achsen- und Punktsymmetrie. Nenne Gemeinsamkeiten und Unterschiede.

Das Drehzentrum und den Drehwinkel bestimmen

Das blaue Dreieck ABC wurde um ein Drehzentrum mit φ gedreht.

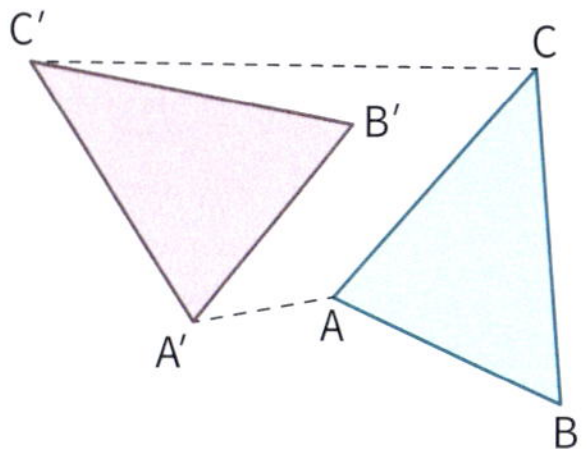

Verbinde zwei Punkte mit ihren Bildpunkten.

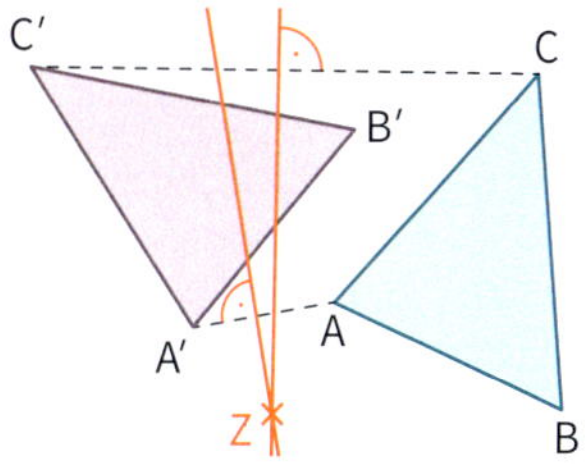

Zeichne zu beiden Verbindungsstrecken die Mittelsenkrechte. Der Schnittpunkt ist das Drehzentrum Z.

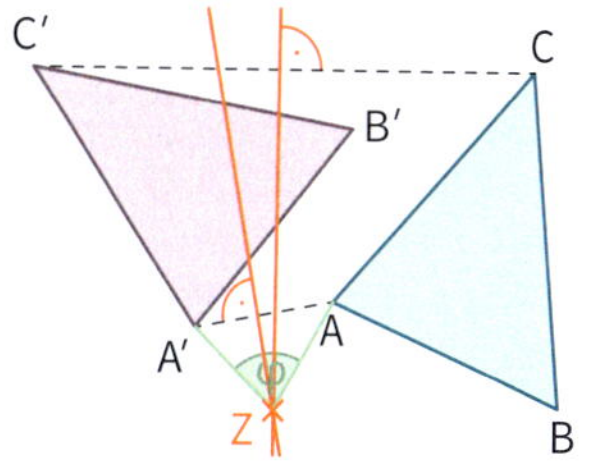

Verbinde Z mit einem Punkt und seinem Bildpunkt. Miss φ.

WES-109211-034

5 Drehzentrum finden

Das Dreieck ABC wurde auf das Dreieck A′B′C′ gedreht. Bestimme das Drehzentrum und den Drehwinkel.

a) A(1|1), B(5|0) und C(5|1); A′(5|4,5), B′(4|8,5) und C′(3|8)

b) A(5|2), B(9|2) und C(9|5); A′(2|4,2), B′(3,2|8) und C′(0,4|8,9)

6 Drehung?

Kann die blaue Figur durch eine Drehung auf die lilafarbene Figur gedreht worden sein? Begründe deine Entscheidung. Gib gegebenenfalls das Drehzentrum und den Drehwinkel an.

a) b) c) d) e)

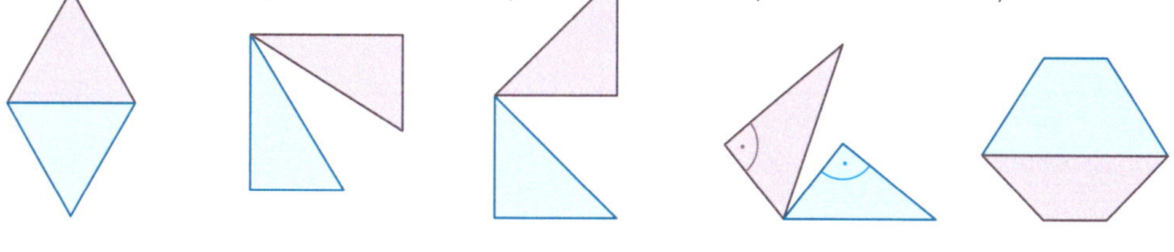

4.5 Verschiebungen

Vorbereiten
Geodreieck
Seite 196

Die Abbildung zeigt eine Verzierung aus einer ägyptischen Grabkammer (ca. 1500 v. Chr.), in der verschiedene Muster immer wiederkehren.
Untersuche die Verzierung. Wie viele sich wiederholende Muster kannst du finden?

WES-109211-035

Den Punkt P verschieben

1. Miss die Länge des Verschiebungspfeils.
2. Verschiebe das Geodreieck parallel zum Verschiebungspfeil in den Punkt P.
3. Zeichne ab P eine Strecke, die genauso lang wie der Pfeil ist.

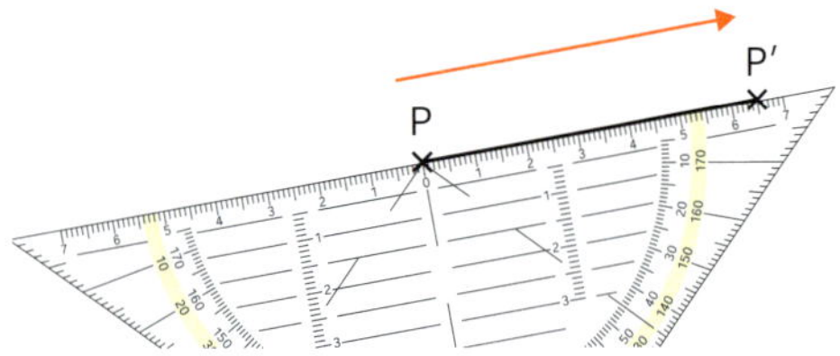

Eine Figur verschieben

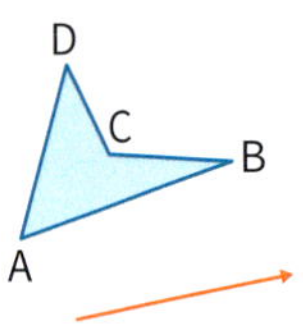

Ausgangsfigur ABCD und Verschiebungspfeil sind gegeben.

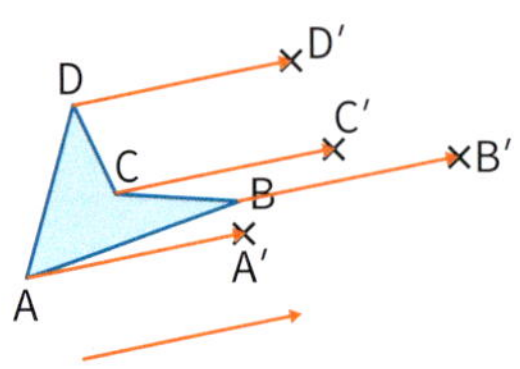

Jeder Punkt wird mit dem Verschiebungspfeils verschoben.

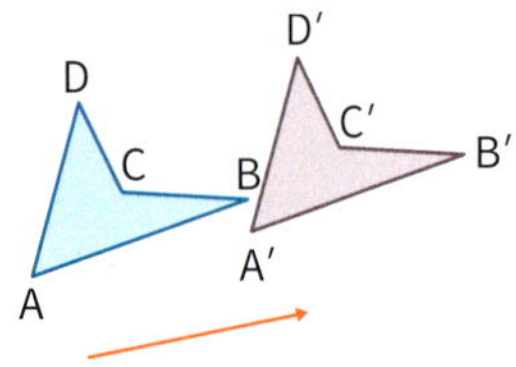

Die Bildpunkte A′B′C′D′ werden miteinander verbunden.

1 **Verschieben im Koordinatensystem**
Zeichne in einem Koordinatensystem mit der Einheit 1 cm das Dreieck ABC mit den Eckpunkten A(2|2), B(5|3) und C(4|4). Gib die Koordinaten des verschobenen Dreiecks an. Der Verschiebungspfeil zeigt von R nach S.
a) R(3|0); S(7|3) b) R(0|4); S(2|3) c) R(4|2); S(2|0) d) R(4|3); S(2|5)

2 **Viereck verschieben**
Verschiebe im Koordinatensystem das Viereck ABCD mit A(2|1), B(6|2), C(7|6) und D(4|5) mit dem Verschiebungspfeil, der von R(3|5) nach S(1|8) zeigt. Gib die Koordinaten des verschobenen Vierecks A′B′C′D′ an.

3 **Bildkoordinaten berechnen**
a) Verschiebe das Dreieck ABC mit A(2|2), B(5|3) und C(1|5) um drei Einheiten nach rechts und zwei Einheiten nach oben. Lies die Koordinaten der Bildpunkte ab. Beschreibe, wie man die Bildkoordinaten berechnen kann.
b) Gib die Koordinaten der Bildpunkte des Vierecks A(3|4), B(6|7), C(3|8) und D(1|6) bei einer Verschiebung um zwei Einheiten nach rechts und vier Einheiten nach unten an.

Prüfe dich!
Lösungen auf Seite 221

4 Zeichne in einem Koordinatensystem mit der Einheit 1 cm das Viereck ABCD mit den Eckpunkten A(0|3), B(2|0), C(3|4) und D(1|4). Der Verschiebungspfeil zeigt von R(0|4) nach S(2|5). Gib die Koordinaten der Bildpunkte an.

5 ≡ **Verschieben am laufenden Band**

Übertrage das Muster in dein Heft und setze es fort. Wie gehst du vor?

a)

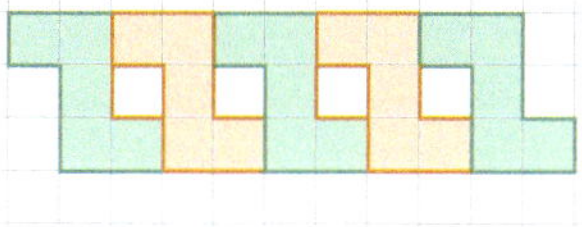

b)

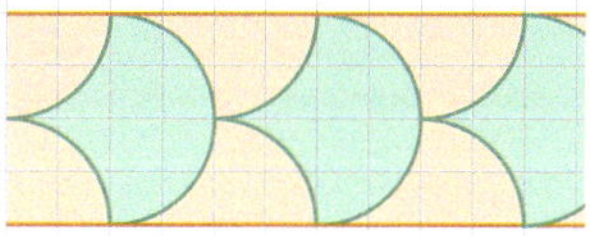

c)

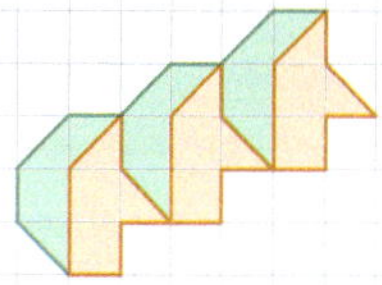

Den Verschiebungspfeil bestimmen

Das blaue Dreieck ABC wurde mithilfe eines Verschiebungspfeils verschoben.

WES-109211-036

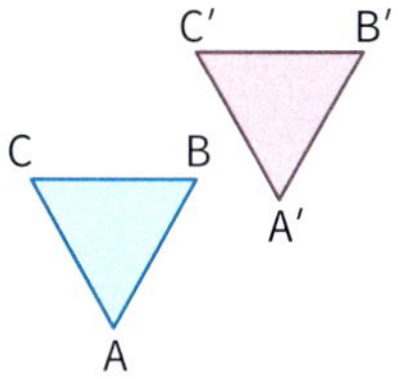

Figur und Bildfigur sind gegeben.

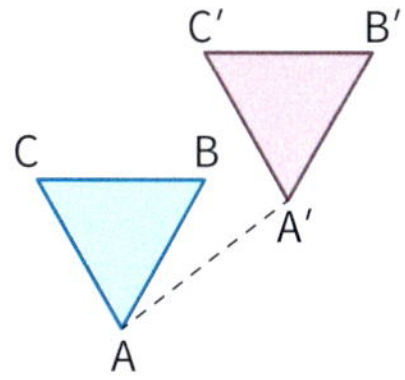

Verbinde einen Punkt mit seinem Bildpunkt.

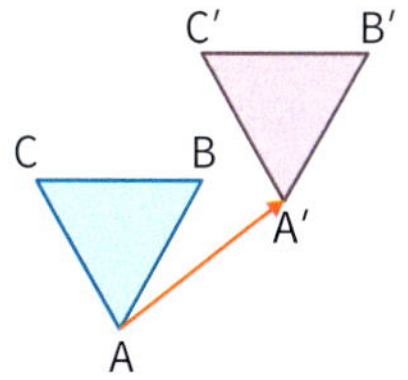

Die Strecke von Punkt zu Bildpunkt entspricht dem Verschiebungspfeil.

6 = **Auf der Suche nach Pfeilen**

Zeichne in ein Koordinatensystem das Dreieck ABC mit A (2 | 4), B (6 | 2) und C (1 | 8) sowie den Bildpunkt A′ einer Verschiebung. Zeichne einen passenden Verschiebungspfeil und dann die Bildfigur A′B′C′ ein. Gib auch die Koordinaten von B′ und C′ an.

a) A′ (5 | 4) b) A′ (3 | 5) c) A′ (6 | 3) d) A′ (1 | 2)

7 = **Richtig verschoben?**

Bei welchen Zeichnungen wurde die blaue Figur auf die lila Figur verschoben? Begründe.

(1)

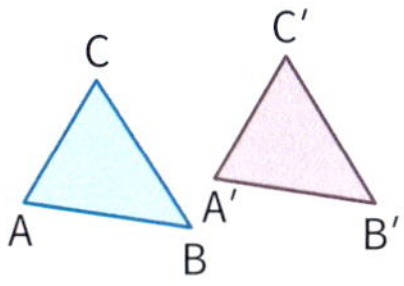

(2)

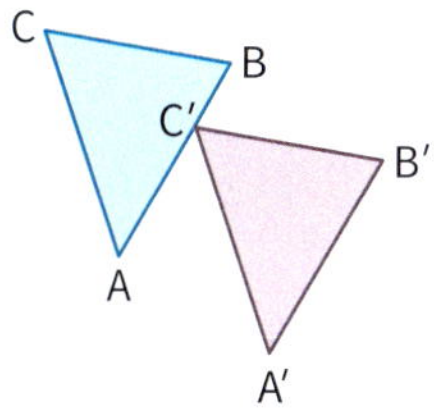

(3)

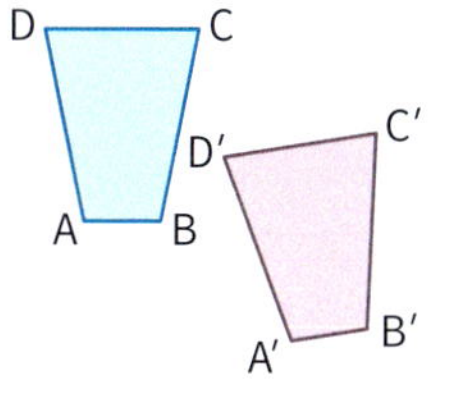

(4)

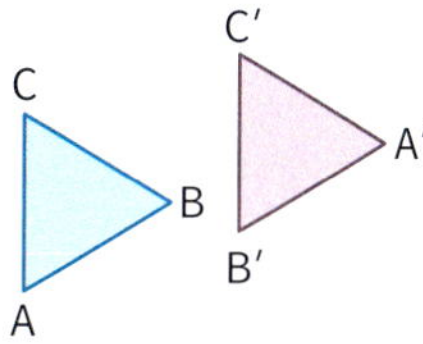

8 ≡ **Zweimal verschoben**

Übertrage das Viereck ohne Verschiebungspfeile in dein Heft. Verschiebe es mit dem roten Pfeil. Verschiebe die erhaltene Bildfigur dann mit dem grünen Pfeil.
Wie kann man direkt vom Ausgangsviereck zum zweiten Bildviereck gelangen? Begründe.

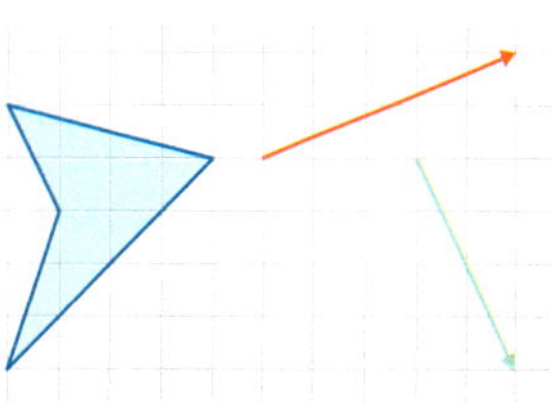

9 ≡ **Musikalische Verschiebung**

Auch im Musikunterricht lässt sich etwas verschieben. Die Klasse 6 b hat dazu ein Projekt gemacht.
Untersuche, was hier verschoben wurde.
Was bedeutet die Verschiebung in der Musik?

4.6 Eigenschaften von Abbildungen

Lukas: *„Die beiden rechts sind Bildfiguren – einfach nur verschoben."*
Aaliyah: *„Das geht auch mit einer Achsenspiegelung. Wenn du weißt, wie es geht!"*
Untersucht die Figuren und überprüft die Äußerungen.

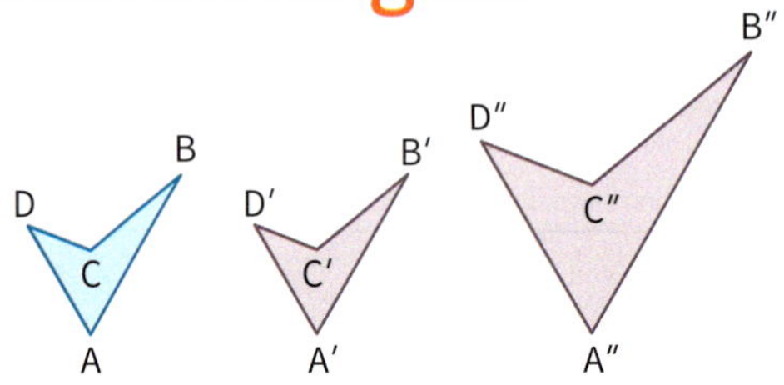

WES-109211-037

Eigenschaften von Abbildungen

Achsenspiegelungen, Punktspiegelungen, Verschiebungen und Drehungen sind Abbildungen. Mit ihnen erzeugt man zu einer Figur eine Bildfigur. Diese beiden Figuren passen genau aufeinander. Das heißt:

1. Strecke und Bildstrecke sind gleich lang.
2. Winkel und Bildwinkel sind gleich groß.

Jede der vier Abbildungen besitzt zusätzliche Eigenschaften:

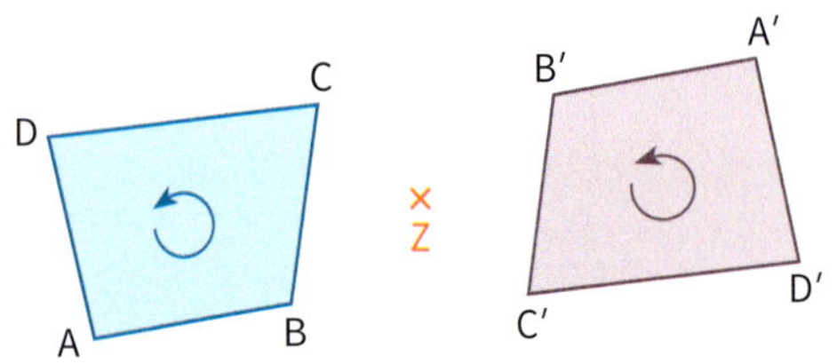

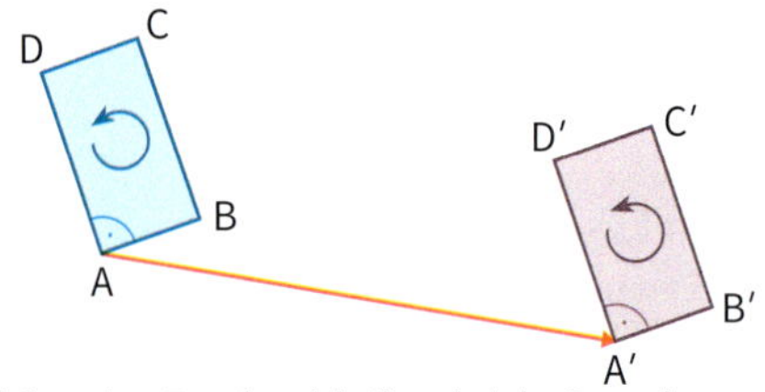

Punktspiegelung und **Verschiebung**: Der Umlaufsinn der Punkte bleibt gleich. Strecken und Bildstrecken sind parallel zueinander.

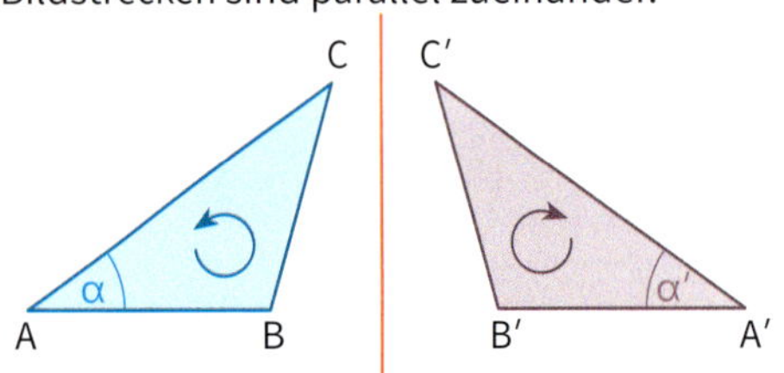

Achsenspiegelung: Der Umlaufsinn der Punkte ändert sich. Strecken und Bildstrecken müssen nicht parallel zueinander sein.

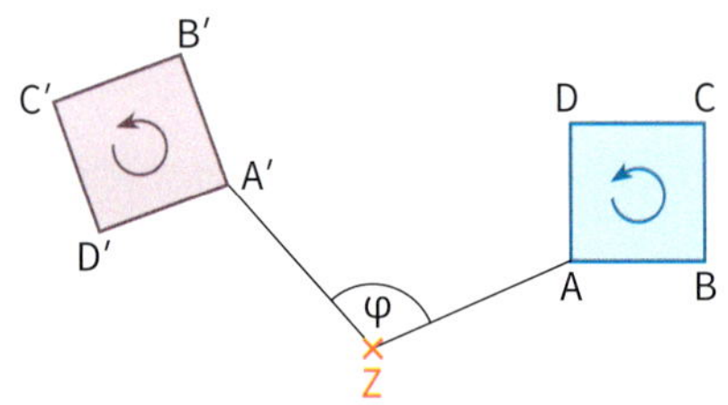

Drehung: Der Umlaufsinn der Punkte bleibt gleich. Strecken und Bildstrecken müssen nicht parallel zueinander sein.

Zu einer Figur und ihrer Bildfigur die Art der Abbildung bestimmen

a)

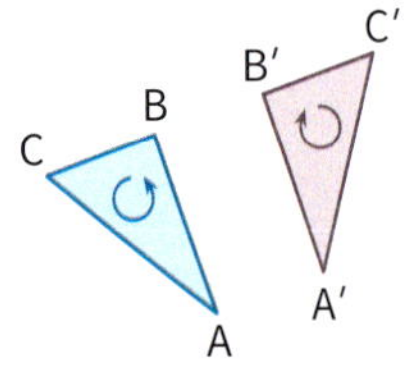

Die Figuren passen genau aufeinander. Der Umlaufsinn ändert sich.
Die Abbildung ist eine Achsenspiegelung.

b)

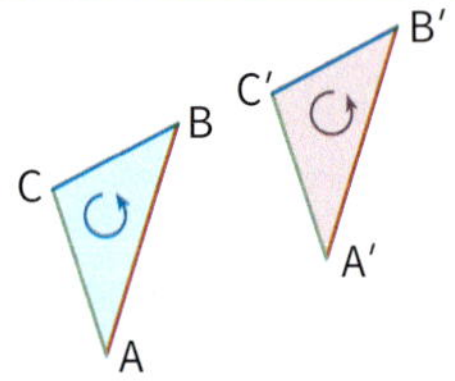

Die Figuren passen genau aufeinander. Alle Strecken sind parallel zu ihrer Bildstrecke. Die Abbildung ist eine Verschiebung.

c)

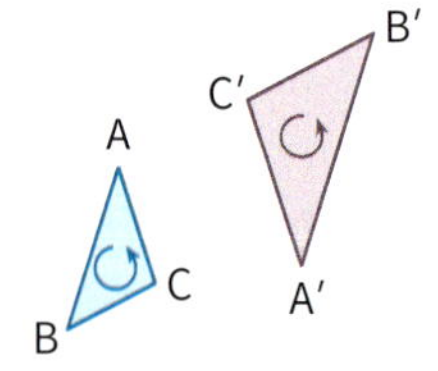

Die Bildfigur passt nicht genau auf die Figur.
Es liegt keine Abbildung vor.

1 **Auf der Suche nach der Abbildung**

Untersuche, mit welcher Abbildung die Bildfigur erzeugt wurde. Begründe.

a)

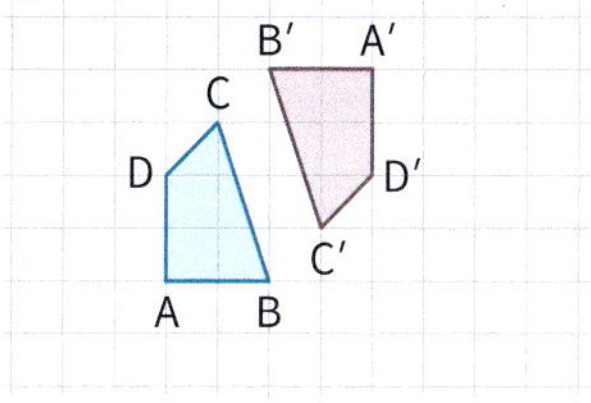

b)

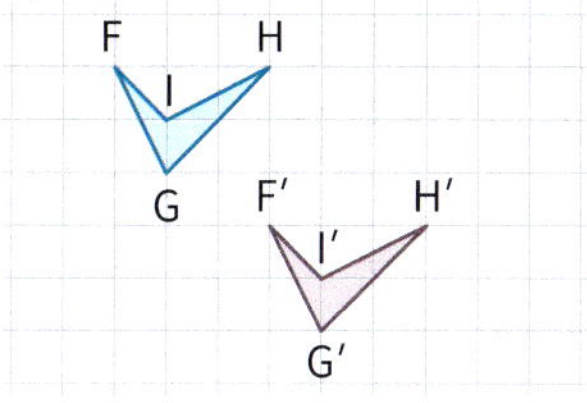

c)

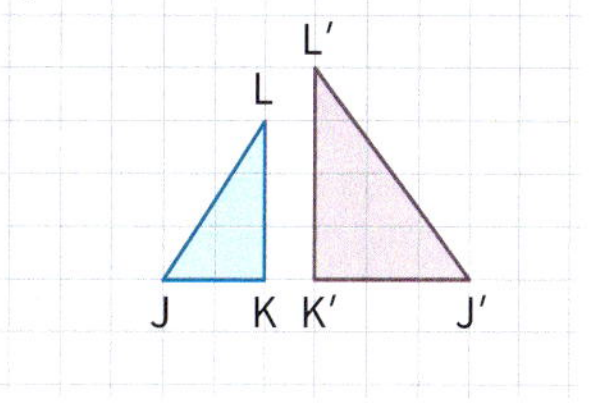

2 **Auf die Abbildung kommt es an**

Zum Quadrat ABCD wurden drei Bildfiguren erzeugt.
Übertrage die Figuren in dein Heft.
Gib an, mit welcher Abbildung die Bildfiguren erzeugt wurden. Begründe.
Zeichne je nach Abbildung die Spiegelachse, das Spiegelzentrum, den Verschiebungspfeil oder das Drehzentrum und den Drehwinkel ein.

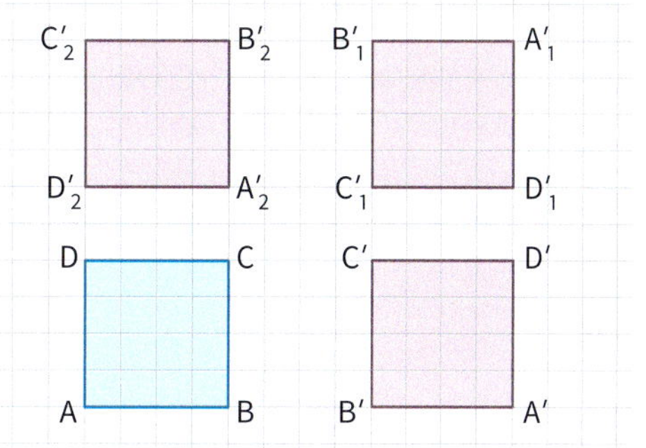

3 Zeichne in einem Koordinatensystem mit der Einheit 1 cm das Dreieck ABC mit den Eckpunkten A (0 | 3), B (1 | 2) und C (2 | 4) und die Bildfigur A′B′C′ mit A′ (6 | 3), B′ (5 | 4) und C′ (4 | 2) ein.

a) Gib an, mit welcher Abbildung die Bildfigur erzeugt wurde.

b) Mit welchem Drehwinkel φ müsste man die Figur ABC um den Punkt Z (3 | 3) drehen, um dieselbe Bildfigur zu erhalten?

Prüfe dich!
Lösungen auf Seite 221

4 **Mehrere Wege führen zum Ziel**

Durch welche Abbildung kann das lilafarbene Dreieck aus dem blauen Dreieck entstanden sein? Teilweise gibt es mehrere Möglichkeiten.

a)

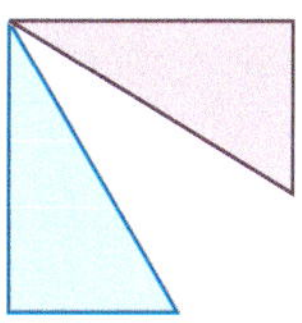

b)

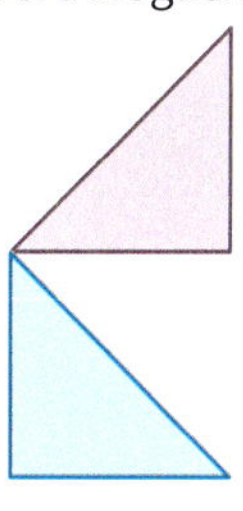

c)

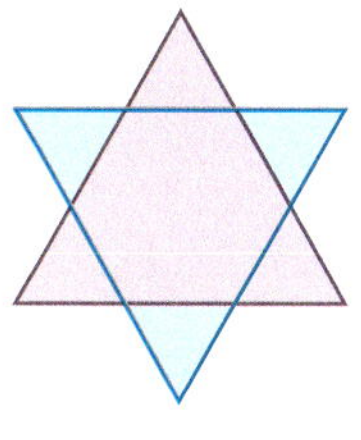

d)

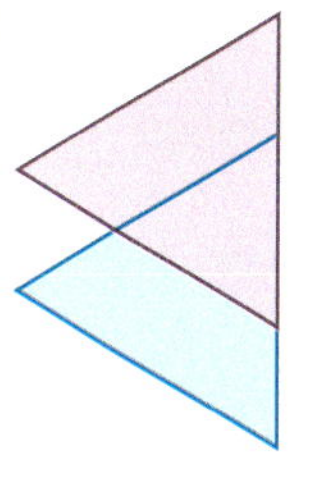

5 **Auf der Suche nach Achsen und Zusammenhängen**

a) Untersuche die vier Figuren. Begründe, welche der Figuren achsen-, punkt- oder drehsymmetrisch sind.

(1)

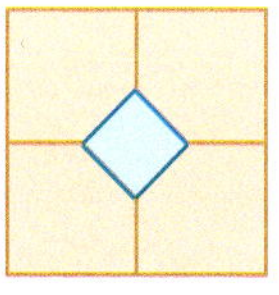

(2)

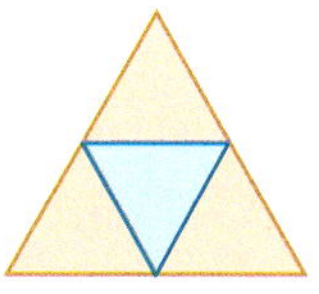

(3)

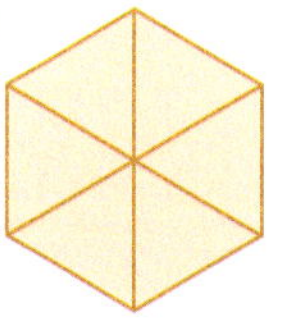

(4)

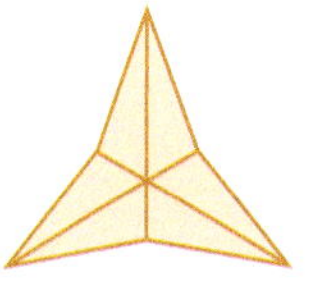

b) Gib die Anzahl der Symmetrieachsen an.

c) Untersucht, ob es einen Zusammenhang zwischen der Anzahl der Symmetrieachsen und der Punkt- und Drehsymmetrie einer Figur gibt.

Dynamische Geometrie-Systeme

DGS = „Dynamische Geometrie-Systeme“ sind Werkzeuge, mit denen du am Computer geometrische Konstruktionen ausführen kannst. Die konstruierten Figuren sind mit dem Zugmodus nachträglich noch in Lage und Form veränderbar.
Nach dem Start des DGS erscheint ein leeres Zeichenblatt. Mithilfe verschiedener Werkzeuge aus dem Menü lässt sich auf dem Zeichenblatt zeichnen, abbilden und messen.

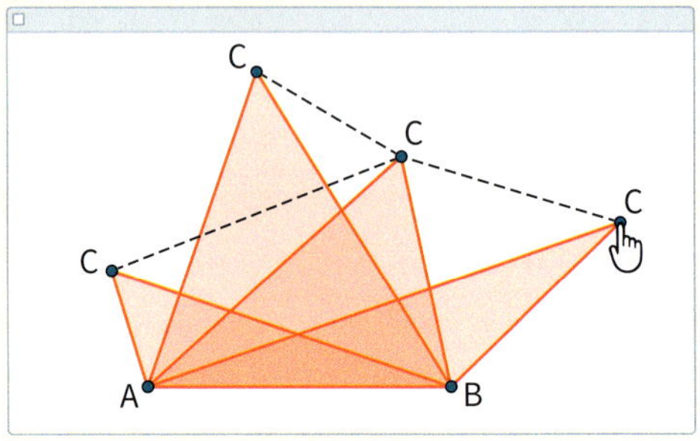

Vieleck zeichnen | cm *Abstand oder Länge* | *Winkelgröße messen*

1 **Dreieck zeichnen**
Verwende das Werkzeug „Vieleck“, um ein Dreieck zu zeichnen. Verwende anschließend den Zugmodus. Probiere aus, das ganze Dreieck zu verschieben oder nur den Punkt C.

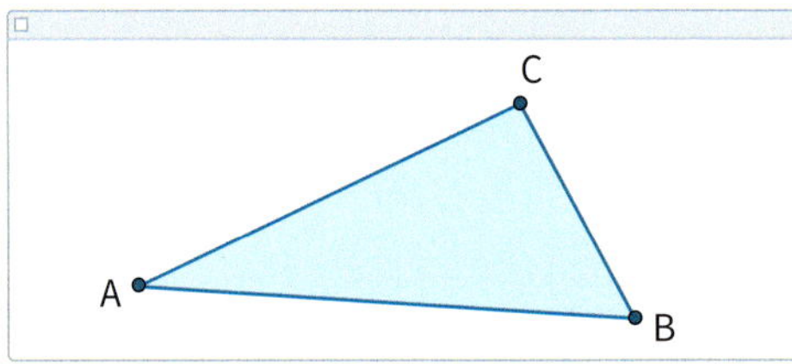

2 **Strecken und Winkel messen**
Miss mithilfe der Werkzeuge „Abstand oder Länge“ und „Winkel“ den Winkel bei Punkt A sowie die Strecken von A nach B. Mit dem Zugmodus kannst du die berechneten Werte verschieben.

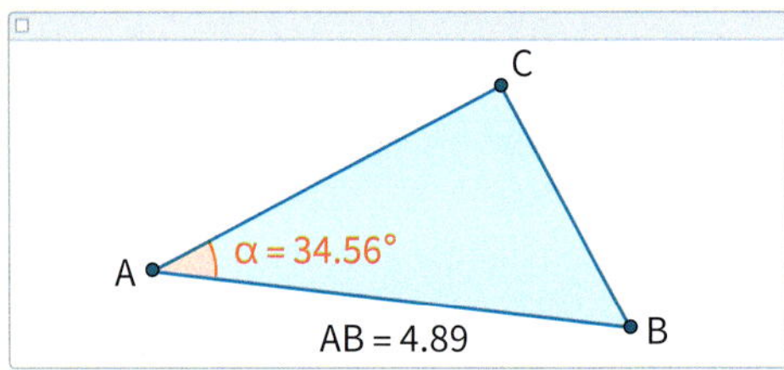

3 **Untersuchungen an Quadraten**
a) Zeichne ein Quadrat mit dem Werkzeug „Vieleck“.
b) Ziehe an den Ecken und überprüfe, ob es weiterhin ein Quadrat ist. Wie kannst du vorgehen?
c) Zeichne ein zweites Quadrat mit dem Werkzeug „regelmäßiges Vieleck“. Verändere auch hier einen der Eckpunkte. Wie unterscheiden sich die beiden Werkzeuge?
d) Zeichne die Diagonalen in das erste Quadrat ein und miss sie. Beschreibe, wie die Diagonalen sich schneiden.

Spiegele an Gerade | *Spiegele an Punkt* | *Drehe um Punkt*

4 **An einer Achse spiegeln**
Zeichne eine Gerade mit dem Werkzeug „Gerade“. Nutze das Werkzeug „Spiegele an Gerade“, um das Dreieck an der Geraden zu spiegeln. Verändere mit dem Zugmodus die Spiegelachse oder das Dreieck. Was passiert?

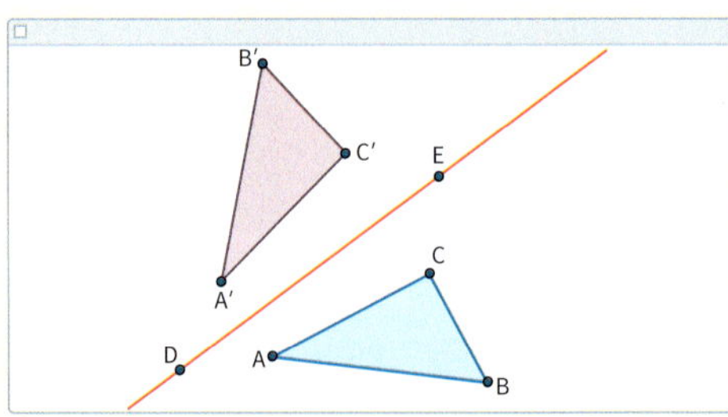

5 **An einem Punkt spiegeln**
Zeichne eine beliebige Figur mit dem Werkzeug „Vieleck“. Setze einen beliebigen Punkt und benenne ihn in „Z“ um. Verwende dann das Werkzeug „Spiegele an Punkt“. Verschiebe den Spiegelpunkt Z mit dem Zugmodus. Beschreibe, was passiert, wenn Z auf einer der Strecken der Figur liegt.

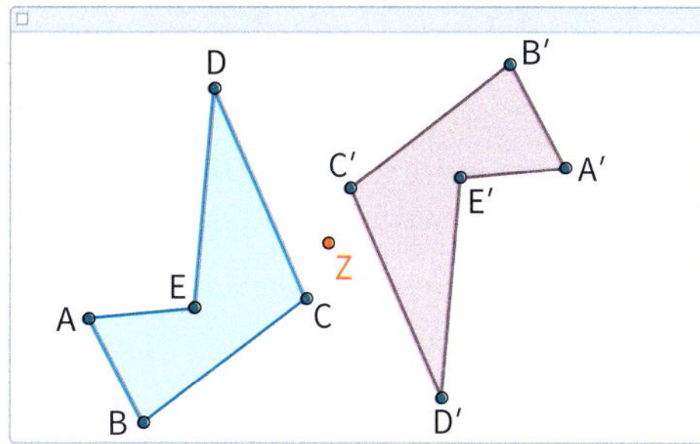

6 **Fast wie auf Papier?**
Zeichne eine Strecke zwischen zwei Punkten.
a) Zeichne dann mithilfe der Werkzeuge „Kreis mit MP und Radius“, „Schnittpunkt“ und „Gerade“ die Mittelsenkrechte.
b) Verwende das Werkzeug „Mittelsenkrechte“. Vergleiche den Aufwand beider Möglichkeiten.

7 **Spiegeln, drehen und entdecken**
Zeichne ein Fünfeck ABCDE.
a) Zeichne eine Spiegelachse ein und spiegele das Fünfeck an der Spiegelachse. Beschreibe, wie sich die Achsenspiegelung auf die Reihenfolge der Spiegelpunkte auswirkt.
b) Zeichne einen Punkt und spiegele das Fünfeck an ihm. Verändert sich die Reihenfolge der Spiegelpunkte?
c) Drehe das Fünfeck um einen Punkt. Was passiert mit der Reihenfolge der Spiegelpunkte?

8 **Mit Anpassungen ans Ziel**
Zeichne ein Viereck ABCD. Untersuche folgende drei Fälle:
(1) Lassen sich Spiegelpunkt und Spiegelachse so wählen, dass die Spiegelfiguren beider Spiegelungen aufeinander liegen?
(2) Lässt sich eine Achsenspiegelung oder eine Punktspiegelung auch mit einer Drehung um einen Punkt umsetzen?

 *Kreis mit Mittelpunkt durch einen Punkt*

 *Schnittpunkt zweier Linien*

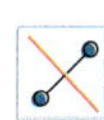 *Mittelsenkrechte*

9 **Schnittpunkte zweier Kreise**
Zeichne mit dem Werkzeug „Kreis mit MP durch Punkt“ zwei Kreise, die sich schneiden. Markiere die Schnittpunkte mit dem Werkzeug „Schnittpunkt“. Verändere nachträglich die Radien der Kreise mit dem Zugmodus. Beobachte, was mit den Schnittpunkten passiert.

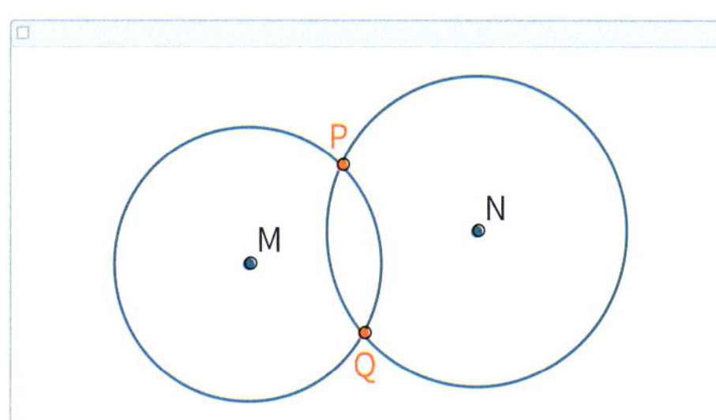

10 **Zerren und Zurren am Kreis**
Zeichne einen beliebigen Kreis mit dem Werkzeug „Kreis mit MP durch Punkt“. Setze dann vier Punkte auf den Kreis. Nutze das Werkzeug „Strecke“, um je zwei Punkte zu einer Sehne des Kreises zu verbinden.
a) Zeichne die Mittelsenkrechten zu beiden Sehnen ein. Beschreibe, was du siehst.
b) Verändere mit dem Zugmodus die Größe des Kreises oder die Position und Länge der Sehnen im Kreis. Beschreibe, was sich verändert und was gleich bleibt.

Mein Merkzettel

Seite 84

Achsenspiegelung

- *Mittellinie auf die Spiegelachse legen*
- *Abstand von A zur Spiegelachse messen*
- *Bildpunkt A' im selben Abstand markieren*
- *weitere Eckpunkte ebenso spiegeln*

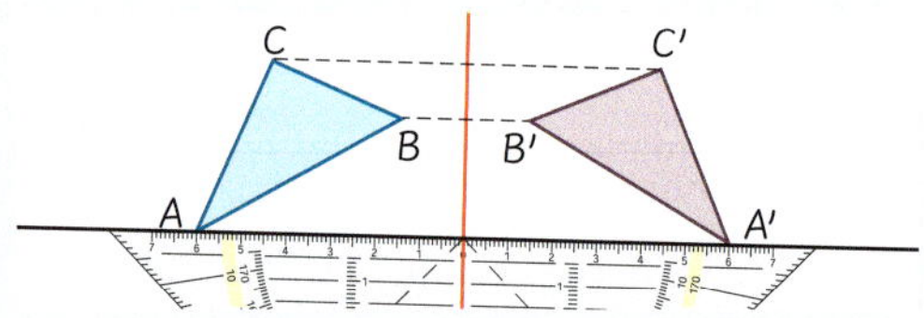

Seite 92

Punktspiegelung

- *Nullpunkt auf das Spiegelzentrum Z legen*
- *Abstand von A zum Punkt Z messen*
- *Bildpunkt A' im selben Abstand markieren*
- *weitere Eckpunkte ebenso spiegeln*

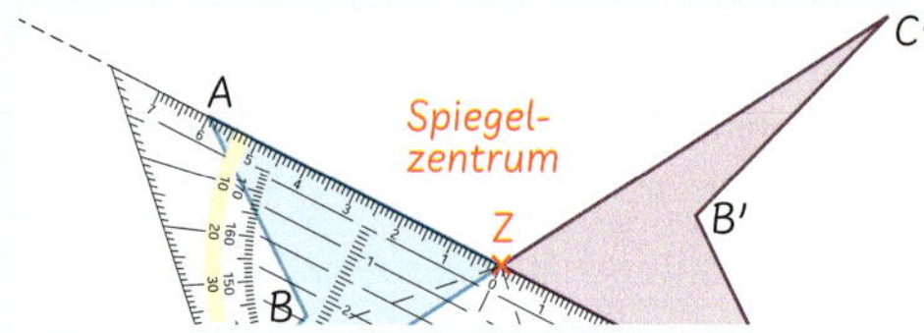

Seite 94

Drehung

- *Punkt A mit Drehzentrum Z verbinden*
- *Drehwinkel φ abmessen und markieren*
- *Abstand von A zu Z messen*
- *Bildpunkt A' im selben Abstand markieren*
- *weitere Eckpunkte ebenso drehen*

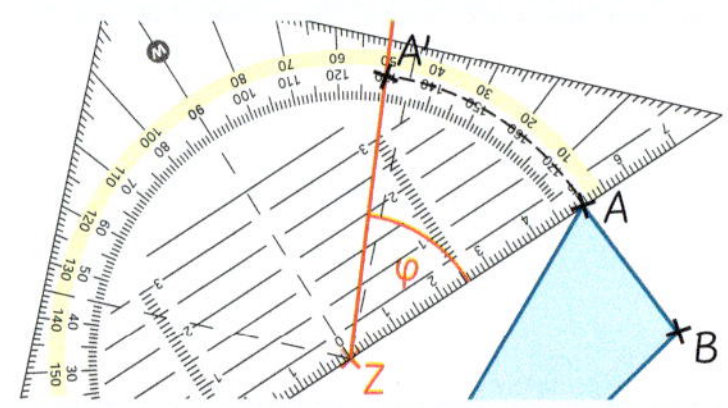

Seite 96

Verschiebung

- *Geodreieck in A parallel zum Verschiebungs-pfeil anlegen*
- *Bildpunkt A' markieren*
- *weitere Eckpunkte ebenso verschieben*

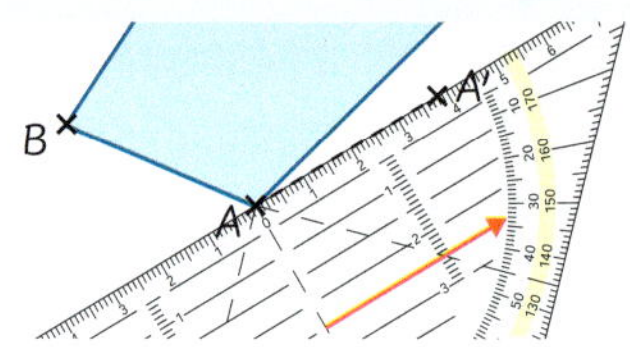

Seite 98

Eigenschaften von Abbildungen

	Achsenspiegelung	Punktspiegelung	Drehung	Verschiebung
Figur und Bildfigur passen genau aufeinander.	✓	✓	✓	✓
Strecke und Bildstrecke sind gleich lang.	✓	✓	✓	✓
Winkel und Bildwinkel sind gleich groß.	✓	✓	✓	✓
Der Umlaufsinn der Eckpunkte bleibt gleich.	×	✓	✓	✓
Strecke und Bildstrecke sind parallel.	×	✓	×	✓

Seite 88
Seite 89

Mittelsenkrechte

- *Streckenlänge messen*
- *Mittelpunkt M markieren*
- *Nullpunkt in M anlegen*
- *Mittelsenkrechte einzeichnen*

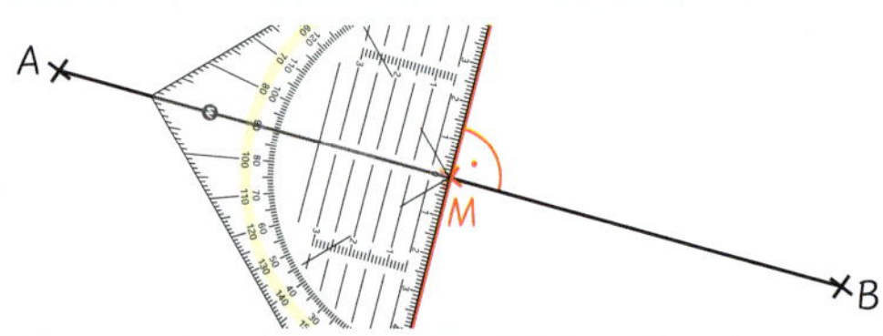

Seite 89
Seite 90

Winkelhalbierende

- *Nullpunkt in den Scheitelpunkt legen*
- *Winkelgröße messen*
- *halb so großen Winkel markieren*
- *Winkelhalbierende einzeichnen*

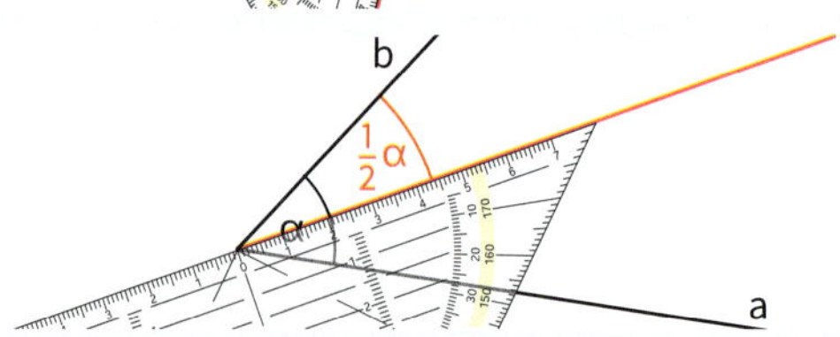

Wiederholen für die Klassenarbeit

Lösungen auf Seite 221

1 Spiegeln an einer Spiegelachse

Das Viereck ABCD mit A(2|2), B(4|1), C(6|5) und D(4|6) wird gespiegelt. Bestimme die Koordinaten der Bildpunkte A′, B′, C′ und D′.

a) Spiegele das Viereck ABCD an der Parallelen zur x-Achse durch D.
b) Spiegele das Viereck ABCD an der Parallelen zur y-Achse durch C.
c) Spiegele das Viereck ABCD an der Geraden durch die Punkte (1|1) und (3|3).

2 Spiegelachse finden

Das Dreieck ABC mit A(1|1), B(4|2) und C(2|4) wird gespiegelt. Das Bilddreieck hat die Eckpunkte A′(7|7), B′(6|4) und C′(4|6). Bestimme die Spiegelachse. Gib Punkte an, die auf der Spiegelachse liegen.

3 Spiegelachsen

Es sollte an der Spiegelachse gespiegelt werden. Beschreibe die Fehler.

a)
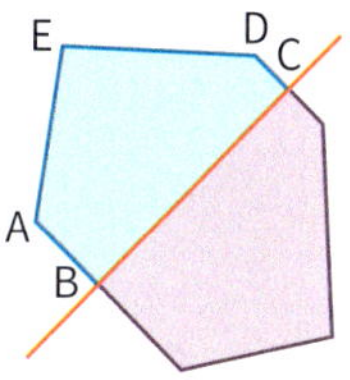

b)
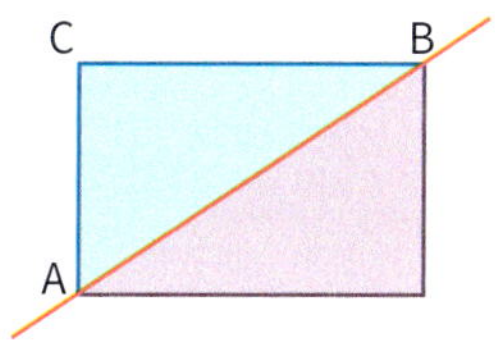

c)
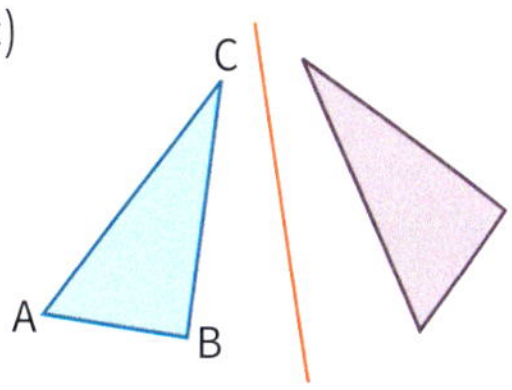

4 Punkte auf der Mittelsenkrechten finden

Zeichne die Strecke $\overline{AB}$ mit den Punkten A(1|2) und B(5|8) in ein Koordinatensystem. Konstruiere mit Zirkel und Lineal die Mittelsenkrechte zur Strecke $\overline{AB}$. Gib die Koordinaten von zwei Punkten auf der Mittelsenkrechten an.

5 Winkelhalbierende konstruieren

Zeichne einen Winkel der Größe (1) $\alpha = 43°$; (2) $\alpha = 135°$ und konstruiere mit Zirkel und Lineal die Winkelhalbierende.

6 Spiegeln an einem Punkt

a) Spiegele das Dreieck ABC mit A(1|2), B(3|4) und C(2|5) am Spiegelzentrum Z(5|5). Gib die Koordinaten der Bildpunkte an.
b) Der Punkt A hat bei einer anderen Punktspiegelung den Bildpunkt A′(5|10). Bestimme die Koordinaten dieses Spiegelzentrums. Bei einer weiteren Punktspiegelung hat B den Bildpunkt B″(7|2). Berechne das Spiegelzentrum.
c) Gib die Verschiebung an, mit der die Bilddreiecke aus b) aufeinander abgebildet werden.

7 Dreieck viermal abbilden

In einem Koordinatensystem ist das Dreieck ABC mit A(1|3), B(4,5|1,5) und C(4|4,5) gegeben. Zeichne das Bilddreieck.

a) Achsenspiegelung an der Geraden PQ mit P(6|0) und Q(4|6)
b) Punktspiegelung am Punkt Z(6|4)
c) Drehung um Z(3|6) mit dem Drehwinkel $\varphi = 50°$
d) Verschiebung mit dem Verschiebungspfeil von R nach S, wobei R(2|1) und S(6,5|4,5)

8 Abbildung gesucht

Zeichne das Dreieck ABC mit den Eckpunkten A(1|1), B(3|2) und C(2|3) und das Bilddreieck A′B′C′ mit A′(5|2), B′(7|3) und C′(6|4). Gib an, mit welcher Abbildung die Bildfigur erzeugt wurde. Begründe.

SABATINI
ITALIA
OMEGA
SABATINI
ITA
NEW
WR

5 Dezimalzahlen

Im Schulsport wird beim 75-m-Lauf die gelaufene Zeit mit einer Stoppuhr auf Zehntel gemessen.

Bei Meisterschaften kommt es beim 100-m-Lauf im Zieleinlauf häufig zu sehr knappen Abständen. Um diese Unterschiede zu messen, können mit einer elektronischen Zeitmessung auch Hundertstelsekunden bestimmt werden.

Recherchiere nach den aktuellen Ergebnissen beim Laufen, Schwimmen und anderen Sportarten.

- Wie viele Zahlen liegen zwischen 0,9 und 1?
- Wie rechnet man mit Kommazahlen?
- Kann man jeden Bruch als Dezimalzahl schreiben?

5.1 Dezimalschreibweise

Bis 1976 wurden Weltrekorde im Sprint noch per Hand mit einer Stoppuhr gemessen. Der letzte handgemessene Weltrekord wurde von Donald Quarrie aufgestellt, er lief die 100 m in 9,9 s.
Inzwischen werden die Rekorde elektronisch gemessen. Der achtfache Olympiasieger Usain Bolt stellte 2009 bei den Weltmeisterschaften in Berlin den aktuellen Weltrekord von 9,58 s für 100 m auf.

- Was bedeuten die Ziffern nach dem Komma?
- Probiere mit einer Stoppuhr genau 9,58 s zu messen.
- Wieso ist die elektronische Messung besser geeignet als die Messung per Hand?

WES-109211-038

Dezimalzahlen

Eine Dezimalzahl ist eine Zahl mit Komma. Das Komma trennt die Ganzen vom Rest: Links vom Komma stehen die Ganzen, rechts vom Komma die Nachkommastellen. Sie geben die Zehntel, die Hundertstel, die Tausendstel … an.

49,715

7 Zehntel 1 Hundertstel 5 Tausendstel

Sprechweise: „49 Komma Sieben Eins Fünf"

Dezimalzahlen in der Stellenwerttafel

Um Dezimalzahlen in einer Stellenwerttafel darzustellen, wird diese nach rechts erweitert. Nun ist die Stellenwerttafel in beide Richtungen unbegrenzt.

(Pfeile: · 10 von Zehner zu Hunderter, · 10 von Einer zu Zehner; : 10 von Einer zu Zehntel, : 10 von Zehntel zu Hundertstel, : 10 von Hundertstel zu Tausendstel)

…	100 Hunderter H	10 Zehner Z	1 Einer E	$0{,}1 = \frac{1}{10}$ Zehntel z	$0{,}01 = \frac{1}{100}$ Hundertstel h	$0{,}001 = \frac{1}{1000}$ Tausendstel t	…
		4	9	7	1	5	

Von der Dezimalzahl zum Dezimalbruch

2,65 als Dezimalbruch schreiben:

E	z	h
2	6	5

$2{,}65 = 2\frac{65}{100}$

2 Nachkommastellen → Nenner 100

Vom Dezimalbruch zur Dezimalzahl

$\frac{19}{1000}$ als Dezimalzahl schreiben:

E	z	h	t
0	0	1	9

$\frac{19}{1000} = 0{,}019$

Nenner 1000 → 3 Nachkommastellen

1 **Stellenwerte in Dezimalzahlen**

Welchen Stellenwert hat die Ziffer 7?

a) 0,75 b) 7,4 c) 4,07 d) 72,034 e) 43,718 f) 16,1671

2 **Von der Dezimalzahl zum Dezimalbruch**

Schreibe als Dezimalbruch. Die Stellenwerttafel ist eine gute Hilfe.

a) 0,75 b) 0,6 c) 0,25 d) 0,505 e) 0,625 f) 0,0003
g) 0,125 h) 0,5005 i) 4,88 j) 1,701 k) 1,0481 l) 3,8200

3 Vom Dezimalbruch zur Dezimalzahl

Schreibe als Dezimalzahl.

a) $\frac{19}{100}$ b) $2\frac{4}{10}$ c) $3\frac{4}{100}$ d) $\frac{26}{1000}$ e) $2\frac{7}{1000}$ f) $\frac{4004}{1000}$

4 Vom Bruch zur Dezimalzahl

Schreibe als Dezimalzahl. Erweitere zunächst zum Dezimalbruch.

a) $\frac{1}{2}$ b) $\frac{13}{50}$ c) $2\frac{3}{5}$ d) $\frac{3}{4}$ e) $\frac{3}{20}$ f) $\frac{7}{8}$

5 Komma setzen

Setze das Komma im Heft so, dass die Ziffer 3 den angegebenen Stellenwert hat.

a) 4635 (z) b) 572435 (h) c) 6537 (t) d) 23415 (H) e) 70038 (h) f) 23 (t)

6 Fehlerfuchs

Beschreibe die Fehler und korrigiere.

a) $\frac{27}{10} = 0{,}27$ b) $\frac{501}{100} = 0{,}51$ c) $0{,}58 = \frac{58}{10}$ d) $7{,}20 = \frac{720}{10}$

7 Schreibe als Dezimalbruch.

a) 0,35 b) 0,006 c) 1,07 d) 0,305 e) 4,62 f) 10,009

Prüfe dich!
Lösungen auf Seite 224

8 Schreibe als Dezimalzahl.

a) $\frac{65}{100}$ b) $1\frac{3}{10}$ c) $\frac{1}{4}$ d) $\frac{205}{100}$ e) $3\frac{12}{1000}$ f) $\frac{22}{50}$

9 Viele Erklärungen

Frau Abel fragt ihre Klasse, was die Dezimalzahl 0,78 bedeutet und erhält viele Antworten. Welche Antworten sind richtig?

10 Endnullen weglassen

Schreibe die Zahl ohne überflüssige Nullen.

a) 0,600 b) 0,2500 c) 0,0302 d) 2,00500 e) 400 f) 5,002001
g) 0,300200 h) 50 500 i) 30,000 j) 10,04 k) 0 l) 02,20

11 Dezimalzahlen vergleichen

Setze das passende Zeichen (< oder >) ein.

a) 1,63 ☐ 1,36 b) 0,645 ☐ 0,654
c) 0,990 ☐ 0,989 d) 0,7 ☐ 0,75
e) 0,450 ☐ 0,46 f) 0,090 ☐ 0,1
g) 10,942 ☐ 11,856 h) 0,070 ☐ 0,707

Dezimalzahlen vergleichen

Betrachte die Stellenwerte von links nach rechts, bis sie sich unterscheiden.

3,25 < **7**,5 Einer: 3 < 7
8,**3**6 < 8,**5**9 Zehntel: 3 < 5
0,6**9**1 > 0,6**7**58 Hundertstel: 9 > 7

WES-109211-039

12 Ordne der Größe nach. Beginne mit der kleinsten Zahl.

a) 0,25 1,03 1,30 0,52 1,25 b) 1,098 1,98 1,976 1,984 1,0998

Prüfe dich!
Lösungen auf Seite 224

13 Fehlersuche

Finde die Fehler und korrigiere.

a) $1{,}8 = \frac{1}{8}$ b) $9{,}9 < 9{,}10 < 9{,}11$ c) $0{,}210 > 0{,}201$ d) $\frac{3}{20} = 0{,}6$

14 **Ordnen auf dem Zahlenstrahl**
Gib an, welche Dezimalzahlen auf dem Ausschnitt des Zahlenstrahls markiert sind.

a) 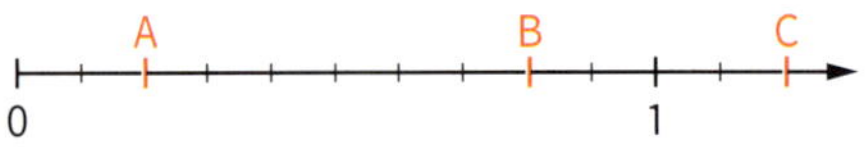

b) 

c) 

Immer weitere Dezimalzahlen zwischen zwei Dezimalzahlen

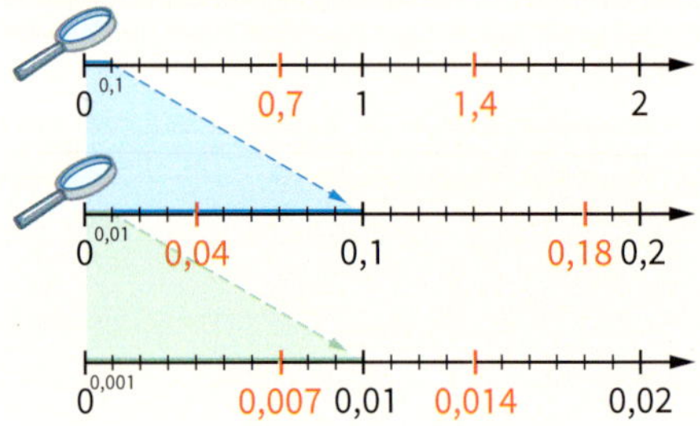

d) Markiere die Zahlen auf einem Zahlenstrahl: 0,9 1,02 1 0,97 1,1 1,03 1,11

15 **Zahlen dazwischen**
a) Finde drei Dezimalzahlen, die größer als 2,6 und kleiner als 2,7 sind.
b) Wie viele Zahlen liegen zwischen 2,6 und 2,7? Begründe.

16 **Zahl in der Mitte gesucht**
Bestimme die Zahl in der Mitte.
a) 8 und 9 b) 1,5 und 1,6 c) 3,97 und 3,98 d) 2,09 und 2,1

Prüfe dich!
Lösungen auf Seite 224

17 Gib die markierten Zahlen an.

a) 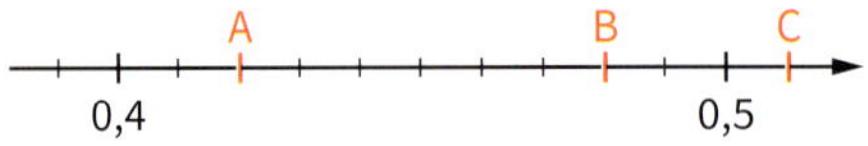

b) 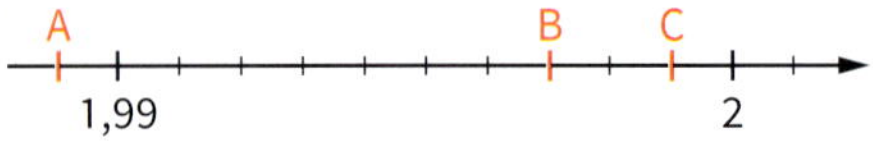

18 Finde fünf Zahlen dazwischen. Bestimme die Zahl, die genau in der Mitte liegt.
a) 0,1 und 0,2 b) 4,5 und 4,6 c) 1,97 und 1,98 d) 4,99 und 5

Nachschlagen
Runden
Seite 184

WES-109211-040

19 **Runden**
Runde die Zahl auf Einer, Zehntel, Hundertstel und Tausendstel.
a) 10,1473 b) 12,8476
c) 9,96784 d) 2,43504
e) 4,2999 f) 0,77777
g) 0,27272 h) 5,55555

Dezimalzahlen runden
Runde 6,8512
… auf Einer: $6{,}8512 \approx 7$
… auf Zehntel: $6{,}8512 \approx 6{,}9$
… auf Hundertstel: $6{,}8512 \approx 6{,}85$
… auf Tausendstel: $6{,}8512 \approx 6{,}851$

20 **In der Arztpraxis**
Auf einem modernen Fieberthermometer wird die Temperatur mit zwei Stellen nach dem Komma angegeben. Dr. Arroub notiert die Werte aber immer gerundet auf die Zehntelstelle, weil die Hundertstel für sie uninteressant sind. Wie notiert die Ärztin die Messwerte?
a) 37,38 °C b) 39,04 °C c) 36,97 °C d) 39,48 °C e) 40,09 °C f) 39,95 °C

Prüfe dich!
Lösungen auf Seite 224

21 Runde die Zahl auf die angegebene Stelle.
a) 3,1748 (t) b) 3,1748 (h) c) 3,1748 (z) d) 4,009 (z) e) 4,009 (h) f) 3,97 (z)

22 **Welche Zahl wurde gerundet?**
a) Nenne drei Zahlen, die auf Einer gerundet 14 ergeben.
b) In welchem Bereich liegen alle Zahlen, die auf Zehntel gerundet 0,6 ergeben?

5.2 Addieren und Subtrahieren

Timo ist im Supermarkt einkaufen.
Seine Mutter hat ihm 20 € gegeben.

- Prüfe mit einem Überschlag, ob 20 € ausreichen.
- Timo bekommt 2,76 € zurück. Prüfe, ob das Rückgeld stimmt.

Vorbereiten
Seite 186

WES-109211-041

Addieren und Subtrahieren von Dezimalzahlen

Wie bei natürlichen Zahlen werden Dezimalzahlen stellenweise addiert und subtrahiert. Achte darauf, dass **Komma unter Komma** steht.

Berechne 1,58 + 2,427 + 0,6
Überschlag: 2 + 2 + 1 = 5

```
   1,5 8 0
+  2,4 2 7
+  0,6 0 0
   1 1
----------
   4,6 0 7
```

Berechne 43,75 − 7,2 − 12,54
Überschlag: 44 − 7 − 13 = 24

```
   4 3,7 5
−    7,2 0
−  1 2,5 4
   1
----------
   2 4,0 1
```

1 **Schriftlich rechnen**

Mache zuerst einen Überschlag und rechne dann genau. Ergänze, wenn nötig, Nullen.

a) 26,66 + 14,7 b) 4,603 + 11,046 c) 49,002 + 50,719
d) 21,8 + 5,29 + 3,07 e) 77,4 + 13,53 + 32,75 f) 22,222 + 2,2222 + 222,22
g) 11,608 − 5,304 h) 29,09 − 12,7 i) 143,96 − 27,053
j) 19,25 − 2,03 − 12,44 k) 50 − 21,92 − 12,94 l) 3,275 − 0,089 − 1,22

2 **Einkauf**

Berechne jeweils den Endbetrag. Wie viel Wechselgeld erhält man, wenn man mit einem 50-€-Schein bezahlt?

Eisdiele Amore	
Schokobecher	7,50 €
Tutti-Frutti-Becher	8,20 €
Eiskaffee	6,60 €
Pinoccio-Becher	4,90 €

2-Rad Rieder	
Schlauch	7,55 €
Kettenöl	1,90 €
Schlauchwechsel	21,70 €
Kette reinigen	8,00 €

Bioladen Bienenglück	
Äpfel 1,5 kg	5,98 €
Kartoffeln 2,5 kg	4,35 €
Bio-Hackfleisch	11,38 €
Soja-Joghurt	2,35 €

3 **Rechne im Kopf**

a) 0,4 + 0,3 b) 0,5 + 0,7 c) 1,2 + 0,6 d) 2,5 + 0,7 e) 9,2 + 0,8 f) 3,8 + 1,3
g) 0,9 − 0,5 h) 0,55 − 0,34 i) 2,8 − 0,9 j) 4,8 − 2,3 k) 10,5 − 1,9 l) 1,43 − 0,7

4 Mache zuerst einen Überschlag und rechne dann genau. Du erhältst auffällige Ergebnisse.

a) 1,2745 + 2,0588 b) 3,6842 − 1,462 c) 14,3765 − 4,5
d) 0,4015 + 0,1312 + 0,7018 e) 1,7671 − 0,3304 − 0,2022 f) 5,335 − 1,83 + 2,05

Prüfe dich!
Lösungen auf Seite 224

5 **Abschreibfehler**

Korrigiere den zweiten Summanden bzw. den Subtrahenden so, dass das Ergebnis stimmt.

a) 4,43 + 2,8 = 6,51 b) 0,3 + 6 = 0,9 c) 14,59 + 3,8 = 14,87
d) 5,36 − 1,5 = 4,31 e) 9,7 − 4 = 9,3 f) 6,48 − 1,6 = 6,32

6 Lücken füllen

Berechne die fehlende Zahl.

a) 4,3 + ☐ = 7,6 b) 12,45 − ☐ = 8,9 c) 3,7 + ☐ = 8,2
d) 4,65 − ☐ = 0,93 e) ☐ + 3,7 = 10,1 f) ☐ − 2,2 = 17,8
g) ☐ − 4,6 = 14,9 h) ☐ − 1,2 = 10,2 i) 15,2 − ☐ = 6,7

7 Zahlenkartenpaare

Aus je zwei Zahlen kannst du eine Additions- oder Subtraktionsaufgabe bilden.

a) Bilde die Aufgabe mit dem größten Ergebnis.
b) Bilde die Aufgabe mit dem kleinsten Ergebnis.
c) Bilde die Aufgabe, deren Ergebnis am nächsten an 20 liegt.

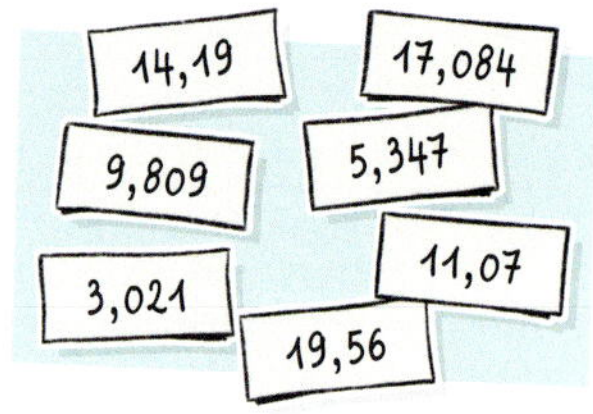

8 Rechenausdruck

Schreibe den zugehörigen Rechenausdruck auf. Berechne dann.

a) Um wie viel ist die Summe der Zahlen 25,98 und 7,052 größer als deren Differenz?
b) Subtrahiere von 504,05 die Summe der Zahlen 194 und 86,34.
c) Addiere zur Differenz von 12,05 und 4,38 die Summe von 0,9 und 8,99.

Prüfe dich!
Lösungen auf Seite 224

9 Fülle die Lücke.

a) 3,6 + ☐ = 9,3 b) 14,7 − ☐ = 5,5 c) 2,23 + ☐ = 4,09
d) ☐ + 8,2 = 17,1 e) ☐ − 5,8 = 0,75 f) 7 − ☐ = 4,7

10 Tour de France

Die Tour de France 2022 startete in Kopenhagen und endete wie immer in Paris.

a) Die Radfahrer fahren in den ersten Tagen der Tour de France jeden Tag eine Etappe. Berechne, wie weit sie in den ersten vier Tagen gefahren sind.
b) Insgesamt fuhren die Fahrer in 21 Etappen 3346,5 km. Berechne, wie weit sie nach den ersten vier Tagen noch fahren mussten.

1. Etappe: 13,24 km
2. Etappe: 201,85 km
3. Etappe: 182,5 km
4. Etappe: 171,45 km

11 Gartenzaun

Familie Tierlieb hat einen neuen Hund bekommen. Daher möchte sie einen Zaun um ihren Garten bauen. Im Baumarkt kann man Zäune auf Rollen kaufen. Auf einer Rolle sind 25 m Zaun. Berechne, wie viele Rollen Zaun sie kaufen müssen. Wie viel Zaun bleibt übrig?

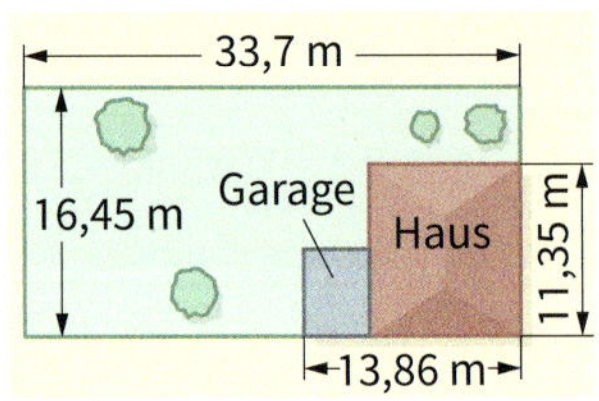

Prüfe dich!
Lösungen auf Seite 224

12

Janas Vater hat auf seiner Geldkarte ein Guthaben von 178,32 €. An der Tankstelle bezahlt er Benzin für 35,86 €, außerdem kauft er sich ein belegtes Brötchen für 2,80 €. Berechne das neue Guthaben auf der Geldkarte.

13 Differenzen würfeln

Spielregeln: Würfelt abwechselnd. Nach jedem Wurf schreibt jeder die gewürfelte Ziffer in ein freies Kästchen auf seinem Blatt. Wer die kleinste Differenz hat, gewinnt.
Doch Vorsicht: Wird die Differenz kleiner als null, hat man sofort verloren.

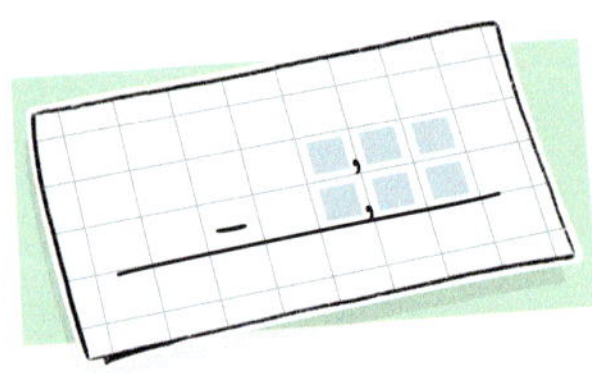

5.3 Dezimalzahlen multiplizieren

Vorbereiten
Seite 186

Anna, Paula und Finn wollen die obere Seite des Basteltisches neu lackieren. Sie überprüfen, ob der Lack reicht.

Finn rechnet ohne Komma
$147 \cdot 16 = 2352$
Beide Seiten sind kürzer als 2 m.
Also ist die Fläche kleiner als 4 m²
Ergebnis: Die Platte ist 2,352 m² groß.

Paula nutzt kleinere Einheiten
$1{,}47\ m \cdot 1{,}6\ m$
$= 147\ cm \cdot 160\ cm$
$= 23\,520\ cm^2$
$= 235{,}2\ dm^2$
$= 2{,}352\ m^2$

Anna rechnet mit Brüchen
$1{,}47\ m \cdot 1{,}6\ m$
$= \frac{147}{100}\ m \cdot \frac{16}{10}\ m$
$= \frac{2352}{1000}\ m^2$
$= 2{,}352\ m^2$

- Erkläre die drei Verfahren.
- Wie könnte Finn ohne Überschlag entscheiden, wo das Komma stehen muss?

Dezimalzahlen multiplizieren

- Multipliziere die Zahlen ohne Komma.
- Zähle die Ziffern nach dem Komma bei beiden Faktoren. Das Ergebnis hat genau so viele Nachkommastellen wie die beiden Faktoren zusammen.

$75{,}3 \cdot 0{,}02$
$753 \cdot 2 = 1506$
$75{,}3 \cdot 0{,}02 = 1{,}506$
3 Ziffern nach dem Komma — 3 Nachkommastellen

WES-109211-042

Kommasetzung

Berechne $3{,}2 \cdot 0{,}95$

Multiplizieren ohne Komma: $32 \cdot 95 = 3040$

Komma setzen durch Zählen der Nachkommastellen
$3{,}2 \cdot 0{,}95 = 3{,}040$
3 Ziffern — 3 Nachkommastellen

Komma setzen mithilfe eines Überschlags
Überschlag: $3 \cdot 1 = 3$
Also $3{,}2 \cdot 0{,}95 = 3{,}04$

1 Kopfrechnen

a) $0{,}9 \cdot 60$ b) $400 \cdot 0{,}6$ c) $400 \cdot 0{,}06$ d) $1{,}1 \cdot 1{,}1$
e) $100 \cdot 0{,}04$ f) $30 \cdot 0{,}2$ g) $0{,}5 \cdot 22$ h) $0{,}05 \cdot 22$
i) $15 \cdot 0{,}2$ j) $171 \cdot 0{,}1$ k) $1{,}5 \cdot 1{,}5$ l) $0{,}5 \cdot 0{,}5$

2 Schriftlich multiplizieren

Berechne.

a) $3{,}15 \cdot 7{,}1$ b) $46{,}2 \cdot 3{,}5$ c) $9{,}01 \cdot 14{,}4$ d) $0{,}859 \cdot 8$
e) $73{,}2 \cdot 1{,}2$ f) $5{,}34 \cdot 2{,}79$ g) $10{,}53 \cdot 5$ h) $0{,}4 \cdot 8{,}25$
i) $1{,}86 \cdot 0{,}07$ j) $6{,}9 \cdot 23$ k) $12{,}4 \cdot 0{,}5$ l) $16{,}02 \cdot 1{,}05$
m) $4{,}36 \cdot 13$ n) $36{,}6 \cdot 1{,}8$ o) $3{,}02 \cdot 1{,}05$ p) $12{,}4 \cdot 15$

3 Komma gesucht

Setze im Ergebnis an der richtigen Stelle das Komma. Ergänze, falls nötig, noch Nullen.

a) 2,4 · 1,8 = 4 3 2 b) 2,67 · 0,32 = 8 5 4 4 c) 0,072 · 5,4 = 3 8 8 8
d) 4,006 · 70 = 2 8 0 4 2 0 e) 1,425 · 0,87 = 1 2 3 9 7 5 f) 5,175 · 12 = 6 2 1 0

4 Suche das Lösungswort

Entscheide, ob richtig oder falsch gerechnet wurde und notiere jeweils den Buchstaben. Du erhältst ein Lösungswort. Korrigiere die falschen Ergebnisse.

- 0,3 · 0,5 = 0,15 S R
- 0,2 · 0,3 = 0,6 G E
- 2,4 · 10 = 20,4 I E
- 1,2 · 0,4 = 0,48 L E
- 2,6 · 0,5 = 0,13 E N

Prüfe dich! Lösungen auf Seite 224

5 Berechne.

a) 3,9 · 60 b) 402 · 0,6 c) 2,5 · 0,14 d) 1,08 · 2,4

Einstieg

Multiplikation mit 10; 100; 1000 ... oder 0,1; 0,01; 0,001 ...

Berechne. Was fällt dir auf?

a) 3,14 · 10; 3,14 · 100; 3,14 · 1000
b) 23,06 · 0,1; 23,06 · 0,01; 23,06 · 0,001
c) 0,739 · 10; 0,739 · 100; 0,739 · 1000
d) 4,8 · 0,1; 4,8 · 0,01; 4,8 · 0,001

Formuliere Regeln, wie man eine Dezimalzahl mit 10; 100; 1000 ... multipliziert und wie man eine Dezimalzahl mit 0,1; 0,01; 0,001 ... multipliziert.

WES-109211-043

Kommaverschiebung beim Multiplizieren

Mit 10; 100; 1000 ... multiplizieren.
Das Komma wird nach rechts verschoben.

3,125 · 10 = 31,25
3,125 · 100 = 312,5
3,125 · 1000 = 3125

Mit 0,1; 0,01; 0,001 ... multiplizieren.
Das Komma wird nach links verschoben.

648,5 · 0,1 = 64,85
648,5 · 0,01 = 6,485
648,5 · 0,001 = 0,6485

6 Kopfrechnen

Rechne im Kopf. Notiere das Ergebnis im Heft.

a) 100 · 3,7 b) 10 · 38,38 c) 10 · 3,04 d) 100 · 0,72
e) 10 · 0,007 f) 1 000 · 6,4 g) 100 · 0,0002 h) 1 000 · 0,0005
i) 0,1 · 5 j) 4,6 · 0,1 k) 0,01 · 12,93 l) 80 · 0,01
m) 0,001 · 500 n) 2,3 · 0,01 o) 43,8 · 0,1 p) 12 345 · 0,0001

7 Lücken füllen

a) 6,4 · ▢ = 640 b) ▢ · 5,7 = 57 c) 10,2 · ▢ = 1020 d) ▢ · 0,02 = 0,2
e) 2,04 · ▢ = 204 f) ▢ · 0,98 = 9,8 g) 54 · ▢ = 5,4 h) ▢ · 65,2 = 0,652

8 Anteile und Vielfache

Notiere den Rechenausdruck und das Ergebnis.

a) Berechne das Zehnfache von 0,0024.
b) Berechne das Hundertfache von 0,036.
c) Berechne das Tausendfache von 0,071.
d) Berechne ein Zehntel von 0,86.
e) Berechne ein Tausendstel von 3,71.
f) Berechne ein Hunderttausendstel von 65.

9 **Anteil oder Vielfaches in Worten**
Beschreibe den Rechenausdruck in Worten als Anteil oder Vielfaches von einer Zahl.
Schreibe in der Art: „das Zehnfache von … ist …“, „ein Hundertstel von … ist …“, …
a) $100 \cdot 0{,}014$ b) $0{,}1 \cdot 17{,}50$ c) $1000 \cdot 3{,}05$ d) $0{,}001 \cdot 45{,}30$

---

10 Berechne.
a) $0{,}1 \cdot 80{,}2$ b) $78{,}49 \cdot 100$ c) $0{,}01 \cdot 8{,}2$ d) $9{,}28 \cdot 1000$

Prüfe dich! Lösungen auf Seite 224

11 Notiere den Rechenausdruck und das Ergebnis.
a) Berechne das Tausendfache von 0,0304. b) Berechne ein Hundertstel von 7403.

---

12 **Rechenfehler**
In der Klasse 6 a werden für das Produkt $41{,}3 \cdot 210{,}8$ folgende Ergebnisse genannt:
(1) 876,04 (2) 8706,4 (3) 8706,864 (4) 8706,04 (5) 8706,24 (6) 8706,28
Bei manchen Ergebnissen kann man „sofort“ sehen, dass sie falsch sind. Begründe.

13 **Mikroskop**
Mit einem Mikroskop kann man sehr kleine Dinge stark vergrößern.
a) Unter einem Mikroskop erscheint ein Menschenhaar bei 1000-facher Vergrößerung 60 mm dick. Wie dick ist es in Wirklichkeit?
b) Wie dick erscheint ein 0,005 mm dicker Spinnwebfaden bei 1000-facher Vergrößerung unter dem Mikroskop?

---

14 Ein Blatt Papier ist ungefähr 0,045 mm dick. Ein Buchdeckel ist vorne und hinten 1 mm dick. Berechne die Dicke eines Buches mit 300 Seiten.

Prüfe dich! Lösungen auf Seite 224

15 Ein Buch hat 1000 Seiten und ist 4,6 cm dick. Der Buchdeckel ist vorne und hinten 1,5 mm dick. Berechne die Dicke eines Blattes in diesem Buch.

---

16 **Größer oder kleiner?**
Schreibe die Aufgabe in dein Heft und ergänze ohne Rechnung das richtige Zeichen:
<, > oder =.
a) $1{,}2 \cdot 1{,}4$ ▢ 1 b) $1{,}2 \cdot 0{,}8$ ▢ 1,2 c) $0{,}8 \cdot 0{,}8$ ▢ 0,8 d) $1 \cdot 0{,}8$ ▢ 0,8
e) $1{,}2 \cdot 1{,}2$ ▢ 1,2 f) $0{,}7 \cdot 1{,}4$ ▢ 1,4 g) $1{,}1 \cdot 0{,}9$ ▢ 1 h) $0 \cdot 0{,}8$ ▢ 0

17 **Einmal rechnen – Komma verschieben**
Multipliziere 2,3; 23; 0,023 und 0,23 der Reihe nach mit der angegebenen Zahl.
a) 5 b) 1,1 c) 0,7 d) 0,02 e) 12 f) 0,25

18 **Quadrate von Dezimalzahlen**
Suche im rechten Kasten die Quadratzahl zu jeder Zahl im linken Kasten.

Linker Kasten: 0,4 0,7 0,1 1,3 1,5

Rechter Kasten: 0,01 0,49 16,9 2,5 4,9 0,16 1,69 0,1 1,60 2,25

Vorbereiten Quadratzahlen Seite 184

19 **Was beim Multiplizieren passieren kann**
Denke dir Beispiele aus, um die Fragen zu beantworten.
a) Kann das Produkt einer Zahl mit sich selbst kleiner als die Zahl sein?
b) Wie groß muss bei einem Produkt der zweite Faktor sein, damit das Ergebnis kleiner als der erste Faktor ist?
c) Mit welcher Zahl muss man 0,02 multiplizieren, um 1 zu erhalten?

5.4 Dezimalzahlen dividieren

Vorbereiten
Seite 186

Maja, Louise und Nassrin sind zusammen auf einer Geburtstagsfeier eingeladen. Sie kaufen gemeinsam ein Geschenk und geben insgesamt 22,56 € aus.
Wie viel muss jede bezahlen?

WES-109211-044

Eine Dezimalzahl durch eine natürliche Zahl dividieren

- Dividiere wie bei zwei natürlichen Zahlen.
- Wenn du das Komma überschreitest, setze im Ergebnis ein Komma.

Mit einem Überschlag kann man prüfen, ob das Komma richtig gesetzt wurde.
Überschlag: 42 : 6 = 7

Komma

```
 43,38 : 6 = 7,23
-42
  13
 -12
   18
  -18
    0
```

Nullen ergänzen

68,4 : 8 berechnen:

```
 68,40 : 8 = 8,55
-64
  44
 -40
   40
  -40
    0
```

Null im Dividenden ergänzen

Ergebnis kleiner 1

4,14 : 9 berechnen:

```
 4,14 : 9 = 0,46
-0
 41
-36
  54
 -54
   0
```

Mit Null vor dem Komma beginnen

1 Schriftlich dividieren

Berechne. Prüfe mit einem Überschlag, ob dein Ergebnis stimmen kann.

a) 16,8 : 7 b) 44,66 : 7 c) 11,6 : 8 d) 1,85 : 5 e) 72,8 : 16 f) 10,2 : 12

2 Schriftlich dividieren – durch Probe kontrollieren

Rechne schriftlich. Kontrolliere dein Ergebnis mithilfe einer Probe.

a) 8,75 : 5 b) 45,12 : 6 c) 1,977 : 3 d) 5,224 : 8 e) 243,6 : 12 f) 3,355 : 11

3 Quotienten bilden

Bilde die neun Quotienten und ordne sie den Ergebnissen zu.

15,6 0,74 3,68	:	4 5 20	=	3,9 0,148 3,12 0,78 0,185 0,736 0,037 0,92 0,184

Prüfe dich!
Lösungen auf
Seite 224

4 Rechne schriftlich. Prüfe mit einem Überschlag.

a) 2,07 : 3 b) 9,36 : 8 c) 72,09 : 9 d) 0,714 : 3 e) 4,315 : 5 f) 0,609 : 7

5 ═ **Fehlerteufel**

Finde heraus, welche Rechnungen falsch sind. Rechne dann richtig.

a) 17,1 : 18 = 9,5 b) 19,8 : 3 = 6,6 c) 4,4 : 50 = 0,88 d) 32,4 : 24 = 13,5

6 ═ **Mathebücher**

Ein Stapel aus 24 Mathebüchern ist 55,2 cm hoch. Berechne, wie hoch ein Mathebuch ist.

7 ═ **Das Komma wandert**

Es ist 2280 : 8 = 285. Bestimme mit dieser Lösung die Ergebnisse der folgenden Aufgaben.

a) 228 : 8 22,8 : 8 2,28 : 8 b) 2280 : 80 228 : 80 22,8 : 80

Komma im Divisor

Einstieg

Berechne. Was fällt dir auf?

3000 : 500	1200 : 600	4200 : 70
300 : 50	120 : 60	420 : 7
30 : 5	12 : 6	42 : 0,7
3 : 0,5	1,2 : 0,6	4,2 : 0,07
0,3 : 0,05	0,12 : 0,06	0,42 : 0,007
0,03 : 0,005	0,012 : 0,006	0,042 : 0,0007

WES-109211-045

Durch eine Dezimalzahl dividieren

- Verschiebe bei beiden Zahlen das Komma um gleich viele Stellen nach rechts, bis der Divisor eine natürliche Zahl ist.
- Dividiere durch die natürliche Zahl.

```
 6,75 : 1,5 =

 67,5 : 15 = 4,5
-60
  75
 -75
   0
```

Kommaverschiebung

3,6 : 0,9 = 36 : 9 = 4
Komma um jeweils eine Stelle verschieben

5 : 0,2 = 50 : 2 = 25
Komma verschieben und eine Null ergänzen

0,3 : 0,015 = 300 : 15 = 20
Komma verschieben und Nullen ergänzen

8 ═ **Kommaverschiebung im Kopf**

Berechne im Kopf. Notiere die Aufgabe und die Lösung im Heft.

a) 2 : 0,4 b) 2 : 0,2 c) 3 : 0,6 d) 2,4 : 0,3 e) 1 : 0,25 f) 1 : 0,05

9 ═ **Schriftlich dividieren**

Berechne.

a) 5,46 : 1,2 b) 1,92 : 2,4 c) 1,55 : 0,25 d) 69,2 : 0,8 e) 0,005 : 0,5 f) 240,8 : 1,6

10 ═ **Jede Zahl mit jeder – im Kopf!**

Notiere alle möglichen Aufgaben und löse sie.

a) 2,4; 0,8; 5,6 : 0,2; 0,4; 0,8

b) 0,4; 6; 4 : 0,004; 0,4; 0,04

c) 12; 3,6; 3 : 0,6; 0,3; 0,5

11 Apfelsaft

Ein Obstbauer möchte 105 Liter Apfelsaft in 0,7-l-Flaschen abfüllen.
Berechne die Anzahl der benötigten Flaschen.

12 Rückwärts gerechnet

Finde die fehlende Zahl.

a) $\square : 0{,}1 = 100$ b) $\square \cdot 0{,}3 = 0{,}45$ c) $2{,}5 \cdot \square = 3{,}75$ d) $\square : 0{,}2 = 0{,}04$
e) $0{,}8 : \square = 5$ f) $\square \cdot 1{,}5 = 0{,}06$ g) $56 : \square = 700$ h) $\square : 0{,}2 = 24{,}5$

Prüfe dich!
Lösungen auf Seite 225

13 Berechne.

a) $3{,}6 : 1{,}2$ b) $0{,}12 : 0{,}4$ c) $32 : 0{,}16$ d) $2{,}4 : 0{,}05$ e) $2{,}7 : 0{,}15$ f) $0{,}4 : 0{,}08$

14 a) Lena kauft Brot. 1,5 kg Brot kosten 6,75 €. Berechne, wie viel 1 kg Brot kostet.
b) 7,5 m^2 Tapete kosten 29,10 €. Berechne, wie viel 1 m^2 Tapete kostet.

---

15 Kopfrechnen

Es gilt $2{,}4 : 6 = 0{,}4$, denn $24 : 6 = 4$. Rechne ebenso im Kopf und notiere das Ergebnis.

a) $3{,}5 : 5$ b) $2{,}4 : 3$ c) $5{,}6 : 7$ d) $3{,}6 : 2$ e) $8{,}1 : 9$ f) $0{,}8 : 2$
g) $0{,}48 : 3$ h) $0{,}28 : 7$ i) $9{,}9 : 9$ j) $14{,}4 : 12$ k) $0{,}72 : 8$ l) $3 : 5$

16 Mit Einheiten argumentieren

Kim meint: „Ich überlege mir das so: $0{,}6 : 0{,}02 = 30$, denn 0,02 stelle ich mir als 2 ct vor. Und 2 ct passen 30 mal in 60 ct.“
Argumentiere wie Kim bei den folgenden Aufgaben ebenso mit Geld oder Längen.

a) $0{,}15 : 0{,}03$ b) $1{,}8 : 0{,}6$ c) $6 : 1{,}2$ d) $0{,}4 : 0{,}08$

17 Vermischte Rechenarten – Kopfrechnen

Rechne möglichst geschickt im Kopf.

a) $15{,}9 + 3{,}9$ b) $12{,}5 \cdot 4$ c) $13{,}6 - 1{,}5 - 3{,}6$ d) $28{,}6 : 2$
e) $0{,}8237 \cdot 1000$ f) $2{,}5 \cdot 3{,}4 \cdot 4$ g) $14{,}87 - 12$ h) $20 : 0{,}2$
i) $1{,}5 \cdot 1{,}5$ j) $100 - 98{,}9$ k) $0{,}25 \cdot 0{,}4$ l) $5 \cdot 2{,}5 - 2{,}5$

18 Rechenausdrücke

Berechne. Achte auf die Vorrangregeln.

a) $0{,}7 - (1{,}4 - 0{,}86)$ b) $(4{,}7 - 3{,}9) \cdot 0{,}5$ c) $2{,}4 : (0{,}14 + 0{,}26)$ d) $(3{,}6 + 3{,}2) : 1{,}7$
e) $2 \cdot 0{,}47 - 0{,}81$ f) $1{,}6 - 0{,}6 \cdot 0{,}3$ g) $6 - 6 \cdot 0{,}4$ h) $5 + 1{,}5 : 0{,}5$

19 Rechengesetze helfen dir!

Berechne geschickt, indem du die Rechengesetze anwendest.

a) $2{,}8 \cdot 4 + 0{,}2 \cdot 4$ b) $2{,}3 - 1{,}47 + 0{,}7$ c) $(3{,}6 + 10{,}8) : 3{,}6$ d) $4{,}7 \cdot 2{,}8 - 3{,}7 \cdot 2{,}8$
e) $1{,}23 : 0{,}6 + 1{,}17 : 0{,}6$ f) $0{,}5 \cdot (0{,}4 \cdot 0{,}83)$ g) $4{,}14 \cdot 8{,}3 - 8{,}3 \cdot 4{,}04$ h) $3{,}7 : 1{,}4 + 10{,}3 : 1{,}4$

20 Klammersalat

Berechne den Rechenausdruck. Beachte: Klammern zuerst!

a) $(5{,}3 + 0{,}8) \cdot (2{,}3 - 0{,}8)$ b) $(1{,}2 + 7{,}15 - 0{,}75) : (0{,}5 + 1{,}4)$
c) $6{,}5 + [(5{,}5 + 1{,}25) : 4{,}5]$ d) $2{,}4 : [0{,}8 : 0{,}4 + (0{,}5 - 0{,}5 : 5)]$

21 Ist das möglich?

Überlege mithilfe von Beispielen, ob die Aussage stimmen kann.

a) Das Produkt aus zwei Dezimalzahlen, die beide kleiner als 1 sind, soll größer als 1 sein.
b) Die Summe von zwei Dezimalzahlen mit Nachkommastellen soll eine natürliche Zahl sein.
c) Der Quotient zweier Dezimalzahlen mit Nachkommastellen soll eine natürliche Zahl sein.

5.5 Dezimalzahlen im Alltag

Vorbereiten
Sachaufgaben
Seite 188

1 Rechenart gesucht

a) Lisa möchte ein Brot backen. In das Rezept kommen 0,4 kg Roggenmehl und 0,75 kg Weizenmehl. Berechne, wie viel Mehl insgesamt in das Brot kommt.

b) Eine Packung Tee enthält 25 Teebeutel. Ein Teebeutel enthält 2,25 g Tee. Berechne, wie viel Tee in der gesamten Packung ist.

c) Eine Kiste enthält 12 Flaschen. In einer Flasche sind 0,75 l Wasser. Wie viel Wasser ist in einem Kasten? Berechne die Wassermenge in 7 Kästen.

d) Thomas möchte eine 2,75 m lange Holzleiste in 0,25 m lange Stücke zersägen. Berechne die Anzahl der Stücke.

e) Franziska hat von ihrer Oma 20 € Taschengeld bekommen. Sie kauft sich ein Eis für 2,90 € und ein Spiel für 13,85 €. Überprüfe mit einer Rechnung, ob sie sich noch ein Buch für 4,30 € kaufen kann.

f) In einem Zirkus gibt es 80 Logenplätze und 230 Parkett-Plätze. Eine Karte für einen Logenplatz kostet 25,50 €, ein Parkett-Platz kostet 18,80 €. Berechne, wie viel der Zirkus durch die Eintrittskarten einnehmen kann.

2 Auf dem Flohmarkt

Jenny hat auf einem Flohmarkt ihre alten Bücher verkauft, jedes Buch für 0,25 €.
Sie hat insgesamt 9,25 € eingenommen. Berechne die Anzahl der Bücher, die sie verkauft hat.

3 Schwere Pakete

Franziska hat ausgemistet und möchte ihrer kleinen Cousine Bücher und Spielsachen schicken, für die sie zu alt ist:
Ein 1,075 kg schweres Buch, ein 0,204 kg schweres Kuscheltier und ein Puzzle, welches 0,328 kg wiegt.
Der Karton, in den sie alles packen möchte, wiegt 0,114 kg.
Sie findet noch eine kleine Puppe, sie wiegt 0,376 kg.
Stelle passende Fragen und beantworte sie.

Porto Päckchen und Pakete:
Päckchen bis 2 kg: 3,99 €
Paket bis 5 kg: 6,99 €
Paket bis 10 kg: 9,49 €

4 Schulweg

Jonas muss jeden Morgen 780 m zur Bushaltestelle laufen und dann noch 12,3 km mit dem Bus zur Schule fahren. Der Bus hält direkt vor der Schule.

a) Berechne, wie viele Kilometer Jonas auf seinem Schulweg in einer Woche mit 5 Unterrichtstagen zurücklegt.

b) Jonas erzählt: „Ich bin dieses Schuljahr auf meinem Schulweg insgesamt schon 70,2 km gelaufen und über 1200 km mit dem Bus gefahren.“ Kann das sein? Begründe mit einer Rechnung.

c) Schätze, wie weit dein Schulweg ist. Wie viele Kilometer legst du in einer Schulwoche, wie viele Kilometer in einem Schuljahr zurück?

Prüfe dich!
Lösungen auf Seite 225

5 a) Eine Biene sammelt auf einem Flug etwa 0,05 g Nektar. Berechne, wie viele Flüge notwendig sind, um 500 g Nektar zu sammeln.
b) Eine Schule bestellt 96 Tablets. Ein Tablet wiegt 0,473 kg. Die Tablets werden in 8 Paketen geliefert. Berechne, wie schwer ein Paket ist.

6 **Seitenlängen**
a) Ein rechteckiger Garten ist 848,7 m^2 groß, eine Seite ist 24,6 m lang. Berechne die Länge der fehlenden Seite. Mache zuerst einen Überschlag.
b) Der Fensterrahmen eines Fensters in der Form eines gleichseitigen Dreiecks ist 2,85 m lang. Berechne, wie lang jede Seite des Fensters ist.

7 **Parkett**
Familie Nowak möchte in ihrem Wohnzimmer Parkett verlegen. Das Wohnzimmer ist 5,70 m lang und 3,80 m breit.

a) Berechne, wie viel Parkett Familie Nowak benötigt.
b) Den Parkettboden gibt es nur in Paketen zu kaufen. In einem Paket sind 11 Bretter. Ein einzelnes Brett ist 19 cm breit und 1,40 m lang. Berechne, wie viele Pakete Familie Nowak benötigt. Wie viel Parkett bleibt übrig?
c) Beim Verlegen müssen die Bretter mindestens 20 cm lang sein. Wie kann der Parkettboden verlegt werden? Wie kannst du dazu die Bretter zuschneiden? Nenne einige Beispiele.

8 **Sportplatz**
In der Kleinstadt Müllersbach soll ein neuer Sportplatz entstehen.

a) Das Fußballfeld soll 68,5 m breit und 109,7 m lang werden. Berechne, wie groß das Fußballfeld werden soll.
b) Das Tennisfeld soll 260,76 m^2 groß und 10,97 m breit werden. Berechne die Länge des Tennisfeldes.
c) Für das Beachvolleyballfeld wurden 70,4 Tonnen Sand gekauft. Für einen Quadratmeter Sandfläche benötigt man ungefähr 550 kg Sand. Bestimme mögliche Maße, sodass das Beachvolleyballfeld ungefähr doppelt so lang wie breit ist.

9 **Genaues Rückgeld**
Der Restbestand von 105 € aus der Klassenkasse soll an die 26 Schülerinnen und Schüler der 6 b ausgezahlt werden. Wie viel Geld bekommt jedes Kind? Wie viel Geld bleibt übrig?

10 **Neue Zimmerfarbe**
Nele darf ihr Zimmer neu streichen. Sie hat sich eine Farbe ausgesucht, bei der 1 Eimer mit 2,5 l für bis zu 30 m^2 reicht. Jede Wand des quadratischen Zimmers ist 4,85 m breit und 3,22 m hoch. Nele macht einen Überschlag: „$5\,m \cdot 3\,m = 15\,m^2$, also reichen zwei Eimer Farbe.“ Was meinst du dazu? Rechne genau.

11 **Der Weg der Schnecke**
Eine Schnecke ist in einen 15 m tiefen Brunnen gefallen und versucht nun nach oben zu gelangen. Tagsüber kriecht sie immer 2,50 m nach oben und nachts rutscht sie immer 1 m nach unten. An welchem Tag erreicht sie den Rand des Brunnens?

5.6 Brüche und Dezimalzahlen

Vorbereiten
Dezimalschreibweise Seite 106
Schriftliches Dividieren Seite 186
Erweitern und Kürzen Seite 190

Alva und Luis basteln ein Dominospiel. Gleiche Zahlen müssen aneinandergelegt werden. Auf einem Stein ist die Zahl als Bruch und auf dem anderen als Dezimalzahl geschrieben. Alva und Luis sind sich sicher, dass man jeden Bruch als Dezimalzahl schreiben kann und umgekehrt jede Dezimalzahl als Bruch schreiben kann.

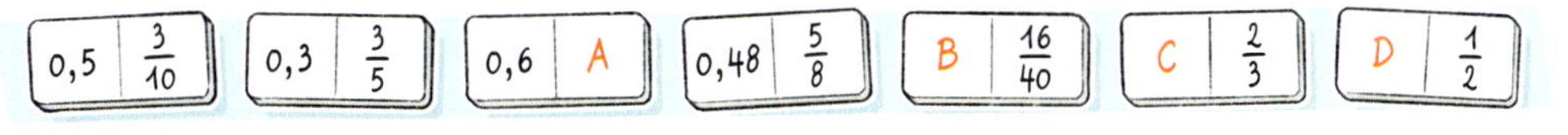

- Prüfe, ob die ersten drei Dominosteine korrekt aneinander liegen.
- Wie müssen die noch fehlenden Felder A, B, C und D beschriftet werden?

Lösung:

A: $0{,}48 = \frac{48}{100} = \frac{12}{25}$ B: $\frac{5}{8} = \frac{625}{1000} = 0{,}625$ C: $\frac{16}{40} = \frac{4}{10} = 0{,}4$ D: $\frac{2}{3} = ?$

Abbrechende und periodische Dezimalzahlen

Jeder Bruch ist ein Quotient. Zum Beispiel: $\frac{5}{8} = 5:8$ oder $\frac{2}{3} = 2:3$

Dividiert man den Zähler durch den Nenner, so können zwei Fälle auftreten:

Die Division „geht auf“.
Die Rechnung bricht ab.

```
  5 : 8 = 0,625
- 0
  5 0
- 4 8
    2 0
  - 1 6
      4 0
    - 4 0
        0
```

$\frac{5}{8} = 5:8 = 0{,}625$

0,625 ist eine **abbrechende Dezimalzahl**.

Die Division „geht nicht auf“.
Die Rechnung bricht nicht ab.

```
  2 : 3 = 0,66 ...
- 0            „6" wiederholt sich
  2 0
- 1 8
    2 0
    1 8
      2 ...
```

$\frac{2}{3} = 2:3 = 0{,}66\ldots$

Schreibweise: $0{,}66\ldots = 0{,}\overline{6}$

Sprechweise: *„Null-Komma-Periode-sechs“*

$0{,}\overline{6}$ ist eine **periodische Dezimalzahl**.

Vom Bruch zur Dezimalzahl

$\frac{2}{11}$ umrechnen:

```
  2 : 11 = 0,1818 ... = 0,18 (Periode 18)
- 0            „18" wiederholt sich
  2 0
- 1 1
    9 0
  - 8 8
      2 ...
```

$\frac{2}{11} = 0{,}\overline{18}$ *„Null-Komma-Periode-eins-acht“*

- Die Dezimalzahl ist periodisch.
- Die Periode beginnt direkt nach dem Komma und besteht aus 2 Ziffern.
- Die Periodenlänge ist 2.

$\frac{5}{6}$ umrechnen:

```
  5 : 6 = 0,833 ... = 0,83 (Periode 3)
- 0            „3" wiederholt sich
  5 0
- 4 8
    2 0
  - 1 8
      2 ...
```

$\frac{5}{6} = 0{,}8\overline{3}$ *„Null-Komma-acht-Periode-drei“*

- Die Dezimalzahl ist periodisch.
- Die Periode beginnt ab der zweiten Nachkommastelle.
- Die Periodenlänge ist 1.

1 Stammbrüche als Dezimalzahl

Rechne um in eine Dezimalzahl. Dividiere dazu den Zähler durch den Nenner. Bei welchen Nennern entsteht eine periodische Dezimalzahl?

a) $\frac{1}{2}$ b) $\frac{1}{3}$ c) $\frac{1}{4}$ d) $\frac{1}{5}$ e) $\frac{1}{6}$ f) $\frac{1}{7}$ g) $\frac{1}{8}$ h) $\frac{1}{9}$

2 Vom Bruch zur Dezimalzahl

Rechne um in eine Dezimalzahl, indem du die Division durchführst.

a) $\frac{5}{8}$ b) $\frac{2}{9}$ c) $\frac{5}{3}$ d) $\frac{5}{6}$ e) $\frac{11}{5}$ f) $\frac{7}{12}$ g) $\frac{9}{12}$ h) $\frac{4}{25}$

3 Manchmal auch ohne Dividieren

Schreibe den Bruch als Dezimalzahl.
Entscheide selbst, ob du dividieren musst.

a) $\frac{3}{8}$ b) $\frac{4}{9}$ c) $\frac{8}{20}$ d) $\frac{6}{8}$
e) $\frac{12}{18}$ f) $\frac{10}{25}$ g) $\frac{18}{12}$ h) $\frac{3}{7}$

Vom Bruch zur Dezimalzahl

$\frac{5}{20} = \frac{25}{100} = 0{,}25$	Erweitern auf Dezimalbruch
$\frac{5}{20} = \frac{1}{4} = 0{,}25$	Kürzen auf bekannten Bruch
$\frac{5}{20} = 5 : 20 = 0{,}25$	Division durchführen

4 Von der Dezimalzahl zum Bruch – zum Wiederholen

Schreibe als Bruch und kürze, wenn möglich.

a) 0,3 b) 0,045 c) 4,25 d) 10,08 e) 3,3050 f) 8,10

5 Periodenlänge erkennen

Schreibe die Zahl als Dezimalzahl mit Periodenstrich. Gib die Periodenlänge an.

a) 0,323232 … b) 1,23434343434 … c) 0,2013581358135813 …

6 Ziffer gesucht

Welche Ziffer steht an der 10. Stelle nach dem Komma?

a) $\frac{1}{3} = 0{,}\overline{3}$ b) $\frac{123}{999} = 0{,}\overline{123}$ c) $\frac{6}{11} = 0{,}\overline{54}$ d) $\frac{5}{99} = 0{,}\overline{05}$ e) $\frac{45}{990} = 0{,}0\overline{45}$ f) $\frac{5}{6} = 0{,}8\overline{3}$

7 Fehlersuche – Bruch und Dezimalzahl

Finde die Fehler. Beschreibe und korrigiere.

a) $5{,}\overline{3} = \frac{5}{3}$ b) $\frac{33}{100} = 0{,}\overline{33}$ c) $0{,}28 = \frac{7}{25}$ d) $1{,}\overline{1} = \frac{11}{10}$

Prüfe dich!
Lösungen auf Seite 225

8 Schreibe als Bruch und kürze, wenn möglich.

a) 0,75 b) 0,08 c) 0,250 d) 8,50 e) 20,02 f) 0,625

9 Schreibe als Dezimalzahl.

a) $\frac{7}{5}$ b) $\frac{11}{25}$ c) $\frac{25}{11}$ d) $\frac{9}{8}$ e) $\frac{8}{9}$ f) $\frac{5}{14}$

10 Runden

Runde die periodische Dezimalzahl auf die in Klammern angegebene Stelle.

a) $0{,}\overline{3}$ (t) b) $0{,}\overline{638}$ (z) c) $0{,}\overline{736}$ (t) d) $0{,}\overline{5}$ (z) e) $0{,}\overline{36}$ (t) f) $0{,}\overline{54}$ (h)

11 Vergleichen

Wandle den Bruch oder die Dezimalzahl um, damit du vergleichen kannst.
Setze dann <, > oder = zwischen die Zahlen.

a) $\frac{3}{5} \square 0{,}\overline{6}$ b) $0{,}\overline{7} \square \frac{3}{4}$ c) $\frac{2}{5} \square 0{,}3\overline{5}$ d) $0{,}\overline{3} \square \frac{7}{20}$ e) $1{,}3\overline{7} \square 1\frac{3}{8}$ f) $0{,}2\overline{5} \square \frac{1}{4}$
g) $\frac{5}{8} \square 0{,}6\overline{25}$ h) $0{,}\overline{23} \square \frac{3}{8}$ i) $3\frac{1}{8} \square 3{,}\overline{12}$ j) $4\frac{3}{16} \square 4{,}\overline{1}$ k) $0{,}333 \square \frac{1}{3}$ l) $0{,}0\overline{1} \square \frac{1}{90}$

12 Zahlen ordnen

Ordne die Zahlen der Größe nach. Beginne mit der kleinsten Zahl.

a) $\frac{2}{3}$ 0,6 $0{,}\overline{65}$ $\frac{5}{6}$ 0,83 b) 1,1 1,12 $\frac{12}{10}$ $\frac{10}{9}$ $1{,}0\overline{1}$

13 ≡ **In der Welt des Unendlichen**

Was meinst du dazu? Begründe deine Meinung.

14 ≡ **Periodenlängen von Zahlen**

a) Bestimme und vergleiche die Periodenlängen von $\frac{1}{3}$, $\frac{1}{11}$ und $\frac{1}{13}$.

b) Zeige: „Die Periodenlänge für $\frac{1}{7}$ ist 6.“
Betrachte dazu, welche Reste bei der Division durch 7 auftreten.

c) Warum kann die Periodenlänge nie länger sein als der Nenner des Bruchs?

15 ≡ **Division durch 99**

Brüche mit dem Nenner 9, 99, 999 … ergeben periodische Dezimalzahlen. Die Länge der Periode wird durch die Anzahl der Neunen im Nenner bestimmt. Der Nenner 99 führt zur Periodenlänge 2, der Nenner 999 zur Periodenlänge 3 … Der Zähler bestimmt die Ziffern der Periode.

Brüche mit Nenner 9, 99 und 999

$\frac{1}{9} = 0,\overline{1}$ $\quad \frac{2}{9} = 0,\overline{2}$ $\quad \frac{3}{9} = 0,\overline{3}$ …

$\frac{1}{99} = 0,\overline{01}$ $\quad \frac{2}{99} = 0,\overline{02}$ $\quad \frac{3}{99} = 0,\overline{03}$ …

$\frac{1}{999} = 0,\overline{001}$ $\quad \frac{2}{999} = 0,\overline{002}$ $\quad \frac{3}{999} = 0,\overline{003}$ …

WES-109211-047

a) Führe die Division schriftlich durch und bestätige damit die Angaben im Beispiel.
(1) 1 : 9 (2) 2 : 9 (3) 1 : 99 (4) 2 : 99

b) Gib mithilfe der Beispiele den Bruch als periodische Dezimalzahl an.
(1) $\frac{5}{9}$ (2) $\frac{4}{99}$ (3) $\frac{7}{999}$ (4) $\frac{1}{33}$

c) Paul weiß: „$\frac{21}{99} = 0,\overline{21}$, denn $\frac{21}{99} = 21 \cdot \frac{1}{99} = 21 \cdot 0,\overline{01}$“
Bestätige Pauls Aussage, indem du die Division 21 : 99 schriftlich durchführst.

d) Schreibe mithilfe von Pauls Überlegungen den Bruch als Dezimalzahl.
(1) $\frac{7}{99}$ (2) $\frac{13}{999}$ (3) $\frac{8}{9}$ (4) $\frac{55}{99}$ (5) $\frac{55}{999}$ (6) $\frac{505}{999}$ (7) $4\frac{7}{99}$ (8) $5\frac{123}{999}$

e) Mithilfe der Beispiele kannst du auch die Brüche finden, die zu den periodischen Dezimalzahlen $0,\overline{9}$ oder $0,\overline{99}$ gehören. Kürze dann soweit wie möglich. Was fällt dir auf?

16 ≡ **Periodische Dezimalzahlen als Brüche**

Schreibe die Dezimalzahlen als Brüche.
a) $0,\overline{4}$ b) $0,\overline{04}$ c) $0,\overline{44}$ d) $0,\overline{156}$ e) $3,\overline{23}$ f) $5,\overline{008}$ g) $0,\overline{30}$ h) $0,\overline{609}$

17 ≡ **Von der periodischen Dezimalzahl zum Bruch**

Auch Dezimalzahlen, deren Periode nicht direkt nach dem Komma beginnt, können in Brüche umgewandelt werden.

a) Erläutere das Verfahren.

b) Wandle ebenso um:
$0,0\overline{45}$ $\quad 0,00\overline{1}$ $\quad 0,2\overline{53}$ $\quad 0,04\overline{25}$

Periodische Dezimalzahl als Bruch

$0,0\overline{27} = 0,\overline{27} : 10 = \frac{27}{99} : 10 = \frac{27}{99 \cdot 10} = \frac{27}{990}$

$0,3\overline{27} = 0,3 + 0,0\overline{27}$

$= \frac{3}{10} + \frac{27}{990} = \frac{99 \cdot 3 + 27}{990} = \frac{324}{990}$

18 ≡ **Domino**

Man darf einen Stein an den anderen legen, wenn die Zahlen auf beiden Steinen gleich sind. Schreibe die passende Dominoreihe in dein Heft.

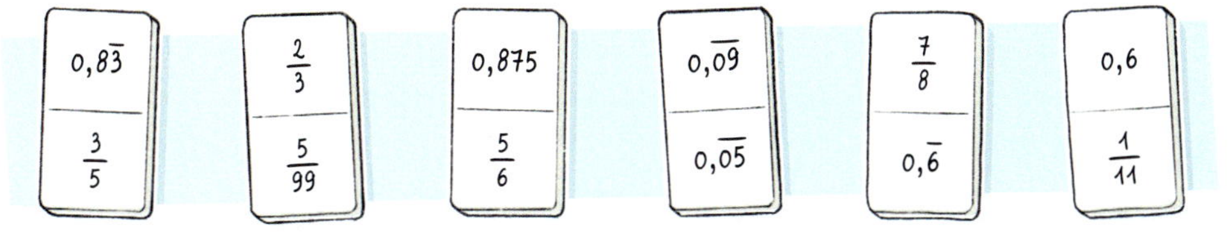

Mein Merkzettel

Seite 106

Von der Dezimalzahl zum Bruch

E	z	h
0	4	8

$0{,}48 = \frac{48}{100} = \frac{24}{50} = \frac{12}{25}$

E	z	h	t
3	0	4	5

$3{,}045 = 3\frac{45}{1000} = 3\frac{9}{200}$

Seite 108

Dezimalzahlen auf dem Zahlenstrahl

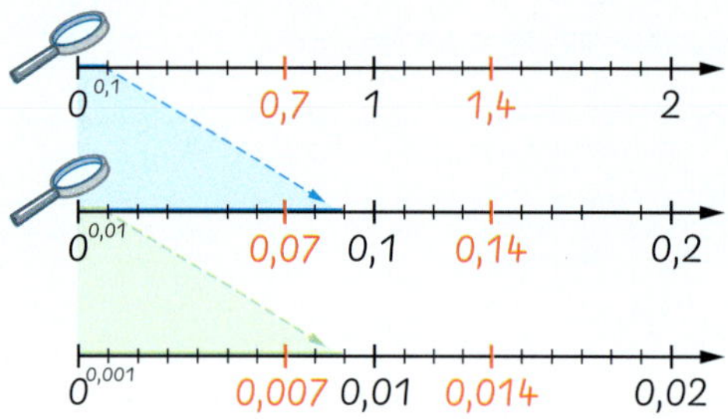

0,3 + 0,6 = 0,9 = 1,5 − 0,6

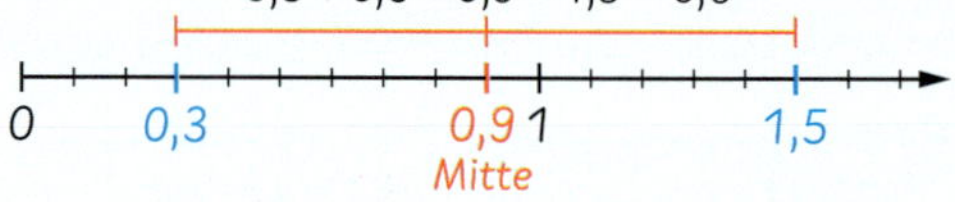

2,04 + 0,04 = 2,08 = 2,12 − 0,04

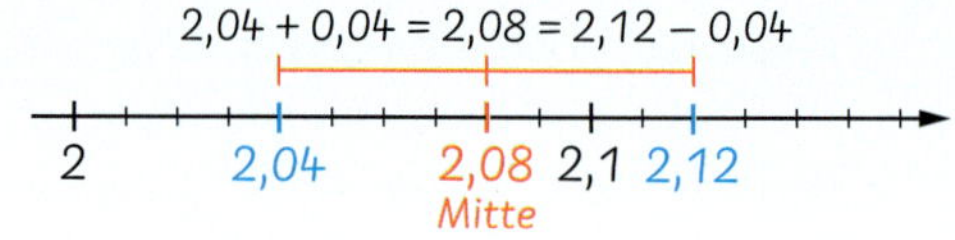

Zwischen zwei Dezimalzahlen findet man unendlich viele weitere Dezimalzahlen.

Seite 109

Addieren und Subtrahieren

3,907 + 0,0854 — Komma unter Komma

	3,	9	0	7	0
+	0,	0	8	5	4
			1		
	3,	9	9	2	4

12,048 − 1,09 — Komma unter Komma

	1	2,	0	4	8
	−	1,	0	9	0
		1	1		
	1	0,	9	5	8

Seite 111

Multiplizieren

Nachkommastellen zählen

0,403 · 7,5 — 4 Nachkommastellen

403 · 75 — ohne Komma rechnen

4	0	3	·	7	5
	2	8	2	1	
		2	0	1	5
	3	0	2	2	5

30225 — 4 Nachkommastellen

Ergebnis: $0{,}403 \cdot 7{,}5 = 3{,}0225$

im Ergebnis auch Nullen am Ende mitzählen

3,15 · 0,4 — 3 Nachkommastellen

315 · 4 — ohne Komma rechnen

3	1	5	·	4
	1	2	6	0

1260 — 3 Nachkommastellen

Ergebnis: $3{,}15 \cdot 0{,}4 = 1{,}26$

Seite 114
Seite 115

Durch eine natürliche Zahl dividieren

51,2 : 25 — Überschlag: 50 : 25 = 2

51,200 : 25 = 2,048 (Komma; Null ergänzen)

	5	1,	2	0	0
−	5	0			
		1	2		
	−		0		
		1	2	0	
	−	1	0	0	
			2	0	0
		−	2	0	0
					0

Ergebnis: $51{,}2 : 25 = 2{,}048$

Durch eine Dezimalzahl dividieren

0,024 : 0,08

Komma gleich weit verschieben, bis der Divisor ohne Komma ist

„Erweitern" $\frac{0{,}024}{0{,}08} = \frac{2{,}4}{8}$

0,024 : 0,08

2,4 : 8 = 0,3 (Komma)

	2,	4
−	0	
	2	4
−	2	4
		0

Ergebnis: $0{,}024 : 0{,}08 = 0{,}3$

Multiplizieren mit 10, 100, 1000

Seite 112

$13{,}7 \cdot 10 = 137$

$13{,}7 \cdot 100 = 1370$

$13{,}7 \cdot 1000 = 13700$

Dividieren durch 10, 100, 1000

$13{,}7 : 10 = 1{,}37$

$13{,}7 : 100 = 0{,}137$

$13{,}7 : 1000 = 0{,}0137$

Vom Bruch zur Dezimalzahl

durch Erweitern auf einen Dezimalbruch

$\frac{4}{5}$ **erweitern** auf Zehntel: $\frac{4}{5} = \frac{8}{10} = 0{,}8$

$\frac{3}{8}$ **erweitern** auf 1000-stel: $\frac{3}{8} = \frac{375}{1000} = 0{,}375$

durch Kürzen auf einen bekannten Bruch

$\frac{5}{20}$ **kürzen** auf Viertel: $\frac{5}{20} = \frac{1}{4} = 0{,}25$

$\frac{12}{15}$ **kürzen** auf Fünftel: $\frac{12}{15} = \frac{4}{5} = 0{,}8$

durch Dividieren → abbrechende Dezimalzahl

Seite 119

$\frac{3}{8}$ als **Division** 3 : 8

3 : 8 = 0, 3 7 5
− 0
3 0
− 2 4
6 0
− 5 6
4 0
− 4 0
0

$\frac{3}{8} = 0{,}375$

durch Dividieren → periodische Dezimalzahl

$\frac{5}{3}$ als **Division** 5 : 3

5 : 3 = 1, 6 6 6 …
− 3
2 0
− 1 8
2 0
− 1 8
2
⋮

$\frac{5}{3} = 1{,}\overline{6}$

Periodenlänge 1

Beispiele periodischer Dezimalzahlen

Seite 119

Die Periode beginnt direkt nach dem Komma.

3 : 1 1 = 0, 2 7 2 …
− 0
3 0
2 2
8 0
7 7
3 0
2 2
⋮

$\frac{3}{11} = 0{,}\overline{27}$

Periodenlänge 2

Die Periode kann auch später beginnen.

5 : 6 = 0, 8 3 3 …
− 0
5 0
4 8
2 0
1 8
2 0
1 8
⋮

$\frac{5}{6} = 0{,}8\overline{3}$

Periodenlänge 1

Zum Auswendiglernen und Kennen

$\frac{1}{2} = 0{,}5$	$\frac{1}{3} = 0{,}\overline{3}$	$\frac{1}{4} = 0{,}25$	$\frac{1}{5} = 0{,}2$	$\frac{1}{6} = 0{,}1\overline{6}$
$\frac{1}{7} = 0{,}\overline{142857}$	$\frac{1}{8} = 0{,}125$	$\frac{1}{9} = 0{,}\overline{1}$	$\frac{1}{10} = 0{,}1$	$\frac{1}{11} = 0{,}\overline{09}$

Vielfache:

$\frac{2}{3} = 0{,}\overline{6}$	$\frac{3}{4} = 0{,}75$	$\frac{2}{5} = 0{,}4$	$\frac{3}{5} = 0{,}6$	$\frac{4}{5} = 0{,}8$
$\frac{5}{6} = 0{,}8\overline{3}$	$\frac{2}{7} = 0{,}\overline{285714}$	$\frac{3}{8} = 0{,}375$	$\frac{5}{8} = 0{,}625$	$\frac{7}{8} = 0{,}875$
$\frac{2}{9} = 0{,}\overline{2}$	$\frac{4}{9} = 0{,}\overline{4}$	$\frac{2}{11} = 0{,}\overline{18}$	$\frac{9}{11} = 0{,}\overline{81}$	$\frac{10}{11} = 0{,}\overline{90}$

Wiederholen für die Klassenarbeit

Lösungen auf Seite 226

1 Stellenwerte in Dezimalzahlen

Gib den Stellenwert der Ziffer 4 an.

a) 3,41 b) 0,74 c) 41,8 d) 9,384 e) 0,00040 f) 243,09

2 Nicht benötigte Nullen

Schreibe die Zahl in dein Heft und lasse dabei die nicht benötigten Nullen weg.

a) 0,300 b) 0,280 c) 3030 d) 2,0010 e) 20,00 f) 7,00101

3 Dezimalzahlen ordnen

Ordne die Zahlen der Größe nach. Beginne mit der kleinsten Zahl.

a) 0,25 1,30 0,52 2,75 1,03 b) 1,98 0,07 1,976 1,984 1,0998

4 Dezimalzahlen auf dem Zahlenstrahl

a) Gib die markierten Zahlen als Dezimalzahlen an.

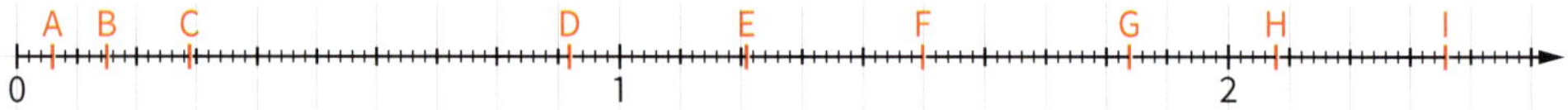

b) Zeichne einen Zahlenstrahl mit 10 Kästchen Abstand zwischen 0 und 1.
Trage die Dezimalzahlen auf dem Zahlenstrahl ein: 0,5 0,9 0,75 1,3 1,05 1,45

5 Zahlen in der Mitte

Bestimme die Zahl in der Mitte.

a) 7 und 8 b) 2,3 und 2,4 c) 4,15 und 4,6 d) 8,99 und 9

6 Dezimalzahlen runden

Runde auf die angegebene Stelle.

a) 4,2358 (z) b) 12,0345 (h) c) 5,5555 (t) d) 0,48 (E)

7 Welche Zahlen wurden gerundet?

a) Gib drei Zahlen an, die auf Zehntel gerundet 1,4 ergeben.

b) Gib drei Zahlen an, die auf Tausendstel gerundet 1,06 ergeben.

8 Addieren und subtrahieren im Kopf

Berechne im Kopf.

a) 5,7 + 1,8 b) 9,2 – 3,5 c) 0,94 + 0,21 d) 3,7 + 1,24
e) 8,98 – 2,5 f) 2,05 – 0,87 g) 2,22 – 1,07 h) 10,42 + 8,88

9 Schriftlich addieren und subtrahieren

Berechne schriftlich.

a) 19,356 + 7,89 b) 0,243 + 0,7785 c) 32,753 – 5,325 d) 95,7 – 39,183

10 Zahlenrätsel

Bestimme die gesuchte Zahl mit der Umkehraufgabe.

a) Zu welcher Zahl muss man 17,8 addieren, um 43,05 zu erhalten?

b) Von welcher Zahl muss man 3,37 subtrahieren, um 14,96 zu erhalten?

c) Welche Zahl muss man von 10,7 subtrahieren, um 0,38 zu erhalten?

11 Reicht das Geld?

Susa hat 9,80 € mit in die Schule gebracht. Sie möchte sich am Kiosk ein Brötchen für 1,25 €, ein Getränk für 1,10 € und einen Riegel für 0,75 € kaufen. Micha erinnert sie, dass sie für den Schulausflug heute 6,50 € an ihre Lehrerin geben muss. Berechne, ob Susas Geld ausreicht.

Lösungen auf Seite 226

12 Multiplizieren und dividieren im Kopf

Berechne im Kopf.

a) 1,567 · 100 b) 7,834 : 10 c) 3,4711 : 100 d) 1,23 · 3
e) 3 : 0,2 f) 3,4 · 1,1 g) 0,5 · 0,01 h) 0,8 : 0,02

13 Schriftlich multiplizieren und dividieren

Berechne schriftlich.

a) 12,43 · 32 b) 13,2 · 4,7 c) 95,7 · 2,3 d) 18,65 · 17,2
e) 162,72 : 12 f) 1,053 : 3,9 g) 129,108 : 8,4 h) 10,64 : 0,19

14 Umkehraufgabe

Fülle die Lücken im Heft. Nutze die Regeln zur Kommaverschiebung beim Multiplizieren.

a) 4,6 · □ = 460 b) □ · 0,76 = 7,6 c) □ · 0,03 = 0,3 d) 73 · □ = 0,073
e) 5,7 · □ = 0,57 f) □ · 2,55 = 0,0255 g) 0,23 · □ = 230 h) □ · 3,05 = 30 500

15 Größer oder kleiner?

Ergänze in deinem Heft ohne zu rechnen das richtige Zeichen: <, > oder =.

a) 1,1 · 1,2 □ 1 b) 0,7 · 0,7 □ 0,7 c) 0,9 · 1 □ 0,9 d) 1,1 · 1,1 □ 1,1
e) 0,5 · 1,2 □ 1 f) 0,9 · 2 □ 2 g) 1,1 · 0,9 □ 1 h) 1,2 · 1,1 □ 1

16 Klassenfest

Die Klasse 6 b hat ein Klassenfest gefeiert. Dabei sind 51,75 € Kosten entstanden. In der Klasse sind 25 Schülerinnen und Schüler. Teile die Kosten gerecht auf.

17 Dachziegel transportieren

Ein Lkw mit einer Ladefähigkeit von 3 t soll Dachziegel zu einer Baustelle bringen. Ein Dachziegel wiegt 2,5 kg. Bestimme die Anzahl der Dachziegel, die der Lkw laden darf.

18 Schwimmbecken

Ein quaderförmiges Schwimmbecken ist 9,50 m lang, 4,50 m breit und 1,80 m tief. Die Fliesen erhalten einen Schutzanstrich. Bestimme die Größe der zu streichenden Fläche.

19 Periodische Dezimalzahlen

Schreibe die Zahl als Dezimalzahl mit Periodenstrich.

a) 0,5757575... b) 1,07120712071... c) 3,210457045704...

20 Von der Dezimalzahl zum Bruch

Schreibe als Bruch und kürze, wenn möglich.

a) 0,75 b) 0,625 c) 0,60 d) 3,008 e) 2,12 f) $0,\overline{6}$

21 Vom Bruch zur Dezimalzahl

Schreibe als Dezimalzahl.

a) $\frac{3}{5}$ b) $\frac{11}{20}$ c) $\frac{10}{6}$ d) $\frac{5}{8}$ e) $\frac{3}{11}$ f) $\frac{5}{7}$

22 Zahlen ordnen

Ordne die Zahlen der Größe nach. Beginne mit der kleinsten Zahl.

a) $0,\overline{6}$ 0,6 0,66 b) $1,0\overline{8}$ 1,80 $1,\overline{08}$ c) $\frac{5}{3}$ 1,3 $\frac{13}{9}$

23 Entstehung periodischer Dezimalzahlen erforschen

a) Schreibe die Brüche $\frac{1}{6}$, $\frac{2}{6}$, $\frac{3}{6}$, $\frac{4}{6}$ und $\frac{5}{6}$ als Dezimalzahl. Betrachte weitere Brüche mit dem Nenner 6. Bei welchen Brüchen entstehen periodische Dezimalzahlen? Begründe.

b) Wandle $\frac{3}{7}$ in eine Dezimalzahl um. Begründe, warum die Periodenlänge nicht länger als 6 sein kann.

6 Winkel in Figuren

Am Himmel werden hinter Flugzeugen häufig weiße Streifen sichtbar. Diese Streifen sind sogenannte Kondensstreifen, die aus gefrorenem Wasserdampf entstehen.
Beschreibe, wie die Linien am Himmel zueinander stehen.
Welche Winkelbeziehungen ergeben sich an den Kreuzungen?

- Wie berechne ich einen Dachwinkel ohne ihn zu messen?
- Wie prüfe ich mit Winkelangaben, ob zwei Geraden zueinander parallel sind?
- Wie groß ist die Summe der Winkel in einem Fünfeck?

6.1 Winkel an Geradenkreuzungen

Vorbereiten
Winkel
Seite 46

In Manhattan (New York City) sind die Straßen nach einem regelmäßigen Raster aufgebaut. Von Ost nach West verlaufen die „Streets“ und senkrecht dazu von Süd nach Nord die „Avenues“. Der Broadway verläuft nicht nach diesem Muster.

- Betrachte die Schnittwinkel des Broadway mit den „Streets“. Was fällt dir auf?
- Wo findest du gleich große Winkel?

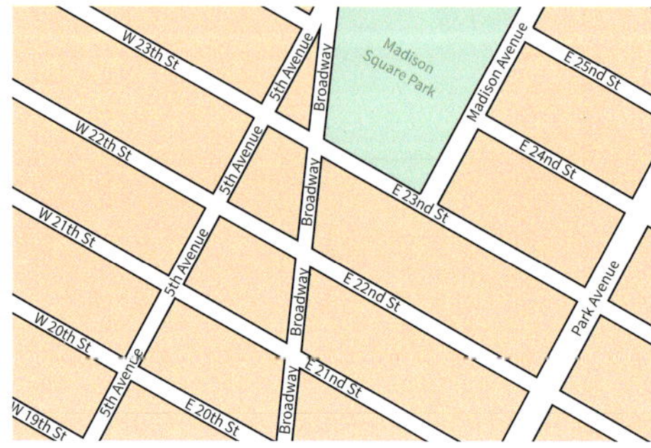

WES-109211-048

Winkel an einer Geradenkreuzung

Scheitelwinkel

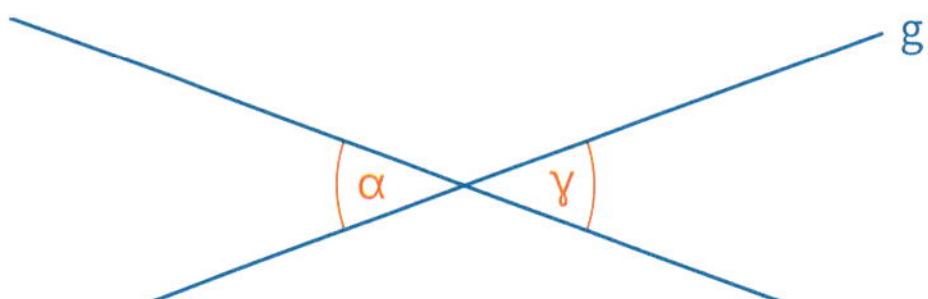

$\alpha = \gamma$

Gegenüberliegende Winkel einer Geradenkreuzung nennt man **Scheitelwinkel**. Scheitelwinkel sind gleich groß.

Nebenwinkel

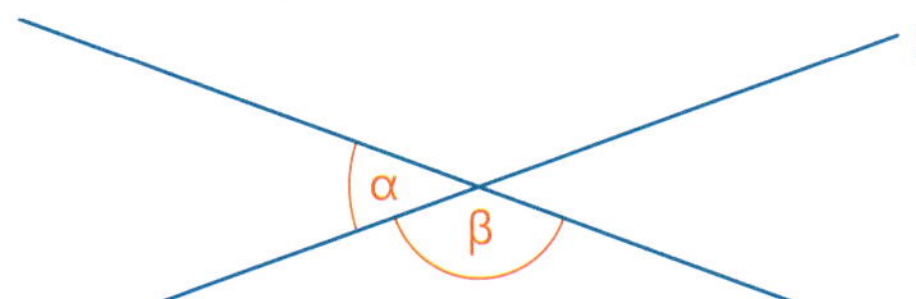

$\alpha + \beta = 180°$

Nebeneinanderliegende Winkel einer Geradenkreuzung nennt man **Nebenwinkel**. Nebenwinkel ergänzen sich zu 180°.

Größe von Scheitel- und Nebenwinkeln bestimmen

Bestimme die Winkelgrößen.

- γ ist Scheitelwinkel zu α, also $\gamma = \alpha = 40°$
- β ist Nebenwinkel zu α, also $\beta = 140°$, denn $140° + 40° = 180°$
- δ ist Scheitelwinkel zu β, also $\delta = \beta = 140°$

Probe: $\alpha + \beta + \gamma + \delta = 360°$

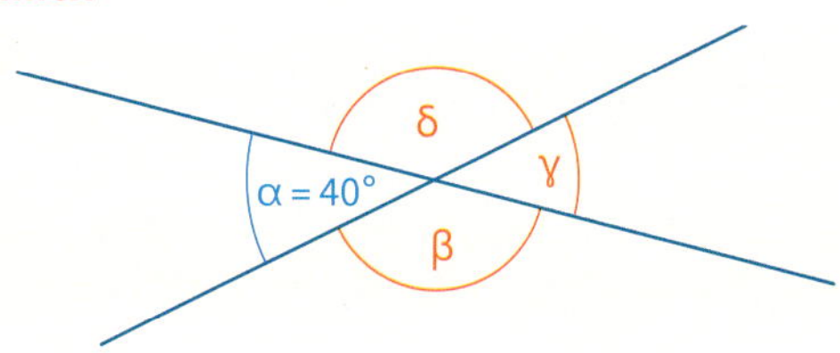

1 Winkelgrößen bestimmen

Bestimme die Winkelgrößen ohne zu messen. Begründe.

a)

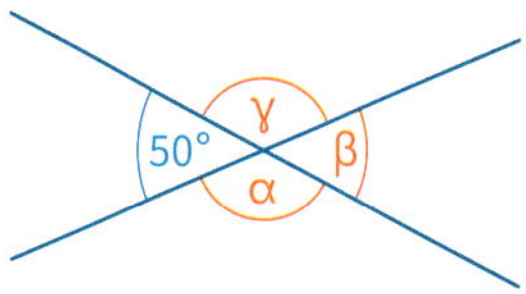

b)

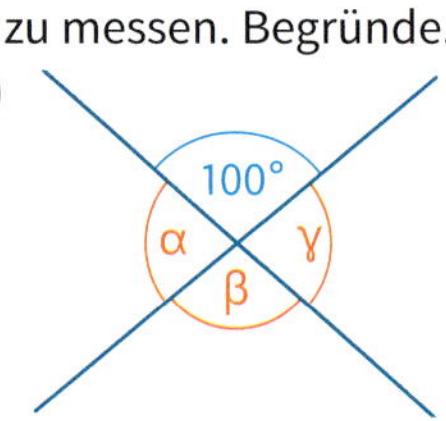

c)

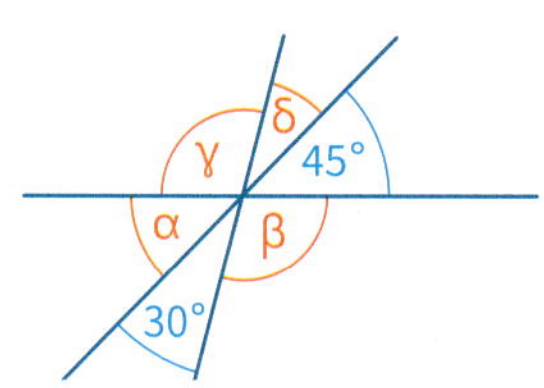

2 Winkeleigenschaften begründen

Begründe: Wenn an einer Geradenkreuzung ein Winkel ein rechter ist, dann sind alle Winkel an ihr rechte Winkel.

Prüfe dich!
Lösungen auf Seite 228

3 An einer einfachen Geradenkreuzung entsteht ein Scheitelwinkelpaar α und γ mit $\alpha = 57°$. Berechne die Größe aller weiterer Winkel γ, β und δ.

4 = **Argumentieren**

a) α und β liegen nebeneinander.

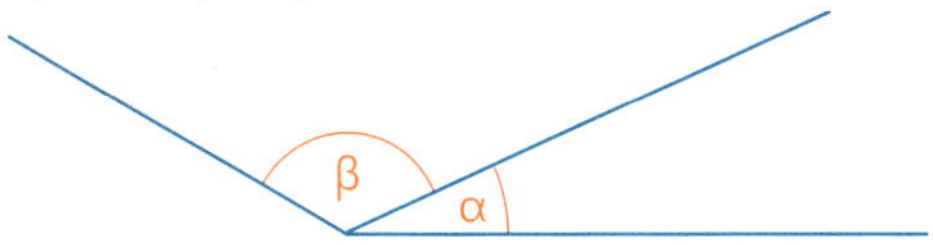

Begründe, warum α kein Nebenwinkel zu β ist.

b) γ und δ sind beide gleich groß.

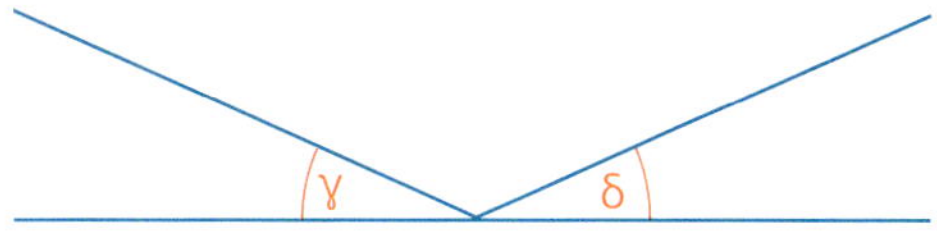

Begründe, warum γ kein Scheitelwinkel zu δ ist.

5 = **Verhältnisse zwischen Nebenwinkeln**

Berechne die Größen der beiden Winkel.

a) Ein Winkel ist um 30° größer als sein Nebenwinkel.

b) Ein Winkel ist dreimal so groß wie sein Nebenwinkel.

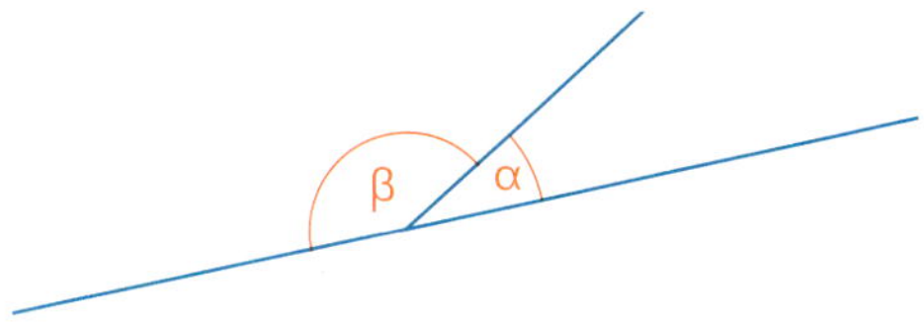

6 = **Geradenkreuzungen zeichnen**

Zeichne eine Geradenkreuzung mit den Winkeln α, β, γ und δ. Gib auch deren Größe an.

a) β soll dreimal so groß sein wie α.

b) γ soll halb so groß sein wie β.

c) α und γ sollen zusammen genauso groß sein wie β und δ zusammen.

Winkel an einer doppelten Geradenkreuzung

Stufenwinkel

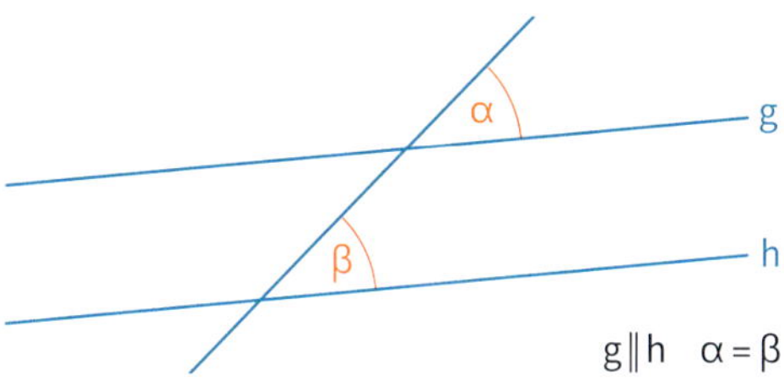

Die Winkel α und β einer doppelten Geradenkreuzung nennt man **Stufenwinkel**. Stufenwinkel an parallelen Geraden sind gleich groß.

Wechselwinkel

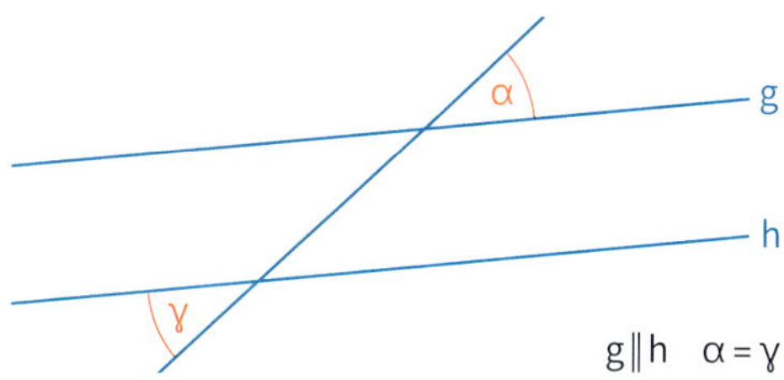

Die Winkel α und γ einer doppelten Geradenkreuzung nennt man **Wechselwinkel**. Wechselwinkel an parallelen Geraden sind gleich groß.

WES-109211-049

Gleich große Winkel

Bestimme die Winkelgrößen.

- β ist Scheitelwinkel zu α, also β = 35°
- γ ist Stufenwinkel zu α, also γ = 35°
- δ ist Wechselwinkel zu α, also δ = 35°

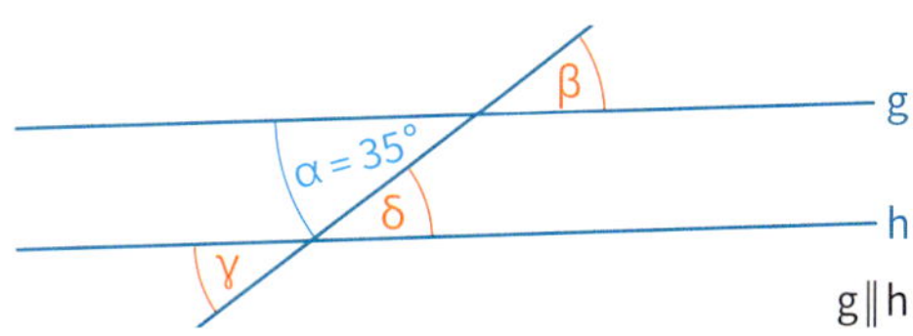

7 – **Winkel an doppelten Geradenkreuzungen zeichnen und berechnen**

Zeichne zwei zueinander parallele Geraden g und h im Abstand von 3,5 cm.

Zeichne eine Gerade k, sodass gilt:

a) α = 33° b) β = 125°

c) γ = 137° d) δ = 68°

Markiere jeweils den Stufenwinkel. Berechne α, β, γ und δ.

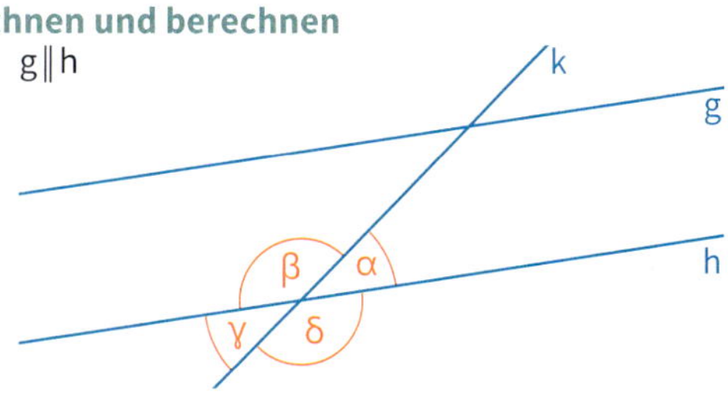

Prüfe dich!
Lösungen auf Seite 228

8 Zeichne zwei parallele Geraden g und h, die von einer Geraden k in einem 62° großen Winkel geschnitten werden. Markiere alle 62° großen Winkel.

9 Wechselwinkel, Scheitelwinkel und Stufenwinkel
Anna sagt: *„Ich brauche eigentlich gar keine Wechselwinkel. Ich kann doch auch nur mit Stufenwinkeln und Scheitelwinkeln rechnen."* Was sagst du dazu?

10 Winkelgrößen bestimmen
Bestimme die übrigen Winkelgrößen an der doppelten Geradenkreuzung. Es soll gelten:
a) δ_2 ist doppelt so groß wie α_1.
b) β_1 ist dreimal so groß wie α_1.
c) δ_1 ist um 60° größer als γ_1.

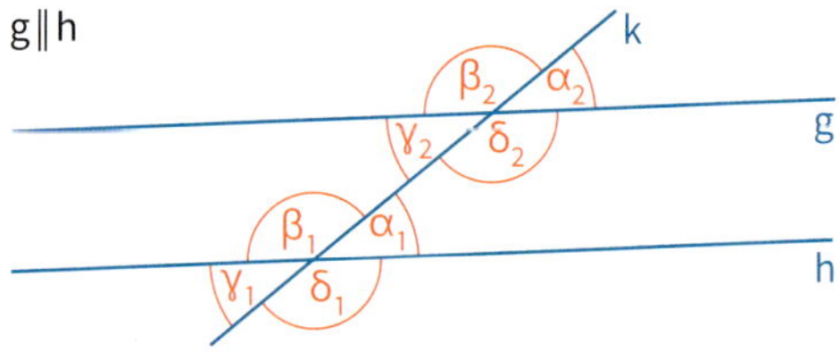

WES-109211-050

Prüfen auf Parallelität

Sind die Stufenwinkel gleich groß, so sind die Geraden zueinander parallel.

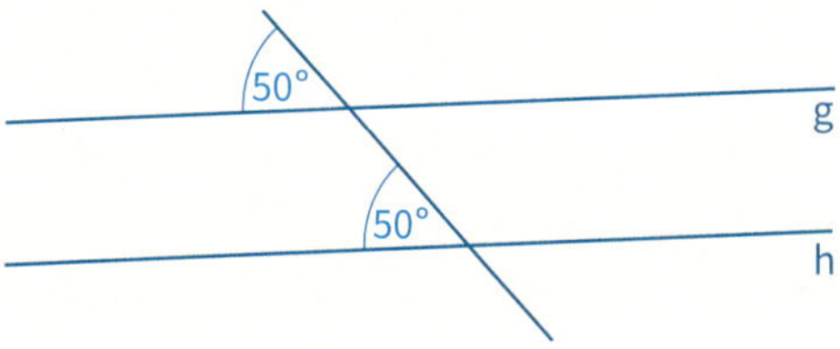

Die Geraden g und h sind parallel.

Sind die Stufenwinkel nicht gleich groß, so sind die Geraden nicht zueinander parallel.

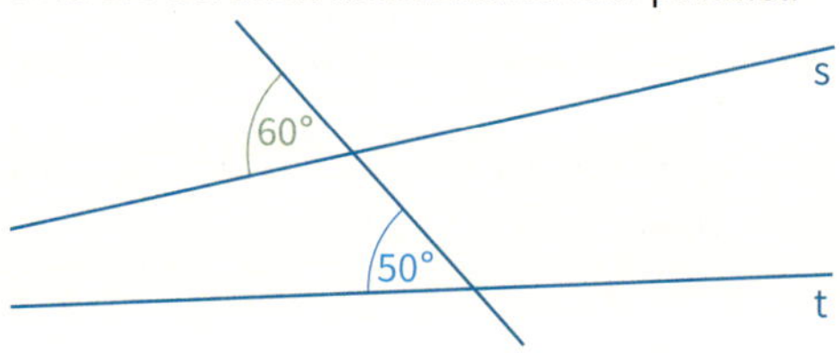

Die Geraden s und t sind nicht parallel.

11 Parallele Geraden
Sind die Geraden g und h parallel zueinander? Begründe.

a)

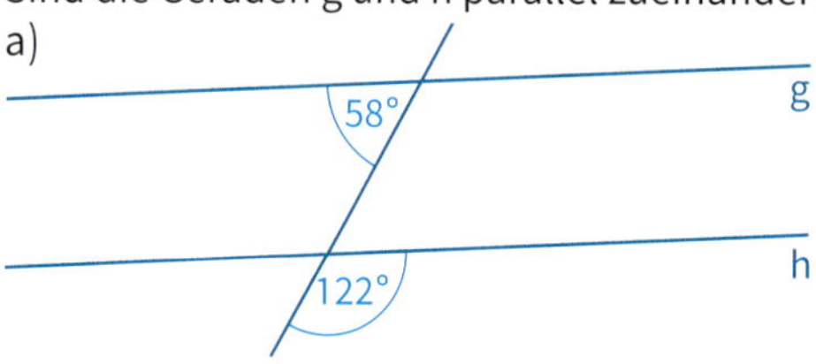

b)

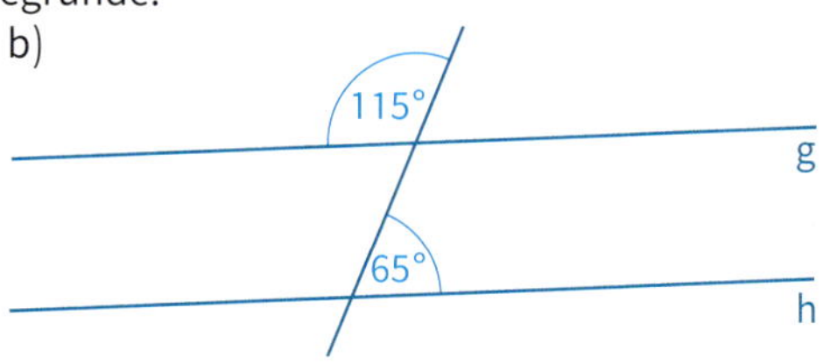

12 Dachbalken
Familie Müller baut sich einen Geräteschuppen. Um die Dachbalken auf das Häuschen zu setzen, muss noch wie in der Skizze ausgesägt werden.
Leider sind die Winkelgrößen α und β nicht bekannt, sondern nur der Winkel der Dachneigung $\gamma = 28°$.
Bestimme die Größe der Winkel α und β.

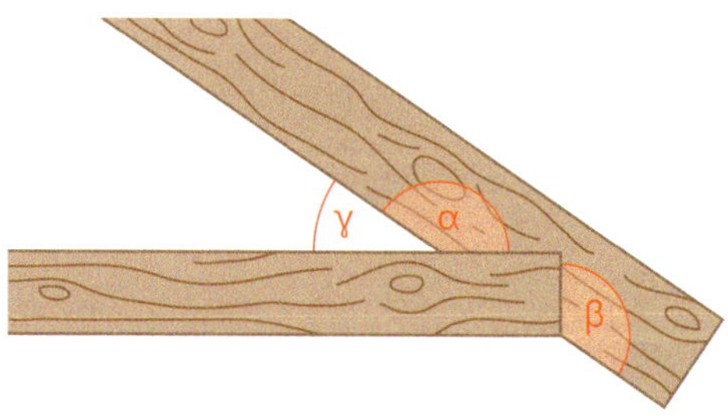

13 Schnittwinkel-Detektiv
Zeichne auf einem Blatt Papier zwei Geraden, die sich außerhalb des Blattes schneiden.
Bestimme nun den Schnittwinkel der Geraden, indem du nur das Blatt Papier nutzt. Beschreibe dein Vorgehen.

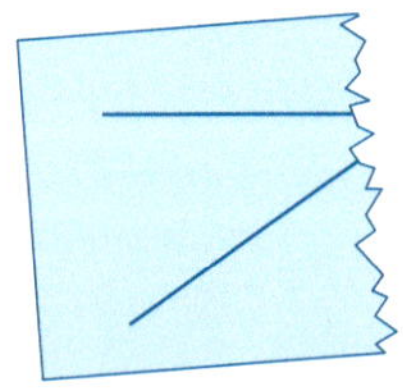

6.2 Winkelsumme in Dreiecken

Zeichne ein beliebiges Dreieck auf ein Blatt Papier, färbe die Ecken, reiße sie ab und lege sie aneinander. Stelle eine Vermutung auf und begründe sie.

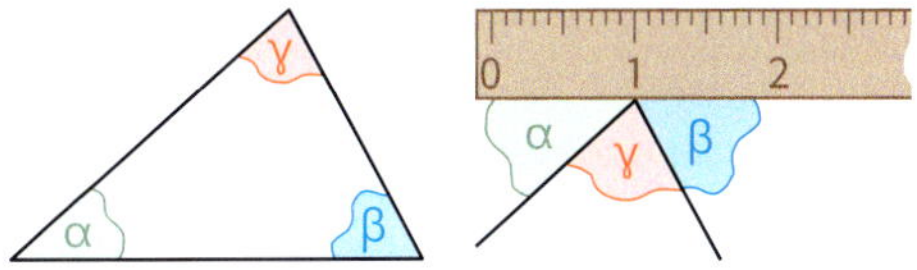

Winkelsummensatz für Dreiecke

In jedem Dreieck sind die drei Innenwinkel zusammen 180° groß.

$\alpha + \beta + \gamma = 180°$

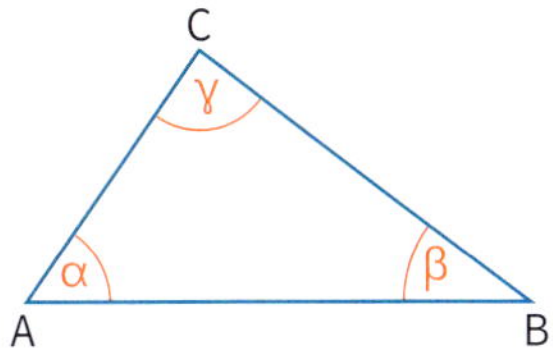

WES-109211-051

Winkel berechnen

Berechne den Winkel γ.

Lösung: Die drei Winkel im Dreieck ergeben zusammen 180°.

Damit ist $\gamma = 63°$,

denn $72° + 45° + 63° = 180°$.

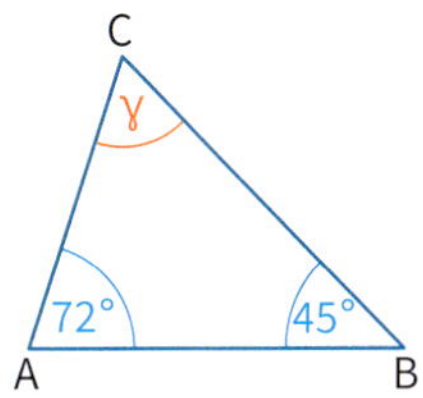

1 **Fehlenden Winkel im Dreieck berechnen**

a)

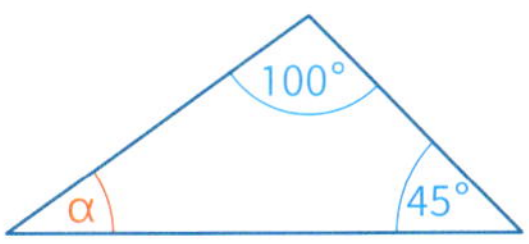

b)

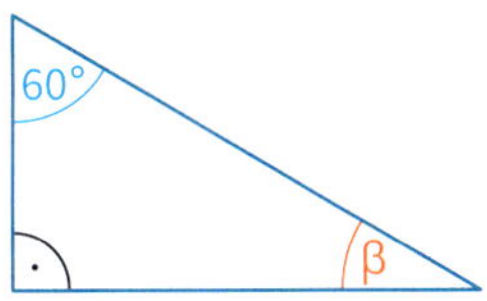

c)

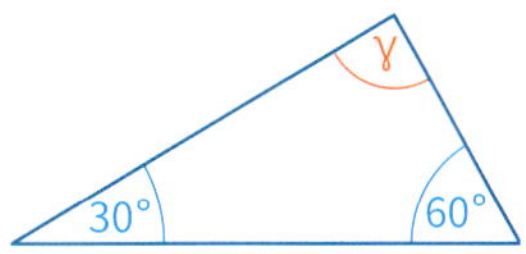

2 **Winkel mit der Winkelsumme berechnen**

Berechne den dritten Innenwinkel im Dreieck ABC.

a) $\alpha = 56°$, $\gamma = 85°$
b) $\alpha = 90°$, $\gamma = 61°$
c) $\beta = 77°$, $\gamma = 56°$
d) $\beta = 90°$, $\gamma = 27°$
e) $\alpha = 112°$, $\beta = 25°$
f) $\alpha = 126°$, $\gamma = 43°$

3 **Ecken finden**

Welche abgerissenen Ecken passen im Dreieck zusammen?

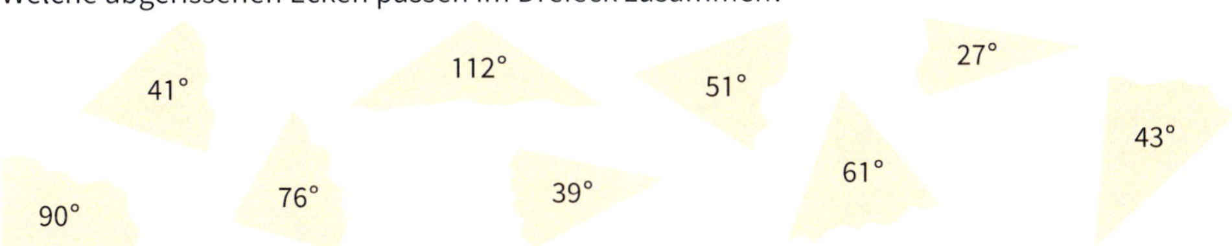

4 Von einem Dreieck sind die Größen von zwei Innenwinkeln bekannt: 68° und 35°. Berechne die Größe des dritten Innenwinkels.

Prüfe dich!
Lösungen auf Seite 228

5 **Winkel aus Bedingungen bestimmen**

In einem Dreieck ist β doppelt so groß wie α und γ dreimal so groß wie α. Berechne die Größen der drei Winkel.

6 Rechtwinklige Dreiecke

ABC soll ein rechtwinkliges Dreieck mit dem rechten Winkel an C sein. Berechne den dritten Winkel. Beschreibe, wie man α aus β bzw. β aus α berechnen kann.

a) $\alpha = 37°$ b) $\beta = 49°$ c) $\beta = 71°$ d) $\alpha = 53°$

7 Dreiecke

Maja, Karim, Britta und Max zeichnen Dreiecke.

Maja: *„Bei meinem Dreieck sind alle Winkel gleich groß.“*
Weißt du, wie groß die Winkel von Majas Dreieck sind?

Karim: *„Mein Dreieck hat einen stumpfen und zwei spitze Winkel.“*
Zeichne ein Dreieck, das auf Karims Beschreibung zutrifft.

Britta: *„Mein Dreieck hat zwei stumpfe und einen spitzen Winkel.“*
Was sagst du zu Brittas Behauptung?

Max: *„Ich habe ein Dreieck gezeichnet, in dem der größte Innenwinkel 58° groß ist.“*
Was sagst du dazu?

8 Beweis des Winkelsummensatzes für Dreiecke

Lies den Beweis aufmerksam durch und erläutere ihn einem Partner in eigenen Worten.

Zur Begründung des Winkelsummensatzes zeichnen wir zur Seite $\overline{AB}$ des Dreiecks ABC die Parallele g durch C und verlängern die Seiten $\overline{AC}$ und $\overline{BC}$.
Dann gilt $\alpha_2 + \gamma + \beta_2 = 180°$, da diese zusammen einen gestreckten Winkel bilden.
α_2 ist Scheitelwinkel von α_1, also gilt $\alpha_2 = \alpha_1$.
α_1 ist Stufenwinkel von α, also gilt $\alpha_1 = \alpha$.
Folglich gilt auch $\alpha = \alpha_2$. Ebenso gilt $\beta = \beta_2$.
Damit erhalten wir: $\alpha + \beta + \gamma = 180°$.

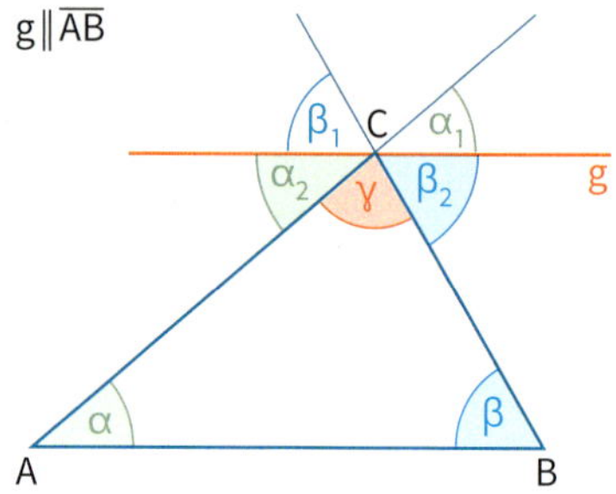

9 Begründung des Winkelsummensatzes durch Falten

Erkläre, wie Ayse die Winkelsumme im Dreieck begründet.

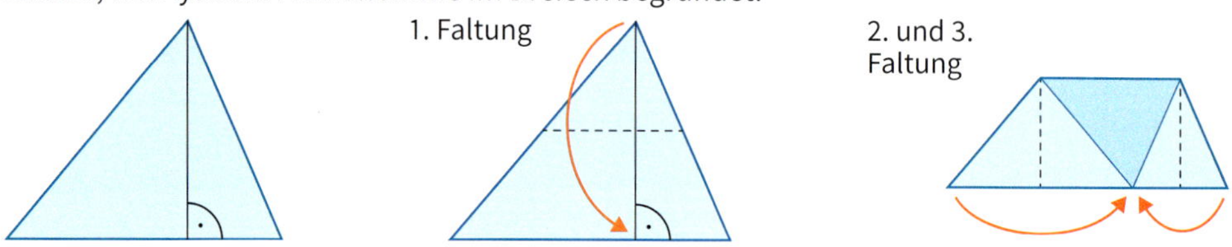

10 Wer bin ich?

In einem Dreieck soll die Summe zweier Innenwinkel so groß wie der dritte Innenwinkel sein. Um was für ein Dreieck handelt es sich?

11 Winkel nach Vorgaben berechnen

Berechne alle drei Innenwinkel des Dreiecks mit den Bedingungen.

a) $\beta = 2 \cdot \alpha$ und $\gamma = 5 \cdot \alpha$ b) β ist 50 % von α; γ ist 30 % von α
c) $\beta = \frac{1}{2} \cdot \alpha$ und $\gamma = \frac{3}{2} \cdot \alpha$ d) $\beta = \alpha + 25°$ und $\gamma = \alpha + 35°$
e) $\beta = 2 \cdot \alpha$ und $\alpha = 3 \cdot \gamma$ f) α ist 50 % von der Summe $\beta + \gamma$

zu a)

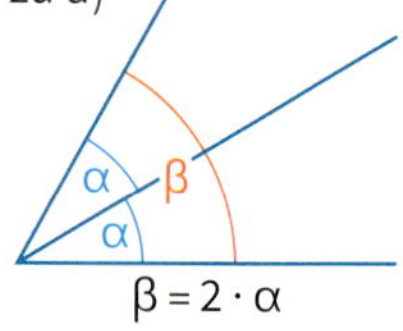

12 Mögliche und unmögliche Dreiecke

Kann man ein Dreieck ABC mit den angegebenen Winkeln zeichnen?

a) $\alpha = 89°$; $\beta = 89°$ b) $\alpha = 89°$; $\beta = 91°$ c) $\beta = 90°$; $\gamma = 90°$

Außenwinkel am Dreieck

1 **Forschen am beweglichen Pappmodell**
Baue aus drei Pappstreifen und zwei Klammern ein Dreieck. Verbinde die drei Pappstreifen mit den beiden Klammern zu einem beweglichen Modell.
Experimentiere, indem du die beweglichen Pappstreifen bewegst. Miss bei verschiedenen Lagen der Pappstreifen die Winkel α, β, γ und α_1, β_1, γ_1 sowie α_2, β_2, γ_2.
Was stellst du fest?

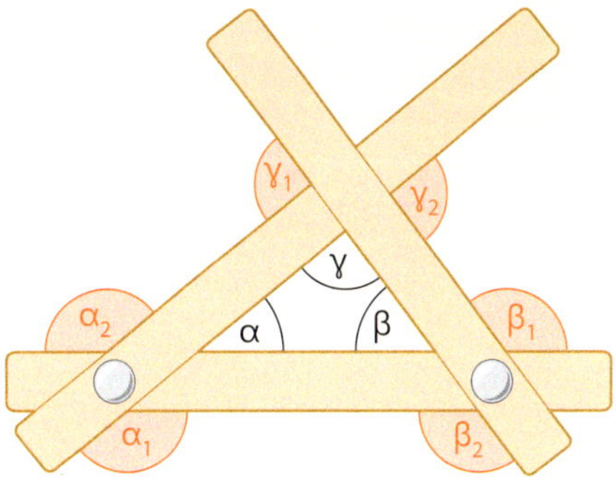

Außenwinkel am Dreieck
Die sechs rot gefärbten Winkel nennt man **Außenwinkel** des Dreiecks.
Zu jedem Innenwinkel eines Dreiecks gibt es zwei Außenwinkel.

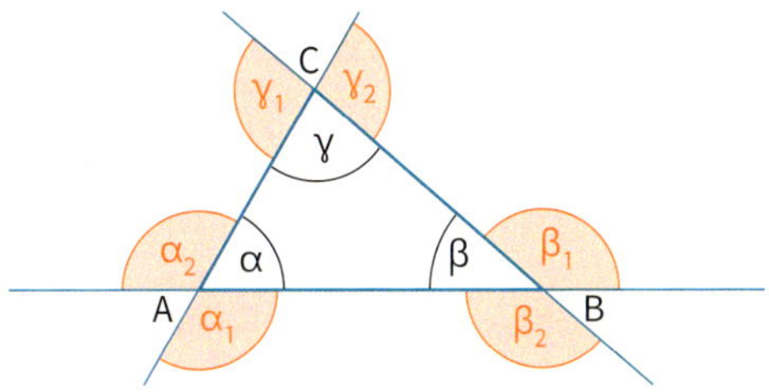

• A Punkt zeichen | Gerade durch Punkte zeichnen | Schnittpunkt zweier Linien | Winkelgröße messen

2 **Forschen mit DGS**
Zeichne ein Dreieck ABC. Nutze dazu die Werkzeuge „Punkt zeichnen“ und „Gerade durch Punkte zeichnen“.
Markiere die Schnittpunkte mit dem Werkzeug „Schnittpunkt“.
Bezeichne die Innenwinkel des Dreiecks mit α, β und γ; die Außenwinkel des Dreiecks mit α_1, β_1, γ_1 und α_2, β_2, γ_2.

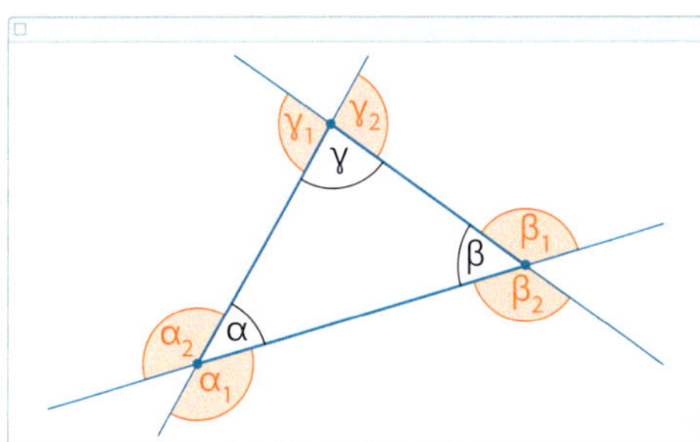

Forschungsaufträge:
- Finde eine Beziehung zwischen einem Innenwinkel und einem seiner Außenwinkel.
- Bestimme die Summe der Außenwinkel α_1, β_1 und γ_1 am Dreieck.
- Finde eine Beziehung zwischen einem Außenwinkel und den beiden nicht anliegenden Innenwinkeln. Zum Beispiel: α_1 und β, γ.

3 **Winkeldetektiv**

a) Wie groß ist γ_1?

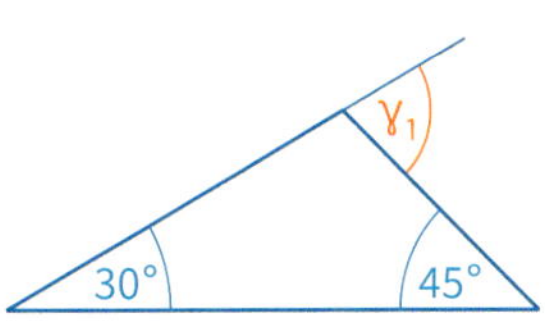

b) Wie groß ist $\alpha + \gamma$?

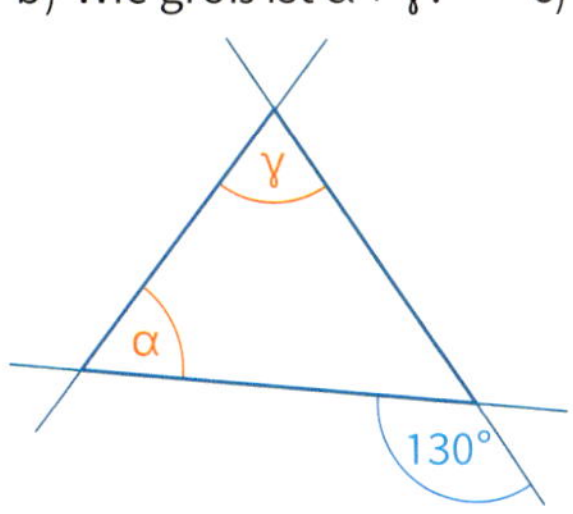

c) $\beta + \gamma = 70°$. Wie groß sind α und α_1?

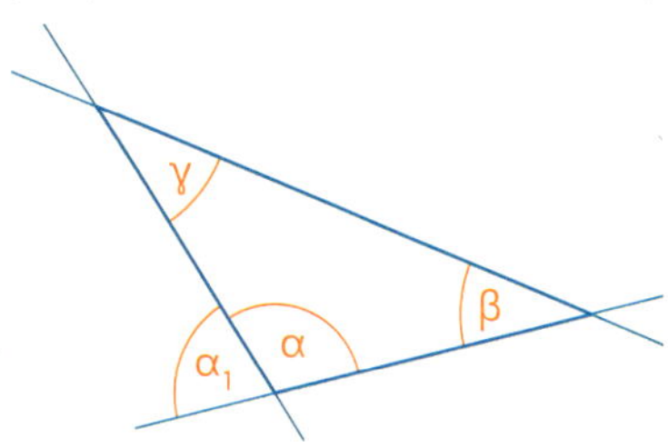

6.3 Winkelsumme in Vielecken

Zur Untersuchung der Winkelsumme in einem Viereck zerlegt Jan das Viereck ABCD durch die Strecke $\overline{BD}$ in zwei Dreiecke. Dadurch werden die Winkel β und δ in jeweils zwei Teilwinkel aufgeteilt. Jan argumentiert, dass die Summe aller Winkel im Dreieck ABD 180° ergibt. Führe seinen Gedankengang fort, um die Winkelsumme im Viereck zu ermitteln.

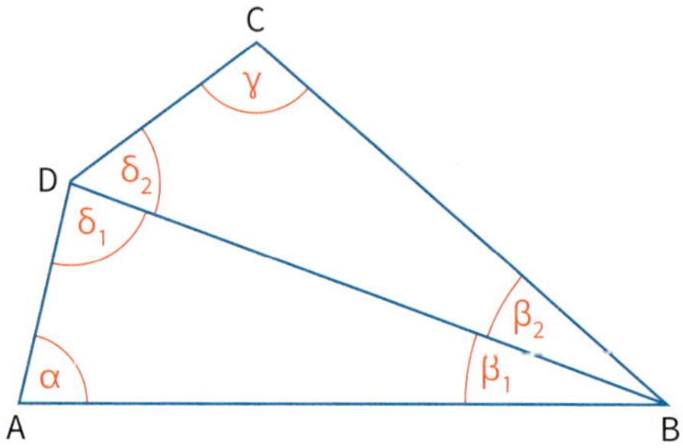

WES-109211-052

Winkelsumme im Viereck

In jedem Viereck sind die vier Innenwinkel zusammen 360° groß.

$\alpha + \beta + \gamma + \delta = 360°$

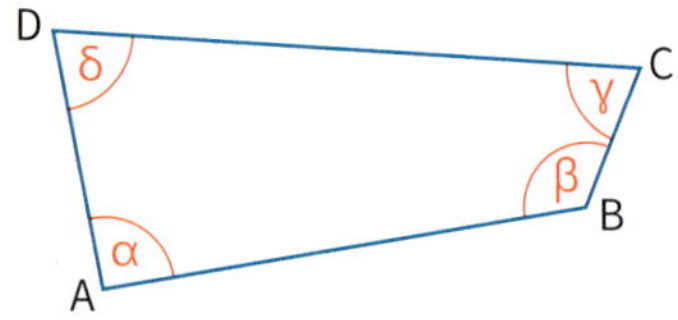

Winkel berechnen

Berechne den Winkel δ.
Lösung: Die vier Winkel im Viereck ergeben zusammen 360°.
Damit ist $\delta = 65°$,
denn $135° + 60° + 100° + 65° = 360°$.

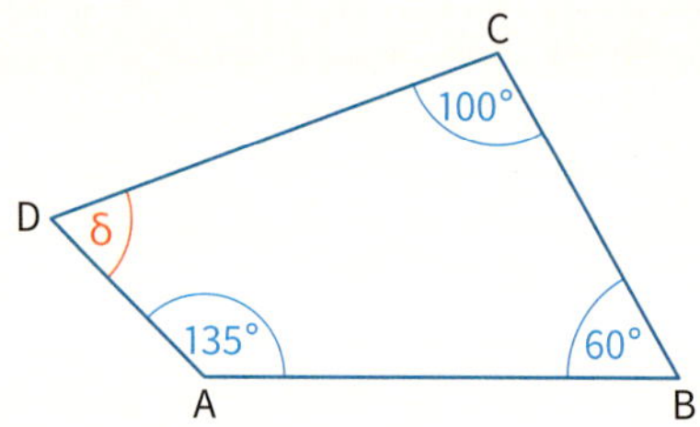

1 **Unbekannte Winkel ermitteln**

Berechne die rot markierten Winkel im Viereck.

(1)

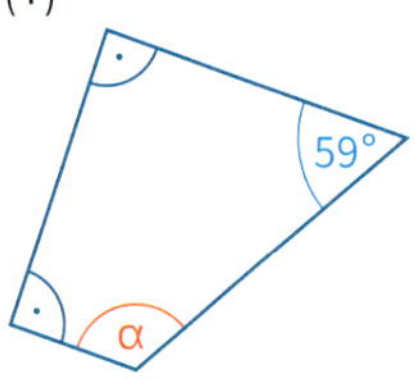

(2)

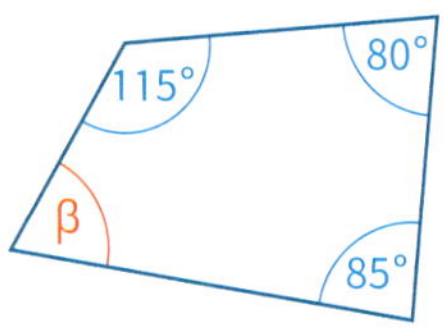

(3)

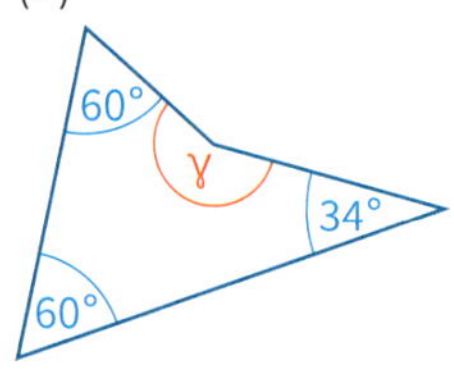

(4)

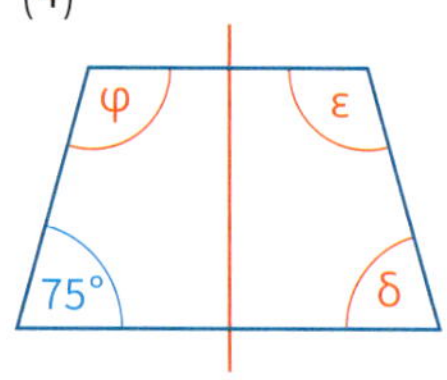

Symmetrieachse

2 **Vierecke nach Vorgaben zeichnen**

Zeichne ein Viereck ABCD. Es soll gelten:

a) $\alpha = 50°$; γ ist doppelt so groß wie α; δ ist doppelt so groß wie β.
b) β ist doppelt so groß wie α; γ ist dreimal so groß wie α; δ ist viermal so groß wie α.

Prüfe dich!
Lösungen auf Seite 228

3 a) In einer Raute ist ein Winkel mit 42° gegeben. Berechne die weiteren Winkelgrößen.
b) In einem Parallelogramm ist ein Winkel mit 119° gegeben. Berechne die weiteren Winkelgrößen.

4 Winkelarten im Viereck

Betrachte ein Viereck, welches kein Rechteck ist.

a) Wie viele spitze Winkel hat das Viereck mindestens, wie viele höchstens?

b) Wie viele stumpfe Winkel hat das Viereck mindestens, wie viele höchstens?

c) Wie viele überstumpfe Winkel hat das Viereck mindestens, wie viele höchstens?

5 Winkelsumme in Vielecken

Die Winkelsumme in Dreiecken und Vierecken kennst du schon.

a) Untersuche, wie groß die Summe der Innenwinkel eines Fünfecks, Sechsecks, Siebenecks ist.

b) Versuche herauszufinden, wie man aus der Anzahl n der Ecken eines Vielecks die Winkelsumme der Innenwinkel berechnen kann.

c) Wie viele Ecken hat ein Vieleck, dessen Winkelsumme 1800° beträgt?

Vielecke	Winkelsumme
Dreieck	180°
Viereck	360°
Fünfeck	

6 Kann das sein?

Vivian behauptet:

„Mein Fünfeck hat nur eine Winkelsumme von 360°.“

Was würdest du ihr sagen?

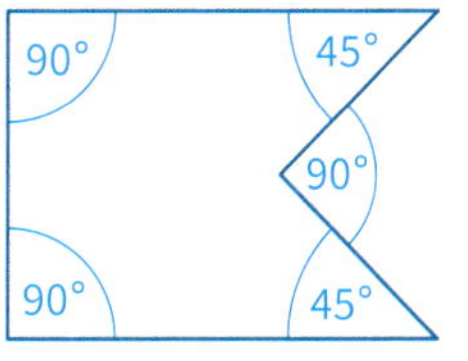

7 Dreiecke und parallele Geraden

Die Geraden g und h sind parallel zueinander. Berechne die rot markierten Winkel.

a)

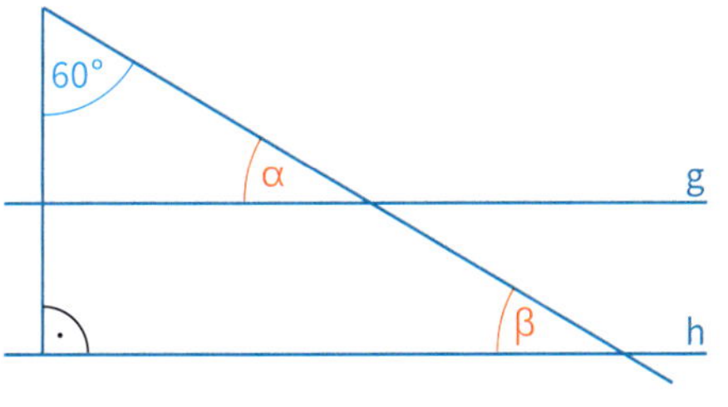

b)

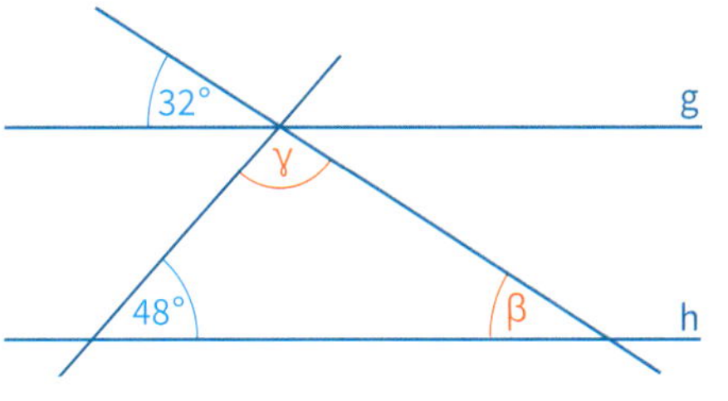

8 Winkel in Figuren berechnen

Zeichne eine entsprechende Figur in dein Heft. Berechne die rot markierten Winkel und trage die Ergebnisse ein.

a)

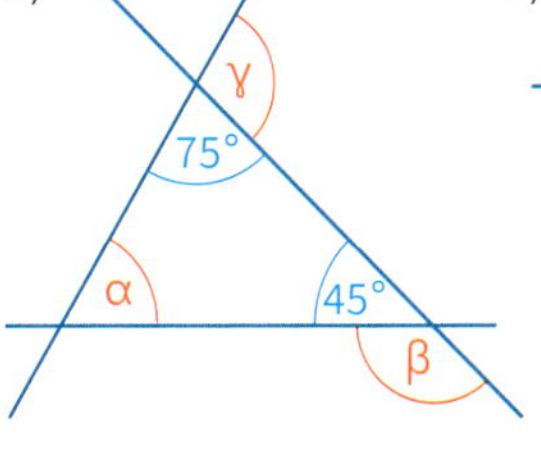

b)

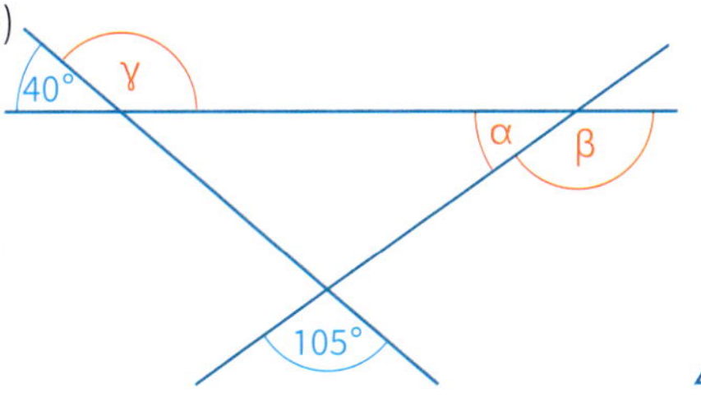

c)

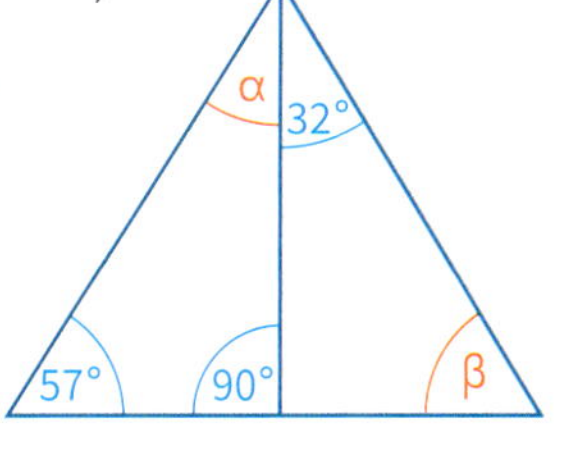

9 Um die Ecke gedacht

Berechne den Winkel β. w ist eine Winkelhalbierende.

a)

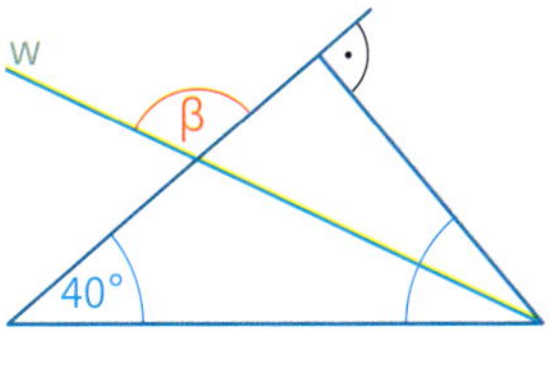

b)

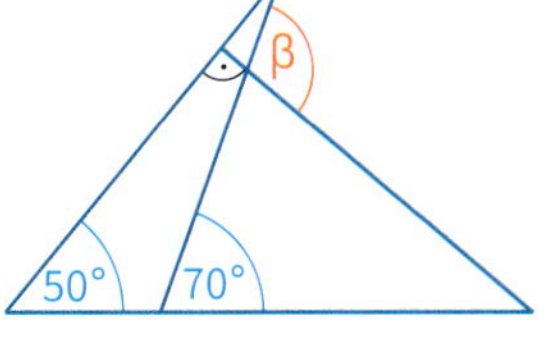

c)

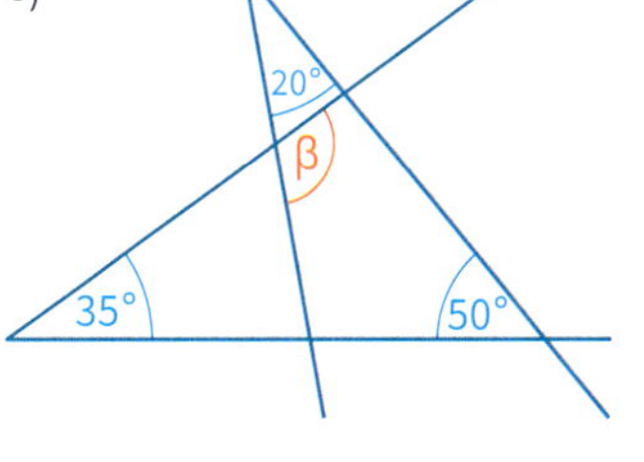

6.4 Symmetrische Dreiecke und Vierecke

Vorbereiten
Vierecke und Dreiecke
Seite 198

Die Pyramiden von Gizeh in Ägypten sind etwa 4500 Jahre alt.
Die große Pyramide ist quadratisch und die Spitze befindet sich über dem Mittelpunkt der Grundfläche.
Untersuche, welche Besonderheit die Seitenflächen haben.

WES-109211-053

Winkel in gleichschenkligen Dreiecken

In einem gleichschenkligen Dreieck nennt man die beiden gleich langen Seiten **Schenkel** und die dritte Seite **Basis**. Die anliegenden Winkel heißen **Basiswinkel**.

Basiswinkelsatz

In jedem gleichschenkligen Dreieck sind die Basiswinkel gleich groß.

a = b

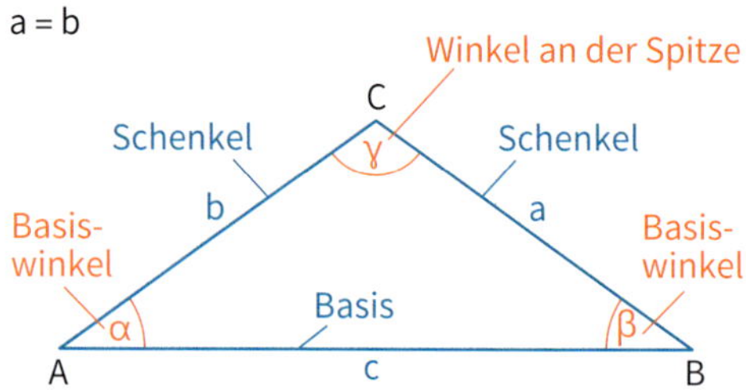

Basiswinkelsatz anwenden

Berechne die Winkel β und γ.
Lösung: Die Schenkel AC und AB sind gleich lang, sodass die Winkel β und γ gleich groß sind. Aufgrund der Winkelsumme im Dreieck sind sie beide 65° groß.

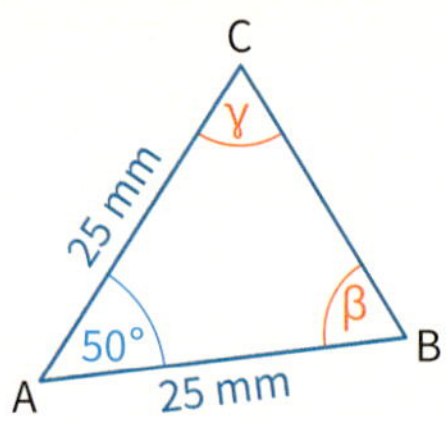

1 **Basiswinkel berechnen**

Prüfe, ob du den Basiswinkelsatz anwenden darfst und bestimme dann, falls möglich, den rot markierten Winkel.

a)

b)

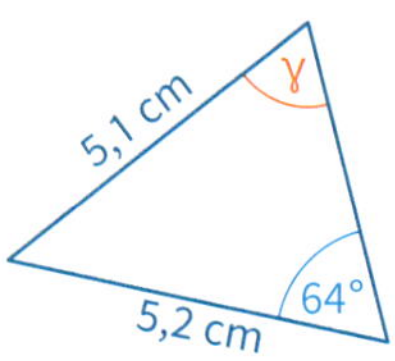

c)

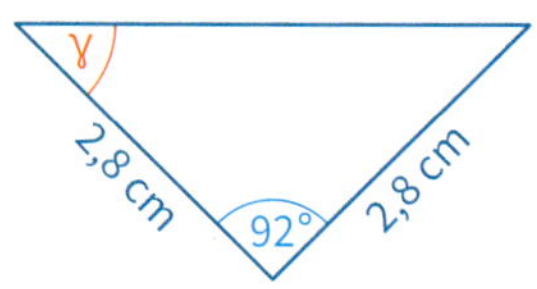

2 **Winkel berechnen**

Gib bei dem gleichschenkligen Dreieck an, welches die Basis, welches die Basiswinkel, welches der Winkel an der Spitze, welches die Schenkel sind. Berechne die rot markierten Winkel.

a)

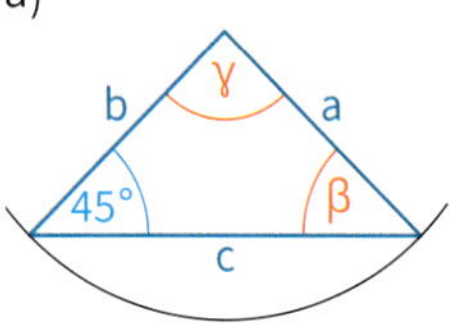

b)

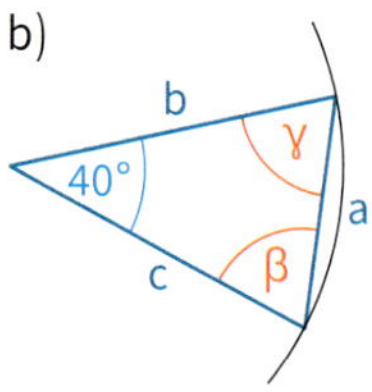

c)

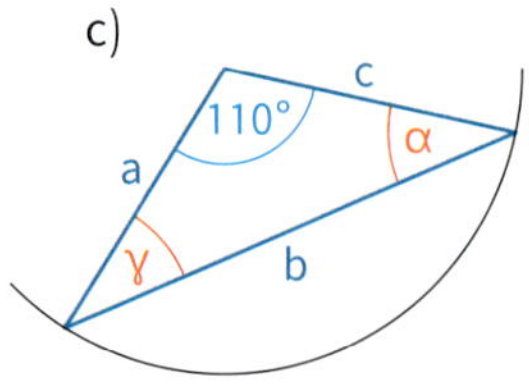

d)

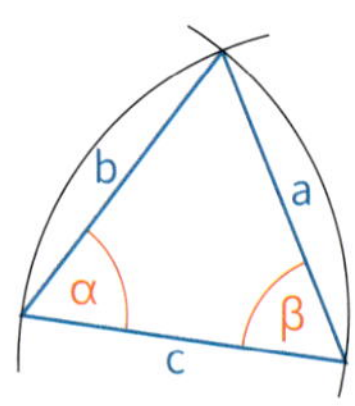

3 **Gleichseitige Dreiecke**
Ermittle, wie groß die Innenwinkel in jedem beliebig großen gleichseitigen Dreieck sind.

4 a) In einem gleichschenkligen Dreieck ABC gilt $a = c$. Welche Winkel sind gleich groß?
b) In einem gleichschenkligen Dreieck ABC gilt $b = c$. Welche Winkel sind gleich groß?

Prüfe dich!
Lösungen auf Seite 228

5 **Dachneigungen**

a) Der Hausgiebel ist ein Dreieck mit zwei gleich langen Seiten; die rechte Dachfläche hat eine Neigung von 45°.
Wie groß ist die Neigung der linken Dachfläche, wie groß ist der Winkel an der Spitze? Begründe.
b) Für Dachneigungen in einem neuen Baugebiet sind Winkel zwischen 30° und 45° zugelassen.
Was kannst du dann über den Winkel an der Spitze aussagen?

6 **Umkehrung des Basiswinkelsatzes**
Die Umkehrung des Basiswinkelsatzes lautet:

Wenn in einem Dreieck zwei Winkel gleich groß sind, dann sind die beiden Seiten, die nicht zwischen ihnen liegen, gleich lang – es ist also gleichschenklig.

a) Überprüfe, ob diese Aussage wahr ist.
b) Im Dreieck ABC gilt $\alpha = 120°$ und $\beta = 30°$. Was kannst du über das Dreieck aussagen?

7 **Eindeutig oder nicht?**
Anne und Tim zeichnen jeweils ein gleichschenkliges Dreieck. Bei Annes Dreieck ist ein Innenwinkel 93° groß, bei Tim 52°. Was kannst du über die anderen Winkel aussagen?

8 **Dreiecke und Vierecke**
a) Zeichne ein symmetrisches Viereck mit seinen Diagonalen. Welche besonderen Dreiecke entdeckst du?
b) Zeichne in ein gleichschenkliges Dreieck eine Raute, die einen Winkel mit dem Winkel an der Spitze des Dreiecks gemeinsam hat und deren Gegenecke auf der Basis des Dreiecks liegt.
c) Bei einem Drachenviereck ist eine Seite 3 cm lang, eine andere 5 cm und ein Winkel ist 40° groß. Wie kann dieses Drachenviereck aussehen?

9 **Parallelogramm**
Julia hat mit einem DGS ein Viereck gezeichnet und zwei Winkel gemessen.
Ist das Viereck ein Parallelogramm?
Begründe.

10 **Winkel in besonderen Vierecken**
Wie verändern sich die Winkel bei Bewegung des Geräts? Welche Winkelbeziehungen bleiben gleich? Begründe, um welche Art Viereck es sich handelt.

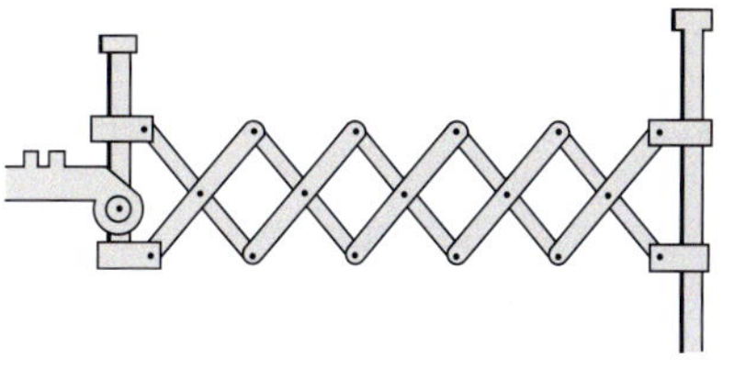

Mein Merkzettel

Seite 128
Seite 129

Winkel an Geradenkreuzungen

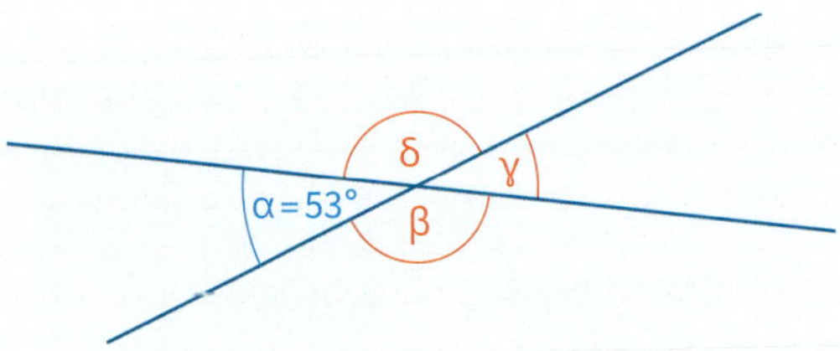

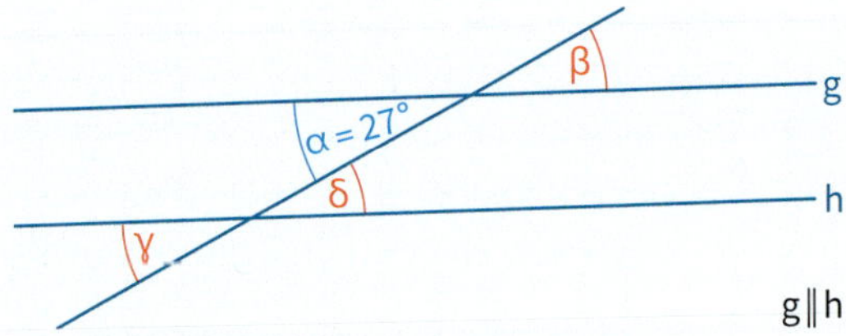

- *γ ist Scheitelwinkel zu α, also $\gamma = \alpha = 53°$*
- *β ist Nebenwinkel zu α, also $\beta = 127°$, da $127° + 53° = 180°$*
- *δ ist Scheitelwinkel zu β, also $\delta = 127°$*

- *β ist Scheitelwinkel zu α, also $\beta = 27°$*
- *γ ist Stufenwinkel zu α, also $\gamma = 27°$*
- *δ ist Wechselwinkel zu α, also $\delta = 27°$*

Seite 130

Auf Parallelität prüfen

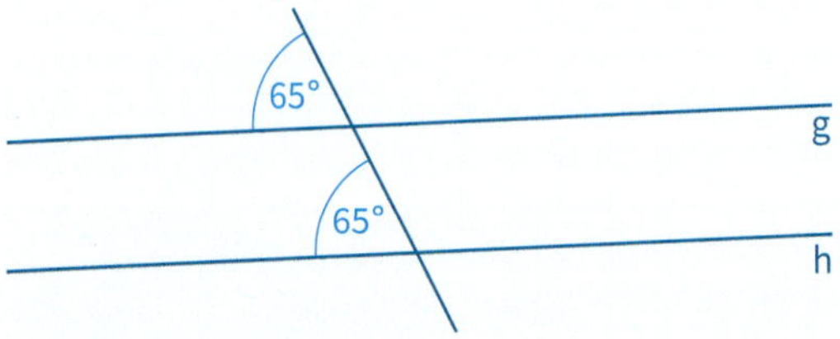

Die Stufenwinkel sind gleich groß, also sind g und h parallel zueinander.

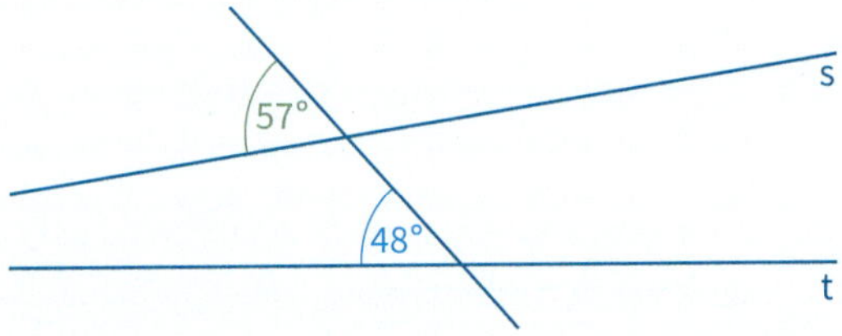

Die Stufenwinkel sind nicht gleich groß, also sind s und t nicht parallel zueinander.

Seite 131
Seite 134

Winkelsumme in Vielecken nutzen

Dreieck: *$\alpha + \beta + \gamma = 180°$*

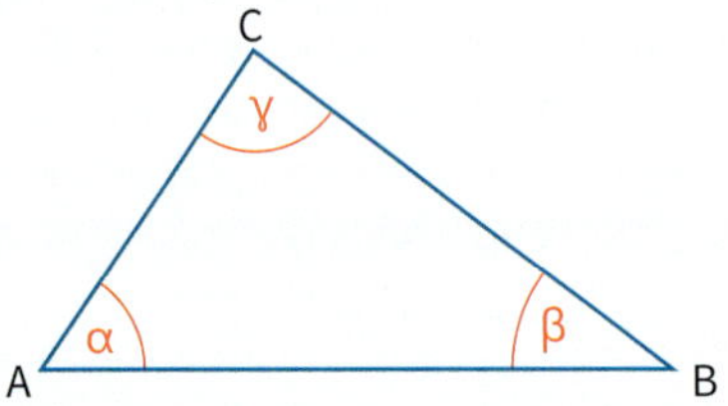

$\alpha = 48°$; $\beta = 33°$
γ berechnen: $\gamma = 99°$, da $\alpha + \beta + \gamma = 180°$

Viereck: *$\alpha + \beta + \gamma + \delta = 360°$*

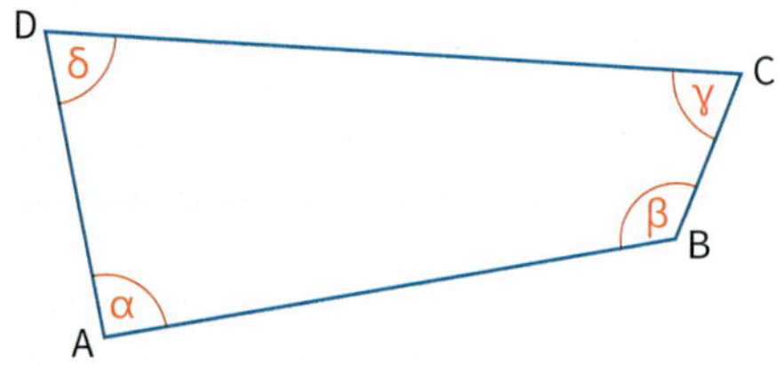

$\alpha = 105°$; $\beta = 127°$; $\gamma = 72°$
δ berechnen: $\delta = 56°$, da $\alpha + \beta + \gamma + \delta = 360°$

Seite 136

Winkel in besonderen Dreiecken

Gleichschenkliges Dreieck

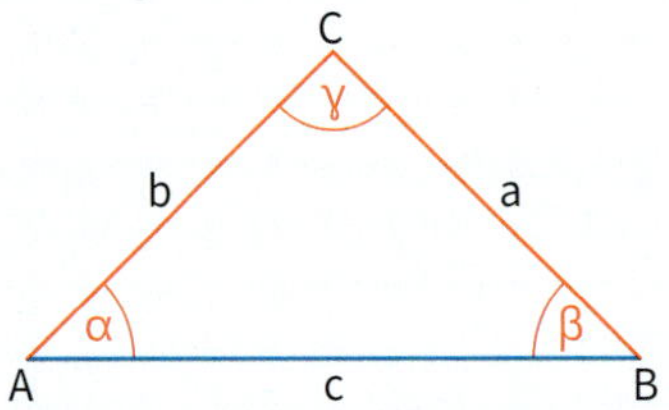

Die beiden Basiswinkel sind gleich groß: $\alpha = \beta$
für $\alpha = 40°$: $\beta = 40°$ (Basiswinkel)
$\gamma = 100°$ (Winkelsumme)

Gleichseitiges Dreieck

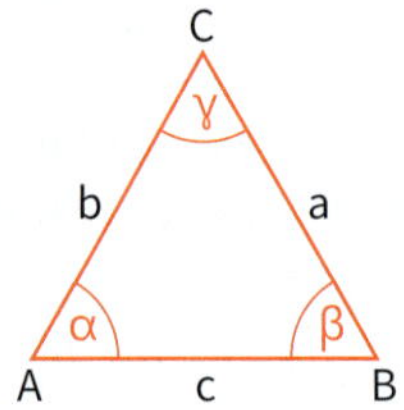

$\alpha = \beta = \gamma$
Alle Winkel sind 60° groß.

Wiederholen für die Klassenarbeit

Lösungen auf Seite 228

1 **Winkelgrößen an Geradenkreuzungen berechnen**

Wie groß ist $\alpha + \beta$?

a)

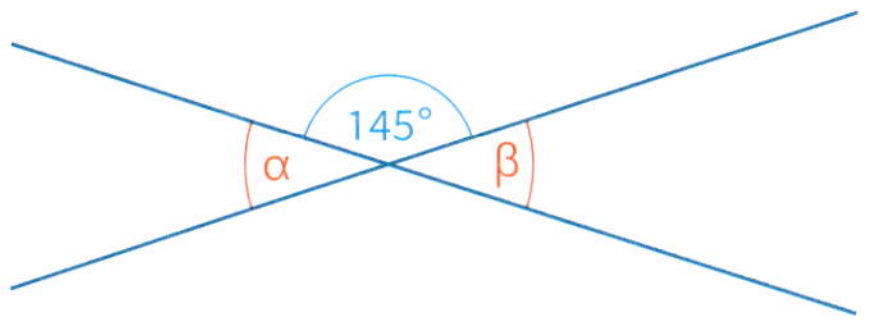

b)

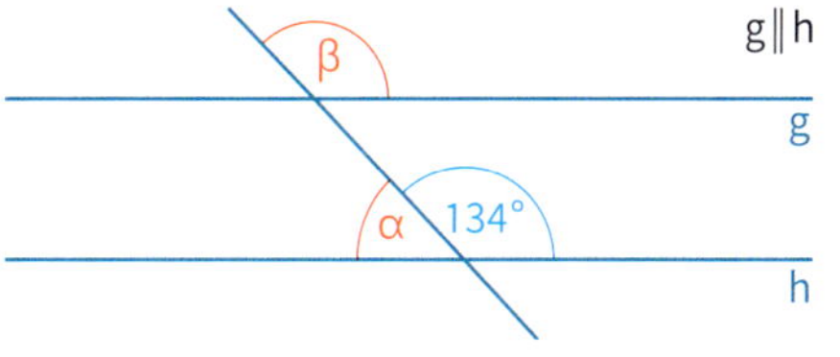

2 **Geradenkreuzungen zeichnen**

a) Zeichne zwei sich schneidende Geraden, bei denen ein Winkel dreimal so groß wie sein Nebenwinkel ist.

b) Zeichne zwei parallele Geraden, die von einer dritten geschnitten werden, sodass α und β Wechselwinkel zueinander sind und der Nebenwinkel von β um 40° größer als α ist.

3 **Winkelgrößen berechnen**

Berechne die fehlenden Winkel.

a)

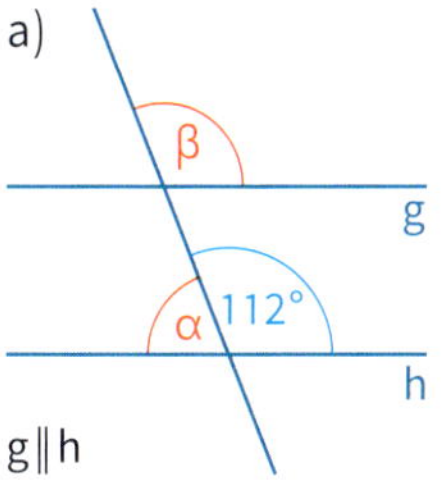

b)

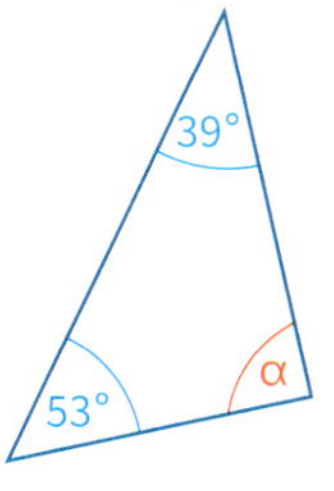

c)

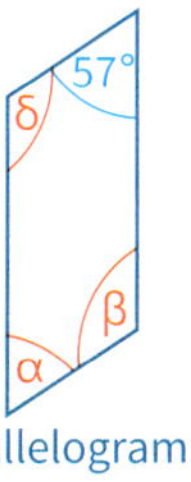

Parallelogramm

d)

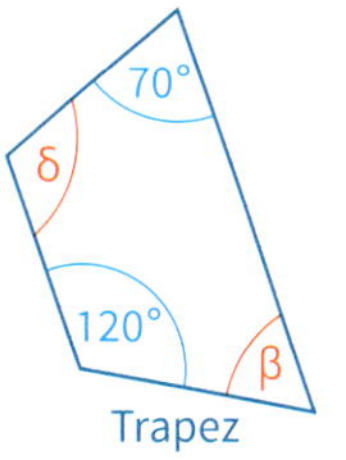

Trapez

4 **Dreiecksarten bestimmen**

Berechne den fehlenden Winkel des Dreiecks ABC. Was für ein Dreieck liegt vor?

a) $\alpha = 67°$; $\gamma = 23°$ b) $\alpha = 35°$; $\beta = 110°$ c) $\beta = 72°$; $\gamma = 28°$ d) $\alpha = 44°$; $\beta = 45°$

5 **Winkelgrößen in Figuren bestimmen**

Berechne den Winkel α. Begründe jeden Schritt. w ist eine Winkelhalbierende.

a)

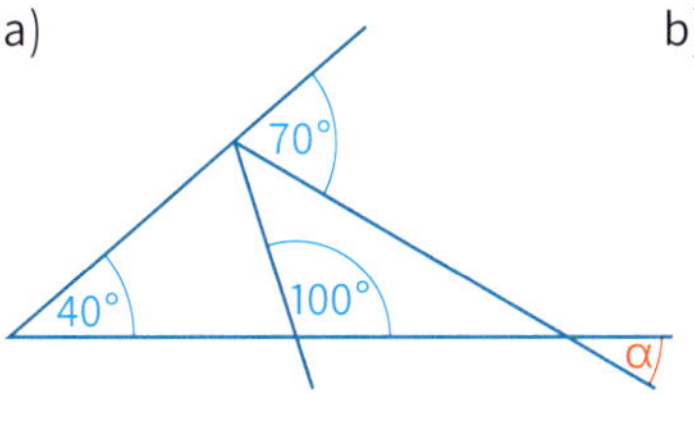

b)

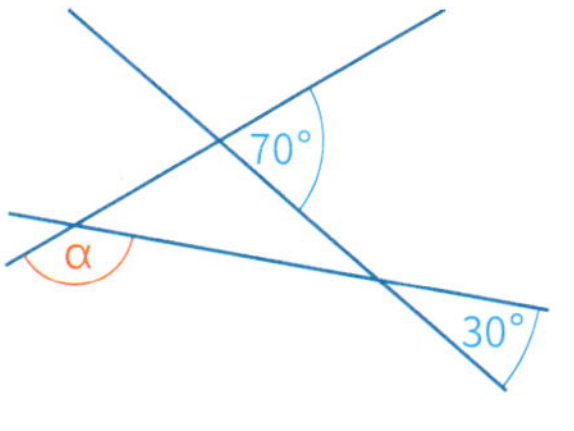

c)

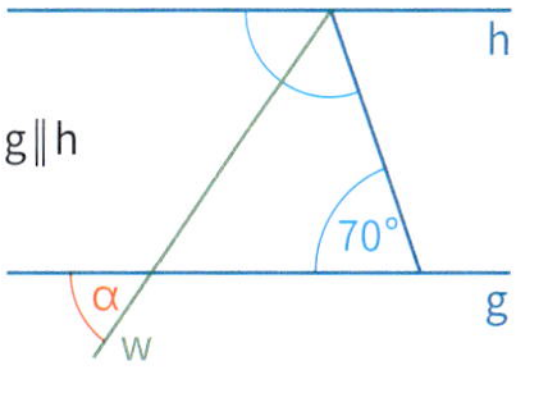

6 **Winkelgrößen am Hausdach**

Der Neigungswinkel eines mit Schiefer gedeckten Satteldaches muss mindestens 30° betragen. Was kannst du über den Winkel an der Spitze aussagen?

7 **Winkel im rechtwinkligen Dreieck**

In einem rechtwinkligen Dreieck ist ein weiterer Winkel 45° groß. Was kannst du über das Dreieck aussagen?

7 Rauminhalt von Körpern

Ein Zauberwürfel besteht aus einzelnen Steinen, sodass sich die einzelnen Lagen jeweils drehen lassen. Ziel ist es, einheitlich Farben auf den Seitenflächen zu erreichen.
Bei Wettbewerben im sogenannten Speedcubing treten die Teilnehmer an, um einen Zauberwürfel möglichst schnell zu lösen. Einige Profis schaffen das in unter 10 Sekunden.
Aus wie vielen einzelnen Steinen besteht ein Zauberwürfel?

- Wie kann man Rauminhalte berechnen?
- Wie viele Liter passen in einen Würfel mit der Kantenlänge 1 dm?
- Wie hoch ist der gesamte Wasserverbrauch zur Herstellung von 1 kg Rindfleisch?

7.1 Rauminhalte messen

Jannik baut verschiedene Würfelgebäude.

- Für welches der beiden Gebäude benötigt er mehr Würfel?
- Wie viele Würfel müsste er ergänzen, damit ein großer Würfel entsteht?

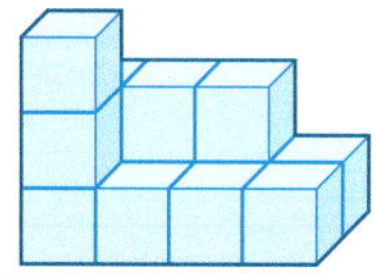
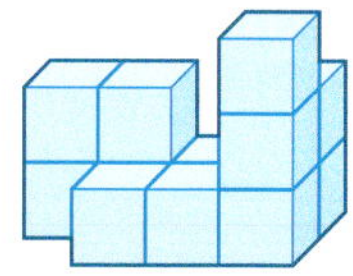

WES-109211-054

Volumen eines Körpers

Ein Körper besitzt einen Rauminhalt.
Statt Rauminhalt sagt man auch **Volumen**.

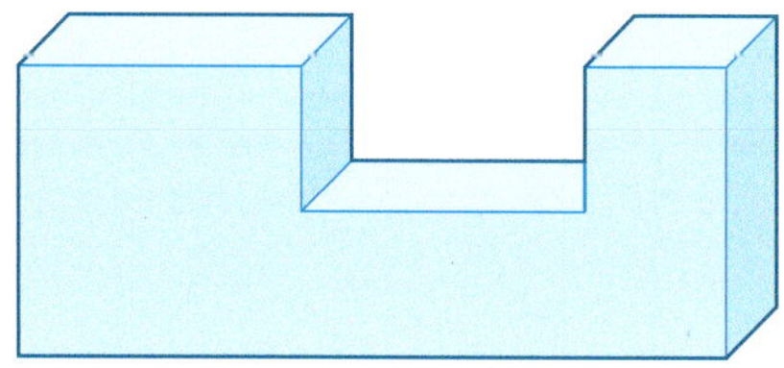

Das Volumen eines Körpers kann durch Ausfüllen mit Einheitswürfeln der Kantenlänge 1 cm bestimmt werden.

Ein Einheitswürfel hat das Volumen **1 Kubikzentimeter**.
Schreibweise: $1\,cm^3$

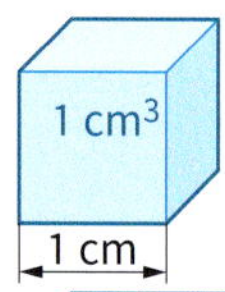

Einheitswürfel

Der Körper lässt sich mit 8 Einheitswürfeln ausfüllen.
Das Volumen des Körpers ist $8 \cdot 1\,cm^3$.
Volumen: $V = 8\,cm^3$

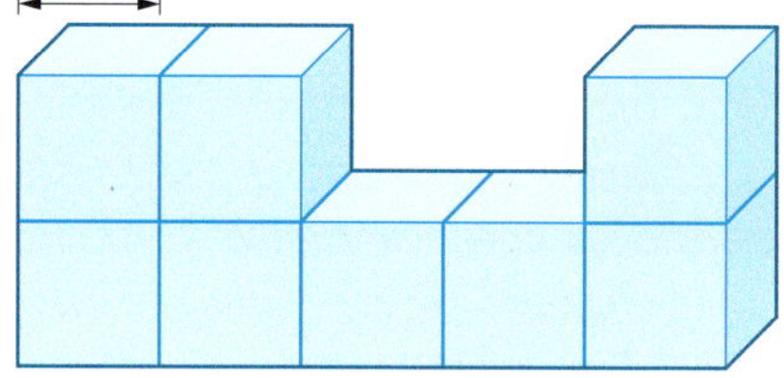

1 **Volumen von Körpern bestimmen**
Bestimme das Volumen der Körper. Die kleinen Würfel haben eine Kantenlänge von 1 cm.

① 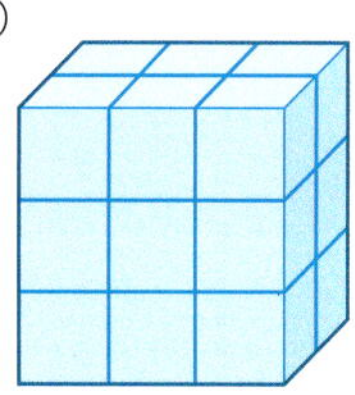
② 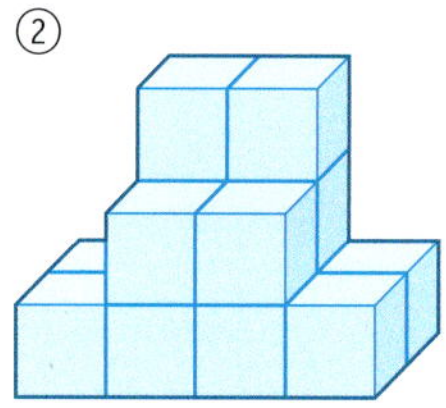
③ 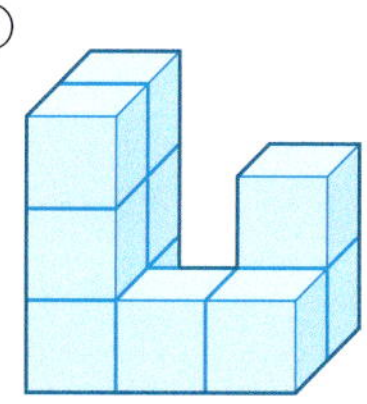
④ 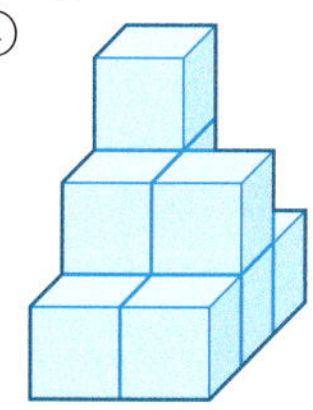

2 **Volumen und Anteile vom Volumen**
a) Bestimme das Volumen der Körper.
b) Gib jeweils den Anteil an, den der grüne Körper am Gesamtkörper hat.

A 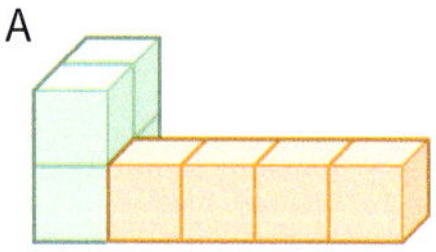
B 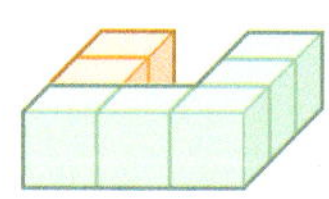

3 **Zum Quader ergänzen**

① 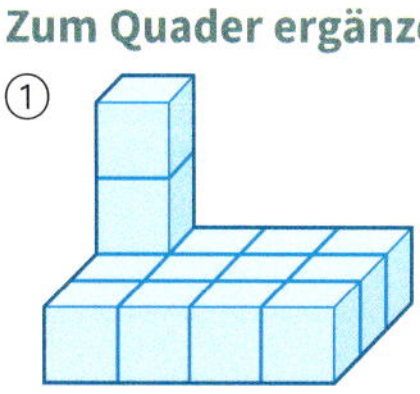
② 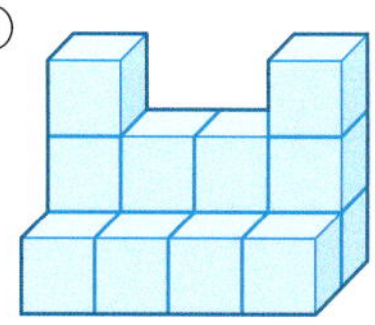
③ 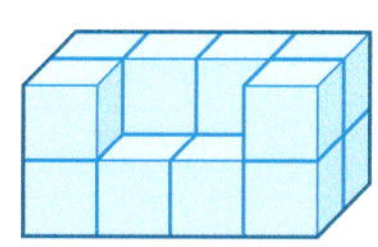
④ 

a) Alle kleinen Würfel haben die Kantenlänge 1 cm. Bestimme das Volumen der Körper.
b) Wie viele kleine Würfel musst du jeweils mindestens ergänzen, damit ein Quader entsteht? Gib auch das Volumen des Quaders an.

4 = **Volumen von Körpern**

Bestimme das Volumen des Körpers.

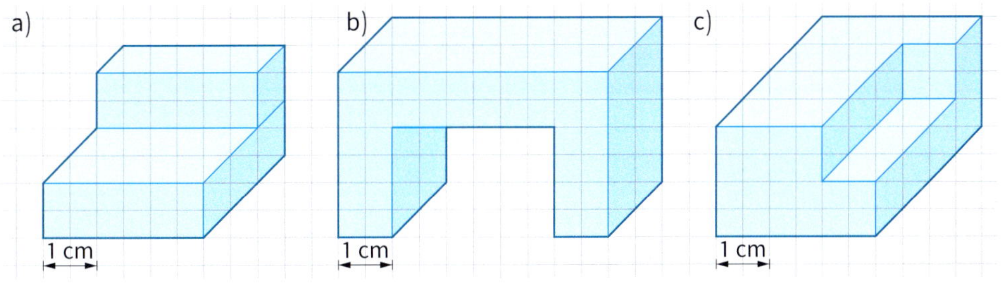

---

5 = Bestimme das Volumen des Körpers.

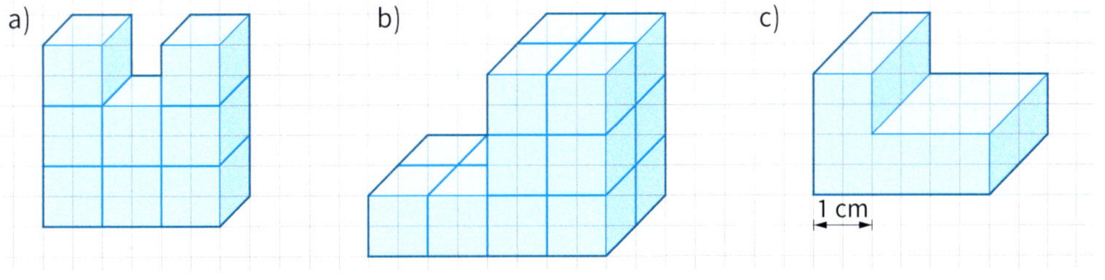

Prüfe dich!
Lösungen auf Seite 230

6 = a) Die kleinen Würfel haben die Kantenlänge 1 cm. Bestimme das Volumen des Körpers.
b) Bestimme die Anzahl kleiner Würfel, die du mindestens ergänzen musst, damit ein Quader entsteht.
c) Gib den Anteil an, den der abgebildete Körper an diesem Quader hat.

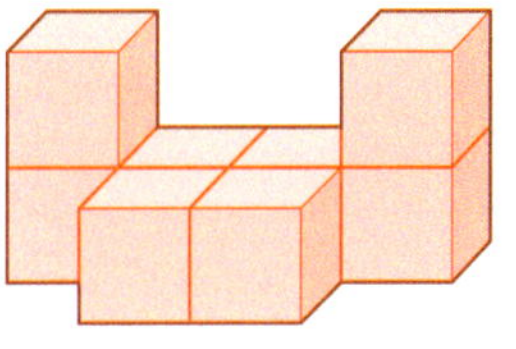

---

7 = **Volumen von Körpern vergleichen**

Untersuche, ob die Körper dasselbe Volumen haben. Zerlege geschickt und begründe.

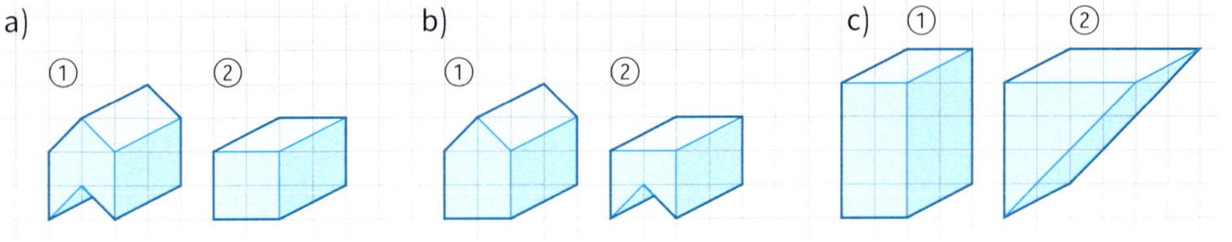

8 = **Körper zeichnen**

Zeichne das Schrägbild von vier verschiedenen Körpern, die ein Volumen von 6 cm^3 haben.

Nachschlagen
Schrägbild
Seite 199

9 = **Muster mit Würfeltürmen**

Gib das Volumen der abgebildeten Würfeltürme an.
Jeder Würfel hat das Volumen 1 cm^3.
a) Bestimme das Volumen der nächsten drei Würfeltürme.
b) Bestimme das Volumen des 10. Würfelturms.

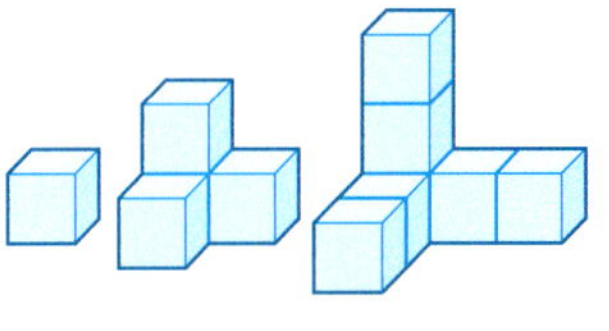

10 ≡ **Würfelpyramide**

Die Würfelpyramide besteht aus 10 „Etagen“ und ist aus Würfeln mit der Kantenlänge 1 cm gebaut.
a) Bestimme das Volumen dieser Würfelpyramide.
b) Bestimme das Volumen einer Pyramide aus 15 „Etagen“.

Raumvorstellung

1 **Würfelhaus betrachten**

Finn, Sophia, Ahmed und Lin haben auf dem Tisch ein Würfelhaus aufgebaut. Jedes Kind sieht das Würfelhaus von einer anderen Seite.

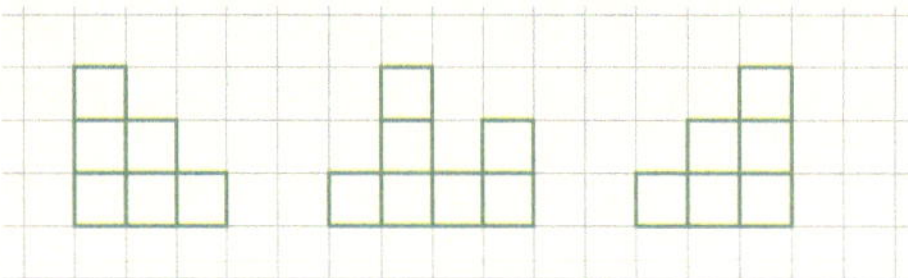

Welches Bild sieht welches Kind?
Ergänze das fehlende Bild im Heft.

2 **Würfelhäuser von oben betrachten**

Jana hat die Würfelhäuser A bis F gebaut.

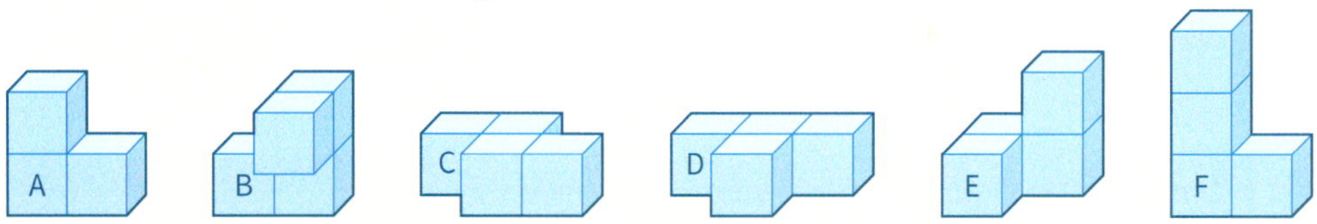

Die Würfelhäuser werden nun von oben betrachtet. Dargestellt sind einige Ansichten von oben.

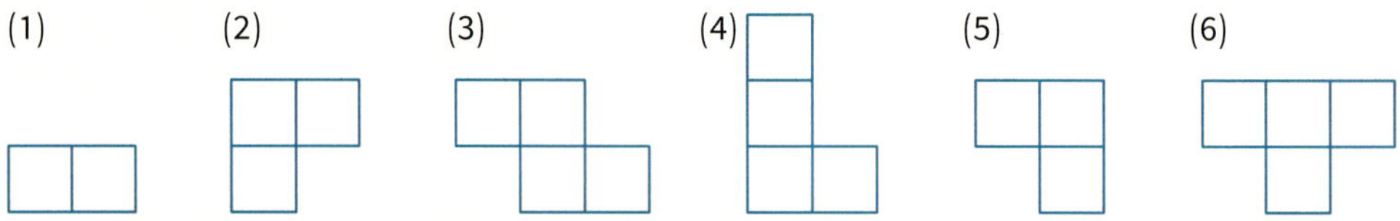

- Ordne den Würfelhäusern die Ansicht von oben zu.
- Für welche Ansicht ist kein Würfelhaus dargestellt? Zeichne ein mögliches Würfelhaus.

3 **Würfelhäuser ergänzen**

Ergänze die Würfelhäuser im Kopf zu einem Quader.
Welche Länge, Breite und Höhe haben die Quader? Wie viele Würfel müssen ergänzt werden?

Somawürfel

1 Würfelteile

Jan hat aus einer langen Holzstange Würfel abgesägt. Die Würfel hat er zu Würfelteilen zusammengeklebt, die alle „krumm“ sind.

- Wie viele einzelne Würfel hat Jan insgesamt zusammengeklebt?
- Jan behauptet, dass dies alle „krummen“ Möglichkeiten sind, wenn man höchstens vier Würfel zusammenklebt. Hat er recht?

2 Bau der 7 Würfelteile

Baue die sieben abgebildeten Würfelteile aus Aufgabe 1.
Achte darauf, dass die quadratischen Klebeflächen genau aufeinanderpassen.

3 Einfache Würfelhäuser bauen

Setze die Körper aus den Würfelteilen zusammen.

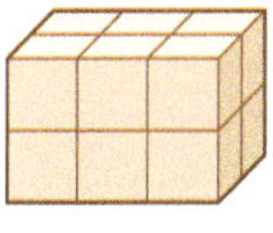
Hocker

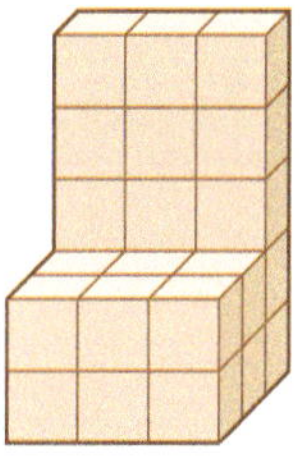
Stuhl

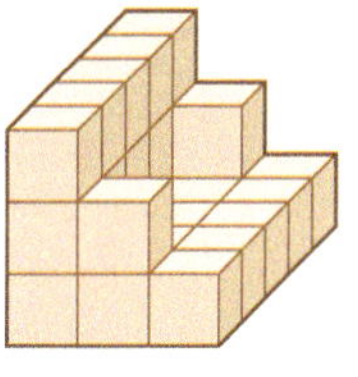
Sofa

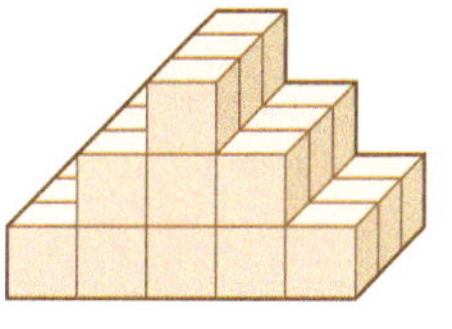
Treppe

4 Somawürfel bauen

Alle sieben Würfelteile lassen sich zu einem großen Würfel zusammensetzen. Dieser Würfel aus den sieben Teilen wird Somawürfel genannt. Insgesamt gibt es 240 verschiedene Möglichkeiten, den Würfel zu bauen.
Mit den beiden Darstellungen werden zwei Möglichkeiten gezeigt. Baue diese beiden Möglichkeiten nach. Findest du weitere Möglichkeiten?

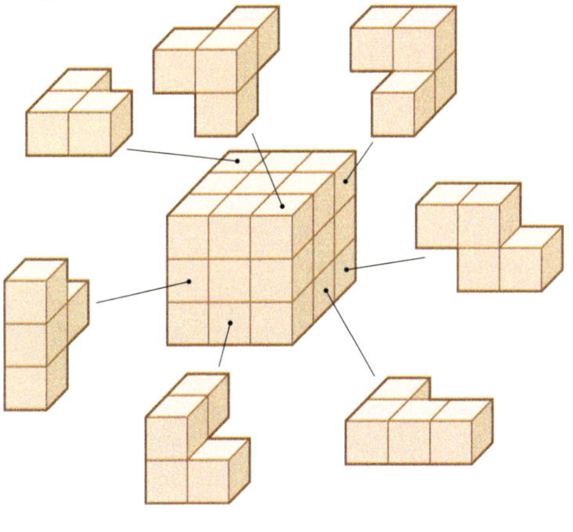

7.2 Volumeneinheiten

Der große Würfel hat die Kantenlänge 1 dm, die kleinen Würfel sind Einheitswürfel mit der Kantenlänge 1 cm.
Denisa und Axel wollen herausfinden, wie viele kleine Würfel in den großen Würfel hineinpassen.

- Betrachte das Bild und schätze, wie viele kleine Würfel den großen Würfel vollständig ausfüllen.
- Denisa hat bereits 197 kleine Würfel gestapelt. Wie viele Würfel fehlen noch?

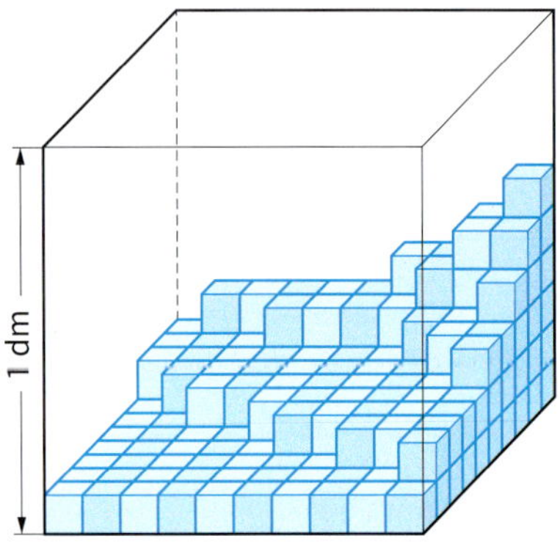

WES-109211-055

Einheiten von Rauminhalten – Volumeneinheiten

1 Kubikmeter	1 Kubikdezimeter	1 Kubikzentimeter	1 Kubikmillimeter
1 m^3	1 dm^3	1 cm^3	1 mm^3

Müllcontainer	Tetrapack	Spielwürfel	Stecknadelkopf

Volumeneinheiten umrechnen

Bei Volumeneinheiten ist die Umrechnungszahl 1000.

$1\,m^3 = 1000\,dm^3$ (· 1000 / : 1000)

$1\,dm^3 = 1000\,cm^3$ (· 1000 / : 1000)

$1\,cm^3 = 1000\,mm^3$ (· 1000 / : 1000)

In einen Würfel der nächstgrößeren Volumeneinheit passen 10 Lagen mit je 100 Würfeln der kleineren Volumeneinheit, also 1000 Würfel.

Größere Einheit → kleinere Einheit

Die Maßzahl mit der Umrechnungszahl 1000 multiplizieren, die kleinere Einheit nutzen:

· 1000 · 1000

$8\,m^3 = 8000\,dm^3 = 8\,000\,000\,cm^3$

Wenn die Einheit kleiner wird, wird die Maßzahl größer.

Kleinere Einheit → größere Einheit

Die Maßzahl durch die Umrechnungszahl 1000 dividieren, die größere Einheit nutzen:

: 1000 : 1000

$50\,000\,000\,mm^3 = 50\,000\,cm^3 = 50\,dm^3$

Wenn die Einheit größer wird, wird die Maßzahl kleiner.

1 Schätzen

Schätze das Volumen. In welcher Einheit gibst du das Volumen an?

a) Milchtüte b) Handy c) Sandkasten d) Wolkenkratzer

2 Volumeneinheiten zuordnen

Welches Volumen gehört zu welchem Körper?

3 Umrechnen in die nächstkleinere Einheit

Nachschlagen
Kommaverschiebung
Seite 112

Rechne in die nächstkleinere Einheit um.

a) 18 dm^3 b) 7 m^3 c) 280 cm^3 d) 88 dm^3
e) 370 cm^3 f) 1 m^3 g) 10 dm^3 h) 95 cm^3

4 Umrechnen in die nächstgrößere Einheit

Rechne in die nächstgrößere Einheit um.

a) 25 000 cm^3 b) 180 000 dm^3 c) 7 300 000 mm^3 d) 10 000 cm^3
e) 3 600 000 dm^3 f) 200 000 mm^3 g) 568 000 cm^3 h) 45 000 dm^3

5 Volumen umrechnen

Rechne in die angegebene Einheit um.

a) 37 dm^3 in cm^3 b) 670 000 mm^3 in cm^3 c) 36 000 dm^3 in cm^3 d) 9 m^3 in dm^3
e) 48 m^3 in cm^3 f) 96 000 000 cm^3 in m^3 g) 3 m^3 in mm^3 h) 8 000 cm^3 in dm^3

---

6 In welcher Einheit sollte das Volumen angegeben werden?

a) Zirkuszelt b) Erbse c) Rucksack d) Klassenraum

Prüfe dich!
Lösungen auf
Seite 230

7 Rechne in die angegebene Einheit um.

a) 6 dm^3 in cm^3 b) 20 000 dm^3 in m^3 c) 3 000 000 cm^3 in m^3 d) 99 dm^3 in mm^3

Umrechnen mit der Einheitentabelle

In der Einheitentabelle können die Ziffern eines Volumens eingetragen werden.
Zum Ablesen in einer größeren oder kleineren Einheit gehe zum Einer der entsprechenden Einheit. Ergänze gegebenenfalls Nullen und ein Komma. Das Komma trennt die Einheiten.

gegeben	m^3			dm^3			cm^3			mm^3			größere Einheit	kleinere Einheit
	H	Z	E	H	Z	E	H	Z	E	H	Z	E		
500 dm^3			0	5	0	0	0	0	0				0,5 m^3	500 000 cm^3
84 cm^3						0	0	8	4	0	0	0	0,084 dm^3	84 000 mm^3
9,7 dm^3			0	0	0	9	7	0	0				0,0097 m^3	9700 cm^3
0,04 m^3			0	0	4	0								40 dm^3

8 Volumen mit Komma schreiben

Gib das Volumen in der nächstgrößeren Einheit mit Komma an.

a) 571 cm^3 b) 4271 dm^3 c) 87 654 mm^3 d) 26 dm^3
e) 8 cm^3 f) 204 mm^3 g) 9613 dm^3 h) 100 004 cm^3

9 Volumen ohne Komma schreiben

Gib das Volumen in der nächstkleineren Einheit ohne Komma an.

a) 5,841 cm^3 b) 42,93 dm^3 c) 871,623 m^3 d) 0,26 dm^3
e) 0,8 m^3 f) 2,04 cm^3 g) 561,3 dm^3 h) 10,04 cm^3

10 Aufteilen in gemischte Einheiten

Gib das Volumen in gemischten Einheiten an.

a) 7428 cm^3 b) 91 304 dm^3 c) 1008 mm^3
d) 680 700 dm^3 e) 99 099 mm^3 f) 300 030 cm^3

Gemischte Einheiten
3591 dm^3
= 3,591 m^3
= 3 m^3 591 dm^3

11 Gemischte Einheiten

Gib das Volumen in der größeren und in der kleineren Einheit an.

a) 3 m^3 234 dm^3 b) 15 dm^3 289 cm^3 c) 6 cm^3 315 mm^3 d) 50 dm^3 200 cm^3
e) 35 m^3 70 dm^3 f) 80 cm^3 5 mm^3 g) 5 dm^3 50 cm^3 h) 300 m^3 54 dm^3
i) 1 m^3 100 dm^3 j) 2 dm^3 300 mm^3 k) 90 cm^3 9 mm^3 l) 40 dm^3 3500 cm^3

12 Gemischte Einheiten und Kommaschreibweise

Gib das Volumen in gemischten Einheiten und mit Komma in der nächstgrößeren Einheit an.

a) 3146 dm^3 b) 2590 cm^3 c) 26 500 mm^3 d) 87 064 dm^3
e) 9005 mm^3 f) 260 735 cm^3 g) 80 808 cm^3 h) 123 456 dm^3

Prüfe dich!
Lösungen auf Seite 230

13 Gib das Volumen in gemischten Einheiten an.

a) 6427 dm^3 b) 376 104 cm^3 c) 1001 dm^3 d) 260 045 dm^3

14 Gib das Volumen in der größeren und in der kleineren Einheit an.

a) 8 m^3 429 dm^3 b) 3 dm^3 21 cm^3 c) 10 m^3 7 dm^3 d) 100 dm^3 10 cm^3

15 Fehlersuche

Prüfe Tinas Hausaufgaben. Wo steckt der Fehler? Erkläre und korrigiere die Aufgaben.

a) 8 m^3 = 8000 cm^3 *b) 7000 dm^3 = 7 cm^3*
c) 23,4 cm^3 = 2340 mm^3 *d) 7 m^3 5 dm^3 = 7,5 m^3*
e) 8,57 cm^3 = 85 700 mm^3 *f) 3497 dm^3 = 3 dm^3 497 cm^3*

Nachschlagen
Runden
Seite 108, 184

16 Runden

a) Runde auf ganze m^3: 2347 dm^3 45 790 dm^3 1299 dm^3 564 348 481 cm^3 28,48 m^3
b) Runde auf ganze cm^3: 52 510 mm^3 3,5022 cm^3 763 mm^3 99,74 cm^3 1 001 001 mm^3
c) Nenne jeweils drei Volumina, die das gerundete Ergebnis haben:
(1) 4 cm^3 (2) 80 mm^3 (3) 7,3 dm^3 (4) 0,2 m^3

17 Rechnen mit Volumina

a) 70 m^3 + 345 m^3 b) 702 dm^3 – 54 dm^3 c) 3 m^3 + 72 000 cm^3 d) 50 dm^3 – 50 cm^3
e) 3,8 dm^3 + 20 cm^3 f) 6 dm^3 – 500 cm^3 g) 75 cm^3 · 5 h) 144 m^3 : 6
i) 12,5 m^3 : 25 j) 13 dm^3 · 27 k) 250 cm^3 · 8 l) 80 m^3 : 4 m^3

18 Volumen und Gewicht

1 cm^3 Styropor wiegt 30 mg, 1 cm^3 Kork ist 0,23 g schwer.

a) Berechne, ob du 1 m^3 Styropor oder 1 m^3 Kork tragen kannst.
b) Gib die Maße eines mit Kork gefüllten Kartons an, den du noch tragen könntest.

7.3 Flüssigkeiten

Frau Wolf hat den 1-dm-Würfel aus der letzten Mathestunde mitgebracht. Die 1-Liter-Flasche ist vollgefüllt mit Wasser und Frau Wolf fragt die Kinder ihrer Klasse 6 c, wie viel Wasser sie in den Würfel umfüllen kann.
Manche schätzen, die halbe Flasche, andere glauben, dass alles hineinpasst. Was meinst du?

Einheiten von Flüssigkeiten

Flüssigkeiten werden oft in Liter (l) oder Milliliter (ml) gemessen. Die Menge der Flüssigkeit, die in einen Würfel mit der Kantenlänge 10 cm passt, wird 1 Liter genannt.

1 Liter entspricht dem Volumen 1 dm^3.

1 Milliliter entspricht dem Volumen 1 cm^3.

· 1000

1 l = 1000 ml

: 1000

In 1 Liter passen 1000 Milliliter. Die Umrechnungszahl ist 1000.

WES-109211-056

In Milliliter (ml) umrechnen

8 l = 8000 ml
0,3 l = 300 ml
5 dm^3 = 5 l = 5000 ml

In Liter (l) umrechnen

5000 ml = 5 l
750 ml = 0,75 l
20 000 cm^3 = 20 dm^3 = 20 l

1 **Umrechnen**
Rechne in die angegebene Einheit um.
a) 6 l in ml b) 350 l in ml c) 69 000 ml in l d) 100 000 ml in l
e) 8,4 l in ml f) 280 ml in l g) 0,045 l in ml h) 65 ml in l
i) 80 l in dm^3 j) 9 ml in cm^3 k) 7000 cm^3 in l l) 3,5 dm^3 in ml

2 **Gemischte Einheiten**
Schreibe gemischt in Liter und Milliliter und anschließend in Liter mit Komma.
a) 67 800 ml b) 905 600 ml c) 380 004 ml d) 6 900 050 ml

3 **Ordnen**
Ordne der Größe nach. Beginne mit dem größten Volumen.
a) 8 600 dm^3 840 000 ml 806 l 8000 cm^3 8,25 m^3
b) 450 000 cm^3 540 l 50 000 ml 550 dm^3 0,58 m^3

4 Rechne in die angegebene Einheit um.
a) 56 l in ml b) 2,5 l in ml c) 180 000 ml in l d) 100 ml in l
e) 0,8 l in cm^3 f) 10 l in dm^3 g) 830 cm^3 in l h) 150 000 l in m^3

5 Ordne der Größe nach. Beginne mit dem kleinsten Volumen.
a) 900 ml 1,1 l 1050 cm^3 1,5 dm^3 b) 990 ml 1 l 0,9 dm^3 950 cm^3

Prüfe dich!
Lösungen auf Seite 230

6 ≡ **Leitungswasser**

Paul trinkt pro Tag etwa zwei Liter Wasser. Eine Literflasche stilles Wasser kostet in seinem Supermarkt etwa 0,60 €. Das Leitungswasser kostet 2 € pro Kubikmeter.

a) Berechne, wie viel Paul in einem Jahr sparen kann, wenn er Leitungswasser statt des gekauften Wassers in Flaschen trinkt.

b) Überlege dir, welche weiteren Gründe für Leitungswasser sprechen.

7 ≡ **Wasserwagen**

Für seine Tiere stellt Bauer Pfefferle einen Wasserwagen als Tränke auf seine Weide. Der Wasserwagen hat ein Fassungsvermögen von $5\,m^3$. Zum Auffüllen kann er einen Gartenschlauch nutzen, bei dem 20 Liter Wasser pro Minute fließen. Wenn er einen dickeren Schlauch verwendet, so fließen 125 Liter Wasser in der Minute.
Berechne, wie viel Zeit Bauer Pfefferle spart, wenn er den dickeren Schlauch nutzt.

8 ≡ **Wasserverbrauch**

Ein Kubikmeter Trinkwasser kostet etwa 2 €. Zusätzlich sind pro Kubikmeter 3,50 € Abwassergebühren zu zahlen. Schätze, wie viel Liter Wasser du täglich benötigst. Überschlage, wie viel dein Wasserverbrauch monatlich kostet.

Virtueller Wasserverbrauch

In Deutschland verbrauchen wir im Durchschnitt täglich ungefähr 125 Liter Trinkwasser pro Person. Etwa 5 Liter davon verwenden wir für trinken und essen, 120 Liter für sanitäre Zwecke wie z.B. duschen, Wäsche waschen oder die Toilettenspülung.

Aber indirekt verbrauchen wir noch viel mehr Wasser. Denn für die Herstellung von fast allen Produkten, die wir im Alltag benutzen, wurde Wasser verwendet. So steckt in einem T-Shirt auch der Wasserverbrauch für das Bewässern der Baumwollfelder, für die Reinigung der Baumwolle oder für das Färben der Stoffe.
Der gesamte Wasserverbrauch für einen Produktionsprozess wird als virtueller Wasserverbrauch bezeichnet. Er unterscheidet zwischen drei Arten von Wasser:

- Grünes Wasser: Regenwasser, das zur Bewässerung der Pflanzen genutzt wird.
- Blaues Wasser: Grundwasservorkommen zur Bewässerung von Feldern, z. B. aus Brunnen.
- Braunes Wasser: verschmutztes Wasser, das durch die Produktion entsteht.

In Deutschland beläuft sich der virtuelle Wasserverbrauch auf knapp 4000 Liter pro Person und Tag. Maximal die Hälfte davon stammt aus deutschen Wasservorräten, die andere Hälfte verbrauchen wir indirekt in anderen Ländern, in denen teilweise Wasserknappheit herrscht. Der virtuelle Wasserverbrauch variiert je nach Lebensmittel erheblich.

9 ≡ **27 Liter in einem Glas Tee**

a) Erkläre, was mit der Überschrift gemeint ist: Wie passen 27 Liter Wasser in ein Glas Tee?

b) In Deutschland gibt es aktuell keinen Mangel an sauberem Trinkwasser. Erkläre, warum es trotzdem wichtig ist, den virtuellen Wasserverbrauch zu senken.

c) Berechne den virtuellen Wasserverbrauch für ein Käsebrot. Recherchiere dazu den virtuellen Wasserverbrauch der benötigten Lebensmittel.

7.4 Volumen eines Quaders

Sarah will ihrer Freundin Lea einen Karton mit Keksen schicken. Sie hat zwei Kartons zur Auswahl. In welchen Karton passt mehr hinein?

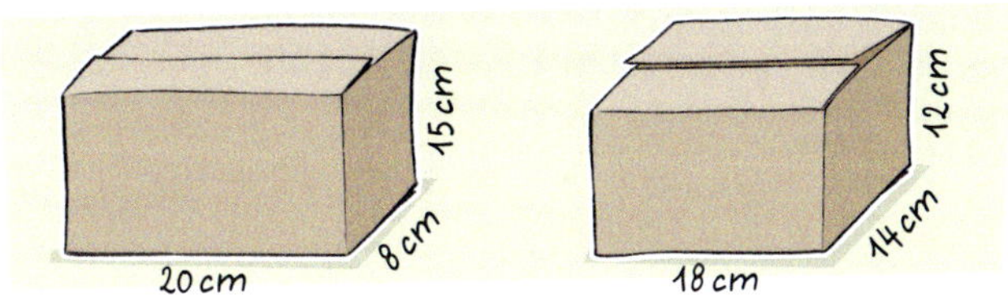

Volumen eines Quaders

In einen Quader mit den Kantenlängen 5 cm, 4 cm und 3 cm passen $5 \cdot 4 \cdot 3 = 60$ Einheitswürfel mit dem Volumen $1\,cm^3$.
Der Quader hat das Volumen $V = 60\,cm^3$.

Für das Volumen eines Quaders mit den Kantenlängen a, b und c gilt:
„Volumen = Länge mal Breite mal Höhe"
Volumen: $V = a \cdot b \cdot c$
$V = 5\,cm \cdot 4\,cm \cdot 3\,cm = 60\,cm^3$

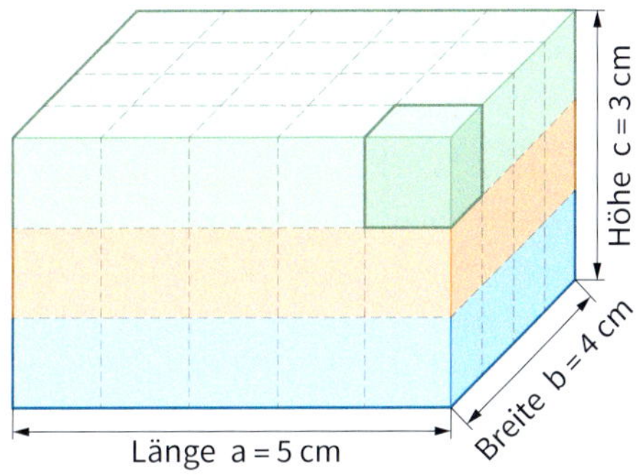

WES-109211-057

Volumen eines Quaders berechnen

Berechne das Volumen des Quaders mit den Kantenlängen $a = 40\,mm$, $b = 0{,}3\,dm$, $c = 2\,cm$.

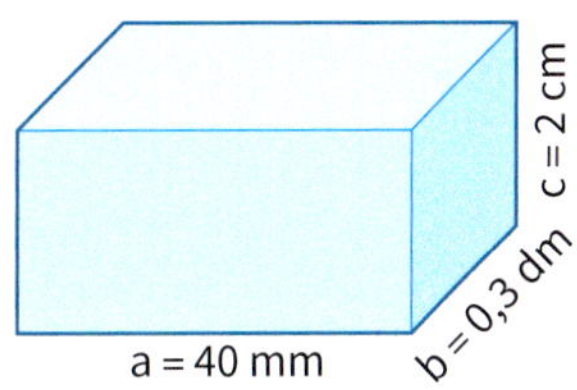

Lösung

Die Kantenlängen in der gleichen Einheit angeben:
$a = 40\,mm = 4\,cm$, $b = 0{,}3\,dm = 3\,cm$, $c = 2\,cm$
Volumen: $V = a \cdot b \cdot c = 4\,cm \cdot 3\,cm \cdot 2\,cm = 24\,cm^3$

1 Quadervolumen

Berechne das Volumen des Quaders.

a) 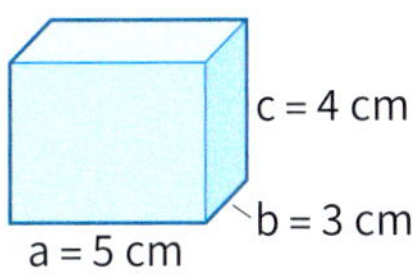

b) 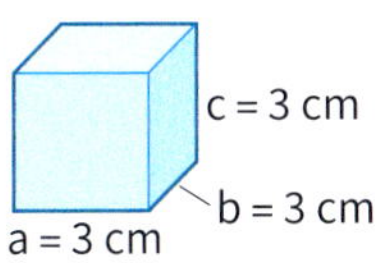

c) 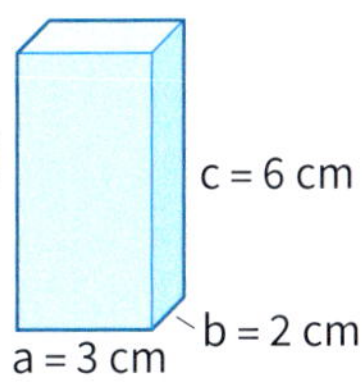

d) 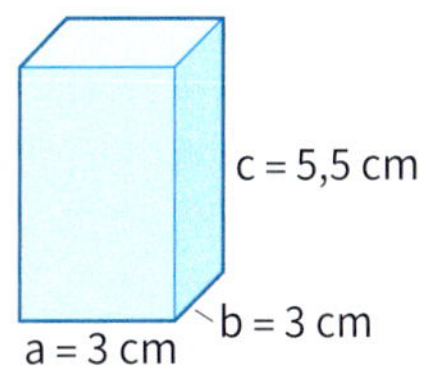

2 Volumen von Quadern berechnen

Berechne das Volumen des Quaders mit den gegebenen Längen.

a) $a = 3\,cm$, $b = 9\,cm$, $c = 2\,cm$
b) $a = 1\,cm$, $b = 5\,cm$, $c = 12\,cm$
c) $a = 5\,cm$, $b = 3\,cm$, $c = 7\,cm$
d) $a = 10\,cm$, $b = 20\,cm$, $c = 6\,cm$
e) $a = 9\,cm$, $b = 9\,cm$, $c = 2\,cm$
f) $a = 4\,cm$, $b = 4\,cm$, $c = 4\,cm$

3 Großer Quader

Berechne das Volumen des Quaders.
Gib das Volumen in Kubikmeter (m^3) und in Kubikdezimeter (dm^3) an.

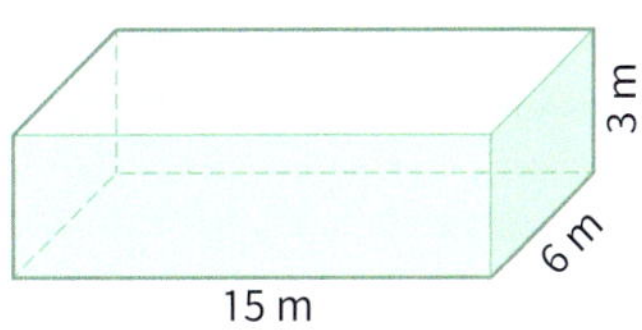

4 Baukosten

Frau Müller will ein Nullenergiehaus bauen. Der Architekt geht davon aus, dass die Kosten 380 € pro Kubikmeter betragen. Das Haus ist 18 m lang, 12 m breit und 3 m hoch.
Berechne die Baukosten für das Nullenergiehaus.

5 Graben

Um neue Abwasserrohre legen zu können, müssen die Stadtwerke einen Graben ausheben. Der Graben ist 800 m lang, 2 m breit und 5 m tief. Wie viel Erde muss ausgehoben werden?

6 Kantenlängen in verschiedenen Einheiten

Berechne das Volumen des Quaders.

a) a = 20 cm, b = 0,9 m, c = 3 dm
b) a = 8 cm, b = 2 cm, c = 0,4 dm
c) a = 5 cm, b = 50 mm, c = 4 cm
d) a = 3 cm, b = 20 mm, c = 4 mm
e) a = 4 cm, b = 2,5 dm, c = 800 mm
f) a = 1 m, b = 3 dm, c = 50 cm
g) a = 2,5 cm, b = 2,5 cm, c = 40 mm
h) a = 6,3 m, b = 10 cm, c = 100 mm

7 Schrägbilder und Volumen von Quadern

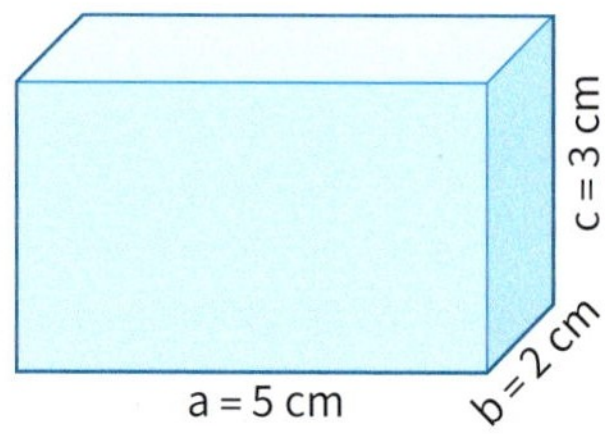

a) Verdoppele die Kantenlänge a und zeichne das Schrägbild des Quaders. Wie ändert sich das Volumen dieses Quaders?
b) Verdoppele die Kantenlänge c und zeichne das Schrägbild des Quaders. Wie ändert sich das Volumen dieses Quaders?
c) Verdoppele die Kantenlängen a, b und c. Zeichne dann das Schrägbild des Quaders. Wie ändert sich das Volumen dieses Quaders?

Vorbereiten
Wie viele?
Seite 195

8 Quader stapeln

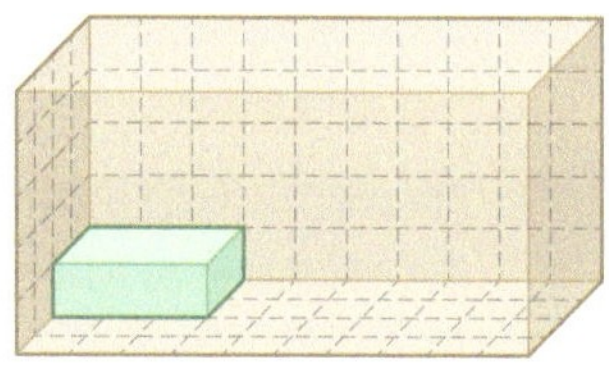

In einer kleinen Kiste mit den Maßen 10 cm × 5 cm × 4 cm sollen Quader gestapelt werden. Die Quader sind 3 cm lang, 2 cm breit und 1 cm lang. Wie viele Quader passen in die Kiste? Gib an, wie die Quader gestapelt werden können. Probiere verschiedene Möglichkeiten.

9 Umzugskartons stapeln

Familie Beyer möchte umziehen.

a) Ein Umzugskarton hat die Kantenlängen 67 cm, 35 cm, 35 cm. Gib sein Volumen an.
b) Der gemietete Kleintransporter hat einen Laderaum von ca. 1,68 m Breite, 4,20 m Länge und 1,85 m Höhe. Lea behauptet: „*Da passen bestimmt mehr als 160 Kartons hinein!*" Entscheide, ob sie Recht hat.
c) Wie viele Kartons passen maximal in den Transporter? Wie muss gestapelt werden?

Prüfe dich!
Lösungen auf
Seite 230

10 Berechne das Volumen des Quaders.

a)

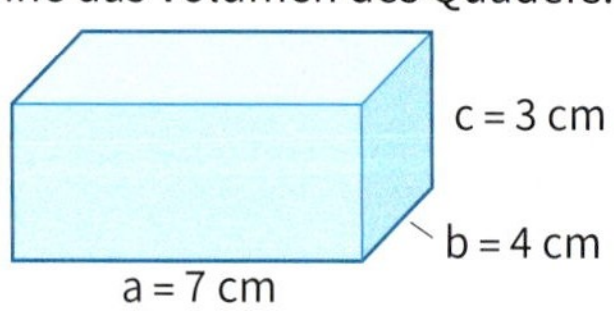

b)

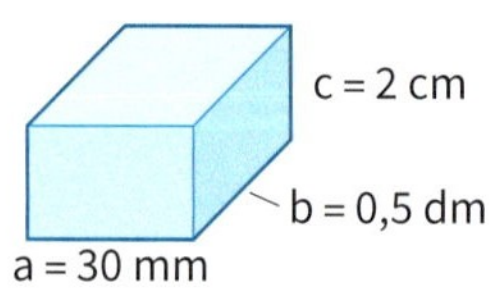

11 a) Gib an, wie sich das Volumen eines Quaders ändert, wenn man eine Kantenlänge halbiert.
b) In einem Würfel werden alle Kantenlängen halbiert. Beschreibe die Änderung des Volumens.

12 Eine Lagerhalle ist 30 m lang, 22 m breit und 4 m hoch. Bestimme, wie viele Container untergebracht werden können, wenn ein Container 6 m lang, 2,50 m breit und 3 m hoch ist.

13 = **Reihenhäuser**

Mehrere nebeneinanderliegende Reihenhäuser bilden zusammen eine Reihenhauskette. In der Regel sind Reihenhäuser gleich groß.

a) Für eine Reihenhauskette aus 6 Häusern ist das Gesamtvolumen mit insgesamt $2700\,m^3$ angegeben. Wie groß ist jedes einzelne Haus?

b) Eine neue Reihenhauskette soll ein Gesamtvolumen von $4400\,m^3$ haben. Für ein Reihenhaus ist ein Volumen von $550\,m^3$ geplant. Wie viele Reihenhäuser können entstehen?

Volumen und Anzahl

Dividierst du ein Volumen durch eine Anzahl, so erhältst du ein Volumen:
$400\,cm^3 : 8 = 50\,cm^3$

Dividierst du ein Volumen durch ein Volumen, so erhältst du eine Anzahl:
$400\,cm^3 : 50\,cm^3 = 8$

Vorbereiten
Typische Fragen
Seite 195

14 = **Wasserbehälter**

a) Im Garten von Familie Hamm steht ein quaderförmiger Behälter, in dem das Regenwasser aufgefangen wird. Der Behälter ist 1,40 m lang, 1 m breit und 80 cm hoch. Der Behälter ist randvoll gefüllt. Berechne die Anzahl Wassereimer, die Frau Hamm abfüllen kann, wenn in einen Wassereimer 10 l hineinpassen.

b) Zum Verlegen eines Wasserrohres wird eine Grube von 5 m Tiefe, 80 cm Breite und 60 m Länge ausgehoben. Zum Abtransport der Erde fährt ein Lkw, der $50\,m^3$ Erde laden kann. Berechne die Anzahl Fahrten, die der Lkw machen muss.

15 = **Fehlende Größen**

a) Ein 8 cm hoher Quader hat ein Volumen von $160\,cm^3$. Berechne den Flächeninhalt der Grundfläche.

b) Ein Quader hat ein Volumen von $48\,cm^3$. Er ist 3 cm lang und 4 cm breit. Berechne die Höhe des Quaders.

c) Ein 4 cm hoher Quader mit quadratischer Grundfläche hat ein Volumen von $25\,cm^3$. Berechne die weiteren Kantenlängen.

Vom Volumen zum Flächeninhalt

Gegeben: $V = 18\,cm^3$; $c = 3\,cm$
Gesucht: Grundfläche A
$18\,cm^3 = a \cdot b \cdot 3\,cm = A \cdot 3\,cm$
$A = 18\,cm^3 : 3\,cm = 6\,cm^2$

Vom Volumen zur Kantenlänge

Gegeben: $V = 20\,cm^3$, $a = 2\,cm$, $b = 5\,cm$
Gesucht: Kantenlänge c
$c = 20\,cm^3 : (2\,cm \cdot 5\,cm) = 2\,cm$

WES-109211-058

16 = **Fehlende Größen im Quader gesucht**

Länge, Breite, Höhe, Grundfläche, Volumen. Bestimme die fehlenden Größen.

a) $a = 8\,dm$, $b = 6\,dm$, $c = 1\,m$
b) $a = 15\,cm$, $b = 8\,cm$, $V = 1440\,cm^3$
c) $b = 60\,mm$, $c = 70\,mm$, $A = 2100\,mm^2$
d) $a = 25\,dm$, $A = 500\,dm^2$, $V = 5500\,dm^3$

17 = **Grundfläche und Volumen**

a) Ein quaderförmiges Aquarium hat eine Grundfläche von $500\,cm^2$ und ist 50 cm hoch. Berechne das Volumen des Aquariums. Wie viel Liter Wasser kann man höchstens einfüllen?

b) Ein anderes ebenfalls quaderförmiges Aquarium ist mit 25 l Wasser randvoll gefüllt. Es ist 40 cm hoch. Berechne die Größe der Grundfläche.

18 = Berechne die Höhe des Quaders mit $V = 900\,cm^3$ und der Grundfläche $A = 60\,cm^2$.

19 = Mike hat ein 40 cm hohes Aquarium randvoll mit Wasser gefüllt. Dazu hat er 126 l Wasser benötigt. Berechne die Größe der Grundfläche von Mikes Aquarium.

Prüfe dich!
Lösungen auf
Seite 230

20 = **Schwimmbecken**

Ein Schwimmbecken ist 25 m lang, 8 m breit und 2 m tief.
Das Becken wird mit einem Schlauch aufgefüllt, der pro Minute 50 Liter ausschüttet.
Wie lange dauert es, bis das Schwimmbecken bis 20 cm unter der oberen Kante gefüllt ist?

7.5 Zusammengesetzte Körper

Bestimme das Volumen des Hauses auf zweierlei Weise.

- Zerlege das Haus in zwei Quader. Addiere die beiden Volumina.
- Ergänze das Haus zu einem Quader. Subtrahiere vom Volumen des Gesamtquaders das Volumen der „leeren Ecke“.

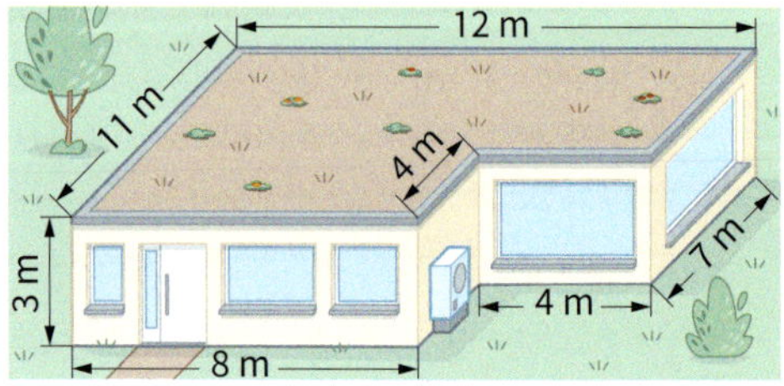

WES-109211-059

Strategien zum Berechnen des Volumens zusammengesetzter Körper

Zerlegen und addieren
Man zerlegt den Körper in geeignete Quader. Dann berechnet man die Volumina der einzelnen Quader und addiert diese.

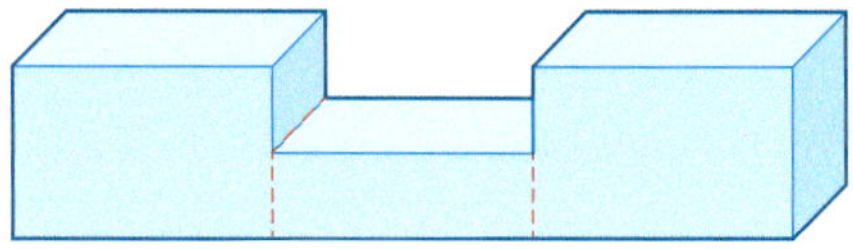

Ergänzen und subtrahieren
Man ergänzt den Körper zu einem Quader. Dann berechnet man das Volumen des Gesamtquaders und subtrahiert davon das Volumen des ergänzten kleinen Quaders.

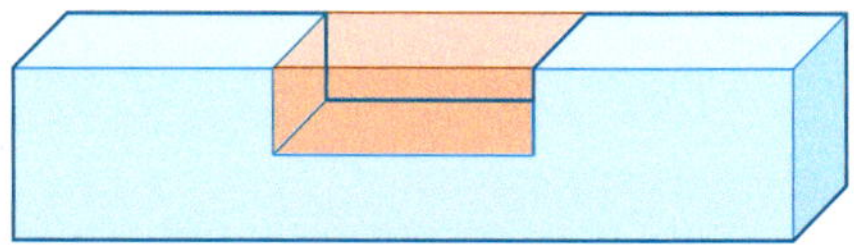

1 Zusammengesetzte Körper

Bestimme das Volumen des abgebildeten Körpers mit einer der beiden Strategien.

a) 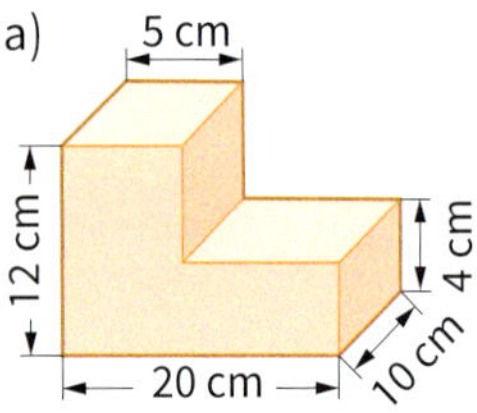

b) 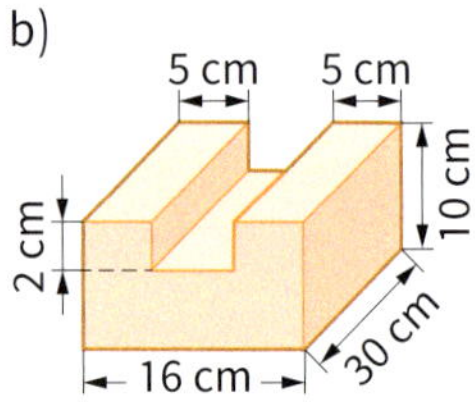

c) 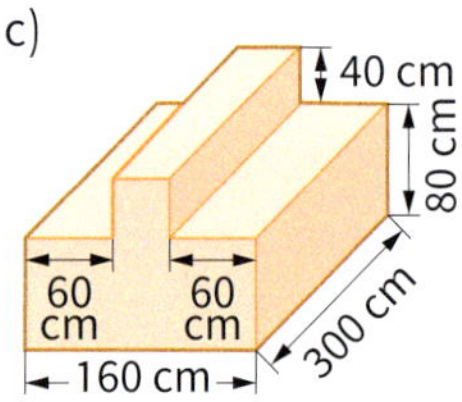

d) 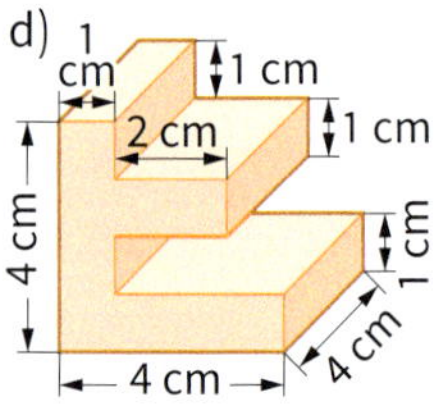

2 Anwendung

a) Der Doppel-T-Träger aus Eisen ist 2,5 m lang. 1 cm^3 Eisen wiegt 8 g. Wie viel wiegt der Doppel-T-Träger?

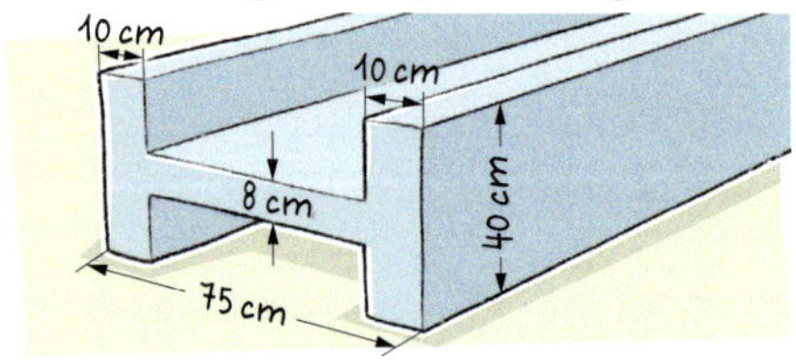

b) In der Hofeinfahrt steht ein Blumenkübel aus Beton. Wie schwer ist der Blumenkübel, wenn 1 cm^3 Beton 2,5 g wiegt?

3 Gartenbeet

Damit der Unkrautbewuchs und die Austrocknung gehemmt werden, wird das Beet gleichmäßig mit einer 5 cm dicken Schicht Rindenmulch bedeckt. Eine 60 Liter Packung Rindenmulch kostet 5,49 €. Berechne die entstehenden Kosten.

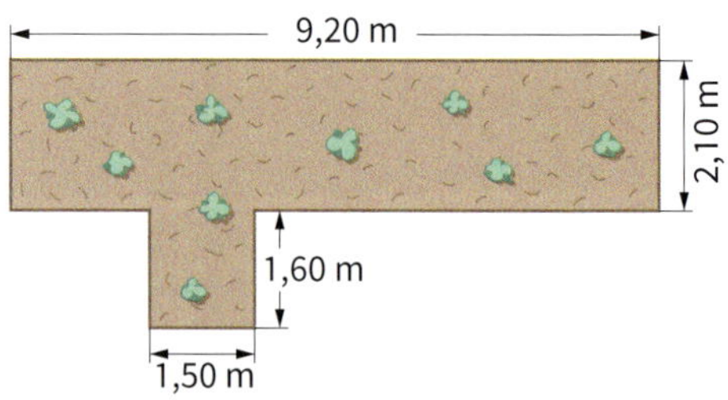

7.6 Oberflächeninhalt eines Quaders

Laura möchte das quaderförmige Kästchen mit Glitzergoldfarbe anmalen. Ein kleines Glas reicht für eine Fläche von 200 cm^2 aus. Wie viele Gläser muss sie kaufen?

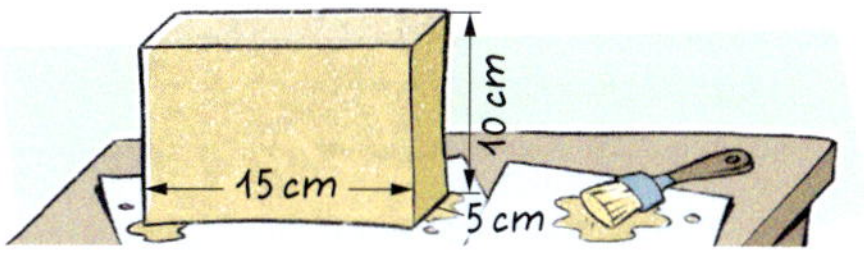

Vorbereiten
Flächen
Seite 193

Um die Oberfläche des Kästchens anzumalen, muss Laura die 6 Außenflächen färben.

Lösung: Die Vorder- und die Rückfläche des Quaders sind gleich große Rechtecke. Ebenso die Grund- und die Deckfläche, wie auch die beiden Seitenflächen.

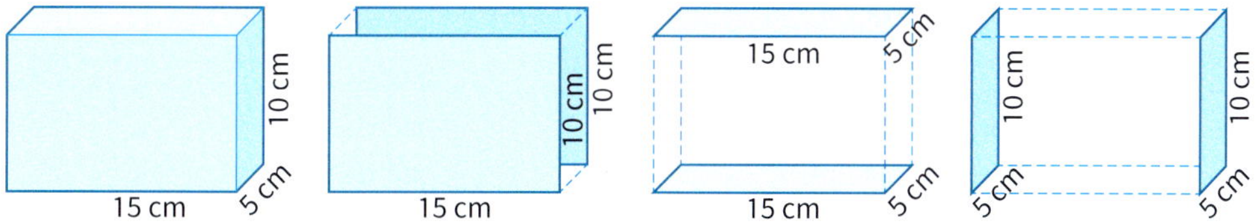

Für den Oberflächeninhalt des Quaders addiert man die Flächeninhalte der 6 Rechtecke.

$O = 2 \cdot (15\,cm \cdot 10\,cm) + 2 \cdot (15\,cm \cdot 5\,cm) + 2 \cdot (5\,cm \cdot 10\,cm) = 550\,cm^2$

Laura muss also 3 Gläser Glitzergoldfarbe kaufen.

Oberflächeninhalt eines Quaders

Für den Oberflächeninhalt O eines Quaders addiert man die Flächeninhalte der 6 Rechtecke. Gegenüberliegende Rechtecke haben den gleichen Flächeninhalt.

$O = 2 \cdot (a \cdot b) + 2 \cdot (a \cdot c) + 2 \cdot (b \cdot c)$

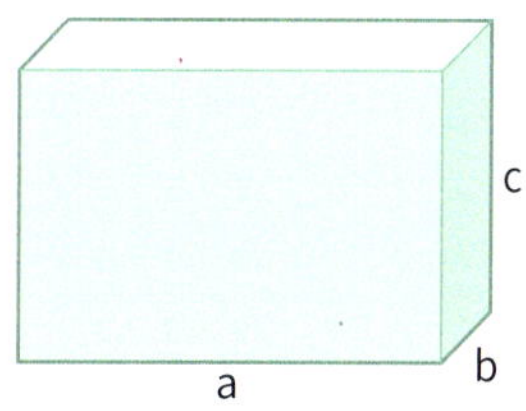

WES-109211-060

Oberflächeninhalt eines Quaders berechnen

Berechne den Oberflächeninhalt des Quaders mit den Kantenlängen $a = 4\,cm$, $b = 3\,cm$ und $c = 2\,cm$.

$O = 2 \cdot (a \cdot b) + 2 \cdot (a \cdot c) + 2 \cdot (b \cdot c)$
$\quad = 2 \cdot (4\,cm \cdot 3\,cm) + 2 \cdot (4\,cm \cdot 2\,cm) + 2 \cdot (3\,cm \cdot 2\,cm)$
$\quad = 24\,cm^2 + 16\,cm^2 + 12\,cm^2 = 52\,cm^2$

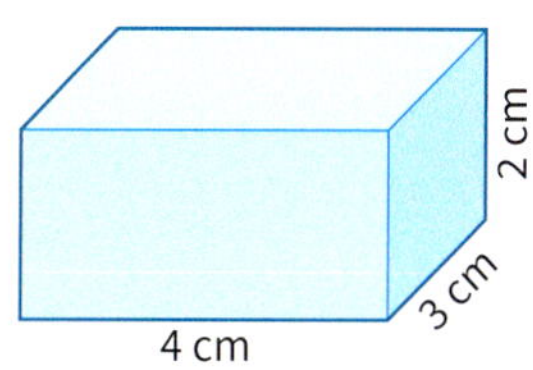

1 **Oberflächeninhalt eines Quaders**

Berechne den Oberflächeninhalt des Quaders.

a) $a = 5\,cm$, $b = 6\,cm$, $c = 10\,cm$
b) $a = 3\,m$, $b = 7\,m$, $c = 1\,m$
c) $a = 3\,dm$, $b = 3\,dm$, $c = 8\,dm$
d) $a = 15\,mm$, $b = 40\,mm$, $c = 20\,mm$
e) $a = 50\,cm$, $b = 2\,dm$, $c = 300\,mm$
f) $a = 1{,}5\,m$, $b = 80\,cm$, $c = 5\,dm$

2 **Geschenkverpackungen**

Wie viel Geschenkpapier benötigt man mindestens?

a) b) c) d)

Prüfe dich!
Lösungen auf Seite 230

3 Berechne den Oberflächeninhalt des Quaders.
a) a = 8 cm, b = 10 cm, c = 20 cm
b) a = 4 dm, b = 2 m, c = 5000 mm

4 Die Bauklötze sollen bemalt werden. Gib an, für wie viel Quadratzentimeter die Farbe mindestens ausreichen muss.

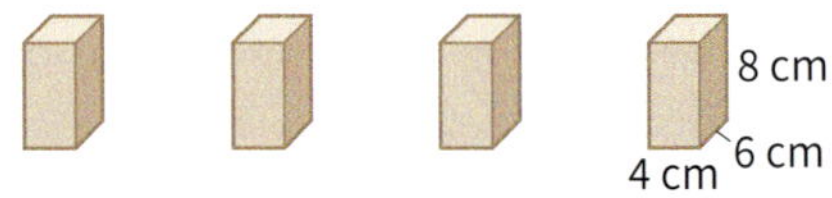

5 Kartonmaterial
Ein Unternehmen möchte Kartons für den Versand von Büchern verwenden. Ein Karton soll die Maße 30 cm × 20 cm × 15 cm haben. Wie viel Kartonmaterial wird für die Herstellung eines Kartons benötigt? Wie viele Kartons kann man aus 135 000 cm² herstellen?

6 Würfel
In einer Formelsammlung findest du diese Formeln zu einem Würfel.
a) Berechne das Volumen und den Oberflächeninhalt eines Würfels mit der Kantenlänge 8 cm.
b) Begründe die Formeln für das Volumen und den Oberflächeninhalt eines Würfels.

Würfel

Volumen: $V = a^3$

Oberflächeninhalt: $O = 6 \cdot a^2$

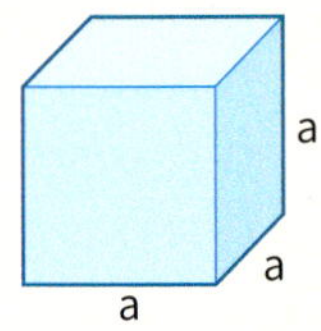

7 Würfel und Quader
Welcher Körper hat den größeren Oberflächeninhalt?
a) Ein Würfel mit Kantenlänge 2 cm oder ein Quader mit a = 1 cm, b = 2 cm, c = 3 cm
b) Ein Würfel mit Kantenlänge 5 cm oder ein Quader mit a = 10 cm, b = 2 cm, c = 4 cm
c) Ein Würfel mit Kantenlänge 8 cm oder ein Quader mit a = 7 cm, b = 8 cm, c = 10 cm

8 Oberflächeninhalt und Volumen
a) Berechne das Volumen und den Oberflächeninhalt der vier Quader. Was fällt dir auf?
Quader A mit a = 3 cm, b = 4 cm, c = 2 cm   Quader B mit a = 2 cm, b = 6 cm, c = 2 cm
Quader C mit a = 1 m, b = 3 m, c = 3 m   Quader D mit a = 7 m, b = 1 m, c = 1 m
b) Zwei Quader haben das gleiche Volumen, aber unterschiedlichen Oberflächeninhalt. Welche Maße können die beiden Quader haben?
c) Zwei Quader haben den gleichen Oberflächeninhalt, aber unterschiedliches Volumen. Welche Maße können die beiden Quader haben?

9 Zusammengesetzte Körper
Berechne den Oberflächeninhalt und das Volumen des zusammengesetzten Körpers. Nutze dazu eine passende Strategie:
- „Zerlegen und addieren“
- „Ergänzen und subtrahieren“

a)
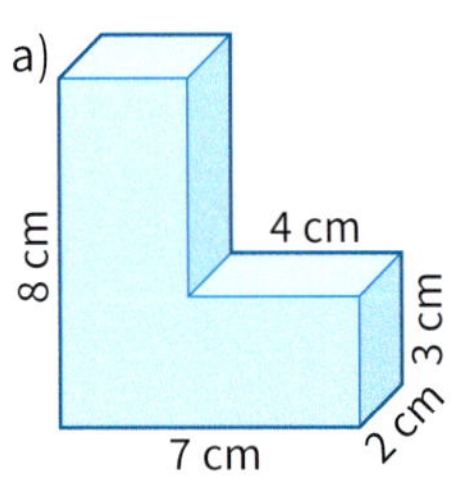

b)
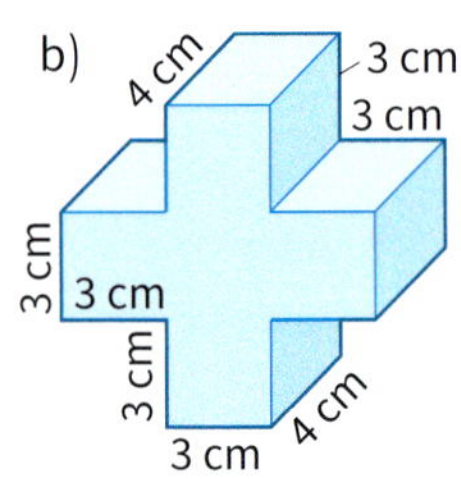

10 Taschentuch – Verpackung
30 Papiertaschentuch-Pakete der Größe 10 cm × 5 cm × 2 cm sollen in eine Plastikfolie eingeschweißt werden. Überlege, welche Anordnung am günstigsten ist, damit möglichst wenig Plastikfolie benötigt wird. Berechne, wie viel Plastikfolie benötigt wird.

Mein Merkzettel

Volumeneinheiten

Seite 146
Seite 149

m^3	$1000\,dm^3$	$= 1\,m^3$	
dm^3	$1000\,cm^3$	$= 1\,dm^3$	$= 0{,}001\,m^3$
l	$1000\,ml$	$= 1\,l$	
cm^3	$1000\,mm^3$	$= 1\,cm^3$	$= 0{,}001\,dm^3$
ml		$1\,ml$	$= 0{,}001\,l$
mm^3		$1\,mm^3$	$= 0{,}001\,cm^3$

$1\,ml = 1\,cm^3$, $1\,l = 1\,dm^3$, $1000\,l = 1\,m^3$

Größere Einheit → kleinere Einheit

$8{,}5\,m^3 = 8500\,dm^3$ ($\cdot 1000$) $35\,l = 35\,000\,ml$ ($\cdot 1000$)

multipliziere mit 1000

Kleinere Einheit → größere Einheit

$2500\,cm^3 = 2{,}5\,dm^3$ ($:1000$) $1350\,ml = 1{,}35\,l$ ($:1000$)

dividiere durch 1000

Einheitentabelle zum Umrechnen

Seite 147

gegeben	m^3			dm^3			cm^3			mm^3			größere Einheit	kleinere Einheit
	H	Z	E	H	Z	E	H	Z	E	H	Z	E		
$300\,dm^3$			0	3	0	0	0	0	0				$0{,}3\,m^3$	$300\,000\,cm^3$
$38\,cm^3$						0	0	3	8	0	0	0	$0{,}038\,dm^3$	$38\,000\,mm^3$
$4{,}9\,dm^3$			0	0	0	4	9	0	0				$0{,}0049\,m^3$	$4900\,cm^3$

Gemischte Einheiten: $4680\,m^3 = 4\,m^3\;680\,dm^3$ $8{,}5\,l = 8\,l\;500\,ml$

Quader

Seite 151
Seite 155

Volumen:

$V = a \cdot b \cdot c$

$V = 4\,cm \cdot 2\,cm \cdot 1\,cm = 8\,cm^3$

Oberflächeninhalt:

$O = 2 \cdot (a \cdot b) + 2 \cdot (a \cdot c) + 2 \cdot (b \cdot c)$

$O = 2 \cdot 8\,cm^2 + 2 \cdot 4\,cm^2 + 2 \cdot 2\,cm^2 = 28\,cm^2$

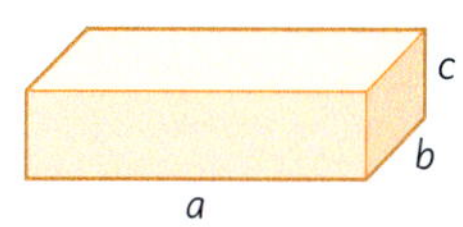

Würfel

Seite 151
Seite 156

Volumen:

$V = a \cdot a \cdot a = a^3$

$V = (3\,cm)^3 = 27\,cm^3$

Oberflächeninhalt:

$O = 6 \cdot a^2$

$O = 6 \cdot (3\,cm)^2 = 54\,cm^2$

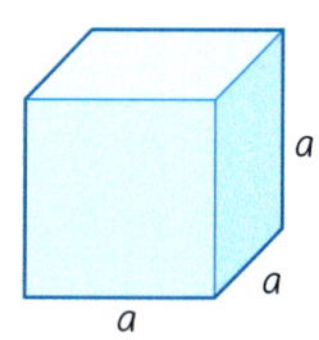

Aus Quadern zusammengesetzte Körper – Volumen

Seite 154

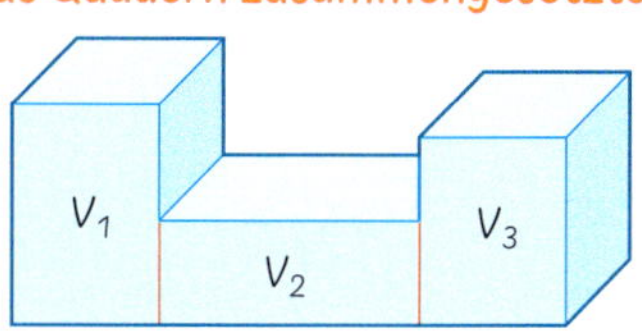

Zerlegen

$V = V_1 + V_2 + V_3$

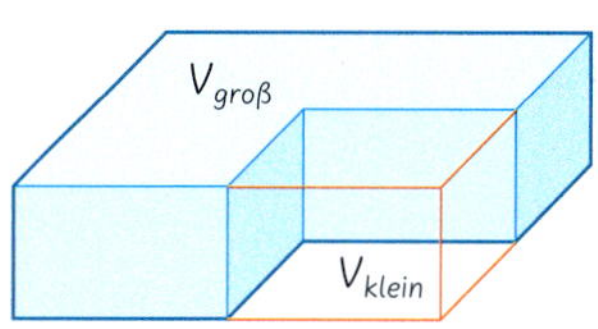

Ergänzen

$V = V_{groß} - V_{klein}$

Aus Quadern zusammengesetzte Körper – Oberflächeninhalt

Seite 155

Summe aller Außenflächen = 2-mal Grundfläche plus 2-mal Rückfläche plus 2-mal Seitenfläche

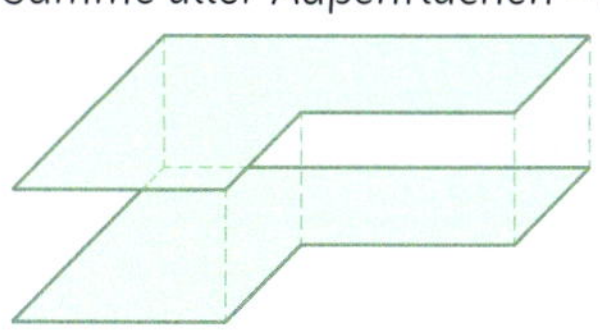

2-mal Grundfläche

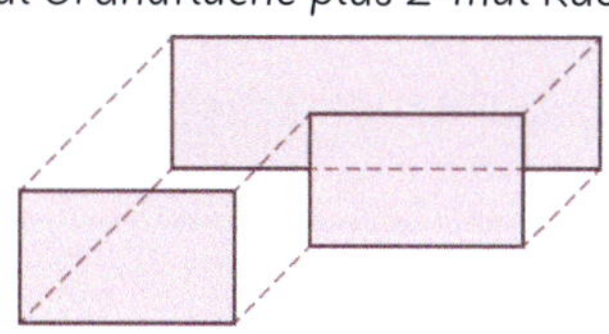

2-mal Rückfläche

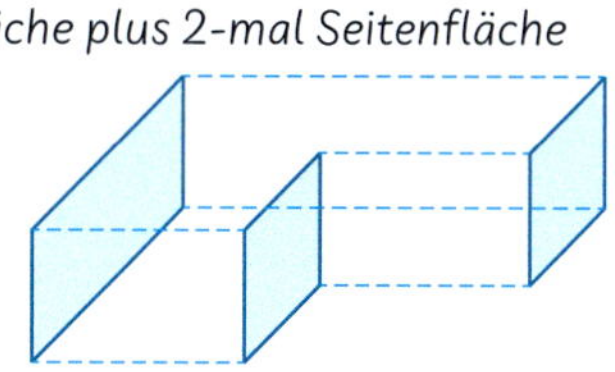

2-mal Seitenfläche

Wiederholen für die Klassenarbeit

Lösungen auf Seite 231

1 Zum Quader ergänzen

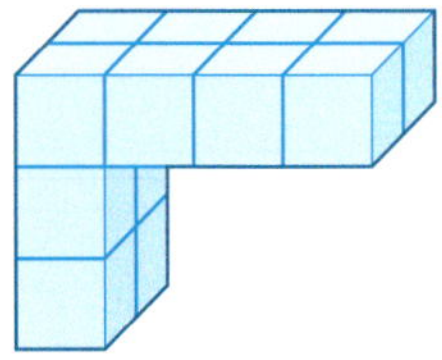

a) Gib das Volumen des Körpers an.
Die kleinen Würfel haben eine Kantenlänge von 1 cm.

b) Bestimme die Anzahl kleiner Würfel, die du mindestens ergänzen musst, damit ein Quader entsteht.

2 Umrechnen in eine kleinere Einheit

Gib das Volumen in der nächstkleineren Einheit an.

a) 47 dm^3 b) 17 cm^3 c) 2800 cm^3 d) 45 m^3
e) 370 cm^3 f) 15 l   g) 108 dm^3 h) 95 l

3 Umrechnen in eine größere Einheit

Gib das Volumen in der nächstgrößeren Einheit an.

a) 25 000 dm^3 b) 180 000 mm^3 c) 7 300 000 mm^3 d) 75 000 dm^3
e) 3 600 000 ml   f) 670 000 cm^3 g) 56 000 dm^3 h) 45 000 ml

4 Umrechnen in andere Einheiten

Gib das Volumen in der angegebenen Einheit an.

a) 83 m^3 in cm^3 b) 650 000 mm^3 in cm^3 c) 56 000 dm^3 in cm^3 d) 90 dm^3 in l
e) 38 l in mm^3 f) 69 000 000 cm^3 in m^3 g) 3 m^3 in l   h) 4 000 cm^3 in mm^3

5 Volumen umrechnen

Rechne das Volumen in die angegebene Einheit um.

a) 5400 dm^3 in m^3 b) 610 mm^3 in cm^3 c) 5,6 dm^3 in cm^3 d) 0,09 dm^3 in cm^3
e) 450 ml in l   f) 7,5 l in ml   g) 7,34 m^3 in dm^3 h) 0,468 m^3 in cm^3

6 Runden von Volumina

a) Runde auf ganze m^3: 6947 dm^3 23 611 dm^3 1499 dm^3 784 498 978 cm^3 37,47 m^3
b) Runde auf ganze l: 5251 ml   509 ml   299 863 ml   94 745 ml   1 001 001 ml

7 Monsterzahlen

Hier hat Simon sehr genau gerechnet. Sein Klassenraum hat einen Rauminhalt von 36 401 552 102 mm^3. Kann das sein? Runde sinnvoll und wähle eine passende Maßeinheit.

8 Rechnen mit Volumina

Berechne. Achte darauf in der gleichen Einheit zu rechnen.

a) $39\,m^3 + 87\,m^3$ b) $4\,dm^3 - 680\,cm^3$ c) $350\,ml \cdot 20$ d) $880\,dm^3 : 11$
e) $630\,dm^3 + 0{,}5\,m^3$ f) $20{,}6\,l - 50\,ml$ g) $2{,}7\,m^3 + 0{,}08\,m^3$ h) $2\,l : 5$
i) $2\,m^3 + 20\,dm^3$ j) $9{,}1\,dm^3 - 7{,}455\,dm^3$ k) $0{,}04\,l \cdot 24$ l) $200\,dm^3 : 10\,dm^3$

9 Holzbalken

Für den Hausbau wird ein Holzbalken benötigt. Er hat ein Volumen von 86,4 dm^3. Ein Kubikzentimeter Holz wiegt 0,5 g. Bestimme die Länge und das Gewicht des Holzbalkens.

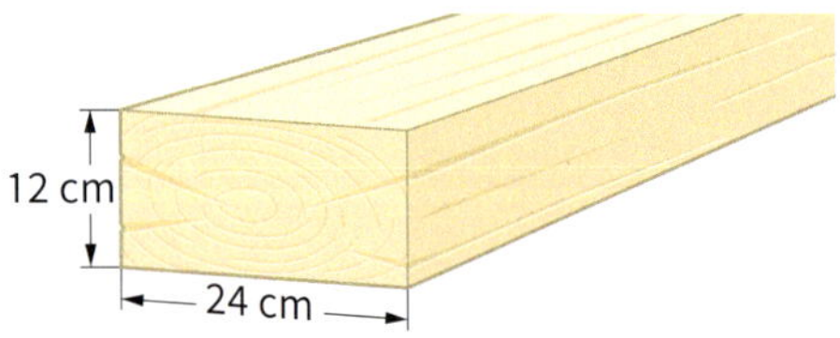

10 Schachteln

Auf einem Tisch stehen zwei quaderförmige Schachteln. Schachtel 1 ist 30 cm lang, 24 cm breit und hat ein Volumen von 10 800 cm^3. Schachtel 2 hat eine Grundfläche von 700 cm^2 und ein Volumen von 11 200 cm^3. Gib an, welche der beiden Schachteln höher ist.

Lösungen auf Seite 232

11 Aquarium

Familie Rausch hat sich ein quaderförmiges Aquarium gekauft. Es ist 1,20 m lang, 50 cm breit und 8 dm hoch.

a) Berechne das Volumen des Aquariums und gib das Ergebnis in Liter an.

b) Man rechnet pro Fisch mit einem Platzbedarf von $10\,dm^3$. Bestimme die Anzahl Fische, die Familie Rausch nach dieser Angabe höchstens für ihr Aquarium kaufen sollte.

12 Wasserbehälter

Ein quaderförmiger Behälter ist 20 cm lang, 40 cm breit und 15 cm hoch. Merle füllt 4 Liter Wasser in den Behälter.

a) Berechne die Höhe des Wasserstandes.

b) Gib den Anteil des Behälters an, der noch gefüllt werden muss, damit der Behälter ganz voll ist.

13 Umzug

Familie Gauß möchte umziehen.

a) Ein Umzugskarton hat die Kantenlängen 40 cm, 72 cm, 50 cm. Gib sein Volumen in Liter an.

b) Der gemietete Lkw hat einen Laderaum von ca. 2,40 m Breite, 8 m Länge und 3 m Höhe.
Peter behauptet: *„Da passen bestimmt 400 Kartons hinein!“* Entscheide, ob er Recht hat.

14 Quader und Würfel

Berechne das Volumen und den Oberflächeninhalt des Körpers.

a) Quader mit a = 4 cm, b = 6 cm, c = 8 cm

b) Würfel mit a = 4 cm

c) Quader mit a = b = 5 cm, c = 7 cm

d) Quader mit a = c = 4 cm, b = 10 cm

15 Quadermaße

Übertrage die Tabelle in dein Heft und berechne die fehlenden Größen des Quaders.

Länge a	3 dm	18 cm			3 cm
Breite b	5 dm	9 cm	24 mm	40 dm	
Höhe c	6 dm		50 mm		0,3 dm
Grundfläche A = a · b			$384\,mm^2$	$6\,m^2$	$9\,cm^2$
Volumen V		$486\,cm^3$		$9\,m^3$	
Oberflächeninhalt O					

16 Quader gesucht

Ein Quader hat die Kantenlängen a = 2 cm, b = 6 cm, c = 8 cm.

a) Gib die Kantenlängen eines Quaders an, der das gleiche Volumen, aber einen anderen Oberflächeninhalt hat.

b) Gib die Kantenlängen eines Quaders an, der den gleichen Oberflächeninhalt, aber ein anderes Volumen hat.

17 Zusammengesetzter Körper

a) Berechne das Volumen des Körpers auf zwei Arten: Einmal durch Zerlegen in geeignete Quader und einmal durch Ergänzen.

b) Berechne den Oberflächeninhalt des Körpers.

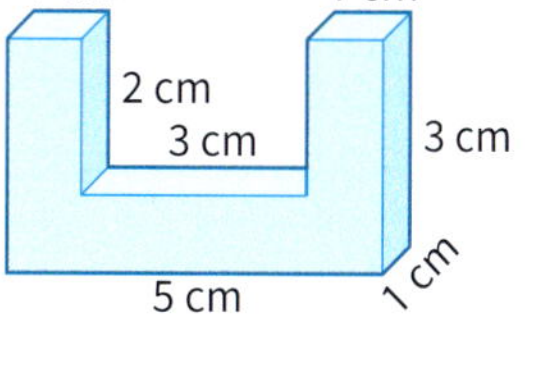

8 Statistische Daten

Bei statistischen Untersuchungen werden häufig große Datenmengen erhoben. Diese werden dann, um den Überblick zu haben, in Tabellen zusammengefasst und grafisch in Diagrammen veranschaulicht.
Eine Tabellenkalkulation kann dabei sehr hilfreich sein.

- Wie lassen sich Daten in Diagrammen veranschaulichen?
- Welche Wirkung kann mit Diagrammen erzeugt werden?
- Wie lassen sich Daten beschreiben und vergleichen?

8.1 Absolute und relative Häufigkeiten

Vorbereiten
Anteile
Seite 10
Prozente
Seite 26

In den sechsten Klassen wurde eine Umfrage zum Schulweg durchgeführt.

- Wie kommen die Kinder zur Schule?
- Bestimme die Klassengrößen.

	Zu Fuß	Bus	Fahrrad	Sonstige
6 a	8	7	6	4
6 b	5	6	6	3

Lisa sagt: „*Mit dem Fahrrad kommen in beiden Klassen gleich viele Kinder zur Schule, aber der Anteil ist in der Klasse 6 b größer.*“ Was meinst du dazu?

WES-109211-061

Absolute und relative Häufigkeiten

Die **absolute Häufigkeit** gibt die Anzahl an, wie oft etwas vorkommt.

Die **relative Häufigkeit** gibt den Anteil einer absoluten Häufigkeit an der Gesamtzahl an:

$$\text{relative Häufigkeit} = \frac{\text{absolute Häufigkeit}}{\text{Gesamtzahl}}$$

Die Gesamtzahl ist die Summe aller absoluten Häufigkeiten: $8 + 7 + 6 + 4 = 25$

	absolute Häufigkeit	relative Häufigkeit	
		als Bruch	in Prozent
Zu Fuß	8	$\frac{8}{25} = \frac{32}{100}$	32 %
Bus	7	$\frac{7}{25}$	28 %
Fahrrad	6	$\frac{6}{25}$	24 %
Sonstige	4	$\frac{4}{25}$	16 %
Gesamt	**25**	$\frac{25}{25}$	**100 %**

Relative Häufigkeiten gibt man als Bruch (Anteil an der Gesamtzahl) oder in Prozent an.
Die Summe der relativen Häufigkeiten ist 1, also 100 %.

1 **Relative Häufigkeiten**

Berechne zu den absoluten Häufigkeiten der Umfrage die relativen Häufigkeiten.

a)

Lieblingstier	Anzahl
Koala	11
Elefant	8
Delfin	4
Sonstige	2

b)

Lieblingsessen	Anzahl
Pizza	20
Nudeln	10
Schnitzel	6
Sonstige	4

c)

Lieblingsfarbe	Anzahl
rot	36
blau	22
gelb	10
Sonstige	12

2 **Von der Strichliste zu relativen Häufigkeiten**

Eine 6. Klasse wurde gefragt: „*An wie vielen Arbeitsgemeinschaften nimmst du teil?*“
Bestimme die relativen Häufigkeiten.

keine	1 AG	2-3 AGs	mehr als 3 AGs
卌 卌 卌	卌 I	卌 II	IIII

3 **Absolute Häufigkeiten berechnen**

Die 720 Schülerinnen und Schüler der Gaußschule kommen aus den Stadtteilen Süd-, West-, Nord- und Oststadt. $\frac{1}{3}$ der Schülerinnen und Schüler kommt aus der Weststadt, $\frac{1}{4}$ aus der Südstadt und $\frac{1}{5}$ aus der Oststadt.

a) Bestimme den Anteil der Schülerinnen und Schüler aus der Nordstadt.

b) Bestimme die Anzahl der Schülerinnen und Schüler aus den einzelnen Stadtteilen.

Prüfe dich!
Lösungen auf Seite 233

4 Die Kinder der Klasse 6 c haben eine Umfrage zu ihrem Lieblingshaustier durchgeführt. Bestimme die relativen Häufigkeiten. Prüfe, ob die Summe der relativen Häufigkeiten 1 ergibt.

Haustier	Hund	Katze	Hamster	Kaninchen	Wellensittich
Häufigkeit	8	6	1	7	3

Absolute Häufigkeiten und relative Häufigkeiten vergleichen

„In der Klasse 6 a sind 25 Kinder, 6 Kinder kommen mit dem Fahrrad zur Schule."
„In der Klasse 6 b sind 20 Kinder, 6 Kinder kommen mit dem Fahrrad zur Schule."

Vergleiche die absoluten und relativen Häufigkeiten.

Absolute Häufigkeiten vergleichen: Klasse 6 a: 6 Kinder   Klasse 6 b: 6 Kinder
„In beiden Klassen kommen 6 Kinder mit dem Fahrrad."

Relative Häufigkeiten vergleichen: Klasse 6 a: $\frac{6}{25} = 24\,\%$ Klasse 6 b: $\frac{6}{20} = 30\,\%$
„In der Klasse 6 b ist der Anteil der Kinder, die mit dem Fahrrad kommen, größer als in der 6 a."

5 ☰ **Lieblingsgetränke vergleichen**

Die Lieblingsgetränke in den Klassenstufen 6 und 7 wurden erfragt.
a) Erstelle eine Tabelle mit den relativen Häufigkeiten. Gib diese als Bruch und in Prozent an.
b) In welcher Klassenstufe ist Wasser beliebter?

	Kl. 6	Kl. 7
Milch	16	8
Saftschorle	40	24
Wasser	30	28
Limonade	14	20

6 ☰ **Lea-ärgere-dich-nicht**

Lea und Robert spielen ein Würfelspiel. Im ersten Spiel hat jeder 150-mal gewürfelt, im zweiten Spiel hat jeder 300-mal gewürfelt.
a) Erstelle eine Tabelle mit den relativen Häufigkeiten.
b) Lea hat sich im ersten Spiel sehr über die vielen 6-er von Robert geärgert. Was könnte man Lea sagen?

	Anzahl 6-er	
	Lea	Robert
1. Spiel	18	33
2. Spiel	66	45

7 ☰ In Mühldorf und in Neuhausen wurden Personen nach ihrem Lieblingsobst gefragt. Erstelle eine Tabelle, in der die relativen Häufigkeiten als Bruch und in Prozent angegeben sind. In welchem Dorf sind Äpfel beliebter? Vergleiche die absoluten und relativen Häufigkeiten.

Prüfe dich!
Lösungen auf Seite 233

Lieblingsobst	Erdbeeren	Äpfel	Birnen	Bananen	Himbeeren
Mühldorf	30	48	24	12	6
Neuhausen	36	56	40	16	12

8 ☰ **Gesamtzahl bestimmen**

a) In einer Umfrage geben 28 Personen an, am liebsten Vanilleeis zu essen. Das sind $\frac{2}{5}$ der Befragten. Bestimme die Gesamtzahl der Befragten.
b) In einer Klasse geben 8 Schülerinnen und Schüler an, Kirschen zu mögen. Dies sind $\frac{2}{7}$ der Schülerinnen und Schüler. Bestimme die Gesamtzahl der Schülerinnen und Schüler.
c) Als Lieblingsverein geben 144 Personen den VfL Wolfsburg an. Das sind 12 % der Befragten. Bestimme die Gesamtzahl der Befragten.

9 ☰ **Lieblingssportarten**

In der Klasse 6 b wurde eine Umfrage zu den Lieblingssportarten der Schülerinnen und Schüler durchgeführt. In der Pause wischt Tim einige Einträge weg.
Ergänze die fehlenden Zahlen.

8.2 Daten darstellen

Vorbereiten
Winkel
Seite 48, 50, 51

Die Konditorei Zuckerguss hat letzten Monat 600 Torten verkauft. Im Schaufenster hängt ein Tortenbild, das die Anteile der verkauften Kuchen zeigt.
Wie viele Erdbeerkuchen, Blaubeerkuchen, Mandarinenkuchen und Schokokuchen wurden verkauft?

WES-109211-062

Das Kreisdiagramm

Relative Häufigkeiten kann man in einem **Kreisdiagramm** darstellen.
Die relative Häufigkeit entspricht dem Anteil des Kreisausschnitts am ganzen Kreis.
Der Mittelpunktswinkel eines Kreisausschnitts entspricht dem Anteil am Vollwinkel (360°).

„Mittelpunktswinkel = relative Häufigkeit · 360°“

Kuchen	Erdbeer	Mandarine	Schoko	Blaubeer
relative Häufigkeit	$\frac{4}{10}$	$\frac{3}{10}$	$\frac{1}{10}$	$\frac{2}{10}$
Mittelpunktswinkel	$\frac{4}{10} \cdot 360° = 144°$	$\frac{3}{10} \cdot 360° = 108°$	$\frac{1}{10} \cdot 360° = 36°$	$\frac{2}{10} \cdot 360° = 72°$
Farbe	rot	gelb	braun	blau

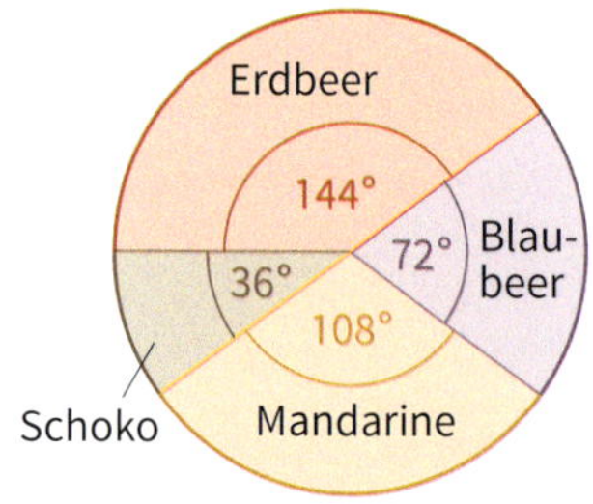

Von den absoluten Häufigkeiten zum Kreisdiagramm

1. Gesamtzahl bestimmen
2. Relative Häufigkeiten bestimmen
3. Mittelpunktswinkel bestimmen,
   zum Beispiel für Grün gilt: $\frac{3}{30} \cdot 360° = 36°$
4. Kreisdiagramm zeichnen

Farbe	grün	blau	rot	gelb	Gesamt
absolute Häufigkeit	3	10	12	5	30
relative Häufigkeit	$\frac{3}{30}$	$\frac{10}{30}$	$\frac{12}{30}$	$\frac{5}{30}$	1
Winkel	36°	120°	144°	60°	360°

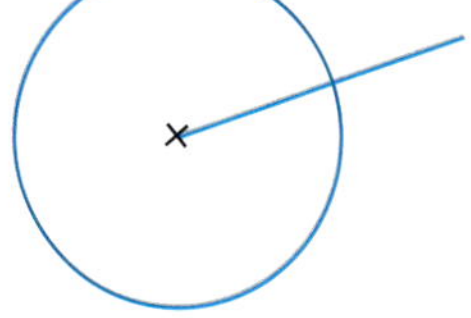

Zeichne einen Kreis und einen Schenkel.

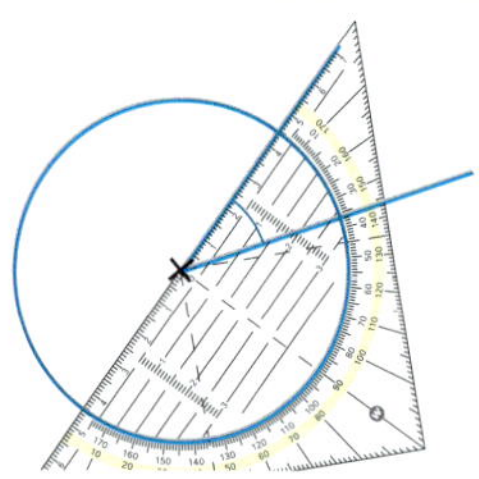

Zeichne den 36° großen Winkel an den Schenkel.

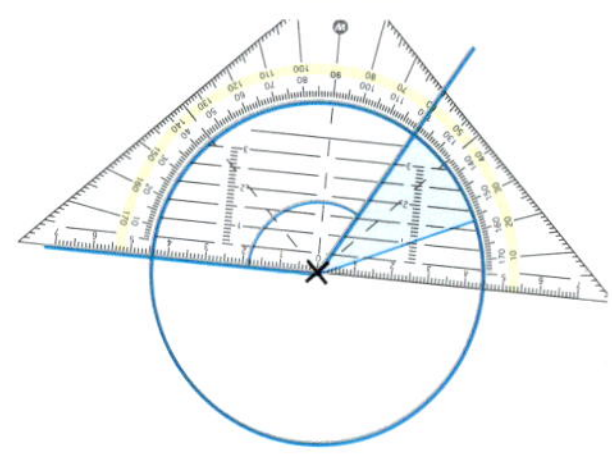

Setze dies fort mit den nächsten Winkeln.

1 **Kreisdiagramm zeichnen**

Stelle das Ergebnis der Umfrage in einem Kreisdiagramm dar.

a)

Geschwister	0	1	2	3 oder mehr
relative Häufigkeit	$\frac{1}{4}$	$\frac{1}{2}$	$\frac{1}{6}$	$\frac{1}{12}$

b)

Obst	Apfel	Banane	Kiwi	Birne
relative Häufigkeit	30 %	35 %	20 %	15 %

2 Von absoluten Häufigkeiten zum Kreisdiagramm

Berechne die relativen Häufigkeiten und zeichne ein Kreisdiagramm.

a)

Urlaub	Meer	Hof	Berge	See
absolute Häufigkeit	10	9	5	6

b)

Fach	Sport	Kunst	Mathe	Bio
absolute Häufigkeit	11	7	4	8

3 Fülle die Tabelle aus. Rechne um.

relative Häufigkeit			$\frac{3}{5}$		$\frac{5}{6}$	
Prozent	10 %			25 %		
Mittelpunktswinkel		270°				80°

Prüfe dich!
Lösungen auf Seite 233

4 Die Schuhgrößen der Schülerinnen und Schülern der 6. Klassenstufe wurden notiert.

Bestimme die relativen Häufigkeiten als Bruch und erstelle ein Kreisdiagramm.

Schuhgröße	34	35	36	37	38	39
Absolute Häufigkeit	6	8	18	15	8	5

5 Kreisdiagramm aus Säulendiagramm

Die Schülerinnen und Schüler der 6 c haben ihre Körpergröße in cm gemessen.

a) Lies die absoluten Häufigkeiten aus dem Säulendiagramm ab und berechne die relativen Häufigkeiten.

b) Erstelle ein Kreisdiagramm.

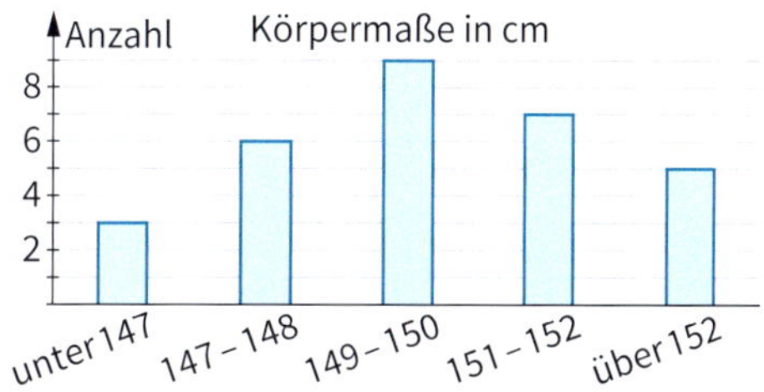

Nachschlagen
Diagramme Seite 184

6 Gesunde Ernährung

Die Ernährungspyramide zeigt, was man essen sollte, um gesund zu bleiben. An der Spitze stehen die Nahrungsmittel, die nur in geringer Menge gegessen werden sollten. Unten sind die Nahrungsmittel eingetragen, die zu bevorzugen sind.

a) Stelle die Angaben in einem Kreisdiagramm dar.

b) Erstelle ein Kreisdiagramm zu deinen eigenen Essgewohnheiten.

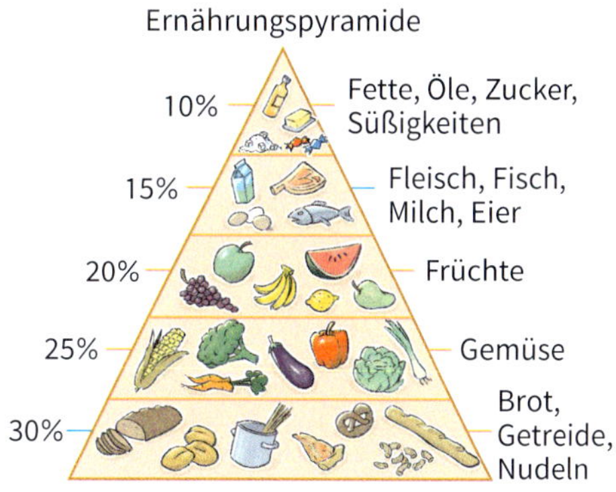

7 Daten ablesen

Strom kann aus erneuerbaren Energien erzeugt werden. Zu den erneuerbaren Energien werden zum Beispiel Wind, Wasser, Sonne oder Biomasse gezählt.

a) Ein Politiker sagt: *„Biomasse macht ein Viertel der Stromerzeugung aus erneuerbaren Energien aus.“* Was sagst du dazu?

b) Bestimme die Anteile der einzelnen erneuerbaren Energien.

c) Die Daten stammen aus dem Jahr 2022. Recherchiere, ob sich etwas geändert hat.

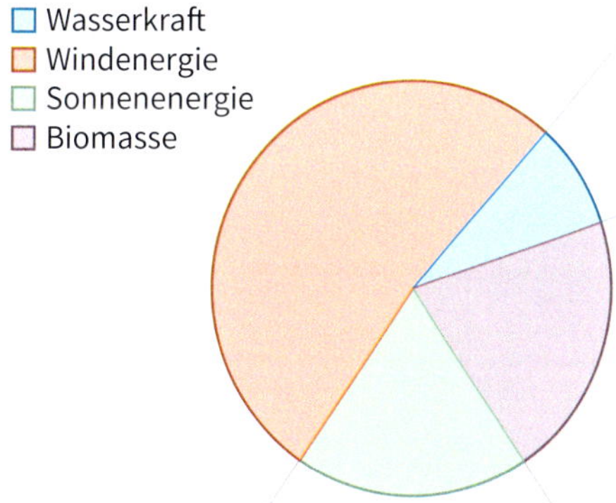

8 ≡ Abstimmung in der Dörfergemeinschaft

In den Dörfern Arburg, Beberg und Cetal wurde darüber abgestimmt, ob man sich zu einer ABC-Gemeinde mit einer zentralen Gemeindeverwaltung zusammenschließen soll.

a) Gib jeweils das Abstimmungsergebnis in Prozent an.

b) In Beberg und Cetal wurden jeweils 500 Stimmen abgegeben, in Arburg doppelt so viele. Bestimme die Anzahl der Personen, die in den einzelnen Dörfern mit Nein gestimmt haben.

c) Bestimme den Gesamtanteil der Ja-Stimmen.

Abstimmungsergebnis Arburg

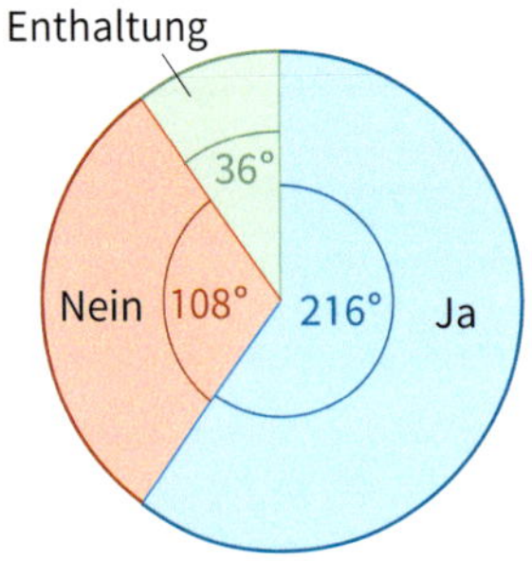

Abstimmungsergebnis Beberg

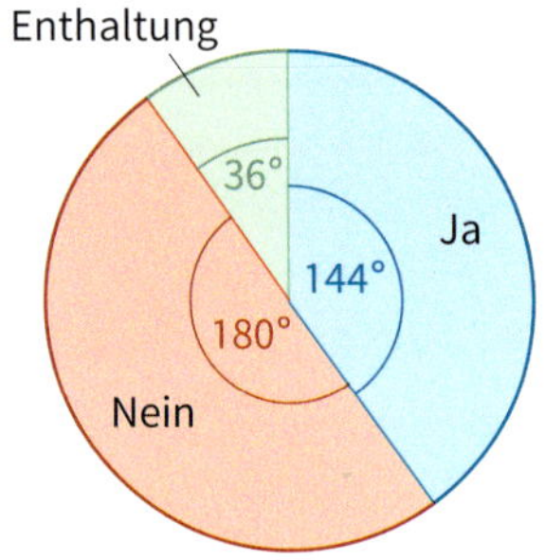

Abstimmungsergebnis Cetal

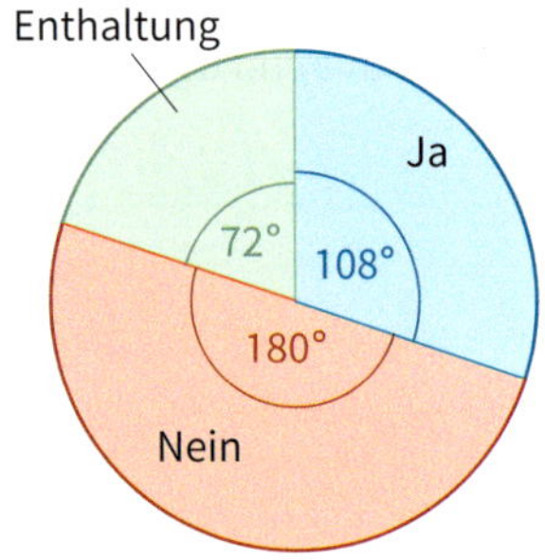

Prüfe dich!
Lösungen auf Seite 234

9 ≡

In der Klasse 6 a sind 24, in der Klasse 6 b sind 30 Kinder. In beiden Klassen wurde gefragt, wer in der Stadtmitte, am Stadtrand, in einem Dorf oder auf dem Land wohnt. Überprüfe die Aussagen mithilfe der absoluten Häufigkeiten. Korrigiere die Aussagen gegebenenfalls.

(1) In der Klasse 6 a gibt es mehr Kinder, die am Stadtrand leben als in der Klasse 6 b.

(2) In der Klasse 6 b leben mehr Kinder in der Stadtmitte als in der Klasse 6 a.

(3) In beiden Klassen gibt es 4 Kinder, die auf dem Land wohnen.

(4) In der Klasse 6 b leben doppelt so viele Kinder in einem Dorf als in der Klasse 6 a.

Klasse 6a

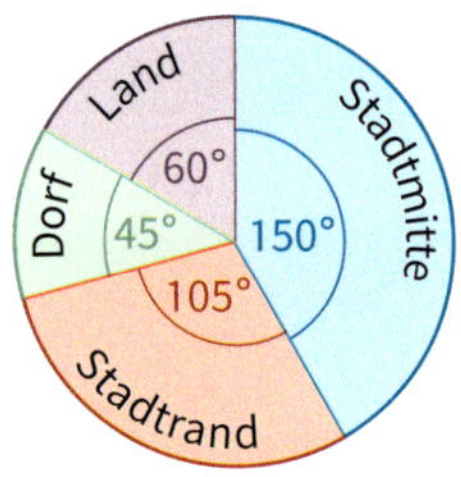

Klasse 6b

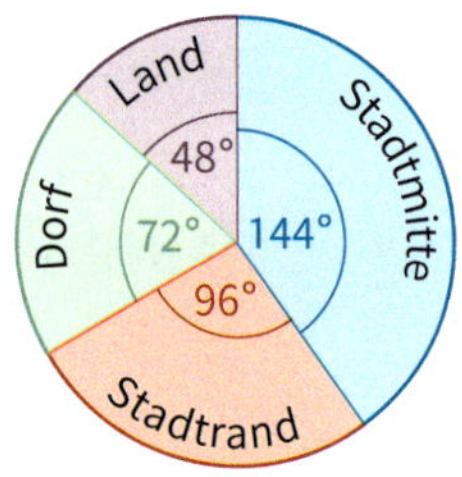

10 ≡ Ortseinfahrt

An einer Ortseinfahrt wird die Höchstgeschwindigkeit auf 50 $\frac{km}{h}$ begrenzt.
Die Polizei kontrolliert die Geschwindigkeit der Fahrzeuge. Hier ist das Ergebnis:

Geschwindigkeit in $\frac{km}{h}$	bis 40	über 40 bis 50	über 50 bis 60	über 60 bis 70	über 70
Anzahl der Fahrzeuge	5	92	66	13	4

a) Zeichne zu den Daten ein Kreisdiagramm.

b) Wie viel Prozent der Überprüften sind bis zu 10 $\frac{km}{h}$ zu schnell gefahren?

c) Zwei Wochen später werden an derselben Stelle 200 Autos kontrolliert. Die Daten sind im Kreisdiagramm dargestellt. Berechne die absoluten Häufigkeiten.

d) Kann man aufgrund der zweiten Verkehrskontrolle sagen, dass sich die Autofahrer mittlerweile besser an die Verkehrsregeln halten?

Verkehrskontrolle nach zwei Wochen

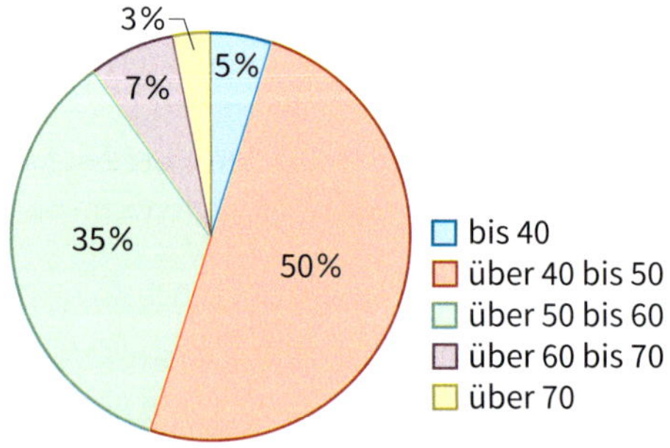

Das Streifendiagramm

Relative Häufigkeiten kann man auch in einem **Streifendiagramm** darstellen.
Die relativen Häufigkeiten entsprechen dem Anteil eines Streifenstücks am Streifen.

WES-109211-063

1. Gesamtlänge des Streifens festlegen: Man wählt meist 100 mm.
2. Relative Häufigkeit bestimmen
3. Länge der Streifenstücke bestimmen, zum Beispiel Grün: $\frac{3}{25} \cdot 100\,\text{mm} = 12\,\text{mm}$
4. Streifendiagramm zeichnen

Farbe	grün	blau	rot	gelb
absolute Häufigkeit	3	7	11	4
relative Häufigkeit	$\frac{3}{25}$ = 12 %	$\frac{7}{25}$ = 28 %	$\frac{11}{25}$ = 44 %	$\frac{4}{25}$ = 16 %
Länge des Streifens	12 mm	28 mm	44 mm	16 mm

11 Streifendiagramm zeichnen

Zeichne ein Streifendiagramm der Länge 100 mm.

a)

Internetzeiten	mehr als 1 Stunde	bis zu 1 Stunde	gar nicht
Anteil	$\frac{4}{25}$	$\frac{18}{25}$	$\frac{3}{25}$

b)

Lieblingsland	Deutschland	Spanien	Frankreich	Dänemark	andere
rel. Häufigkeit	45%	20%	15%	10%	10%

c)

Lieblingsfächer	Deutsch	Musik	Geschichte	Biologie	andere
rel. Häufigkeit	0,38	0,26	0,14	0,12	0,10

d)

Sammelobjekte	Bändchen	Karten	Münzen	Magnete	andere
rel. Häufigkeit	18%	20%	14%	16%	32%

12 Von absoluten Häufigkeiten zum Streifendiagramm

Berechne die relativen Häufigkeiten und zeichne ein Streifendiagramm.

a)

Lieblingseis	Erdbeer	Vanille	Mango
absolute Häufigkeit	10	8	7

b)

Haustier	Vogel	Hund	Fische	Katze
absolute Häufigkeit	6	18	4	12

13 Verkaufsoffener Sonntag

In einer Stadt wurden 1170 Personen zum Thema „verkaufsoffener Sonntag" befragt.

a) Zeichne ein passendes Streifendiagramm.
b) Zeichne ein passendes Kreisdiagramm.
c) Berechne die absoluten Häufigkeiten und zeichne ein passendes Säulendiagramm.

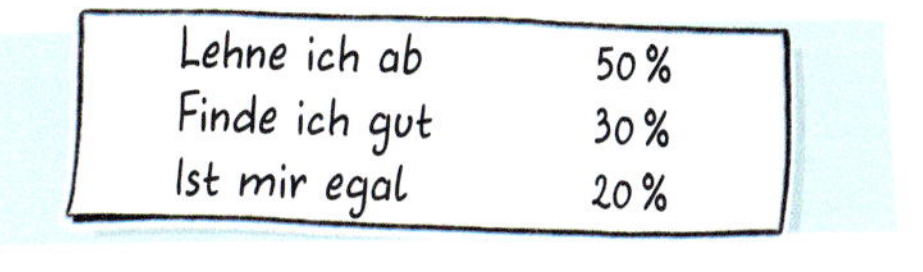

14 Naturflächen

In drei deutschen Städten wurde der Anteil der Naturflächen gemessen. Beschreibe die Streifendiagramme und vergleiche die Städte.

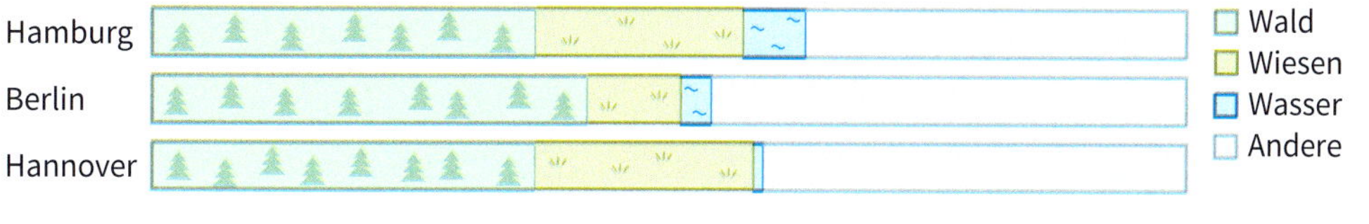

8.3 Wirkung von Diagrammen

Vorbereiten
Diagramme
Seite 184

Der Reporter Herr Nowak soll einen Zeitungsbericht über die Einbruchszahlen in Niedersachsen schreiben. Er findet dazu verschiedene Diagramme.

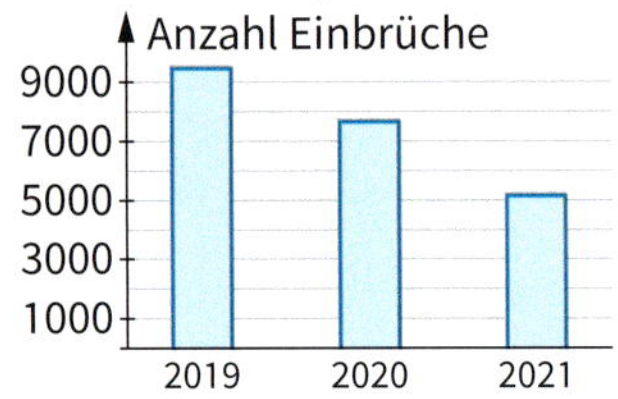

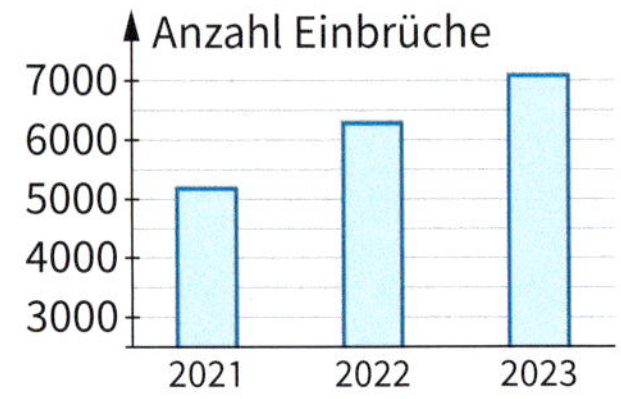

Beschreibe die in den Diagrammen dargestellte Entwicklung der Einbruchszahlen.
Welche Wirkung erzielen die einzelnen Diagramme? Worin unterscheiden sie sich?

WES-109211-064

Wirkung von Diagrammen

Die Art, wie Daten in einem Diagramm dargestellt werden, erzeugt eine bestimmte Wirkung.
So können Leserinnen und Leser beeinflusst werden.

Jahr	Anzahl
2018	95
2019	65
2020	80
2021	55
2022	100

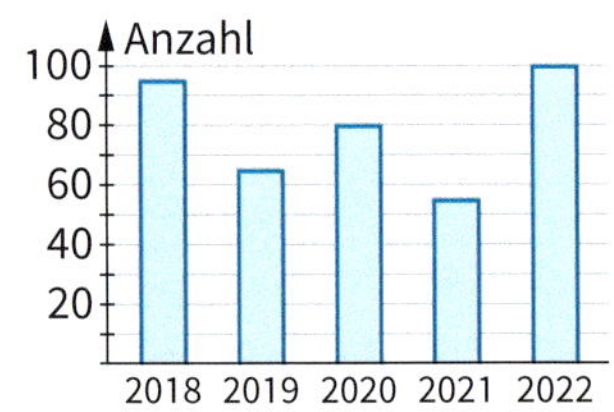

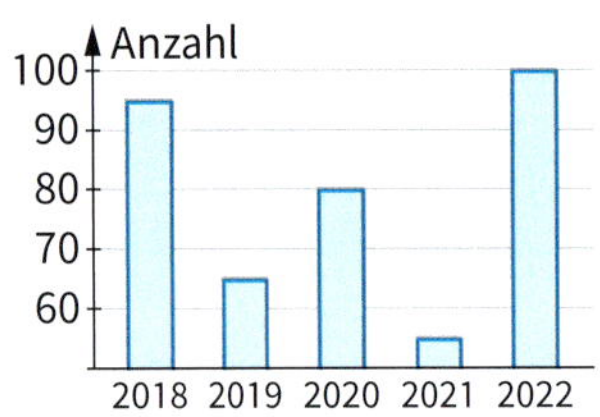

Die y-Achse beginnt nicht bei null.
Eine größere Änderung wird vorgetäuscht.

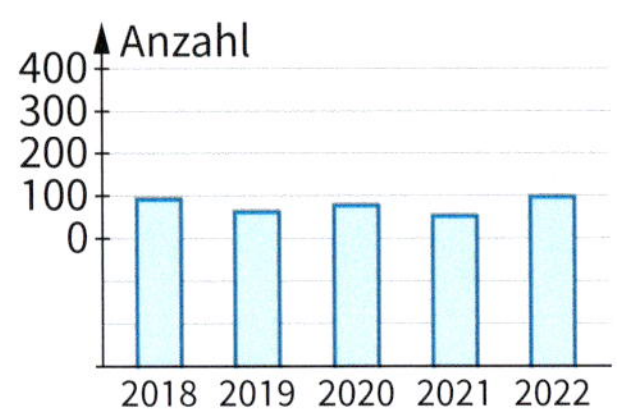

Die Skalierung auf der y-Achse ist geändert.
Eine geringe Änderung wird vorgetäuscht.

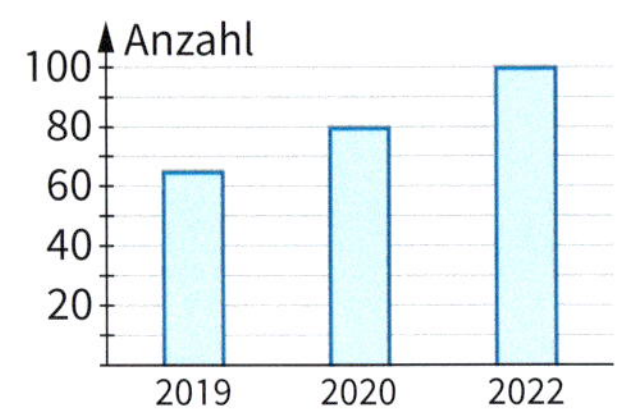

Ein Teil der Daten wird weggelassen.
Ein Trend wird vorgetäuscht.

1 = Diagramme zuordnen

In zwei Zeitungen sind Artikel zum Ehrenamt in Deutschland erschienen.
Ordne die Diagramme den Artikeln zu. Begründe deine Entscheidung.

Das Ende des Ehrenamts?
Freiwillige Feuerwehr, Vereine, Erste-Hilfe-Kurse – sie alle zählen auf das Engagement von ehrenamtlichen Helferinnen und Helfern. Doch die Zahlen sind in den letzten Jahren drastisch gesunken.

Deutschland – Land des Ehrenamts
Das Ehrenamt gehört für viele Deutsche zu einer positiven Gestaltung des Lebens dazu. Fast jeder Vierte engagiert sich freiwillig.
Dabei ist die Zahl der Ehrenamtlerinnen und Ehrenamtler seit Jahren stabil.

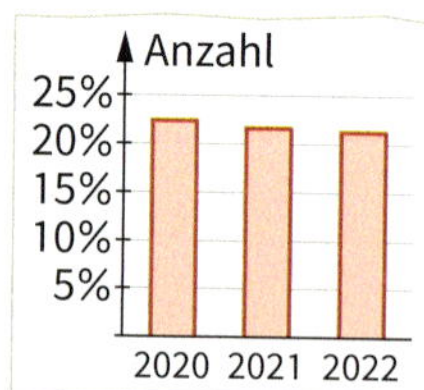

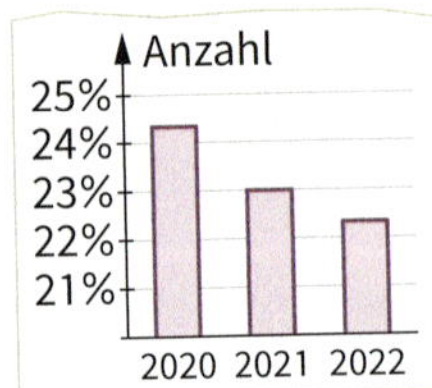

2 Veränderte Diagramme

Eines der beiden Diagramme wurde verändert, um eine bestimmte Wirkung zu erzeugen. Welches Diagramm wurde verändert und was sollte damit erreicht werden?

a) Unfälle in Malstadt

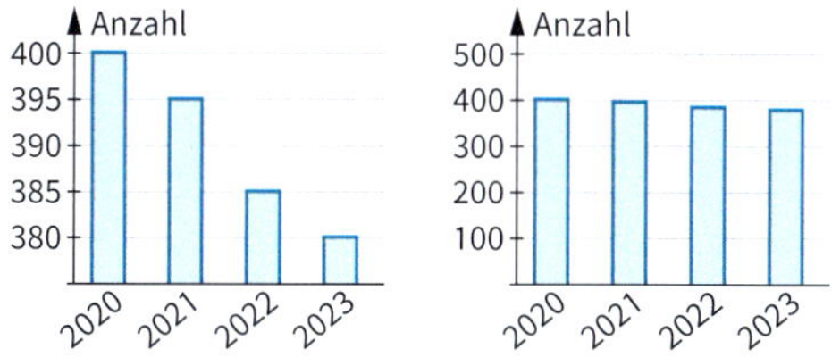

b) Verkaufszahlen der Luftmatratze „Wolke“

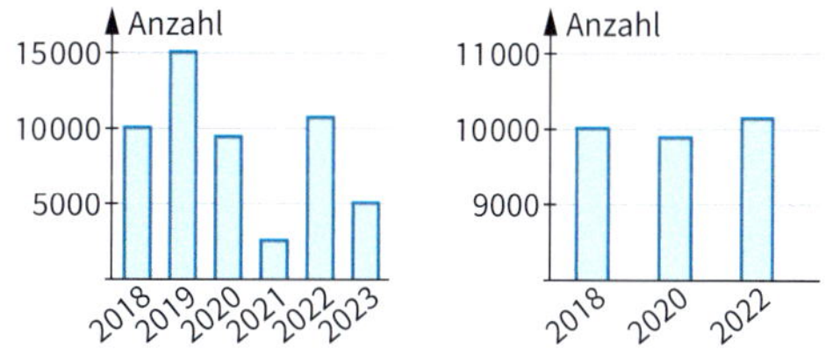

3 Wirkungsvolle Diagramme erstellen

Zeichne ein passendes Diagramm zur Aussage:

a) Deutsche produzieren wenig Müll.

b) Deutsche produzieren viel Müll.

	Müll pro Kopf in kg
Dänemark	850
Deutschland	632
Luxemburg	790
Polen	346

4 Der Unterrichtsbeginn am Moll-Gymnasium soll neu festgelegt werden. Die Schulleiterin und die SV haben die gleiche Studie zur Leistungskurve von Menschen gelesen. Die SV erstellt daraus ein Säulendiagramm, die Schulleiterin aber ein ganz anderes. Erkläre die unterschiedlichen Meinungen und Argumente.

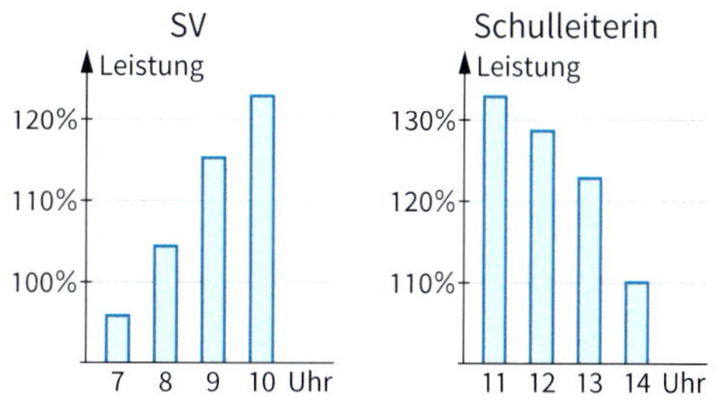

Prüfe dich! Lösungen auf Seite 234

5 Wirkung von Bildern

Die Anzahl der verkauften Bücher eines Verlages hat sich in den letzten fünf Jahren verdoppelt. Dies soll in einer Zeitschrift mithilfe einer Grafik veröffentlicht werden. Welche Darstellung passt dazu, welche Darstellung täuscht etwas vor? Erkläre.

6 Bilddiagramme durchschauen

In der Tabelle ist die Anzahl der Menschen pro Kontinent für das Jahr 2021 angegeben.

Afrika	1 373 000 000
Amerika	1 027 000 000
Asien	4 651 000 000
Europa	744 000 000
Australien und Ozeanien	43 000 000

Beschreibe den Eindruck, der durch das Bild entsteht.

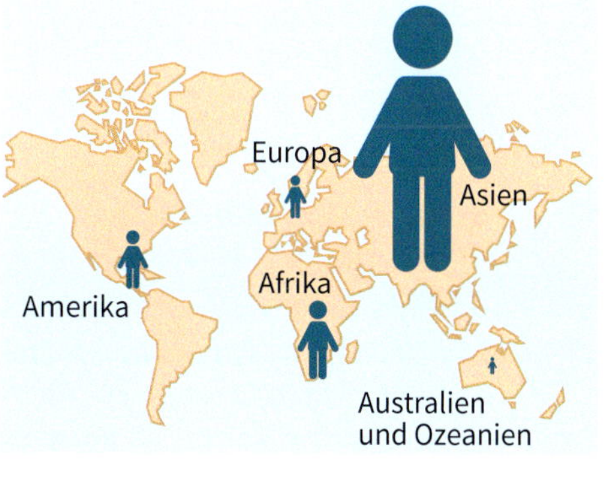

8.4 Kenngrößen von Daten

Sarah macht jeden Morgen Liegestütze.
Sie notiert die Anzahl der Liegestütze.
Gib die größte und die kleinste Anzahl der Liegestütze an, die Sarah an einem Tag geschafft hat.
„Im Durchschnitt schaffe ich 8 Stück."
Wie kommt Sarah zu der Aussage?

WES-109211-065

Kenngrößen von Daten: Maximum, Minimum, Spannweite und arithmetisches Mittel

Die in der **Urliste** gesammelten Werte können in einer Tabelle dargestellt werden.

	Mo	Di	Mi	Do	Fr	Sa	So
Liegestütze	5	12	7	12	6	4	10

Daten auswerten

„Wie viele Werte gibt es?" — **Anzahl** der Werte: 7
„Welches ist der größte Wert?" — **Maximum**: 12
„Welches ist der kleinste Wert?" — **Minimum**: 4
„Was ist die Differenz aus größtem und kleinstem Wert?" — **Spannweite:** 12 – 4 = 8

Arithmetisches Mittel $\overline{x}$ berechnen

$$\overline{x} = \frac{\text{Summe aller Werte}}{\text{Anzahl der Werte}}$$

$$\overline{x} = \frac{5 + 12 + 7 + 12 + 6 + 4 + 10}{7} = \frac{56}{7} = 8$$

Sarah schafft im Durchschnitt 8 Liegestütze pro Tag, maximal 12 und minimal 4 Liegestütze.
Die Spannweite beträgt 8.

Daten auswerten

In der Tabelle findest du die Daten zu einem 50 m-Lauf. Werte die Tabelle aus.

Schüler	Zeit in s
Alex	11,2
Felix	8,1
Chris	9,4
Damian	10,8
Emil	14,0

Anzahl der Werte: 5
Maximum: 14,0 s Minimum: 8,1 s
Spannweite: 14,0 s – 8,1 s = 5,9 s
Arithmetisches Mittel: $\overline{x} = \frac{11{,}2 + 8{,}1 + 9{,}4 + 10{,}8 + 14{,}0}{5} = \frac{53{,}5}{5} = 10{,}7$

Felix war mit 8,1 s am schnellsten. Emil war mit 14,0 s am langsamsten.
Im Durchschnitt liefen die Schüler 10,7 s. Die Spannweite beträgt 5,9 s.

1 **Daten auswerten**

Bestimme das Maximum, das Minimum, die Spannweite und das arithmetische Mittel.

a) 3; 5; 6; 8; 3; 4; 6
b) 10; 8; 12; 6; 3; 9
c) 2; 2; 0,5; 3,5; 4
d) 6 s; 7 s; 2 s; 5 s; 8 s; 5 s; 9 s
e) 130 €; 100 €; 138 €; 78 €
f) 1,2 kg; 783 g; 786 g; 1876 g

2 **Mittelwert beim Bäcker**

Das Gewicht eines Roggenmischbrots ist mit 500 g angegeben. Diese Werte wurden gemessen.

a) Bestimme das arithmetische Mittel. Erkläre, warum das arithmetische Mittel eine wichtige Kenngröße ist.
b) Bestimme das Maximum, das Minimum und die Spannweite. Erkläre, warum dies wichtige Kenngrößen sind.

3 ≡ **Wert gesucht**

Das arithmetische Mittel ist gegeben. Finde den fehlenden Wert.

a) 9, 7, ▢ mit $\bar{x} = 7$ b) 2, 2, 4, ▢ mit $\bar{x} = 2{,}5$ c) 5, 2, 2, 4, 8, ▢ mit $\bar{x} = 4$

---

4 ≡ Bestimme das Maximum, das Minimum, die Spannweite und das arithmetische Mittel.

a) 3; 9; 4; 6; 10; 1; 3; 5   b) 18; 23; 20; 28; 17; 13; 7   c) 7,50 €; 7,15 €; 7,97 €; 7,10 €

Prüfe dich!
Lösungen auf
Seite 234

5 ≡ Der jährliche Wasserverbrauch pro Kopf wurde in verschiedenen Ländern bestimmt. Gib an, wer am meisten und wer am wenigsten Wasser verbraucht. Berechne das arithmetische Mittel.

Land	China	Kenia	Deutschland	USA	Estland
Verbauch in l	420 000	80 000	297 000	1 207 000	1 357 000

---

6 ≡ **Urlisten gesucht**

a) Gib zwei Urlisten mit 6 Werten an, deren arithmetisches Mittel 12 ist.

b) Gib zwei Urlisten mit 6 Werten an, deren Minimum 4 und deren Maximum 20 ist. Die arithmetischen Mittel der Urlisten sollen gleich sein.

7 ≡ **Ausgleichseigenschaft des arithmetischen Mittels**

Die Klasse 6a hat in sieben Gruppen (I - VII) Spenden gesammelt. Die Sammelergebnisse sind in dem Säulendiagramm dargestellt. Die rote Linie ist auf der Höhe des arithmetischen Mittels.

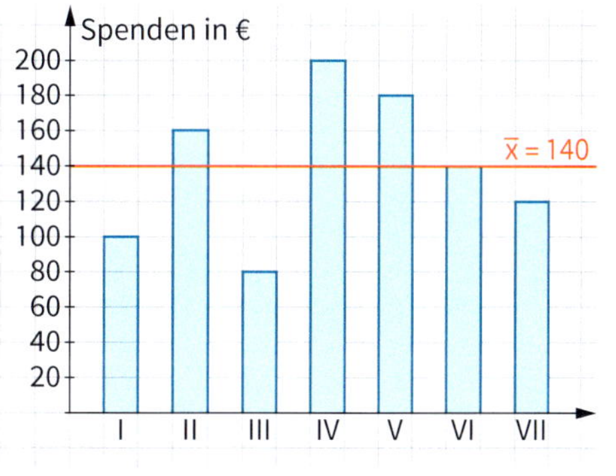

a) Manche Säulen enden oberhalb, manche enden unterhalb der roten Linie. Vergleiche die Abweichungen.

b) Kann es auch ein Säulendiagramm geben, bei dem nur eine Säule über der roten Linie endet? Erkläre.

8 ≡ **Taschengeld**

Ein Fußballtrainer fragt die Spieler seiner Mannschaft, wie viel Taschengeld sie monatlich bekommen, da ein Trainingslager ansteht. Es ergibt sich folgendes Bild:

Taschengeld	5 €	10 €	15 €	20 €	25 €	30 €
Anzahl	1	2	2	3	3	3

a) Berechne, wie viel Taschengeld die Spieler der Mannschaft durchschnittlich bekommen.

b) Die Gruppe fragt den Trainer, wie viel „Taschengeld“ er im Monat verdient. Er antwortet mit 2720 €. Berechne, wie sich das arithmetische Mittel durch diese Angabe ändert.

c) Das Trainingslager wird von einem Fußballprofi geleitet, der 29 000 € im Monat verdient. Berechne das sich nun ergebende arithmetische Mittel. Erkläre, warum einzelne Angaben großen Einfluss auf das arithmetische Mittel haben. Begründe auch mit der Spannweite.

9 ≡ **Handynutzung**

Carla notiert 13 Tage lang, wie viele Stunden sie das Handy am Tag nutzt.

Dabei entsteht diese Urliste: 1,5 h 2 h 1 h 2,5 h 2 h 1 h 1,5 h 1,5 h 2 h 3 h 0,5 h 0 h 1 h

a) Vervollständige die Tabelle in deinem Heft. Bestimme das arithmetische Mittel.

Handyzeit in h	0	0,5	1	1,5	2	2,5	3

b) Erstelle ein Säulendiagramm mit drei Säulen. Wähle dazu folgende Zeitspannen:
unter 1 Stunde | 1 bis 2 Stunden | mehr als 2 Stunden

Einstieg

Klassensprecherwahl

Bei einer Klassensprecherwahl erhielten die vier Kinder unterschiedlich viele Stimmen.

- Berechne, wie viele Stimmen die Kinder durchschnittlich erhielten.
- Ermittle, wer die Wahl gewonnen hat.

Modalwert

Der Modalwert ist der Wert, der am häufigsten vorkommt.
Kommen mehrere Ergebnisse gleich häufig vor, gibt es mehrere Modalwerte.

Schuhgröße	35	36	**37**	**38**	39	40
Anzahl	3	6	**9**	**9**	5	4

Die Schuhgrößen 37 und 38 sind die Modalwerte.

WES-109211-066

Modalwert bestimmen

In der Tabelle findest du die Daten zu der Notenverteilung bei einer Klassenarbeit.

Note	sehr gut	**gut**	befriedigend	ausreichend	mangelhaft	ungenügend
Anzahl	2	**10**	8	6	3	1

Die meisten Schülerinnen und Schüler haben die Note "gut" erhalten, sie ist der Modalwert.

10 ≡ **Schlittschuhe**

Die Klasse 6 d möchte einen Ausflug auf die Schlittschuhbahn machen. Der Anbieter bittet darum anzugeben, welche Schuhgrößen in der Klasse auftreten. Die Abfrage ergibt:

Schuhgröße	35	36	37	38	39	40	41	45
Anzahl	2	5	7	5	3	7	2	1

Die Klasse diskutiert nun, welche Daten dem Anbieter durchgegeben werden.
Vorschlag 1: Es werden arithmetisches Mittel und die Spannweite der Daten genannt.
Vorschlag 2: Es werden die Modalwerte sowie das Minimum und das Maximum genannt.

a) Bestimme alle für die Vorschläge notwendigen statistischen Daten.
b) Beurteile, welcher der beiden Vorschläge in dieser Situation sinnvoller ist.

Prüfe dich!
Lösungen auf Seite 234

11 ≡ Bestimme das arithmetische Mittel und den Modalwert.
Vergleiche die beiden Mittelwerte.

a)

T-Shirt Größe	Anzahl
140	2
146	5
152	8
158	8
164	7

b)

Zeit für 50 m	Anzahl
8 s	6
9 s	6
10 s	3
11 s	2
12 s	8

c)

Taschengeld	Anzahl
10 €	5
20 €	10
30 €	6
50 €	2
150 €	1

12 ≡ **Größen und geeignete statistische Maße**

Entscheide, ob sich eher Modalwert oder arithmetisches Mittel zur Beschreibung der Größen eignet. Recherchiere gegebenenfalls, welche benutzt werden.

a) Anzahl der Stimmen bei einer Wahl
b) Höhe einer Pflanze nach dem Aussähen
c) Kopfumfang von Kindern gleichen Alters
d) Einkommen der Bewohner einer Stadt

Kenngrößen mit Tabellenkalkulation

WES-109211-067

Daten eingeben
Auf dem Tabellenblatt sind alle Felder mit Buchstaben (Spalte) und Ziffern (Zeile) bezeichnet.
- Trage in das erste Feld (A1) die Überschrift deiner Tabelle ein.
- Trage in die erste Spalte die Merkmale ein und in die zweite Spalte die zugehörigen Werte.

Befehle eingeben
Ein Gleichheitszeichen bedeutet, dass in diesem Feld etwas ausgerechnet wird.

Gesamtzahl berechnen
Berechne die Gesamtzahl wie in Feld B8. Dabei gibt B4:B7 den Bereich an, aus dem die Werte summiert werden sollen.

Relative Häufigkeiten berechnen
Berechne die relative Häufigkeit wie in Spalte C. Teile dazu die absolute Häufigkeit durch die Gesamtzahl (zum Beispiel B4/B8).

Kenngrößen bestimmen
Nutze BEFEHLE, wie MIN( ), MAX( ), MITTELWERT( ) oder MODUS.EINF( ). Gib in den Klammern den Bereich der Daten ein, aus dem die Werte ermittelt werden sollen.

	A	B	C	D	E	F
1	Haushaltsabfälle 2020 pro Person					
2						
3		Menge in kg	relative Häufigkeit			
4	Hausmüll	160	=B4/B8			
5	Wertstoffe	152	=B5/B8			
6	Biomüll	128	=B6/B8		**Minimum**	=MIN(B4:B7)
7	Sperrmüll	34	=B7/B8		**Maximum**	=MAX(B4:B7)
8	**Gesamt**	=SUMME(B4:B7)			**arithm. Mittel**	=MITTELWERT(B4:B7)
9					**Modalwert**	=MODUS.EINF(B4:B7)

Diagramm erstellen
Markiere den Bereich, in dem die Merkmale (Hausmüll, Wertstoffe …) und die absoluten Häufigkeiten stehen. Gehe dann zum Menü EINFÜGEN. Das Programm schlägt verschiedene Diagramme vor. Wähle zum Beispiel ein Säulendiagramm aus.

1 **Werte vergleichen**
Lisa und Sara haben ihre Ergebnisse beim Weitsprung in Meter aufgeschrieben.

Lisa	2,8	2,7	3	2,8	2,9	3,1	2,8	2,5	3,2
Sara	2,7	2,6	2	2,8	2,7	3,4	2,4	3,2	3

a) Bestimme mit einer Tabellenkalkulation das Maximum, das Minimum, das arithmetische Mittel und den Modalwert.
b) Erstelle ein Säulendiagramm.
c) Die Sportlehrerin wird eine von den beiden zu den Stadtmeisterschaften mitnehmen. Für wen sollte sie sich entscheiden?

2 **Absolute und relative Häufigkeiten darstellen**
Im Schuljahr 2022/2023 waren in Niedersachsen 530 679 Schülerinnen und Schüler an weiterführenden Schulen angemeldet. Davon waren 44,2 % an Gymnasien, 24,3 % an Gesamtschulen, 20 % an Oberschulen, 8,7 % an Realschulen und 2,8 % an Hauptschulen gemeldet.
a) Stelle die relativen Häufigkeiten in einem geeigneten Diagramm dar.
b) Bestimme die absoluten Häufigkeiten und stelle sie in einem geeigneten Diagramm dar.

8.5 Daten erheben und auswerten

WES-109211-068

Planung	Welche Fragestellung möchtest du untersuchen? Wie formulierst du die Fragen? Wen willst du fragen? Was willst du zählen? Wann ist der beste Zeitpunkt für die Erhebung? Welche Hilfsmittel (z. B. Uhr, Waage, Messgeräte) benötigst du? Was muss bei der Durchführung beachtet werden?
Daten erheben	Strichliste führen Daten in einem Erhebungsbogen notieren Fragebögen ausfüllen lassen
Auswertung	Tabellenkalkulation nutzen Kenngrößen bestimmen Diagramme erstellen
Schlüsse ziehen	Kann die Ausgangsfrage beantwortet werden? Welche Kenngrößen beschreiben die Daten sinnvoll? Welche Fehler traten auf?

Daten durch Befragung erheben

Beispiel: Wie lang sind die Schulwege der Kinder einer Klasse?
Planung: Fragebogen erstellen. Alle Kinder der Klasse füllen den Fragebogen aus.
Daten erheben. Die Entfernungen werden auf ganze Kilometer gerundet.

Entfernung	**0 km**	**1 km**	**2 km**	**3 km**	**4 km**	**5 km**	**6 km**	**7 km**	**8 km**	**10 km**	**14 km**
Anzahl	1	2	6	3	5	4	2	1	3	2	1

Daten aufbereiten und darstellen:

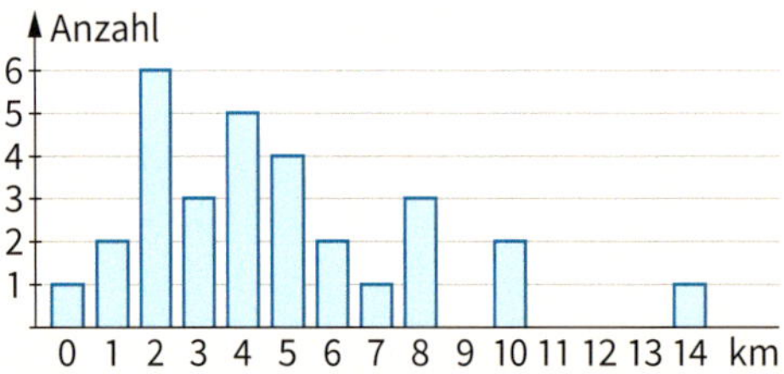

Kenngrößen	**Entfernung**
Minimum	0 km
Maximum	14 km
Spannweite	14 km
$\bar{x}$	4,67 km
Modalwert	2 km

Schlüsse ziehen: Die Spannweite drückt aus, dass die Entfernung sehr stark schwankt. Der Modalwert ist wenig aussagekräftig, da zwar sechs Kinder nur 2 km entfernt wohnen, aber 21 deutlich weiter entfernt wohnen. Das arithmetische Mittel drückt das in Verbindung mit der Spannweite besser aus.

Daten durch Beobachtung gewinnen

Beispiel: Sitzen in vorbeifahrenden und haltenden Pkw vor unserer Schule mehr Personen als im Bundesdurchschnitt mit 1,42 Personen pro Pkw?

Planung:

Wie?	Zählung der Personen pro Pkw, 15 min von 7:45 Uhr bis 8:00 Uhr
Wo?	Standorte für die Zählung festlegen, Gruppen einteilen
Hilfsmittel?	Erhebungsblätter erstellen

Daten erheben:

1 Person pro Pkw	**2 Personen pro Pkw**	**3 Personen pro Pkw**	**4 Personen pro Pkw**	**5 Personen pro Pkw**
35	90	45	26	4

Daten aufbereiten und darstellen:

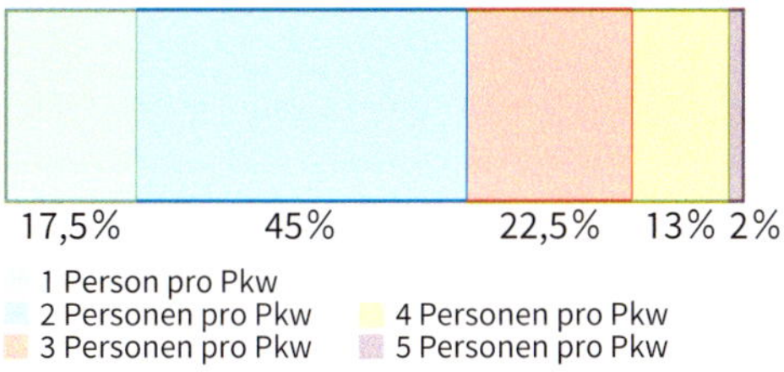

Kenngrößen	Anzahl
Minimum	1 Person pro Pkw
Maximum	5 Personen pro Pkw
Spannweite	4 Personen pro Pkw
$\bar{x}$	2,37 Personen pro Pkw
Modalwert	2 Personen pro Pkw

Schlüsse ziehen: Die Spannweite sagt wenig aus, da es nur 5 Werte gibt. Der Modalwert gibt an, dass in sehr vielen Pkw 2 Personen sitzen. Das arithmetische Mittel mit 2,37 Personen pro Pkw ist deutlich höher als der Bundesdurchschnitt mit 1,42 Personen pro Pkw. Dies kann daran liegen, dass vor Unterrichtsbeginn viele Kinder mit dem Auto in die Schule gefahren werden. In diesen Fällen sind mindestens 2 Personen im Pkw. Hilfreich sind weitere Zählungen.

Daten experimentell ermitteln

Beispiel: Wie weit können Autos fahren, die von einer Mausefalle angetrieben werden?

Planung: Material besorgen, zehn Autos bauen, Teststrecke festlegen

WES-109211-069
Link zur Anleitung

Daten erheben:

Autonummer	1	2	3	4	5	6	7	8	9	10
Länge	9,2 m	10,2 m	8,4 m	11 m	7,6 m	10,8 m	9,8 m	9 m	9,5 m	10,5 m

Daten aufbereiten und darstellen:

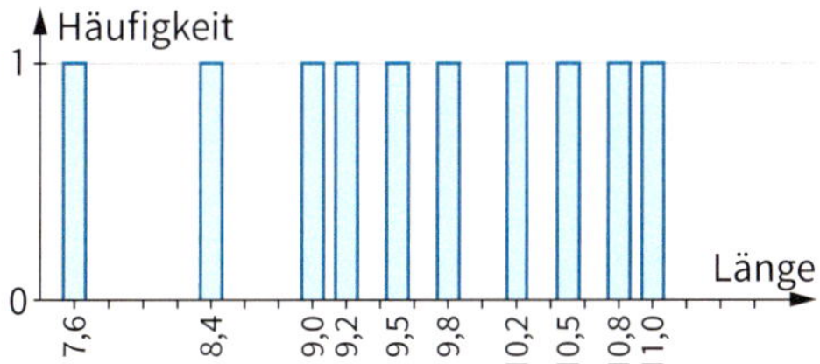

Kenngrößen	Entfernung
Minimum	7,6 m
Maximum	11 m
Spannweite	3,4 m
$\bar{x}$	9,6 m
Modalwert	alle Werte

Schlüsse ziehen: Die Spannweite ist relativ klein. Das arithmetische Mittel hat den Nachteil, dass die Länge von 9,6 m nicht erreicht wurde, allerdings liegen viele der erzielten Längen dicht am arithmetischen Mittel. Alle Werte sind Modalwerte, da jeder Wert einmal auftritt.

1 = Planen, Durchführen und Auswerten

a) Plane eine Datenerhebung zu einer der folgenden Fragestellungen und führe diese durch. Stelle die erhobenen Daten dar und werte sie aus.

Bei welcher Temperatur schmilzt Vollmilch- und herbe Schokolade?	Wie weit fliegen selbst gebaute Papierflieger?	Wie viel Zeit verbringst du mit Social Media?	Reicht euch eine Stunde pro Tag für das Bearbeiten der Hausaufgaben?

b) Entwickle eigene Fragestellungen. Entscheide begründet, ob die Daten durch Befragung, Beobachtung oder ein Experiment gewonnen werden können.

Mein Merkzettel

Seite 162

Absolute und relative Häufigkeiten

- *absolute Häufigkeiten aufschreiben*
- *Gesamtzahl berechnen: Summe der absoluten Häufigkeiten*
- *relative Häufigkeiten berechnen:* $\text{relative Häufigkeit} = \frac{\text{absolute Häufigkeit}}{\text{Gesamtzahl}}$

	grün	rot	blau	gesamt	
absolute Häufigkeit	6	9	15	30	$6 + 9 + 15 = 30$ ✓
relative Häufigkeit	$\frac{6}{30} = \frac{1}{5}$	$\frac{9}{30} = \frac{3}{10}$	$\frac{15}{30} = \frac{1}{2}$	1	$\frac{1}{5} + \frac{3}{10} + \frac{1}{2} = 1$ ✓
Mittelpunktswinkel	72°	108°	180°	360°	$72° + 108° + 180 = 360°$ ✓
Streifenlänge	20 mm	30 mm	50 mm	100 mm	$20\,\text{mm} + 30\,\text{mm} + 50\,\text{mm} = 100\,\text{mm}$ ✓

Seite 164

Kreisdiagramm zeichnen

- *einen Schenkel zeichnen*
- *Mittelpunktswinkel berechnen:* $\frac{\text{absolute Häufigkeit}}{\text{Gesamtzahl}} \cdot 360°$
- *mit dem Geodreieck nacheinander die Mittelpunktswinkel abtragen*

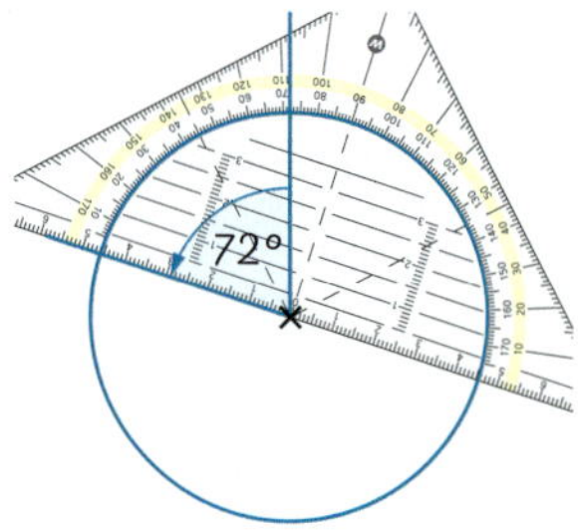

Seite 167

Streifendiagramm zeichnen

- *Gesamtlänge z. B. 100 mm; Streifenstück:* $\frac{\text{absolute Häufigkeit}}{\text{Gesamtzahl}} \cdot 100\,\text{mm}$

Seite 170
Seite 172

Kenngrößen

Daten auswerten

- *Anzahl der Werte zählen*
- *Minimum, Maximum, Spannweite bestimmen*
- *Modalwert ermitteln*
- *Arithmetisches Mittel berechnen:*
  $\overline{x} = \frac{\text{Summe aller Werte}}{\text{Anzahl der Werte}}$
  Das arithmetische Mittel muss nicht Teil der Daten sein.

Sandras Weiten beim Tauchen

Urliste: 7 m; 4 m; 7 m; 1 m; 11 m; 9 m; 2 m; 3 m
Anzahl der Werte: 8
Minimum: 1 m — *Maximum: 11 m*
Spannweite: 10 m — *Modalwert: 7 m*
Arithmetisches Mittel:
$$\overline{x} = \frac{7 + 4 + 7 + 1 + 11 + 9 + 2 + 3}{8} = 5{,}5$$
Die längste Tauchstrecke ist 11 m, die kürzeste 1 m. Im Durchschnitt taucht Sandra 5,5 m.

Seite 168

Wirkung von Diagrammen

Original

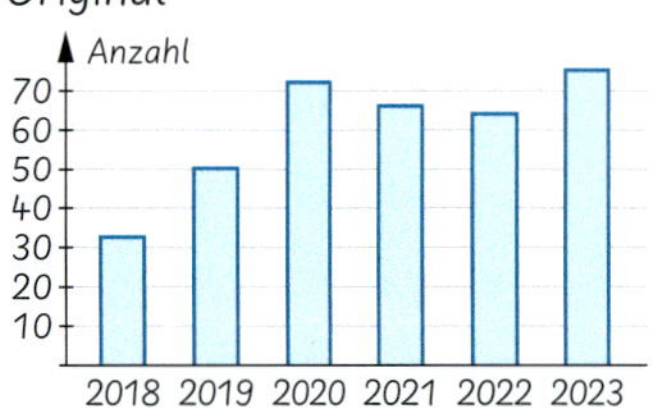

Jahre wurden weggelassen

Daten wirken gleich bleibend

y-Achse beginnt bei 60

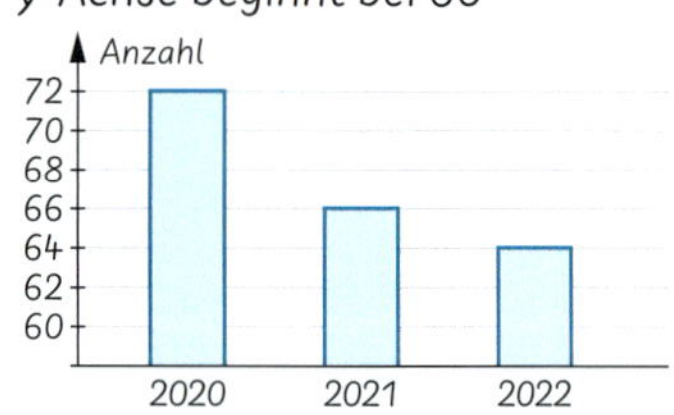

Daten wirken stark fallend

Wiederholen für die Klassenarbeit

Lösungen auf Seite 235

1 ⚌ **Relative Häufigkeiten berechnen**

Berechne die relativen Häufigkeiten.

a) Ergebnis der Klassensprecherwahl

Name	Justin	Max	Kim	Lucie
Stimmen	9	7	5	4

b) Ergebnis der AG-Wahl

AG	Schach	Fechten	Nähen	Football
Anzahl	18	24	36	42

2 ⚌ **Absolute Häufigkeiten aus relativen Häufigkeiten berechnen**

Von 120 Kindern haben $\frac{2}{5}$ ein Geschwisterkind, $\frac{1}{5}$ zwei Geschwister, $\frac{1}{10}$ drei oder mehr und der Rest keine Geschwister. Berechne die absoluten Häufigkeiten.

3 ⚌ **Kreisdiagramm und Streifendiagramm**

Wofür wird das Taschengeld ausgegeben?

a) Erstelle ein Kreisdiagramm.

b) Erstelle ein Streifendiagramm.

Shopping	50 %
Essen und Trinken	25 %
Freizeitaktivitäten	20 %
Sonstiges	5 %

4 ☰ **Klicks auf die Schulhomepage**

Welches Diagramm passt zu den Daten? Begründe.

Mai	Juni	Juli
9 986	10 027	10 045

①
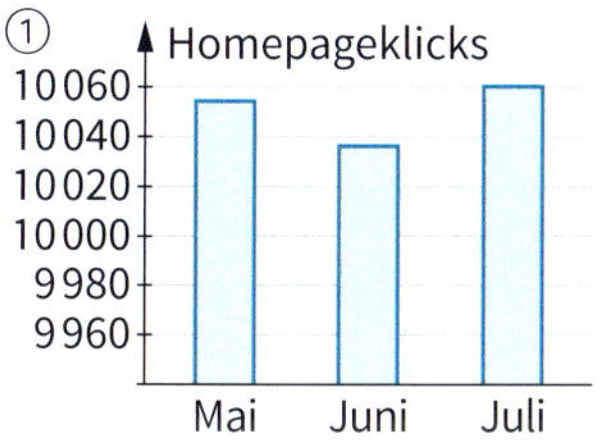

②
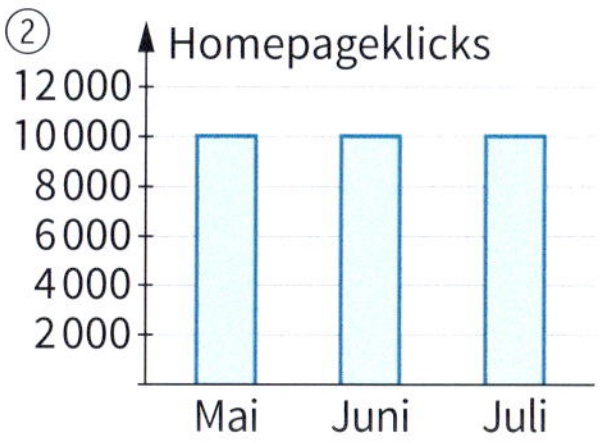

③
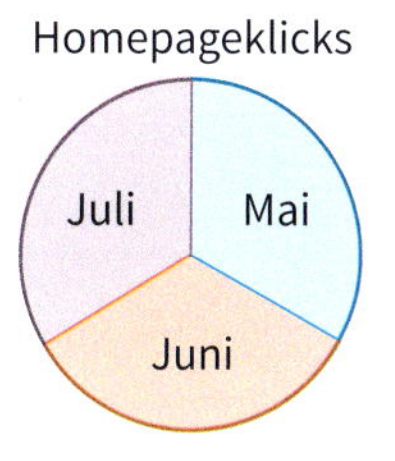

5 ⚌ **Daten auswerten**

Bestimme das Maximum, das Minimum, die Spannweite und das arithmetische Mittel.

a) 8; 3; 7; 3; 4; 12; 10; 1 b) 93 cm; 2,2 m; 213 cm; 1,7 m c) 98 g; 0,8 kg; 1,05 kg; 540 g

6 ⚌ **Reichweite Elektroauto**

Die Reichweite eines Elektroautos wurde mehrfach gemessen. Bestimme die Kenngrößen.
432 km; 481 km; 471 km; 453 km, 460 km; 448 km

7 ☰ **Wert ergänzen**

Das arithmetische Mittel ist gegeben. Finde den fehlenden Wert.

a) 12; 5; ■ mit $\bar{x} = 8$ b) 4; 7; 21; ■ mit $\bar{x} = 8,5$ c) 76; 1; 18; 9; ■ mit $\bar{x} = 25$

8 ☰ **Entwicklung am Diagramm darstellen**

In beiden Diagrammen wird der Anteil der Personen in Niedersachsen angegeben, die von Armut bedroht sind. Die Entwicklung von 2014 bis 2022 ist dargestellt. Schreibe zu jedem Diagramm eine Schlagzeile für eine Zeitung. Erkläre die unterschiedliche Wirkung.

①
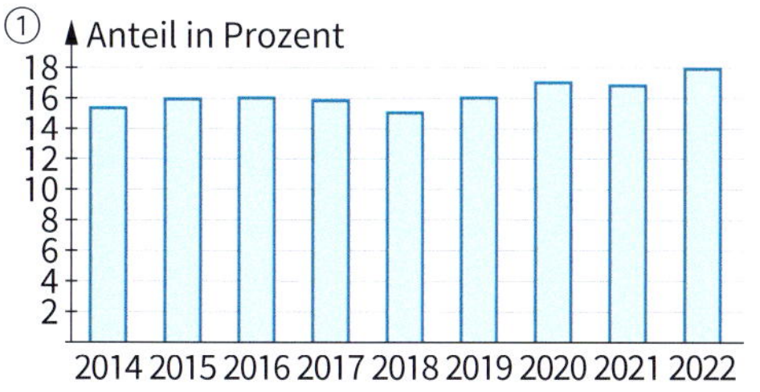

②
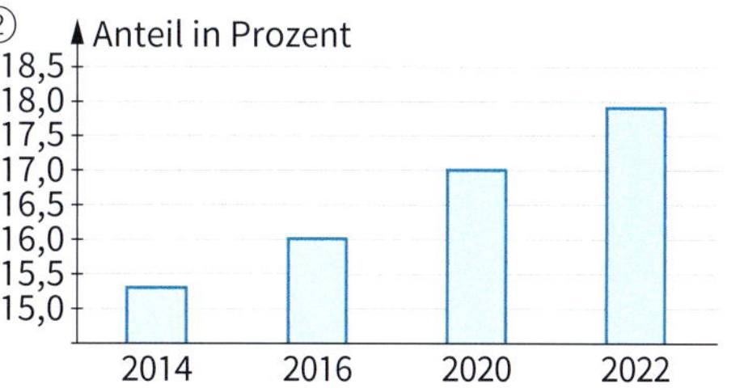

Vorbereiten und Wiederholen

Du hast schon vieles Neue gelernt.

Mit den 3-Minuten-Runden hältst du dein Wissen im Unterricht wach.

Im Wissensspeicher findest du wichtige Inhalte kompakt zusammengefasst.

Die Aufgaben zum Vorbereiten und Wiederholen erleichtern dir den Einstieg in neue Themen.

Die Lösungen kannst du selbständig zur Kontrolle deiner Rechnungen nutzen.

- **3-Minuten-Runden zum Wachhalten für den Unterricht**
- **Nachschlagen von Informationen**
- **Vorbereiten auf ein neues Thema**
- **Symbole und Sprechweisen**
- **Lösungen zur Selbstkontrolle**

3-Minuten-Runden

Quadratzahlen 1
Bilde die Quadratzahlen zu 15 bis 25.

Maßstab 1 : 50 000 2

Karte	Wirklichkeit
5 cm	▢
▢	20 km

Flächeninhalt gesucht 3
Quadrat: $a = 12$ cm
Rechteck:
$a = 2{,}5$ cm; $b = 8$ cm

Multipliziere schriftlich. 4
$436 \cdot 7$ $572 \cdot 68$
$509 \cdot 34$

Ordne der Größe nach. 5
20 % $\frac{1}{4}$ $\frac{1}{3}$
0,5 $\frac{3}{10}$

Dividiere schriftlich. 6
474 : 3
4248 : 6
2247 : 7

Primzahlen 7
Gib alle Primzahlen von 30 bis 50 an.

Rechne um. 8
3 min in s
2 a in m^2
1,609 km in m

Multipliziere. 9
$2377 \cdot 4$
$2477 \cdot 4$
$3477 \cdot 4$

Dividiere. 10
954 : 6
354 : 6
1467 : 9

Zerlege in Primfaktoren. 11
20 36 42
45 60

Kürze. 12
$\frac{3}{6}$ $\frac{12}{3}$ $\frac{18}{12}$ $\frac{6}{9}$
$\frac{4}{2}$ $\frac{8}{6}$ $\frac{4}{16}$ $\frac{8}{24}$

Runde auf Zehner: 13
867, 2095, 374
Runde auf Hunderter:
281, 2351, 9962

Wahr oder falsch? 14
„Jedes Parallelogramm ist ein Rechteck."
„Jedes Rechteck ist ein Parallelogramm."

Setze fort: 15
1, 4, 9, 16 …
1, $\frac{1}{2}$, $\frac{1}{4}$, $\frac{1}{8}$ …
4, 8, 12, 16 …

16
$47 - ▢ = 29$
$7 \cdot ▢ = 84$
$▢ : 6 = 12$
$56 : ▢ = 8$

17
$\frac{1}{10}$ von 50
$\frac{1}{2}$ von 72
$\frac{1}{4}$ von 80
$\frac{2}{3}$ von 30

Zahl in der Mitte 18
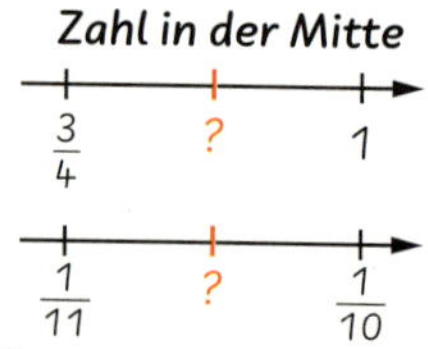

19

10 % von 500

20 % von 50

10 % von 360

15 % von 300

20

Als Dezimalzahl

$\frac{3}{10}$ $\frac{3}{100}$ $\frac{3}{1000}$ $\frac{16}{10}$ $\frac{16}{100}$ $\frac{30}{10}$ $\frac{55}{50}$ $\frac{150}{20}$

21

Erkläre:

Warum ist $\frac{4}{5}$ größer als $\frac{3}{4}$? Finde verschiedene Erklärungen.

22

$(5 + 35) \cdot 6$

$13 + 76 + 87$

$48 \cdot 4 : 6$

$2 \cdot 56 \cdot 5$

23

Gib drei dreistellige Zahlen an, die 2, 3 und 5 als Teiler haben.

24

Fehlende Seite im Rechteck

$u = 42\,cm$; $a = 5\,cm$

$A = 56\,m^2$; $a = 7\,m$

25

Wahr oder falsch?

„Beim Kürzen wird ein Bruch kleiner, beim Erweitern wird er größer."

26

Schreibe in **gemischter Schreibweise**.

$\frac{7}{2}$ $\frac{5}{3}$ $\frac{29}{6}$ $\frac{101}{5}$ $\frac{89}{9}$

27

Zeichne einen Kreis um M(0|0) durch P(8|6). Gib den Radius an.

28

Gib die Winkelarten an.

135° 65° 205° 180° 30° 350°

29

Gib die Winkelgrößen an, die die Uhrzeiger um 14 Uhr bilden.

30

Wahr oder falsch?

„Jedes Quadrat ist ein Rechteck."

„Jedes Trapez ist ein Parallelogramm."

31

Berechne.

$\frac{1}{3} + \frac{1}{4}$ $\frac{1}{3} - \frac{1}{4}$

$\frac{1}{3} \cdot \frac{1}{4}$ $\frac{1}{3} : \frac{1}{4}$

32

Berechne.

$\frac{3}{5} + \frac{3}{10}$ $\frac{1}{6} + \frac{3}{10}$

$\frac{2}{3} + \frac{3}{2}$ $\frac{3}{4} + \frac{2}{3}$

33

Berechne.

$\frac{4}{5} \cdot \frac{3}{4}$ $\frac{7}{10} \cdot \frac{3}{5}$

$\frac{7}{8} \cdot \frac{4}{7}$ $\frac{1}{4} \cdot \frac{1}{6}$

34

Berechne.

$\frac{3}{4} : 2$ $\frac{3}{4} : \frac{2}{3}$

$\frac{3}{4} : \frac{1}{2}$ $\frac{3}{4} : \frac{3}{2}$

35

Wahr oder falsch?

„In jedem Drachen schneiden sich die Diagonalen im rechten Winkel."

36

Berechne.

$0{,}5 + 0{,}1$ $0{,}5 \cdot 0{,}1$

$0{,}5 - 0{,}1$ $0{,}5 : 0{,}1$

Subtrahiere. 37

81 – 77

65 – 38

209 – 26

183 – 69

Anteile 38

10 % von 150

$\frac{1}{3}$ von 150

20 % von 360

Kürze die Brüche. 39

$\frac{6}{8}$ $\frac{12}{20}$ $\frac{18}{9}$

$\frac{16}{32}$ $\frac{14}{49}$ $\frac{26}{65}$

40

Wahr oder falsch?

„Stufenwinkel sind immer gleich groß."

Potenzen 41

2^3 3^3

2^5 1^8

11^2 10^7

Als Dezimalzahl 42

$\frac{1}{2}$ $\frac{1}{3}$ $\frac{1}{4}$

$\frac{1}{5}$ $\frac{1}{6}$

$\frac{1}{8}$ $\frac{1}{9}$ $\frac{1}{10}$

Schreibe als Bruch. 43

0,1 0,05 0,32

1,25 2,58

0,009

44

Bestimme P', wenn P(3|4) an Z(6|6) gespiegelt wird.

Vergleiche. 45

$\frac{4}{5}$ und $\frac{3}{5}$ $\frac{2}{3}$ und $\frac{3}{4}$

$\frac{6}{7}$ und $\frac{7}{8}$ $\frac{5}{13}$ und $\frac{5}{11}$

Zeitspannen 46

10:42 Uhr bis 12:09 Uhr

16:17 Uhr bis 20:43 Uhr

Teilbarkeit 47

Prüfe, ob die Zahlen durch 3 oder 9 teilbar sind.

23 36 45 57 63

Gib in Kilogramm an. 48

2 t

7000 g 65 000 g

250 000 mg

Wahr oder falsch? 49

„Bei einer Verschiebung ändert sich der Umlaufsinn einer Figur."

50

Bestimme P', wenn P(7|3) um Z(3|1) mit 90° gedreht wird.

51

Beschreibe die Konstruktion eines regelmäßigen Sechsecks.

52

8 m² – 50 cm²

5 ha – 75 m²

3 km² – 150 ha

Rechne um: 53

1 dm³ in cm³

0,5 m³ in dm³

200 mm³ in cm³

Rechne um: 54

3 Liter in dm³

250 ml in Liter

5300 ml im cm³

Wie lang? Wie viele? 55
Teile 1,50 m Draht in 4 gleich lange Stücke.
Teile 1,50 m Draht in 25 cm lange Stücke.

Wie lang? Wie viele? 56
Teile 18 m Band in 4 gleich lange Stücke.
Teile 18 m Band in 75 cm lange Stücke.

Wahr oder falsch? 57
3 ist Teiler von 63
6 ist Teiler von 46
12 ist Teiler von 112

Berechne. 58
$0{,}4 + \frac{2}{3}$
$1{,}5 - \frac{1}{3}$
$\frac{2}{5} + 0{,}25$

Teilbarkeit 59
Welche Zahlen sind durch 6 teilbar?
12 21 56 48 72

Maßstab 60
Wie lang sind 5 cm auf der Karte in Wirklichkeit?
1:2000 1:30 000
1:500 000

Quadervolumen 61
$a = 2$ cm; $b = 3$ cm,
$c = 4$ cm

62
Oberflächeninhalt eines Würfels mit der Kantenlänge 5 cm.

63
Quaderlänge gesucht
$V = 400\ cm^3$;
$a = 8$ cm; $b = 5$ cm

64
Teile eine 12cm lange Strecke im Verhältnis
7 zu 5,
1 zu 1.

65
Stelle den Anteil dar.
$\frac{5}{6}$ $\frac{3}{4}$
$\frac{4}{9}$ $\frac{9}{12}$

Rechenausdruck 66
Subtrahiere von der Summe der Zahlen 64 und 36 die Differenz der Zahlen 68 und 26.

Zahl gesucht 67
Das Dreifache einer Zahl ist 96.
Die um 7 vergrößerte Zahl ist 25.

Rechenausdruck 68
Subtrahiere vom Produkt aus 12 und 5 die Zahl 27.

Berechne. 69
$\frac{2}{5} : 2$ $\frac{2}{7}$
$\frac{9}{4} : 3$ $15 \cdot \frac{3}{5}$
$\frac{7}{9} : 2$ $3 \cdot \frac{7}{9}$

Fehlender Winkel im Dreieck 70
$\alpha = 75°$, $\beta = 39°$, $\gamma =$ ▢
$\alpha = 98°$, $\gamma = 26°$, $\beta =$ ▢

Umrechnen 71
$7\ m^2$ in dm^2
$3\,100\,000\ mm^2$ in cm^2
$22\ km^2$ in ha

Bestimme $\overline{x}$. 72
A: 3, 4, 8, 12
B: 17, 34, 12, 88, 13

WES-109211-070

Natürliche Zahlen

Zahlen auf dem Zahlenstrahl markieren

Markiere die Zahlen 70, 85, 110, 125, 140 auf einem Ausschnitt des Zahlenstrahls.

- *Ausschnitt des Zahlenstrahls von 70 bis 140*
- *Schrittlänge: 2 Kästchen ≙ 10 Schritte*
- *Auf gleiche Abstände achten!*

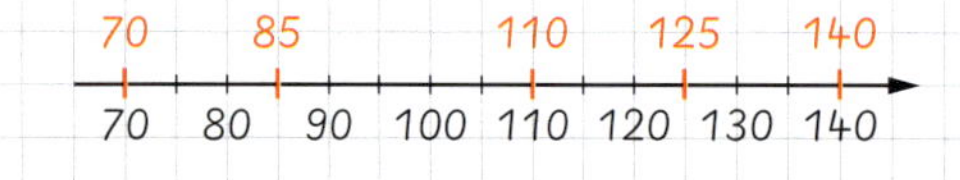

Zahlen runden

- *Ziffer nach Rundungsstelle 0, 1, 2, 3 oder 4:*
  Abrunden – *Rundungsstelle bleibt gleich*
  Stellen rechts durch 0 ersetzen
- *Ziffer nach Rundungsstelle 5, 6, 7, 8, oder 9:*
  Aufrunden – *Rundungsstelle plus 1*
  Stellen rechts durch 0 ersetzen

Potenzen

Exponent (Hochzahl)

$2^7 = \underbrace{2 \cdot 2 \cdot 2 \cdot 2 \cdot 2 \cdot 2 \cdot 2}_{\text{7 Faktoren}}$

Basis (Grundzahl)

Quadratzahlen

$11^2 = 121$ $12^2 = 144$ $13^2 = 169$ $14^2 = 196$
$15^2 = 225$ $16^2 = 256$ $17^2 = 289$ $18^2 = 324$
$19^2 = 361$ $20^2 = 400$ $25^2 = 625$ $30^2 = 900$

1 Zahlen ablesen
Lies die markierten Zahlen ab.

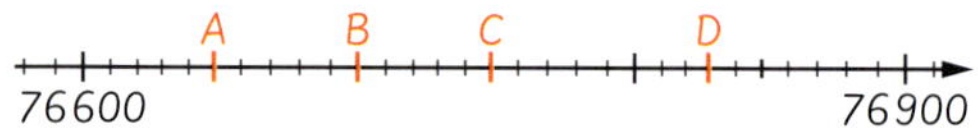

2 Zahlenstrahl zeichnen
Markiere die Zahlen auf einem geeigneten Ausschnitt des Zahlenstrahls.
a) 83, 85, 102 b) 300, 550, 700

3 Zahl in der Mitte
Rot ist die Mitte - Gib die fehlende Zahl an.

4 Runden
Runde die Zahlen auf Hunderter, Tausender und Zehntausender.
a) 53 198 b) 575 408 c) 9073

5 Potenzen
Schreibe als Potenz und berechne.
a) $2 \cdot 2 \cdot 2 \cdot 2 \cdot 2$ b) $12 \cdot 12$ c) $5 \cdot 5 \cdot 5 \cdot 5$

6 Potenz gesucht
Welche Zahl ergibt das?
a) Die Basis ist 3, der Exponent ist 2.
b) Die Zahl 10 wird potenziert mit 5.

WES-109211-071

Diagramme

Säulendiagramme

- *Größten Wert beachten (Höhe)*
- *Anzahl der Antworten beachten (Breite)*
- *Ordentlich beschriften*

Tabelle

	Anzahl
Roller	*5*
Fahrrad	*6*
Inliner	*3*
Einrad	*1*

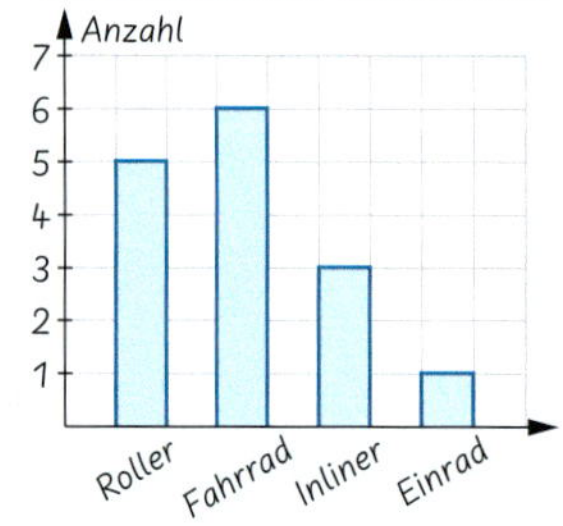

1 Klassenarbeit
Erstelle ein Säulendiagramm. Wie viele Kinder haben die Klassenarbeit geschrieben?

Note	1	2	3	4	5	6
Anzahl	4	8	7	4	3	1

2 Informationen ablesen

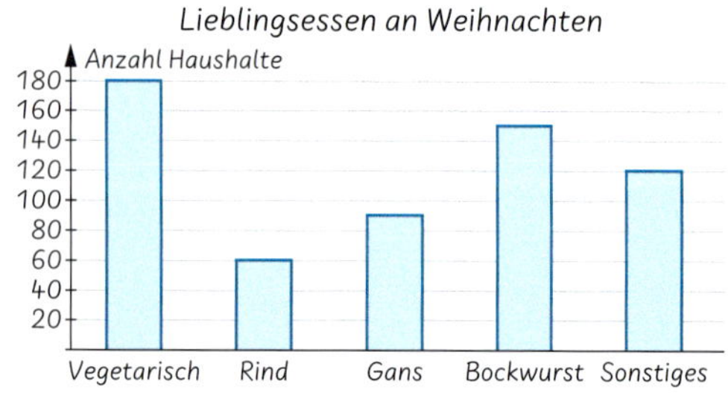

a) Wie viele Haushalte haben abgestimmt?
b) In der Zeitung steht: „Deutschland isst am liebsten vegetarisch“. Nimm Stellung.

Regeln und Gesetze

WES-109211-072

Vorrangregeln

- *Klammern zuerst berechnen*
  $47 - (22 + 15) = 47 - 37$
- *Potenzrechnung vor Punktrechnung*
  $4 \cdot 7^2 = 4 \cdot 49$
- *Punktrechnung vor Strichrechnung*
  $72 - 8 \cdot 4 = 72 - 32$
- *Von links nach rechts*
  $56 - 13 + 8 = 43 + 8$

Assoziativgesetz – Die Reihenfolge ist egal

$384 + 620 + 380 = 384 + (620 + 380)$
$13 \cdot 4 \cdot 25 = 13 \cdot (4 \cdot 25)$

Kommutativgesetz – Vertauschen ist erlaubt

$73 + 59 + 27 = 73 + 27 + 59$
$5 \cdot 37 \cdot 2 = 5 \cdot 2 \cdot 37$

Distributivgesetz – Ausmultiplizieren

„Aus einem Produkt wird eine Summe."
$6 \cdot (12 + 9) = 6 \cdot 12 + 6 \cdot 9$

- *jeden Summanden mit dem Vorfaktor multiplizieren*

Bei Division gilt das Distributivgesetz ebenso:
$(54 + 90) : 9 = 54 : 9 + 90 : 9 = 6 + 10 = 16$

Distributivgesetz – Ausklammern

„Aus einer Summe wird ein Produkt."
$5 \cdot 7 + 5 \cdot 8 = 5 \cdot (7 + 8)$

- *den Faktor, der in jedem Summanden vorkommt, vor die Klammer als Vorfaktor stellen*

Rechnen mit der Null

- *Addition:* $78 + 0 = 78$ *„bleibt gleich"*
- *Subtraktion:* $37 - 0 = 37$ *„bleibt gleich"*
- *Multiplikation:* $24 \cdot 0 = 0$ *„wird null"*
  Ist ein Faktor null, so ist das Produkt null.
- *Division:* $0 : 24 = 0$
  „0 geteilt durch eine Zahl ist immer null."

24 : 0 ist verboten! *Denn 0 · □ = 24 geht nicht.*
Durch Null darf man nicht dividieren!

---

1 Rechenregeln beachten
Berechne.
a) $18 + 12 \cdot 7$ b) $30 - 5 : 5$ c) $49 : 7 + 3 \cdot 2$
d) $60 - 2 \cdot (6 + 3)$ e) $75 - 5 \cdot 13$ f) $56 : 4 + 6$
g) $68 : 4 + 16 : 8$ h) $36 + 14 : (7 + 7) - 7 \cdot 3 + 7$

2 Vom Text zum Rechenausdruck
Stelle einen Rechenausdruck auf. Berechne.
a) Addiere zum Produkt der Zahlen 9 und 10 den Quotienten der Zahlen 85 und 5.
b) Subtrahiere von der Differenz der Zahlen 98 und 41 die Summe der Zahlen 21 und 4.
c) Dividiere die Differenz von 75 und 58 durch das Produkt aus 2 und 4.

3 Vom Rechenausdruck zum Text
Schreibe in Worten. Berechne dann.
a) $9 + 3 \cdot 2$ b) $3 \cdot (9 + 2) - 7$ c) $8 : 4 + (7 - 3)$

4 Ausmultiplizieren
Löse die Klammer auf. Berechne dann.
a) $8 \cdot (8 + 20)$ b) $5 \cdot (24 + 140)$ c) $(18 + 53) \cdot 2$
d) $(32 + 17) \cdot 2$ e) $(39 - 14) \cdot 6$ f) $(66 - 39) : 3$

5 Ausklammern
Klammere aus. Berechne dann.
a) $8 \cdot 96 + 8 \cdot 4$ b) $4 \cdot 84 - 4 \cdot 34$
c) $96 : 12 - 72 : 12$ d) $135 : 15 + 15 : 15$

6 Geschickt rechnen
Berechne geschickt, nutze dazu die Regeln.
a) $40 \cdot 37 \cdot 25$ b) $87 + 859 + 13$
c) $27 \cdot 43 - 43 \cdot 17$ d) $12 \cdot 988 + 12 \cdot 12$
e) $72 : 4 + 28 : 4$ f) $36 + 45 : (4 + 5)$

7 Zahlenrätsel
„Wenn ich das Quadrat der Zahl mit 2 multipliziere und vom Ergebnis 10 subtrahiere, erhalte ich das Achtfache der Zahl."

8 Erlaubt oder verboten?
Fülle die Lücken, wenn möglich.
a) 37 · 0 = □ b) □ · 0 = 8 c) 25 : □ = 0
d) 45 : 0 = □ e) □ : 5 = 0 f) 18 · □ = 0

9 Vorteilhaft rechnen
Berechne geschickt, nutze dazu die Regeln.
a) $5 \cdot (57 - 27)$ b) $(200 - 2) \cdot 9$ c) $(16 + 17) \cdot 2$
d) $(17 + 23) \cdot 6$ e) $26 : 7 - 5 : 7$ f) $187 : 17$
g) $23 + 7 \cdot 0$ h) $(23 + 7) \cdot 0$ i) $(23 + 0) \cdot 7$

WES-109211-073

Schriftlich Rechnen

Schriftliches Addieren

- *Einer unter Einer, Zehner unter Zehner …*
- *von rechts beginnen, stellenweise addieren*
- *Übertrag notieren und hinzuaddieren*

		6	2	4	3	Summand
+				8	2	Summand
+	9	7	3	2	7	Summand
+			1	5	3	Summand
	1		2	1		Übertrag
1	0	3	8	0	5	Summe

Schriftliches Subtrahieren

- *Einer unter Einer, Zehner unter Zehner …*
- *Summe der Subtrahenden bilden*
- *geliehene Stellen passend notieren und zu den Subtrahenden hinzuaddieren*

	4	1	9	0	3	Minuend
–	1	8	1	4	2	Subtrahend
–		7	3	8	5	Subtrahend
	2		2	1		Übertrag
	1	6	3	7	6	Differenz

Schriftliches Multiplizieren

- *nacheinander mit jeder Ziffer multiplizieren*
- *Stellenwerte übereinander, Nullen ergänzen*
- *Produkte anschließend addieren*

5	2	7	·	4	3	Faktor · Faktor
	2	1	[1]0	[2]8	0	527 · 40
		1	5	8	[2]1	527 · 3
			1			Übertrag
	2	2	6	6	1	Produkt

Schriftliches Dividieren

- *links beginnen: „Wie oft passt … hinein?"*
- *Produkt bilden und notieren*
- *subtrahieren*
- *nächste Ziffer an den Rest hängen*

Dividend : Divisor = Quotient

	6	7	1	2	:	4	=	1	6	7	8
–	4					·4					
	2	7									
–	2	4				·4					
		3	1								
	–	2	8			·4					
			3	2							
		–	3	2		·4					
				0							

1 Kopfrechnen

Notiere das Ergebnis.

a) 213 + 412 b) 455 – 199 c) 44 – 32 + 16
d) 123 + 87 e) 66 – 47 f) 117 – 89

2 Additionsmauern

Im oberen Stein steht die Summe der beiden darunterliegenden Zahlen. Fülle die Zahlenmauer aus.

a)

	□	
□		□
17	45	18

b)

	68	
□		27
□	13	□

3 Addieren und Subtrahieren

Mache zunächst einen Überschlag und rechne dann schriftlich.

a) 375 + 4198 + 22 b) 907 – 122 + 785
c) 710 – (15 + 76 + 91) d) 202 + 3003 + 40004

4 Zwei Subtrahenden

Berechne schriftlich.

a) 12 345 – 2233 – 1112 b) 62 320 – 62 – 13 013
c) 5 856 – 1 967 – 2 059 d) 8 613 – 2879 – 3987

5 Schriftlich multiplizieren

a) 38 · 9 b) 7 · 45 c) 303 · 47
d) 17 · 71 e) 27 · 27 f) 1234 · 91

6 Schriftlich dividieren

a) 2128 : 7 b) 8112 : 52 c) 4305 : 35
d) 6225 : 25 e) 1024 : 16 f) 12342 : 6

7 Veränderungen

a) Wie verändert sich ein Produkt, wenn man jeden Faktor verdoppelt?
b) Wie verändert sich eine Differenz, wenn man den Minuenden und den Subtrahenden um 5 erhöht?

8 Vom Text zum Rechenausdruck

Notiere die Rechnung und berechne.

a) Differenz von 78 und 17
b) Quotient aus 275 und 11
c) Produkt aus 17 und 18
d) Der Subtrahend ist 95, der Minuend ist 108.

9 Lücken füllen

a)

		8	□	6	9
+	□	□	0	7	□
	2	8	8	□	2

b)

	□	□	3	5	1
–		1	6	□	2
	2	2	□	1	□

Zahlen und Rechenwege beschreiben

Rechenausdruck in Worten beschreiben

Addieren: Summand plus Summand, Summe
Subtrahieren: Minuend minus Subtrahend, Differenz
Multiplizieren: Faktor mal Faktor, Produkt
Dividieren: Dividend geteilt durch Divisor, Quotient

7 + 5: *„Die Summe der Zahlen 7 und 5 ist 12."*

12 – 3: *„Wenn man 3 von 12 subtrahiert, erhält man als Differenz 9."*

Rechenwege beschreiben

„zuerst"- „dann" - „zerlegen" - „ist gleich" - „ergibt" - „erhalten" - „Reihenfolge vertauschen" - „Zwischenergebnis" - „Ergebnis"...

780 + 325: *„Für 780 + 325 zerlege ich 325 in die Summe 300 + 25. Nun addiere ich zuerst 25 zu 780, das ergibt 805. Dann addiere ich noch 300 zum Zwischenergebnis 805 und erhalte 1105."*

347 + 198: *„198 ist 200 – 2. Um 347 + 198 zu rechnen, addiere ich zuerst 200 zu 347, das ergibt 547, dann subtrahiere ich noch 2 vom Zwischenergebnis 547 und erhalte 545."*

Vom Rechenausdruck zur Rechengeschichte

30 – (8 + 3): *„Leon hat gestern 30 € Taschengeld gekommen. Er hat bereits für 8 € ein Buch gekauft und 3 € für Spiele ausgegeben. Jetzt hat Leon noch 19 €."*

Anteile beschreiben

„teilen" - „gleich große Teile" - „nehmen" - „zählen" - „verteilen" - „aufteilen" - „ergibt" ...

$\frac{2}{5}$ eines Ganzen

„Man teilt das Ganze in 5 gleich große Teile und nimmt 2 davon, das ergibt $\frac{2}{5}$."

$\frac{5}{3}$ als Verteilen beschreiben

„5 ganze Pizzen werden an 3 Kinder gerecht verteilt. Dazu kann jede Pizza in 3 gleich große Teile geteilt werden und jedes Kind erhält 5 Drittel Pizza, also $\frac{5}{3}$ einer ganzen Pizza."

1 Rechnung in Worten

Gib die Rechnung mit ihrer Lösung in Worten an. Nutze dazu die Fachbegriffe.

a) 17 + 18 b) 45 – 28 c) 8 · 7 d) 27 : 3

2 Unterschiedliche Wege

a) Beschreibe, wie die beiden gerechnet haben. Nutze Fachbegriffe.

b) Man kann auch anders rechnen. Erkläre jeweils einen anderen Rechenweg, nutze die Fachbegriffe.

3 Rechenwege beschreiben

Diese Aufgaben kann man gut im Kopf ausrechnen. Rechne geschickt. Beschreibe in Worten, wie du rechnest.

a) 198 + 701 b) 43 – 19 c) 67 + 89 – 17
d) 7 · (1 + 20) e) (88 – 16) : 8 f) 999 · 7

4 Rechengeschichten

Berechne und erfinde eine Rechengeschichte zu dem Rechenausdruck.

a) 185 – (40 + 19) b) 80 – 17 + 100 : 2
c) 800 – (43 – 3) d) 7 · (3 + 9) – 16

5 Anteile beschreiben

Das Ganze ist das große Rechteck. Erkläre wie der Anteil gebildet wird.

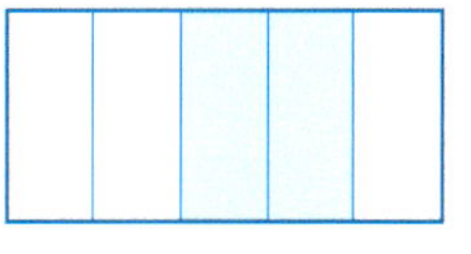

6 Wie viel bekommt jeder?

Beschreibe das Vorgehen beim Aufteilen und gib das Ergebnis als Bruch an.

a) 7 Pfannkuchen werden für 3 Kinder gebacken. Jedes Kind isst gleich viel.
b) 12 Personen essen 16 Flammkuchen, es wird gerecht aufgeteilt.
c) 2 Torten stehen für 16 Gäste bereit.
d) 10 Äpfel werden unter 8 Kindern aufgeteilt.

WES-109211-074

Sachaufgaben

Von der Sachaufgabe zum Rechenausdruck

Eine Sachaufgabe beschreibt eine Situation. Die Schlüsselwörter können dir helfen, den Text in einen Rechenausdruck zu übersetzen.

+ plus	− minus
„kommt hinzu" „wird mehr" „vermehrt sich" „nimmt zu" „ergibt zusammen"	„verringert sich" „wird weniger" „gibt ab" „nimmt ab" „bleibt übrig"

25 Kinder sind im Bus. Es kommen 17 Kinder hinzu. Wie viele Kinder sind nun im Bus?

Rechnung: 25 + 17 = 42

· mal	: geteilt
„wird vervielfacht" „wird verdoppelt" „von einem Tag auf sieben Tage"	„wird verteilt" „wird halbiert" „wird aufgeteilt" „von 7 Tagen auf 1 Tag" „durchschnittlich"

Sophia isst jeden Tag 2 Brötchen.
Wie viele Brötchen isst sie in einer Woche?

Rechnung: 2 · 7 = 14

Sachaufgaben verstehen und lösen

Aufgabe sorgfältig durchlesen.

1. *Was ist gesucht?*
2. *wichtige Angaben notieren, nicht benötigte Angaben weglassen*
3. *Angaben in Rechenarten übersetzen*
4. *Rechenausdruck aufstellen und berechnen*
5. *Lösung am Text kontrollieren*
6. *Antwortsatz formulieren*

Auf einem Parkplatz mit 4 Einfahrten stehen 97 Autos. In den nächsten 2 Stunden fahren 36 Autos weg und 73 kommen hinzu.
Wie viele Autos stehen nun auf dem Parkplatz?

1. *Anzahl der Autos jetzt auf dem Parkplatz*
2. *„97 Autos parken", „36 fahren weg", „73 kommen dazu"*
   nicht benötigt: 4 Einfahrten, 2 Stunden
3. *„36 fahren weg" bedeutet „− 36"*
   „73 kommen dazu" bedeutet „+ 73"
4. *97 − 36 + 73 = 134*
5. *134 kann stimmen, denn es sind mehr hinzugekommen als weggefahren.*
6. *Auf dem Parkplatz stehen jetzt 134 Autos.*

1 Anzahlen bestimmen

a) In einem Theater gibt es 15 Sitzreihen. In jeder Reihe können 20 Personen sitzen. Bestimme die Anzahl der Sitzplätze.

b) 25 Kinder der 6 a und 28 Kinder der 6 b fahren mit 4 Begleitpersonen auf Klassenfahrt. Berechne die Anzahl der Personen, die auf der Klassenfahrt sind.

2 Preise und Geld

a) Ein Stuhl kostete bisher 40 €. Der Preis hat sich verdoppelt. Berechne den neuen Preis.

b) Max hat 20 €. Nun kauft er für 13,65 € ein. Berechne, wie viel Geld übrigbleibt.

c) Eine Eintrittskarte kostet 15 €. Es wurden 2400 € eingenommen. Bestimme die Anzahl der verkauften Eintrittskarten.

d) Lina hat 800 €. Sie kauft sich einen Computer für 499 €, einen Monitor für 129 €, eine Festplatte für 59 € und eine kabellose Maus für 12 €. Berechne, wie viel Geld übrigbleibt.

3 Badewanne füllen

Eine Badewanne ist mit 200 l Wasser gefüllt. Es werden 60 l herausgelassen, dann 40 l nachgefüllt. Anschließend fließt die Hälfte des Wassers ab. Berechne, wie viel Liter Wasser nun in der Badewanne sind.

4 In gleiche Teile aufteilen

a) Opa Werner gibt seinen 5 Enkeln insgesamt 75 €. Diese sollen gerecht aufgeteilt werden. Berechne, wie viel jedes Kind erhält.

b) Franzi ist in einer Woche insgesamt 154 km mit dem Fahrrad gefahren. Berechne, wie viele Kilometer sie durchschnittlich pro Tag gefahren ist.

c) Ein Buch hat 294 Seiten. Emma möchte das Buch in einer Woche durchlesen. Berechne, wie viele Seiten Emma dazu durchschnittlich pro Tag lesen muss.

5 Knobeln

a) Pauls Oma ist 55 Jahre alt. In fünf Jahren ist sie fünfmal so alt wie Paul heute ist. Berechne, wie alt Paul heute ist.

b) Julia gibt Paula 5 Münzen. Nun hat Paula 20 Münzen und damit halb so viele wie Julia. Berechne, wie viele Münzen Julia hatte.

Teiler und Vielfache

Teiler und Vielfache

6 ist Teiler von 18, denn $6 \cdot 3 = 18$
18 ist durch 6 ohne Rest teilbar.

6, 12, 18, 24, … sind Vielfache von 6.

Teilermenge von 18:
$18 = 1 \cdot 18$
$18 = 2 \cdot 9$
$18 = 3 \cdot 6$ $T_{18} = \{1, 2, 3, 6, 9, 18\}$

Teilbarkeitsregeln – Endstellenregeln

Zahl ist teilbar	Endstellenregeln
durch 2	Letzte Ziffer ist 0, 2, 4, 6 oder 8.
durch 5	Letzte Ziffer ist 0 oder 5.
durch 10	Letzte Ziffer ist 0.
durch 4	Die Zahl aus den letzten zwei Ziffern ist ein Vielfaches von 4.

Teilbarkeitsregeln – Quersummenregeln

Zahl ist teilbar	Endstellenregeln
durch 3	Quersumme ist teilbar durch 3.
durch 9	Quersumme ist teilbar durch 9.

Quersumme von 1234: $1 + 2 + 3 + 4 = 10$

Teilbarkeitsregeln kombinieren

Eine Zahl ist durch 6 teilbar,
wenn sie durch 2 und durch 3 teilbar ist.

Teiler von Summen, Differenzen, Produkten

7 teilt 21 und 84, deshalb ist 7 auch Teiler …
… von der Summe $21 + 84 = 105$ $= 15 \cdot 7$
… von der Differenz $84 - 21 = 63$ $= 9 \cdot 7$
… von dem Produkt $21 \cdot 84 = 1764$ $= 252 \cdot 7$

Primzahlen

Zahlen, die genau zwei Teiler haben,
nämlich nur 1 und sich selbst:
2, 3, 5, 7, 11, 13, 17, 19, 23, 29, 31, 37 …

Primfaktorzerlegung

Zerlegung einer Zahl in ein Produkt von Primzahlen:

$84 = 2 \cdot 42$
$= 2 \cdot 2 \cdot 21$
$= 2 \cdot 2 \cdot 3 \cdot 7$

$36 = 2 \cdot 18$
$= 2 \cdot 2 \cdot 9$
$= 2 \cdot 2 \cdot 3 \cdot 3$

WES-109211-075

1 Lücken füllen

a) $T_{12} = \{1, 2, 3, ■, ■, ■\}$
b) $T_{■} = \{1, 3, ■, 15\}$ c) $T_{■} = \{1, 2, 11, ■\}$

2 Teilermengen

Bestimme die Teilermengen.
a) von 34, 36 und 38 b) von 23, 24 und 25

3 Gemeinsame Vielfache

Gib alle Zahlen von 100 bis 150 an, die durch beide Zahlen teilbar sind.
a) 2 und 3 b) 3 und 5 c) 3 und 4 d) 2 und 9

4 Teilbarkeit prüfen

Prüfe, ob die Zahlen teilbar sind …
a) durch 2, 4, 5 oder 10: 25, 30, 164, 2360
b) durch 3 oder 9: 123, 199, 3024
c) durch 6 oder 12: 18, 60, 72, 252

5 Primfaktorzerlegung

Zerlege in Primfaktoren.
a) 20, 25 und 30 b) 120, 140 und 160

6 Weitere Teilbarkeitsregeln

Erkläre, wann eine Zahl durch 6 [12, 15] teilbar ist.

7 Teiler von Summe und Produkt

a) Es gilt: $42 + 4200 = 4242$. Prüfe 4242 auf Teilbarkeit durch 7 und durch 6. Begründe.
b) Es gilt: $42 \cdot 42 = 1764$. Prüfe 1764 auf Teilbarkeit durch 7 und durch 6. Begründe.

8 Aussagen prüfen und begründen

a) Von zwei aufeinanderfolgenden Zahlen ist immer eine durch 2 teilbar.
b) Von zwei aufeinanderfolgenden Zahlen ist immer eine durch 3 teilbar.
c) Von drei aufeinanderfolgenden Zahlen ist immer eine durch 3 teilbar.

9 Zahlendetektiv

Gib eine oder mehrere passende Zahlen an.
a) Ich bin eine gerade Primzahl.
b) Ich bin teilbar durch 6 aber nicht durch 12.
c) Ich bin teilbar durch 18 aber nicht durch 3.
d) Ich bin kleiner als 25, habe aber mehr als 7 Teiler.
e) Ich habe nur einen Teiler.
f) Ich bin eine Primzahl, die größer ist als eine Milliarde.

WES-109211-076

Brüche 1

Bruch als Anteil eines Ganzen

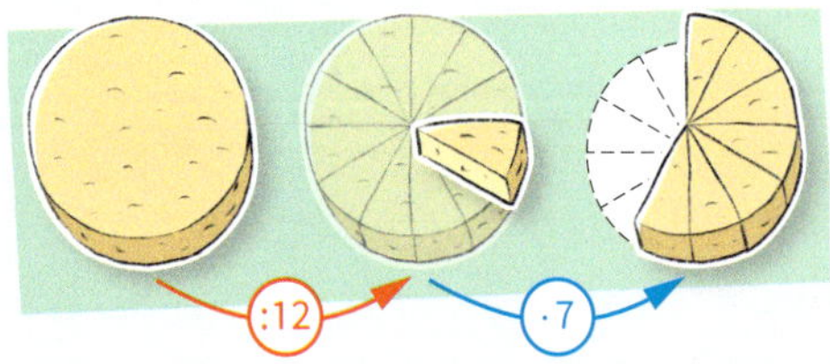

„1 Ganzes in 12 Teile teilen, 7 davon nehmen"

Bruchbegriffe

$\frac{7}{12}$
- *Zähler: gibt an, wie viele Teile man nimmt*
- Bruchstrich
- *Nenner: gibt an, wie man die Teile nennt*

„sieben Zwölftel"

Kürzen

$\frac{12}{16} = \frac{3}{4}$ (:4)

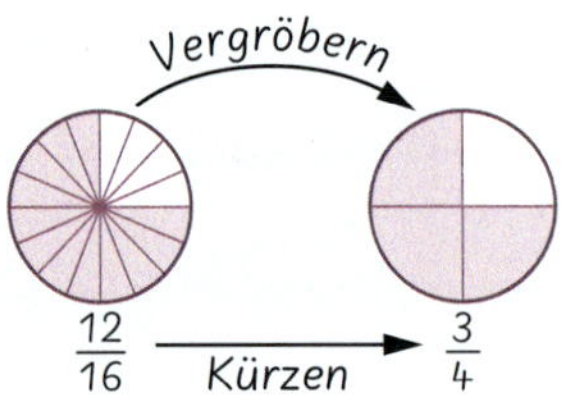

Der Wert des Bruchs bleibt gleich.

Erweitern

$\frac{3}{4} = \frac{12}{16}$ (·4)

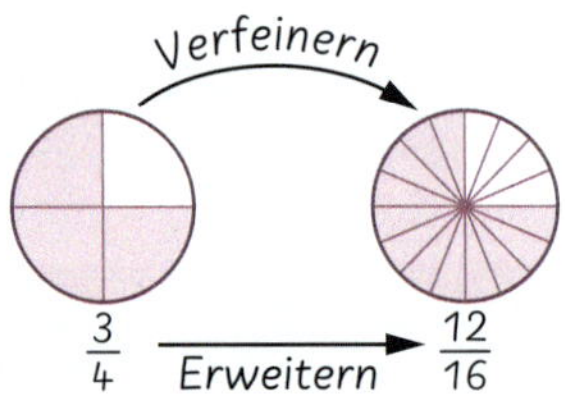

Der Wert des Bruchs bleibt gleich.

Brüche größer als 1 – gemischte Schreibweise

$1 + 1 + \frac{2}{5} = 2\frac{2}{5}$

„zwei, zwei Fünftel"

Unechte Brüche

Der Nenner ist größer als der Zähler.

Unechter Bruch → gemischter Schreibweise

$\frac{14}{3}$ *in gemischter Schreibweise schreiben:*

3 passt 4-mal in 14, übrig bleiben $\frac{2}{3}$,

also: $\frac{14}{3} = 4 + \frac{2}{3} = 4\frac{2}{3}$

Gemischter Schreibweise → unechter Bruch

$1\frac{9}{12} = 1 + \frac{9}{12} = \frac{12}{12} + \frac{9}{12} = \frac{21}{12} = \frac{7}{4}$

1 Anteil eines Ganzen als Bruch

Gib den Anteil der gefärbten Fläche als Bruch an. Kürze den Bruch, wenn möglich.

a) 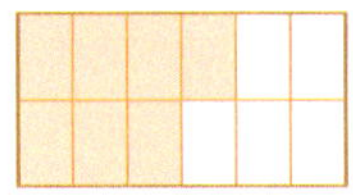 b) 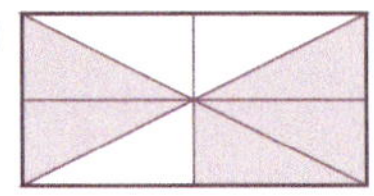

c) 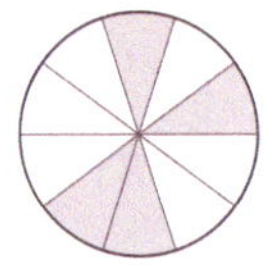 d) 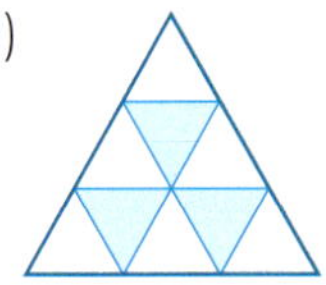

2 Zum Ganzen ergänzen

Übertrage in dein Heft, ergänze zum Ganzen.

a) $\frac{3}{7}$  b) $\frac{4}{6}$ 

3 Vollständiges Kürzen

Kürze so weit wie möglich.

a) $\frac{4}{8}$ b) $\frac{15}{30}$ c) $\frac{15}{45}$ d) $\frac{9}{30}$

e) $\frac{36}{90}$ f) $\frac{48}{72}$ g) $\frac{80}{180}$ h) $\frac{39}{42}$

4 Brüche gesucht

Gib zwei Brüche mit dem Nenner 36 an,

a) … die man kürzen kann.

b) … die man nicht kürzen kann.

c) … die man genau zweimal kürzen kann.

5 Größer als 1

Gib den dargestellten Bruch als unechten Bruch und in der gemischten Schreibweise an.

a) 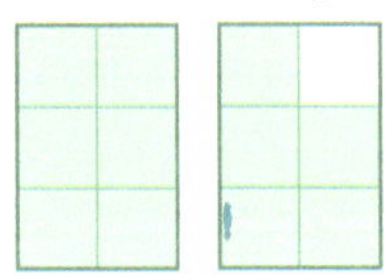 b) 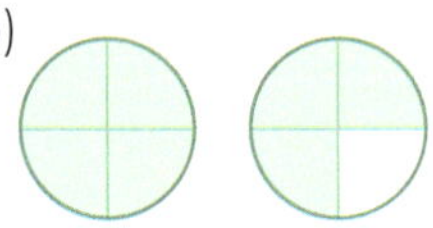

6 Gemischte Schreibweise

Schreibe in der gemischten Schreibweise.

a) $\frac{13}{5}$ b) $\frac{55}{12}$ c) $\frac{17}{3}$ d) $\frac{15}{3}$

7 Unechter Bruch

Schreibe als unechten Bruch.

a) $3\frac{1}{2}$ b) $5\frac{1}{4}$ c) $9\frac{3}{10}$ d) $3\frac{3}{9}$

8 Anteile von Größen

Gib den Anteil ohne Bruch in der kleineren Einheit an.

a) $\frac{3}{2}$ m b) $4\frac{3}{4}$ kg c) $\frac{7}{3}$ h d) $2\frac{2}{5}$ km

Brüche 2

WES-109211-077

Brüche vervielfachen – Anteile vervielfachen

Zähler mit der Zahl multiplizieren

$7 \cdot \frac{5}{9} = \frac{7 \cdot 5}{9} = \frac{35}{9}$ $\qquad \frac{8}{15} \cdot 9 = \frac{8 \cdot \cancel{9}^{3}}{\cancel{15}_{5}} = \frac{8 \cdot 3}{5} = \frac{24}{5}$

Wenn möglich beim Multiplizieren kürzen.

- *sprich: „7 mal 5 Neuntel ergibt 35 Neuntel".*
- *sprich: „Das Neunfache von 8 Fünfzehntel ergibt 72 Fünfzehntel, das sind 24 Fünftel".*

Brüche teilen – Anteile aufteilen

Nenner mit der Zahl multiplizieren

$\frac{12}{7} : 9 = \frac{12}{7 \cdot 9} = \frac{\cancel{12}^{4}}{7 \cdot \cancel{9}_{3}} = \frac{4}{7 \cdot 3} = \frac{4}{21}$

Manchmal kann man den Zähler dividieren.

$\frac{8}{9} : 4 = \frac{8 : 4}{9} = \frac{2}{9}$

Brüche vergleichen

$\frac{3}{4}$ *und* $\frac{2}{3}$ *vergleichen*

- *gemeinsamen Nenner finden:* $4 \cdot 3 = 12$
- *erweitern auf einen gemeinsamen Nenner*
  $\frac{3 \cdot 3}{4 \cdot 3} = \frac{9}{12}$ *und* $\frac{2 \cdot 4}{3 \cdot 4} = \frac{8}{12}$
- *nun die Zähler vergleichen*
  $\frac{8}{12} < \frac{9}{12}$, *also:* $\frac{2}{3} < \frac{3}{4}$

Gleiche Zähler – Nenner vergleichen

$\frac{5}{11} < \frac{5}{8}$

Je größer der Nenner, desto kleiner die Teile.

Brüche und Prozente

Prozente *sind Brüche mit dem Nenner 100:*

$\frac{1}{100} = 1\,\%$ $\qquad \frac{100}{100} = 1 = 100\,\%$

$\frac{4}{5} = \frac{80}{100} = 80\,\%$

Größe eines Anteils bestimmen

$\frac{3}{5}$ *von 30 Gummibärchen sind rot.*

Rechne: $\frac{3}{5} \cdot 30 = \frac{3 \cdot 30}{5} = 18$

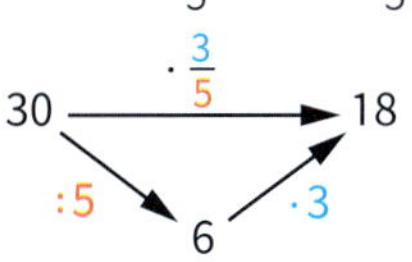

oder

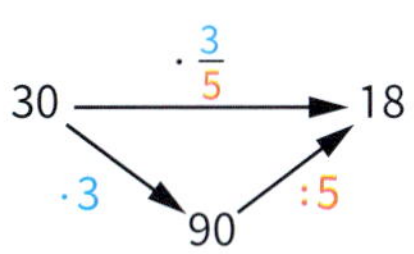

1 Rechnung im Bild

Schreibe die passende Rechnung in dein Heft.

a) 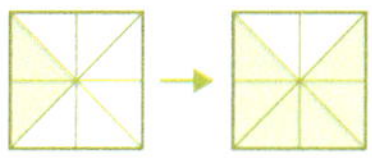 b) 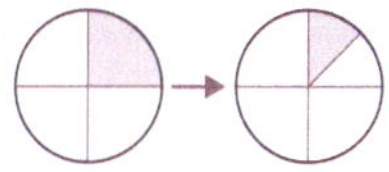

2 Erklären

Erkläre den Unterschied zwischen Erweitern und Vervielfachen sowie zwischen Kürzen und Teilen. Nutze Begriffe wie: mehr, weniger, gleicher Wert, verfeinern, aufteilen, …

3 Vervielfachen und teilen

Berechne. Kürze frühzeitig, wenn möglich.

a) $\frac{7}{8} \cdot 8$ b) $\frac{7}{8} \cdot 16$ c) $\frac{7}{8} \cdot 4$ d) $\frac{21}{8} : 3$
e) $\frac{7}{8} : 3$ f) $\frac{56}{49} : 8$ g) $\frac{56}{49} : 7$ h) $9 \cdot \frac{5}{3}$
i) $12 \cdot \frac{8}{27}$ j) $\frac{9}{3} \cdot 3$ k) $\frac{9}{5} : 3$ l) $\frac{9}{12} : 24$

4 Kleinster gemeinsamer Nenner

Mache die Brüche gleichnamig. Der gemeinsame Nenner soll möglichst klein sein.

a) $\frac{7}{8}, \frac{3}{4}$ b) $\frac{5}{6}, \frac{3}{8}$ c) $\frac{4}{15}, \frac{2}{9}$ d) $\frac{4}{12}, \frac{5}{18}$

5 Größenvergleich

Untersuche, welcher Bruch größer ist. Nutze verschiedene Möglichkeiten.

a) $\frac{5}{6}, \frac{2}{3}$ b) $\frac{3}{5}, \frac{3}{7}$ c) $\frac{7}{24}, \frac{13}{36}$ c) $\frac{8}{7}, \frac{9}{8}$

6 Anteil in Worten und in Prozent

Gib den Anteil als Bruch und in Prozent an.

a) 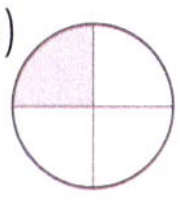 b) 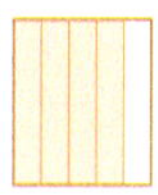 c) 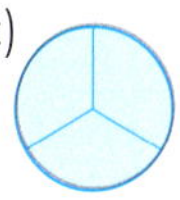 d) 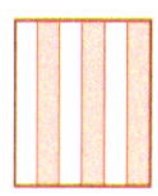

7 Anteile vergleichen

Im Sportverein SC-Kräherwald spielen 120 von 500 Mädchen Fußball. Im SV-Boxberg sind es 21 von 75 Mädchen. Vergleiche die Anteile. Gib beide Anteile auch als Prozent an.

8 Prozente

Gib die Prozentzahlen als gekürzten Bruch an.

a) 25 % b) 75 % c) 80 % d) 45 %

9 Größe eines Anteils bestimmen

a) Ein Mensch besteht zu $\frac{7}{10}$ aus Wasser. Frau Meier wiegt 65 kg. Bestimme, wie viel Liter Wasser ihr Körper enthält.
b) Von 36 Kindern haben $\frac{7}{8}$ schon einmal ihr Geodreieck verloren.

WES-109211-078

Längen

Längeneinheiten

Kilometer	1000 m	= 1 km	
Meter	10 dm	= 1 m	= 0,001 km
Dezimeter	10 cm	= 1 dm	= 0,1 m
Zentimeter	10 mm	= 1 cm	= 0,1 dm
Millimeter		= 1 mm	= 0,1 cm

Größere Einheit → kleinere Einheit

Einheit wird kleiner → Maßzahl wird größer

·10 ·10

50 m = 500 dm = 5000 cm

Kleinere Einheit → größere Einheit

Einheit wird größer → Maßzahl wird kleiner

:10 :10

8000 cm = 800 dm = 80 m

Einheitentabelle zum Umrechnen

km			m			dm	cm	mm
H	Z	E	H	Z	E			
				5	0	4	0	
		0	0	0	8	0	0	0
		0	0	3	0	0		

Das Komma trennt die Einheiten (dicke Linie).

gegebene Länge	größere Einheit	kleinere Einheit
504 dm	50,4 m	5040 cm
8 m	0,008 km	8000 mm
30 m	0,03 km	300 dm

Verkleinerung im Maßstab 1 : 5000

1 cm in der Zeichnung entsprechen 5000 cm in der Wirklichkeit. Die Maßstabszahl ist 5000.

Von der Zeichnung zur Wirklichkeit
- mit der Maßstabszahl multiplizieren
- in die größere Einheit umrechnen

Zeichnung	Wirklichkeit
6 cm	6 cm · 5000 = 30 000 cm = **300 m**

Von der Wirklichkeit zur Zeichnung
- in die kleinere Einheit umrechnen
- durch die Maßstabszahl dividieren

Wirklichkeit	Zeichnung
750 m	75 000 cm : 5000 = **15 cm**

1 Längen umrechnen

Rechne in die angegebene Einheit um.

a) in m: 200 cm 250 dm 2,5 km 2000 cm

b) in dm: 30 cm 50 m 450 mm 1 km

c) in cm: 1,5 m 1 km 25 dm 130 mm

2 Längen ordnen

Ordne die Längen der Größe nach. Beginne mit der kleinsten Länge.

a) 350 cm 4 m 1 km 30000 mm

b) 150 m 2000 mm 500 dm 15000 cm

3 Gemischte Einheiten

Gib die Länge in beiden Einheiten an.

a) 1 km 300 m b) 12 m 50 cm

c) 20 m 5 cm d) 0,5 km 250 m

4 Anteile von Längen

Gib den Anteil in einer kleineren Einheit an.

a) $\frac{1}{4}$ km b) $\frac{1}{10}$ m c) $\frac{3}{4}$ m d) $\frac{9}{10}$ km

e) $\frac{1}{5}$ dm f) $\frac{1}{2}$ m g) $\frac{1}{8}$ km h) $\frac{4}{5}$ m

5 Textaufgaben

a) Schnecke Anton legt an drei Tagen folgende Strecken zurück: 125 cm, 15 dm, 1 m 12 cm. Bestimme die Gesamtstrecke.

b) Ein 2 m 40 cm langer Draht soll in 15 gleich lange Teile geschnitten werden. Bestimme die Länge eines Teils.

6 Auf der Karte und in der Wirklichkeit

Übertrage die Tabelle und fülle sie aus.

a) Maßstab 1: 20 000

Karte	Wirklichkeit
1 cm	
5 cm	
	2 km
	10 km
	500 m

b) Maßstab 1: 250 000

Karte	Wirklichkeit
1 cm	
5 cm	
	10 km
	100 km
	500 m

7 Maßstab bestimmen

Bestimme den Maßstab.

a) 7 cm auf der Karte entsprechen 350 000 cm in der Wirklichkeit.

b) 5 cm auf der Karte entsprechen 4 km in der Wirklichkeit.

c) 10 cm auf der Karte entsprechen 10 km in der Wirklichkeit.

Flächen

Flächeneinheiten

km^2	100 ha	= 1 km^2	
ha („Hektar")	100 a	= 1 ha	= 0,01 km^2
a („Ar")	100 m^2	= 1 a	= 0,01 ha
m^2	100 dm^2	= 1 m^2	= 0,01 a
dm^2	100 cm^2	= 1 dm^2	= 0,01 m^2
cm^2	100 mm^2	= 1 cm^2	= 0,01 dm^2
mm^2		1 mm^2	= 0,01 cm^2

Größere Einheit → kleinere Einheit

Einheit wird kleiner → Maßzahl wird größer

$5\,m^2 \xrightarrow{\cdot 100} 500\,dm^2 \xrightarrow{\cdot 100} 50\,000\,cm^2$

$5\,m^2 = 500\,dm^2 = 50\,000\,cm^2$

Kleinere Einheit → größere Einheit

Einheit wird größer → Maßzahl wird kleiner

$8\,000\,000\,m^2 \xrightarrow{:100} 80\,000\,a \xrightarrow{:100} 800\,ha \xrightarrow{:100} 8\,km^2$

$8\,000\,000\,m^2 = 80\,000\,a = 800\,ha = 8\,km^2$

Einheitentabelle zum Umrechnen

km^2		ha		a		m^2		dm^2		cm^2		mm^2	
Z	E	Z	E	Z	E	Z	E	Z	E	Z	E	Z	E
							0	0	0	5	0	0	0
		2	0	0	0	0	0	0	0				
							0	0	5	0	1		
	0	0	8	5	0	0	0						

Das Komma trennt die Einheiten (dicke Linie).

gegebene Einheit	größere Einheit	kleinere Einheit
50 cm^2	0,005 m^2	5 000 mm^2
200 000 m^2	20 ha	20 000 000 dm^2
5,01 dm^2	0,0501 m^2	501 cm^2
8,5 ha	0,085 km^2	85 000 m^2

Flächeninhalte besonderer Figuren

Rechteck	$A = a \cdot b$	$u = 2 \cdot a + 2 \cdot b$
Quadrat	$A = a \cdot a$	$u = 4 \cdot a$

Zusammengesetzte Figuren

Zerlegen

$A = A_1 + A_2$

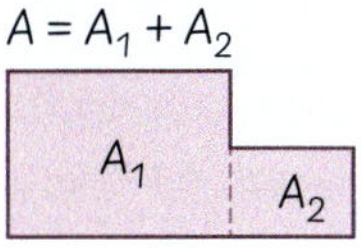

Ergänzen

$A = A_{groß} - A_{klein}$

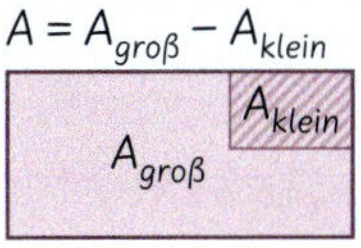

1 Flächen umrechnen

Rechne in die angegebene Einheit um.

a) in m^2: 500 dm^2 30 000 cm^2 25 a

b) in ha: 15 a 2000 m^2 1 km^2

c) in cm^2: 500 mm^2 0,25 dm^2 15 m^2

2 Flächeninhalte ordnen

Ordne die Flächen der Größe nach. Beginne mit der kleinsten.

a) 5 m^2 250 cm^2 2000 dm^2 350 dm^2

b) 1,5 m^2 520 dm^2 2000 mm^2 6,5 cm^2

3 Flächeninhalte addieren und subtrahieren

Berechne.

a) $2{,}5\,m^2 + 2\,a$ b) $0{,}5\,ha - 200\,m^2$

c) $5\,m^2 + 2{,}5\,a$ d) $1{,}5\,m^2 - 50\,cm^2$

4 Restflächen

Bestimme den Flächeninhalt, der noch zur vorgegebenen Größe fehlt.

a) zu 1 ha: 80 a 800 m^2 950 000 dm^2

b) zu 25 m^2: 16 m^2 14000 cm^2 1 dm^2

5 Flächeninhalt und Umfang

Bestimme den Flächeninhalt und den Umfang des Rechtecks.

a) a = 2 m, b = 4 m b) a = 2,5 m, b = 5 m

6 Fehlende Seitenlänge

Berechne die fehlende Seitenlänge des Rechtecks.

a) A = 64 m^2, a = 4 m b) A = 196 m^2, b = 14 m

7 Fehlende Größen im Quadrat

Ergänze die Tabelle.

a	5 cm		
A		36 cm^2	
u			12 cm

8 Veränderte Rechtecke

Was passiert mit dem Flächeninhalt?

a) Eine Seite wird verdoppelt.

b) Beide Seiten werden verdoppelt.

9 Zusammengesetzte Figuren

Berechne den Flächeninhalt und den Umfang.

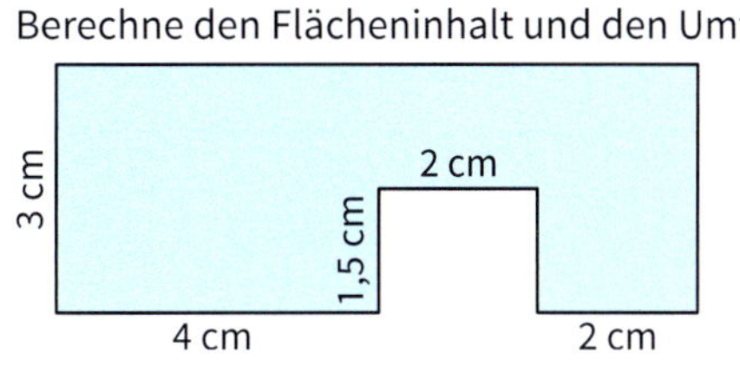

WES-109211-079

WES-109211-080

Massen (Gewichte)

Masseneinheiten

Tonne	1000 kg =	1 t	
Kilogramm	1000 g =	1 kg	= 0,001 t
Gramm	1000 mg =	1 g	= 0,001 kg
Milligramm		1 mg	= 0,001 g

Größere Einheit → kleinere Einheit

Einheit wird kleiner → Maßzahl wird größer

$2{,}3\,t \xrightarrow{\cdot 1000} 2300\,kg \xrightarrow{\cdot 1000} 2\,300\,000\,g$

2,3 t = 2300 kg = 2 300 000 g

Kleinere Einheit → größere Einheit

Einheit wird größer → Maßzahl wird kleiner

$52\,000\,mg \xrightarrow{:1000} 52\,g \xrightarrow{:1000} 0{,}052\,kg$

$52\,000\,mg = 52\,g = 0{,}052\,kg \left(= \frac{52}{1000}\,kg\right)$

Einheitentabelle zum Umrechnen

t		kg			g			mg		
Z	E	H	Z	E	H	Z	E	H	Z	E
	0	0	7	5	0	0	0			

WES-109211-081

Zeiten und Zeitpunkte

Zeiteinheiten

Tag	24 h =	1 d	
Stunde	60 min =	1 h	$= \frac{1}{24}\,d$
Minute	60 s =	1 min	$= \frac{1}{60}\,h$
Sekunde		1 s	$= \frac{1}{60}\,min$

Größere Einheit → kleinere Einheit

Einheit wird kleiner → Maßzahl wird größer

$1\,h \xrightarrow{\cdot 60} 60\,min \xrightarrow{\cdot 60} 3600\,s$

1 h = 60 min = 3600 s

Kleinere Einheit → größere Einheit

Einheit wird größer → Maßzahl wird kleiner

$2880\,min \xrightarrow{:60} 48\,h \xrightarrow{:24} 2\,d$

2880 min = 48 h = 2 d

Zeitpunkte und Zeitspannen

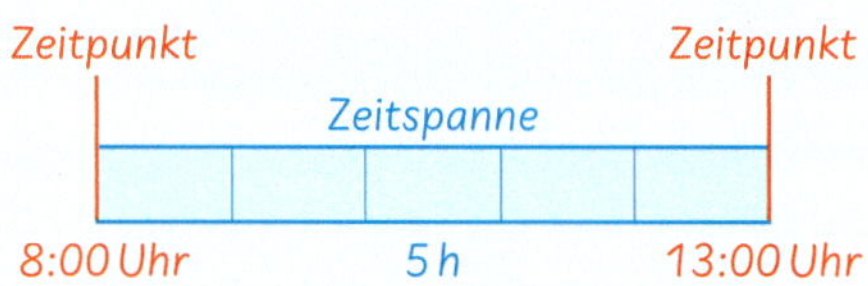

1 Massen umrechnen

Rechne in die angegebene Einheit um.

a) in kg: 7500 g   1 t   64 000 g

b) in g: 2,5 kg   2500 mg   1 t

2 Massen ordnen

Ordne die Massen der Größe nach. Beginne mit der kleinsten.

a) 250 kg   0,5 t   6000 kg

b) 1500 mg   2,5 g   0,3 kg

3 Massen addieren und subtrahieren

Berechne.

a) 2,5 kg + 750 g   b) 4 kg – 200 g

c) 5 t – 250 kg   d) 1,5 g + 50 mg

4 Fehlersuche

Finde den Fehler.

a) 15 t = 1500 kg   b) 50 kg = 50 000 g

c) 0,7 kg = 700 g   d) 1,45 g = 145 mg

5 Sachaufgabe

Eine Tomatendose wiegt 450 g. Wie viel wiegen 12 Tomatendosen?

1 Zeiten umrechnen

Rechne in die angegebene Einheit um.

a) in h: 240 min   90 min   30 min

b) in min: 2 h   600 s   2,5 h

c) in s: 5 min   30 min   45 min

2 Zeitspannen

Gib die Zeitspanne an.

a) von 7:45 Uhr bis 8:30 Uhr

b) von 10:50 Uhr bis 12:25 Uhr

c) von 18:30 Uhr bis 20:07 Uhr

d) von 23:39 Uhr bis 2:16 Uhr

3 Fragen zu Zeiten

a) Es ist 7:55 Uhr. Wie spät ist es in 1 h 20 min?

b) Es ist 19:20 Uhr. Wie spät war es vor 1 h 45 min?

c) Es ist 15:40 Uhr. Wie lang ist die Zeitspanne bis 20:15 Uhr?

4 Schall

Der Schall legt in einer Sekunde in der Luft ungefähr 330 m zurück. In einem Gewitter hörst du den Donner, 6 Sekunden nachdem du den Blitz gesehen hast.
Bestimme die Entfernung des Gewitters.

Typische Fragen zu Größen

WES-109211-082

Wie lang? – Länge der Stücke bestimmen

Teile einen 2,40 m langen Stab in 6 gleich lange Stücke. Bestimme die Länge der Stücke.

Gegeben: 240 cm
Gesucht: Länge der Stücke
Rechnung: 240 cm : 6 = 40 cm
Jedes Teilstück ist 40 cm lang.

Wie viele? – Anzahl der Stücke bestimmen

Teile einen 2,40 m langen Stab in 30 cm lange Teilstücke. Bestimme die Anzahl der Stücke.

Gegeben: 240 cm
Gesucht: Anzahl der Stücke
Rechnung: 240 cm : 30 cm = 8
Es sind 8 Stücke.

Wie groß? – Flächengröße bestimmen

Teile ein 3600 m² großes Grundstück in 4 gleich große Flächen. Bestimme die Größe der Flächen.

Gegeben: 3600 m^2
Gesucht: Größe der Teilflächen
Rechnung: 3600 m^2 : 4 = 900 m^2
Jede Teilfläche ist 900 m^2 groß.

Wie viele? – Anzahl der Flächen bestimmen

Teile ein 3600 m^2 großes Grundstück in 450 m^2 große Flächen. Bestimme die Anzahl der Flächen.

Gegeben: 3600 m^2
Gesucht: Anzahl der Teilflächen
Rechnung: 3600 m^2 : 450 m^2 = 8
Es sind 8 Teilflächen.

Seitenlänge aus dem Flächeninhalt berechnen

Gegeben: Rechteck mit A = 600 m^2; a = 15 m
Gesucht: Seitenlänge b
$15\,m \cdot b = 600\,m^2$
$b = 600\,m^2 : 15\,m = 40\,m$
Die Seite b ist 40 m lang.

Seitenlänge aus dem Umfang berechnen

Gegeben: Rechteck mit u = 300 m; a = 50 m
Gesucht: Seitenlänge b
$2 \cdot 50\,m + 2 \cdot b = 300\,m$
$b = (300\,m - 100\,m) : 2 = 100\,m$
Die Seite b ist 100 m lang.

1 Länge oder Anzahl
Gib an, ob eine Länge oder eine Anzahl bestimmt wird und berechne.
a) Ein 1,80 m langes Brett wird in 15 cm lange Stücke zerschnitten.
b) Eine 4,50 m lange Leiste wird in 18 Stücke zerschnitten.
c) 350 cm : 50 cm   4 m : 16   1 km : 25 m
d) 3000 m : 150 m   50 dm : 4 cm   24 m : 60

2 Masse oder Anzahl
Gib an, ob eine Masse oder eine Anzahl bestimmt wird und berechne.
a) 12 kg Apfelmus werden in 16 gleich schwere Portionen aufgeteilt.
b) Teile 16 kg Kartoffelsalat in 400 g schwere Portionen.
c) 350 kg : 25   40 kg : 200g   650 g : 50
d) 3,2 kg : 16   90 kg : 1,5 kg   8 t : 64

3 Flächengröße oder Anzahl
Gib an, ob eine Fläche oder eine Anzahl bestimmt wird und berechne.
a) Frau Simon baut auf einer 5 m^2 großen Fläche vier verschiedene Kräuter auf gleich großen Teilflächen an.
b) Eine 168 m^2 große Fläche soll als Stellfläche für E-Bikes genutzt werden. Jedes E-Bike benötigt 2 m^2 Abstellfläche.
c) 200 m^2 : 25   4 ha : 50 m^2 15 a : 50 m^2
d) 1,6 m^2 : 25 dm^2 2,5 m^2 : 20   9 dm^2 : 4 cm^2

4 Seitenlänge berechnen
Berechne im Rechteck die fehlende Seitenlänge.
a) A = 56 cm^2; a = 7 cm   b) A = 225 m^2; b = 15 m
c) A = 196 m^2; a = 14 cm   d) A = 40 m^2; b = 10 dm

5 Seitenlänge aus dem Umfang berechnen
Berechne im Rechteck die fehlende Seitenlänge.
a) u = 56 m; a = 7 m   b) u = 28 m; b = 5 cm
c) u = 1 m; a = 16 cm   d) u = 1,5 m; b = 0,20 m

6 Flächeninhalt und Umfang
a) Der Flächeninhalt eines Rechtecks beträgt 60 cm^2, die Breite 15 cm. Bestimme den Umfang.
b) Der Umfang eines Rechtecks beträgt 48 cm, die Breite 6 cm. Bestimme den Flächeninhalt.

WES-109211-083

Geodreieck nutzen

Senkrechte Gerade: zeichnen oder prüfen

Die Mittellinie auf eine der beiden Geraden legen.

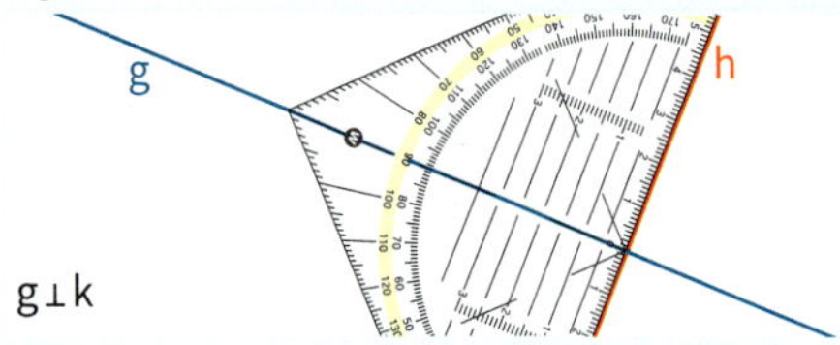

Parallele Gerade: zeichnen oder prüfen

Eine Parallele des Geodreiecks auf g oder h legen.

$g \parallel h$

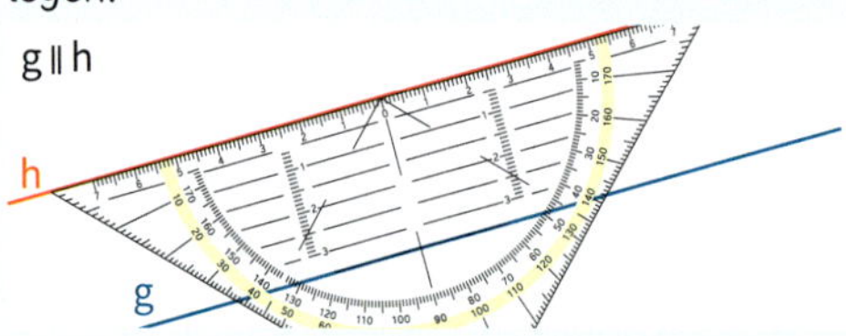

Abstand zwischen Punkten messen

Die Null an den Punkt A legen und die Länge der Strecke $\overline{AB}$ messen.

$|AB| = 6\,cm$

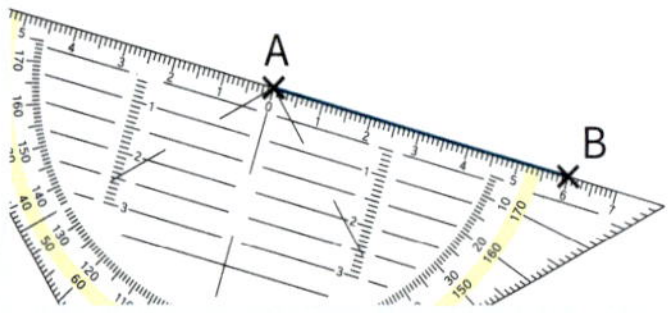

Abstand vom Punkt P zur Geraden g messen

Die Mittellinie mit der Null auf die Gerade legen und die Länge der Strecke zu P messen.

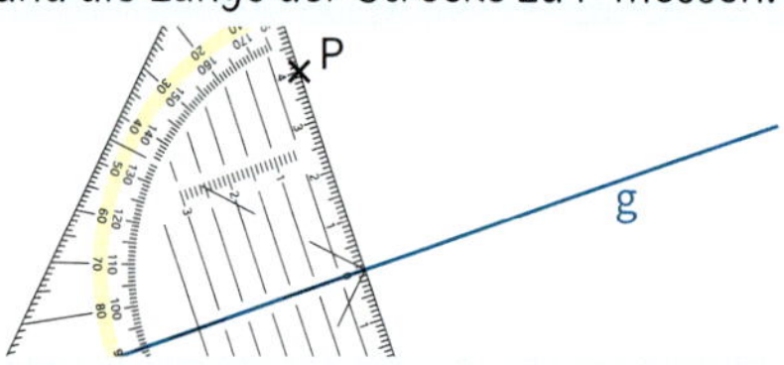

Abstand der Parallelen g und h messen

Die Mittellinie auf g legen und die Länge der Strecke von der Null bis zur Geraden h messen.

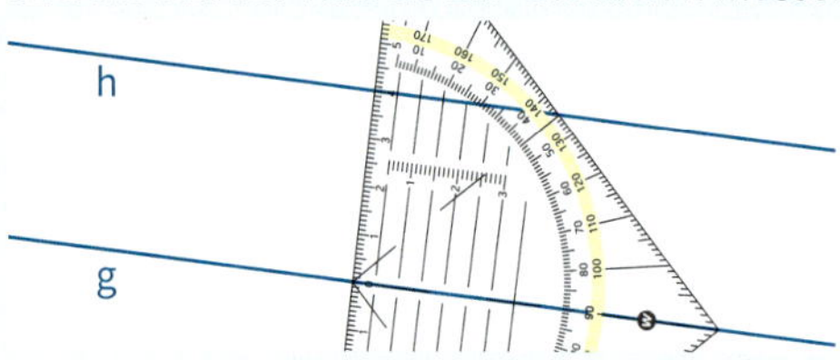

1 Geraden untersuchen

Überprüfe, welche Graden parallel und welche senkrecht zueinander sind.

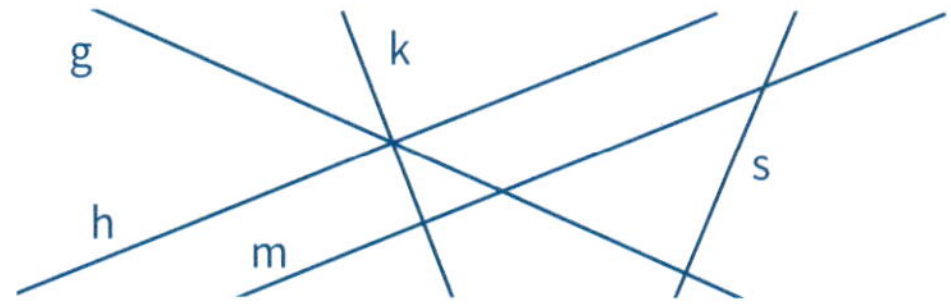

2 Geraden zeichnen

a) Zeichne eine Gerade g. Zeichne eine Parallele h im Abstand von 4 cm zu g. Begründe, dass es mehrere Möglichkeiten gibt.

b) Zeichne eine Gerade g und zwei zu g senkrechte Geraden h und k. Beschreibe, wie die Geraden h und k zueinander liegen.

3 Senkrechte und parallele Geraden

Wie liegen die Geraden g und h zueinander?

a) $g \parallel k$ und $k \parallel h$ b) $g \perp k$ und $k \parallel h$

c) $g \parallel k$ und $k \perp h$ d) $g \perp k$ und $k \perp h$

4 Abstand eines Punktes von einer Geraden

Mit welcher Skizze wird der Abstand „Punkt – Gerade" richtig bestimmt?

(1)

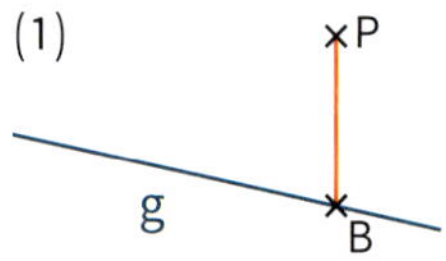

(2)

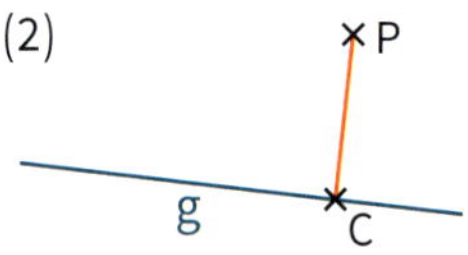

5 Abstände von Punkten zu Geraden

Bestimme den Abstand der Punkte P, Q, R und S zu den Geraden g und h.

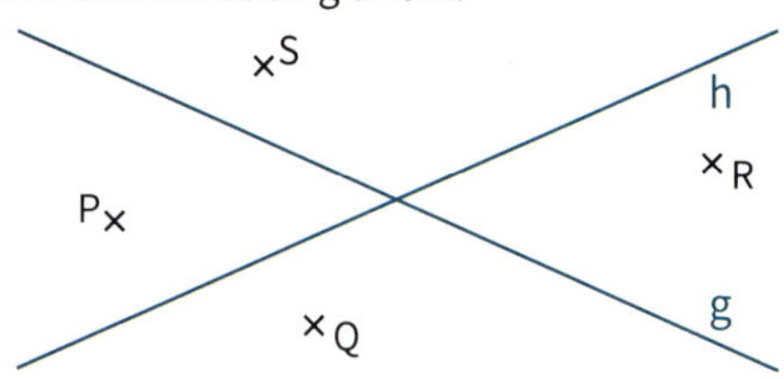

6 Abstände von Punkten und Geraden

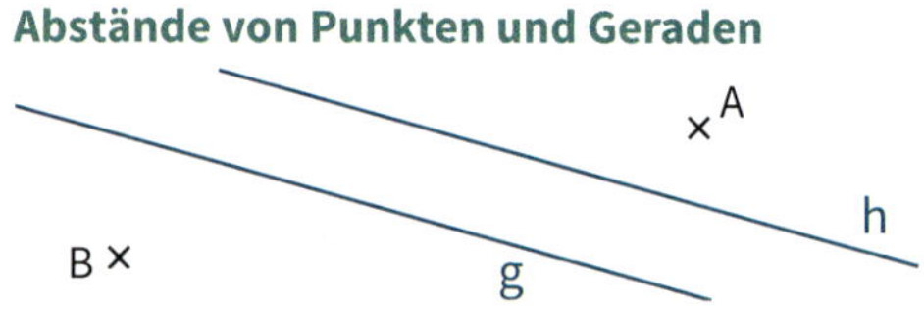

a) Bestimme den Abstand der Punkte A und B.

b) Bestimme den Abstand der Geraden g und h.

c) Bestimme die Abstände von Punkt A zu g und h, sowie von Punkt B zu g und h.

Koordinatensytem

Punkte im Koordinatensystem

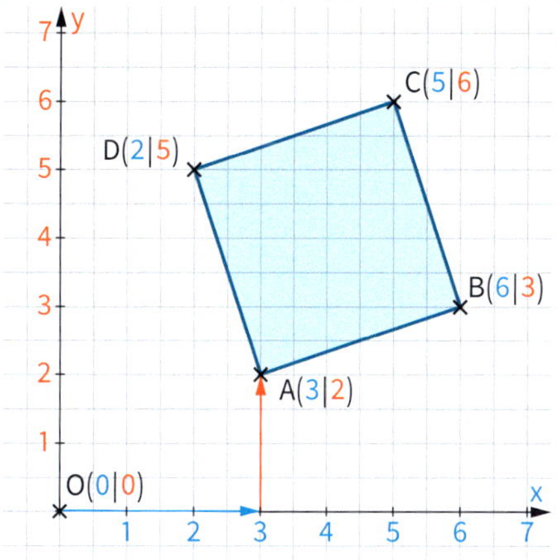

erst *x-Koordinate*, ***dann*** *y-Koordinate*

x-Koordinate: Gehe 3 Einheiten nach rechts.

y-Koordinate: Gehe 2 Einheiten nach oben.

Punkt A mit Koordinaten angeben: A(3|2)

WES-109211-084

1 Koordinaten ablesen
Gib die Koordinaten der Eckpunkte an.

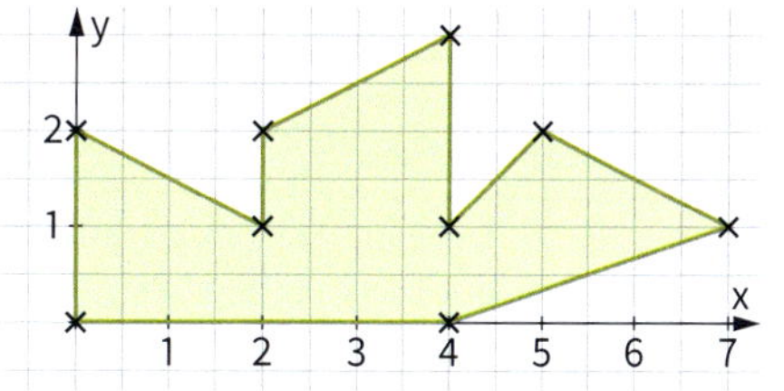

2 Punkte einzeichnen
Trage die Punkte ein und verbinde sie.
Verbinde den letzten Punkt mit A.

a) A(1|1), B(11|1), C(9|6), D(3|6)
b) A(2|6), B(5|3), C(8|6), D(5|9)
c) A(1|2), B(5|2), C(5|6), D(3|8), E(1|6)

3 Besondere Punkte
Trage in ein Koordinatensystem fünf Punkte ein, die die Bedingung erfüllen.

a) x-Wert und der y-Wert sind gleich groß.
b) Der x-Wert ist immer 2.
c) Der x-Wert ist um 3 größer als der y-Wert.

Symmetrie

Auf Achsensymmetrie prüfen

Achse einzeichnen. Punkte und Spiegelpunkte auf gleichen Abstand zur Achse prüfen.

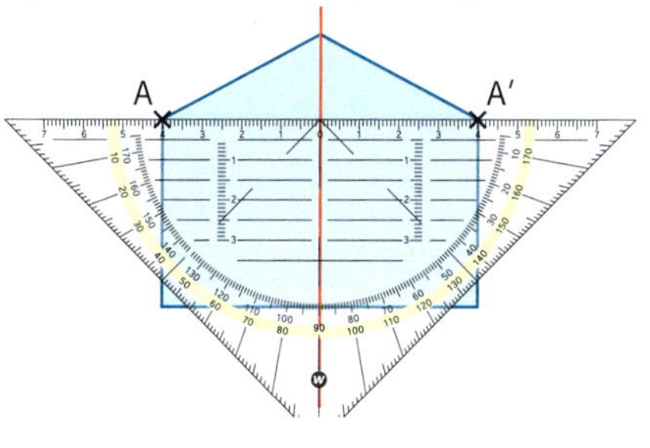

Auf Punktsymmetrie prüfen

Z einzeichnen. Punkte und Spiegelpunkte auf gleichen Abstand zu Z prüfen.

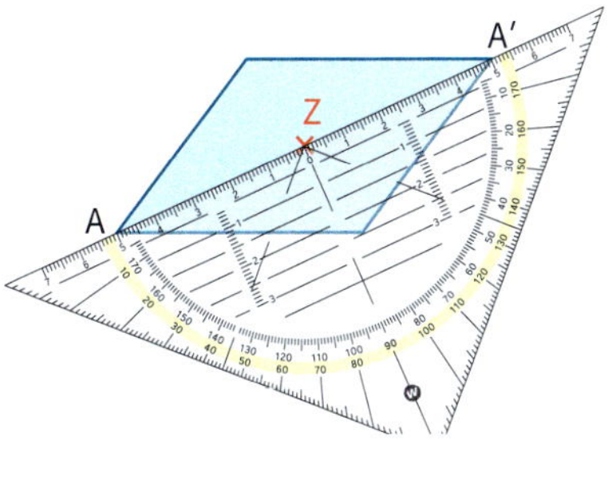

WES-109211-085

1 Auf Achsensymmetrie prüfen
Untersuche, ob die eingezeichneten Linien Symmetrieachsen sind.

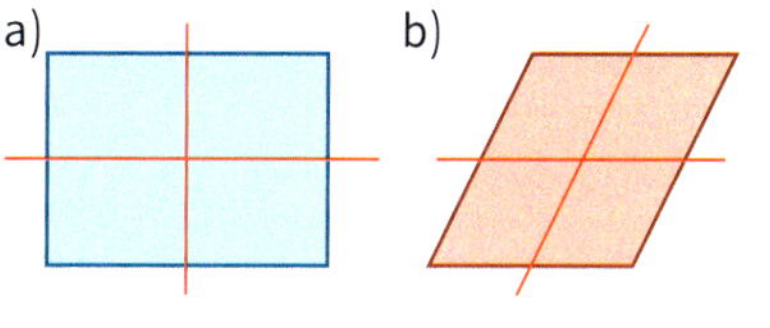

2 Symmetrische Figuren
Ist die Figur symmetrisch? Zeichne im Heft die Symmetrieachsen oder das Symmetriezentrum ein.

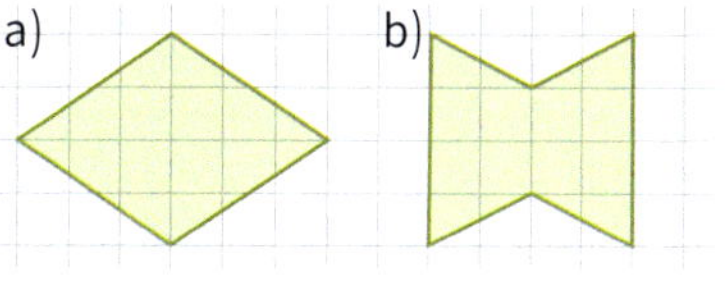

3 Symmetrische Vierecke
(A) Quadrat (B) Rechteck (C) Parallelogramm
(D) Raute (E) Drachen (F) Trapez

a) Welche Vierecke sind achsensymmetrisch? Gib die Anzahl der Symmetrieachsen an.
b) Welche Vierecke sind punktsymmetrisch zum Schnittpunkt der Diagonalen?

WES-109211-086

Vierecke und Dreiecke

Begriffe zum Beschreiben

Seiten
gleich lang
gegenüberliegend
parallel, senkrecht

Winkel
rechter Winkel
gleich groß

Diagonalen
halbieren sich
gleich lang
senkrecht

Symmetrie
Symmetrieachse
Symmetriezentrum

Besondere Vierecke

Quadrat

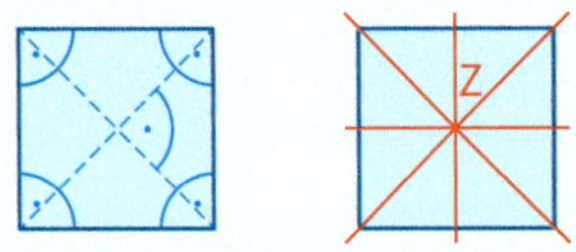

Rechteck

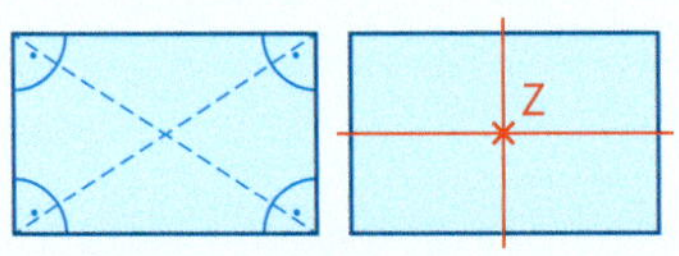

Parallelogramm

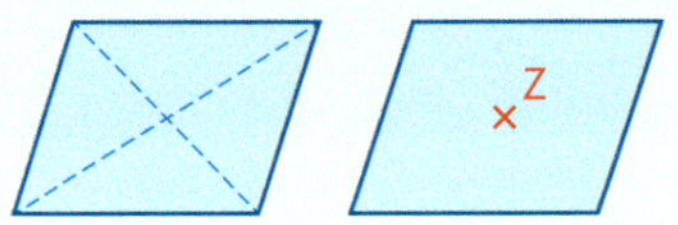

Raute

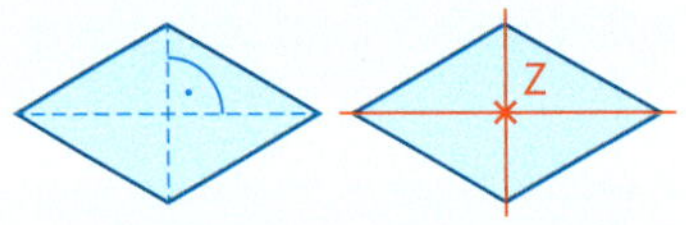

Symmetrisches Trapez

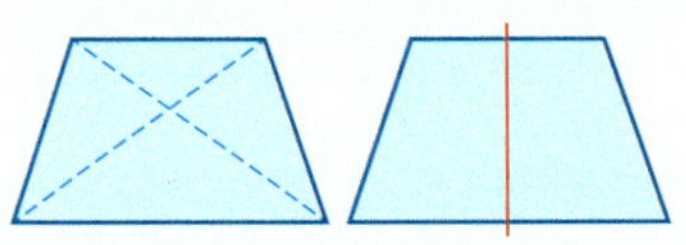

Drachen

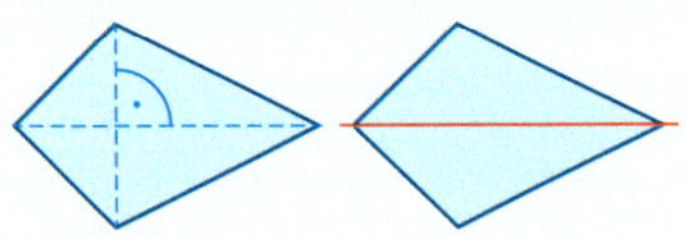

Dreiecke

Allgemeines Dreieck

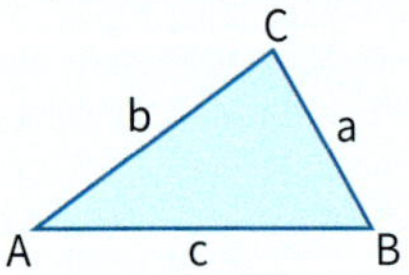

Rechtwinkliges Dreieck

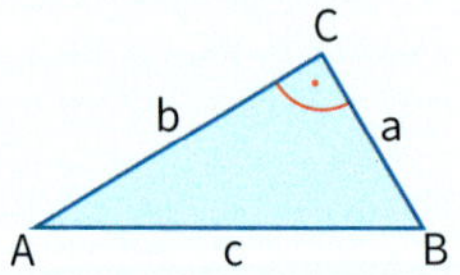

Gleichschenkliges Dreieck

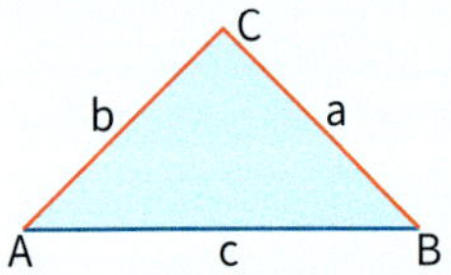

Gleichseitiges Dreieck

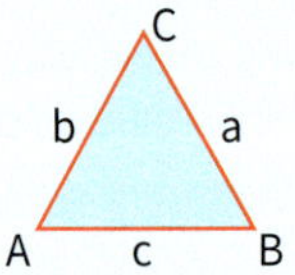

1 Vierecke

a) Zeichne ein Rechteck mit den Seitenlängen 3 cm und 5 cm.
b) Zeichne ein Quadrat mit der Seitenlänge 4 cm.
c) Zeichne ein Parallelogramm mit den Seitenlängen 3 cm und 5 cm.
d) Zeichne einen Drachen mit den Diagonalen e = 6 cm und f = 3 cm.

2 Vierecke beschreiben

Beschreibe das Viereck . Nutze die „Begriffe zum Beschreiben“.

a) Quadrat
b) Rechteck
c) Raute
d) Parallelogramm
e) Drachen
f) symmetrisches Trapez

3 Vierecke im Koordinatensystem

Zeichne die Vierecke in ein Koordinatensystem. Welchen Viereckstyp erhältst du?

a) A(2|0), B(3|1), C(2|2), D(1|1)
b) A(3,5|0,5), B(6|0), C(7|1,5), D(4,5|2)
c) A(2|2,5), B(6|2,5), C(4,5|4), D(3,5|4)
d) A(1|3,5), B(2,5|4,5), C(3,5|6), D(2|5)
e) A(9|0), B(11|1), C(9|5), D(7|4)
f) A(12|1), B(13|2,5), C(12|5), D(11|2,5)

4 Wahr oder falsch?

Welche Aussagen sind wahr? Gib für die falschen Aussagen ein Gegenbeispiel an.

a) Wenn ein Viereck ein Rechteck ist, dann ist es auch ein Quadrat.
b) Wenn ein Viereck ein Quadrat ist, dann ist es auch eine Raute.
c) Wenn ein Viereck ein Parallelogramm ist, dann ist es auch ein symmetrisches Trapez.
d) Wenn ein Dreieck gleichseitig ist, dann ist es auch ein gleichschenkliges Dreieck.

5 Rechtwinkliges Dreieck zeichnen

a) Zeichne ein rechtwinkliges Dreieck ABC mit den zueinander senkrechten Seiten a = 3 cm und b = 4 cm.
b) Bestimme die Länge der Seite c.
c) Berechne den Umfang des Dreiecks.

6 Gleichschenkliges Dreieck zeichnen

Zeichne ein gleichschenkliges Dreieck mit den Seitenlängen 4 cm, 4 cm und 6 cm.

Geometrische Körper

WES-109211-087

Begriffe zum Beschreiben

Ecken, Kanten, Flächen

Geometrische Körper

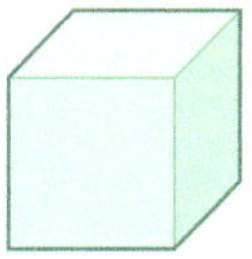
Würfel

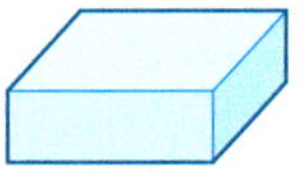
Quader

Dreiecksprisma

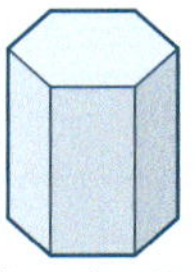
Sechseckprisma

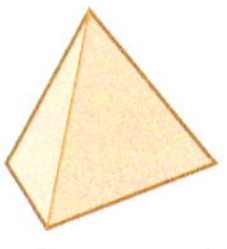
Dreieckspyramide

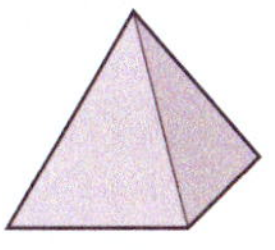
quadratische Pyramide

Zylinder

Kegel

Kugel

Netze

Würfel

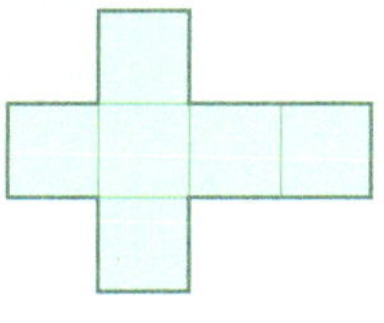

Quader

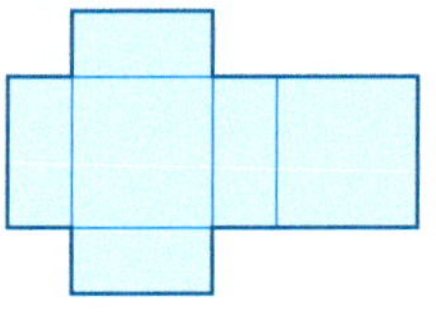

Schrägbild zeichnen

Zeiche das Schrägbild eines Würfels.

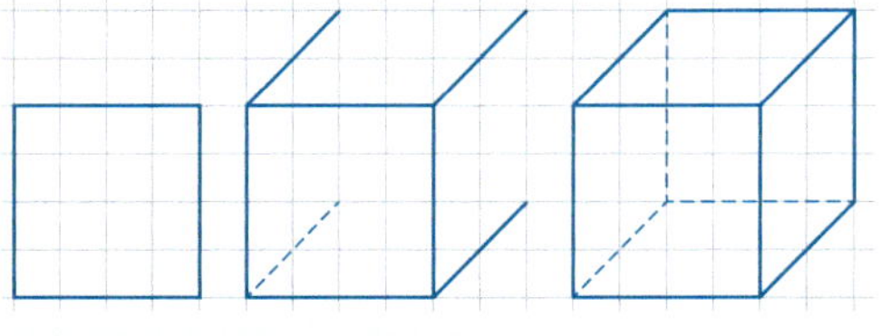

1. *Vorderfläche zeichnen.*
2. *Nach hinten laufende Kanten verkürzt zeichnen, die verdeckte Kante gestrichelt zeichnen. Für 1 cm jeweils 1 Kästchendiagonale.*
3. *Weitere Kanten ergänzen, verdeckte gestrichelt.*

1 Ecken, Kanten und Flächen

Gib für den Körper die Anzahl der Ecken, der Kanten und der Flächen an.

a) Würfel b) Dreiecksprisma
c) Quader d) quadratische Pyramide

2 Körperdetektiv

Welcher Körper ist gemeint?

a) Meine Seitenflächen bestehen nur aus Rechtecken.
b) Meine Seitenflächen bestehen aus zwei Dreiecken und drei Rechtecken.
c) Mein Kantenmodell hat 8 gleich lange Kanten und 5 Ecken.

3 Netze zeichnen

Zeichne ein Netz des Körpers.

a) Würfel b) Dreiecksprisma
c) Quader d) quadratische Pyramide

4 Passendes Quadernetz finden

Gib das passende Netz an.

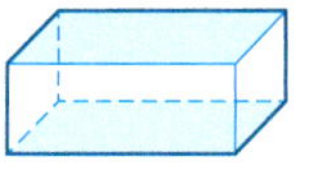

Ⓐ

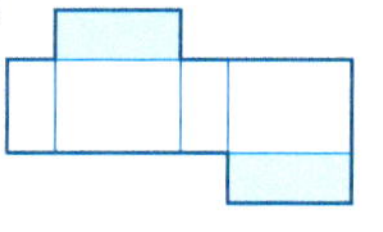

Ⓑ

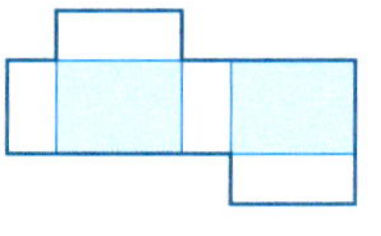

Ⓒ

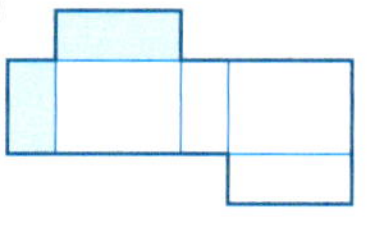

5 Schrägbilder zeichnen

a) Zeichne das Schrägbild eines Würfels mit der Kantenlänge 4 cm.
b) Zeichne das Schrägbild eines Quaders. Länge 5 cm, Breite 4 cm, Höhe 2 cm

6 Schrägbild eines Quaders

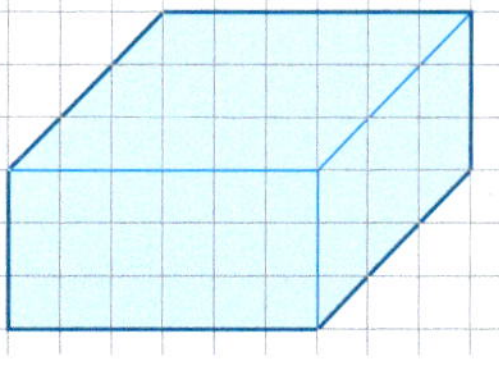

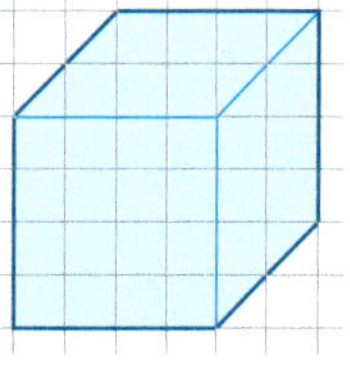

a) Ergänze die verdeckten Kanten in deinem Heft. Gib die Maße des Quaders an. 1 cm entspricht zwei Kästchen.
b) Bestimme für beide Quader die Länge des Drahts für ein Kantenmodell aus Draht.

Beschreiben in der Geometrie

Figuren beschreiben

Quadrat, Recheck, Dreieck, Raute, Trapez, Drachen, Kreis und zusammengesetzte Figuren

„Seiten"- „Ecken" - „aneinanderstoßende" - „senkrecht zueinander" - „gegenüberliegende" - „parallel" - „gleich lang" - „im rechten Winkel" - „achsensymmetrisch" - „punktsymmetrisch" - „Symmetrieachse" – „Symmetriezentrum"...

Einen Drachen beschreiben:

„Ein Drachen ist ein Viereck mit zwei Paaren gleich langer Seiten, die aneinanderstoßen. Die Diagonalen sind senkrecht zueinander und eine Diagonale wird durch die andere halbiert. Ein Drachen hat eine Symmetrieachse."

Geometrische Körper beschreiben

Würfel, Quader, Prisma, Pyramide, Zylinder, Kegel, Kugel und zusammengesetzte Körper

„Flächen" - „Rechteck" - „Dreieck" - „Kreis" - „gleich groß" - „aneinanderstoßende" - „gegenüberliegende" - „senkrecht zueinander" - „parallel" - „Kanten" - „Ecken" ...

Einen Quader beschreiben:

„Ein Quader hat 12 Kanten und 8 Ecken. Ein Quader hat 6 Flächen, die alle Rechtecke sind. Die aneinanderstoßenden Flächen stehen senkrecht zueinander. Gegenüberliegende Flächen sind gleich große Rechtecke."

Was passiert, wenn ...?

Umfang, Flächeninhalt, Volumen

„verdoppeln" - „halbieren" - „Seitenlänge" - „Doppelte" - „Hälfte" - „vervierfachen" - „wenn ..., dann ..." ...

Was passiert mit dem Umfang und dem Flächeninhalt eines Rechtecks, wenn die Seitenlängen verdoppelt werden?

„Wenn die Seiten verdoppelt werden, dann sind alle vier Seiten doppelt so lang. Da der Umfang die Summe der vier Seitenlängen ist, verdoppelt sich der ***Umfang*** *des Rechtecks."*

„Wenn die Seiten verdoppelt werden, dann sind die Länge und die Breite 2-mal so lang. Der ***Flächeninhalt*** *ist das Produkt aus Länge und Breite, damit ist er 4-mal so groß."*

1 Figuren beschreiben

Beschreibe die Figur.

a) Quadrat b) Parallelogramm
c) Raute d) symmetrisches Trapez

2 Vierecke im Koordinatensystem

Zeichne ein Koordinatensystem in dein Heft (1 Längeneinheit entspricht 1 cm) und trage die Punkte A(1|3), B(1|1), C(4|1), D(4|3), E(6|1), F(6|4) und G(4|6) ein.

a) Zeichne die Vierecke ABCD und DEFG.
b) Beschreibe, welche besonderen Vierecke entstanden sind.

3 Lage von Geraden

Beschreibe, wie die Geraden g und h zueinander liegen.

a) $g \parallel k$ und $k \parallel h$ b) $g \perp k$ und $k \parallel h$
c) $g \parallel k$ und $k \perp h$ d) $g \perp k$ und $k \perp h$

4 Geometrische Körper beschreiben

Beschreibe den Körper.

a) Würfel b) quadratische Pyramide
c) Zylinder d) Dreiecksprisma
e) Kegel f) Dreieckspyramide

5 Zusammengesetzte Körper

Beschreibe die Teilkörper.

a)

b)

6 Im Koordinatensystem

In einem Koordinatensystem sind die Eckpunkte einer Figur gegeben.
Was passiert mit der Figur, wenn ...

a) alle x-Koordinaten um 1 erhöht werden?
b) alle y-Koordinaten um 1 erhöht werden?
c) alle x-Koordinaten und alle y-Koordinaten jeweils um 1 erhöht werden?

7 Umfang eines Dreiecks

In einem Dreieck werden alle drei Seitenlängen halbiert.
Wie verändert sich der Umfang des Dreiecks? Begründe.

Mathematische Symbole und Sprechweisen

Zahlen

Symbol	Sprechweise
1000	*„tausend“*
1 000 000	*„eine Million“*
1 000 000 000	*„eine Billion“*
2,34	*„zwei Komma drei vier"*
$0,\overline{3}$	*„null Komma Periode drei“*
$0,1\overline{6}$	*„null Komma eins Periode sechs“*
$\frac{2}{3}$	*„zwei Drittel“*
$1\frac{2}{5}$	*„ein zwei Fünftel“*

Mathematische Schreib- und Sprechweisen

Symbol	Beispiel	Sprechweise
+	8 + 4	*„**addiere** 8 **und** 4“* *„**addiere** 4 **zu** 8“* *„**zu** 8 **addiere** 4“;* *„bilde die **Summe aus** 8 und 4“*
–	7 – 2	*„**subtrahiere** 2 **von** 7“* *„**von** 7 **subtrahiere** 2“;* *„bilde die **Differenz aus** 7 und 2“*
·	5 · 6	*„**multipliziere** 5 **mit** 6“* *„**multipliziere** 5 und 6“;* *„bilde das **Produkt aus** 5 und 6"*
:	9 : 3	*„**dividiere** 9 **durch** 3“* *„bilde den **Quotienten aus** 9 und 3“*
<	7 < 19	*„7 ist **kleiner** als 19.“*
>	2 > 1	*„2 ist **größer** als 1.“*
=	6 = 2 · 3	*„6 ist **gleich** 2 mal 3.“*
≈	197 ≈ 200	*„197 ist **ungefähr** 200.“*
$\square^5$	$2^5 = 32$	*„2 **hoch** 5 ist 32.“*
$\square^2$	$3^2 = 9$	*„3 zum **Quadrat** ist 9.“*
{…}	{1, 4, 9}	*„Die **Menge** besteht aus 1, 4 und 9.“*
$T_{\square}$	$T_6 = \{1, 2, 3, 6\}$	*„Die **Teilermenge** von 6 besteht aus 1, 2, 3 und 6.“*
ggT	ggT (8, 12) = 4	*„Der **größte gemeinsame Teiler** von 8 und 12 ist 4.“*
$(\square)_2$	$(1\,0\,1)_2$	*„eins-null-eins im **Zweiersystem**“*
%	10 %	*„10 **Prozent**“*
$\bar{x}$	$\bar{x} = 3$	*„Das **arithmetische Mittel** ist 3.“*

Griechisches Alphabet

α	β	γ	δ, Δ	ε	ζ	η	θ, ϑ
„Alpha““	*„Beta“*	*„Gamma“*	*„Delta“*	*„Epsilon*	*„Zeta“*	*„Eta“*	*„Theta“*
ι	κ	λ	μ	ν	ξ	ο	π
„Iota“	*„Kappa“*	*„Lambda“*	*„Mü*	*„Nü*	*„Xi“*	*„Omikron“*	*„Pi“*
ρ	σ, Σ	τ	υ	φ, Φ	χ	ψ	ω, Ω
„Rho“	*„Sigma“*	*„Tau“*	*„Ypsilon“*	*„Phi“*	*„Chi*	*„Psi“*	*„Omega“*

Geometrie

Symbol	Beispiel	Sprechweise
P	P(3|4)	*„der **Punkt** P mit den Koordinaten 3 und 4“*
AB	g = AB	*„**Gerade** g durch A und B“*
$\overline{AB}$	a = $\overline{AB}$	*„**Strecke** a von A nach B“*
|AB|	|AB| = 4 cm	*„Die Strecke $\overline{AB}$ ist 4 cm lang.“*
∥	g ∥ h	*„g ist **parallel** zu h.“ oder „Die Geraden g und h sind parallel zueinander.“*
⊥	g ⊥ h	*„g ist **senkrecht** zu h.“ oder „g ist **orthogonal** zu h.“ oder „Die Geraden g und h sind orthogonal zueinander.“ oder „Die Geraden g und h stehen senkrecht aufeinander.“*
ABC	Dreieck ABC	*„das Dreieck mit den Eckpunkten A, B und C“*
ABCD	Viereck ABCD	*„das Viereck mit den Eckpunkten A, B, C und D“*
a, b, …	a = 5 cm	*„Die Seitenlänge von a ist 5 cm lang.“*
u	u = 12 cm	*„Der **Umfang** ist 12 cm.“*
A	A = 2 cm²	*„Der **Flächeninhalt** ist 2 cm².“*
O	O = 24 cm²	*„Der **Oberflächeninhalt** ist 24 cm².“*
V	V = 8 cm³	*„Das **Volumen** ist 8 cm³.“ oder „Der **Rauminhalt** ist 8 cm³.“*
▪°	γ = 105°	*„Gamma gleich 105 Grad" oder „Die Winkelgröße von Gamma beträgt 105 Grad.“ oder „Der Winkel Gamma ist 105 Grad groß.“*
	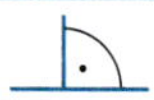	*„rechter Winkel“*

Masseneinheiten und ihre Umrechnungen

Die Umrechnungszahl für Masseneinheiten ist 1000.

Symbol	Beispiel	Sprechweise
mg	1 mg = 0,001 g	*„Ein Milligramm ist ein Tausendstel Gramm.“*
g	1 g = 1000 mg	*„Ein Gramm ist 1000 Milligramm.“*
kg	1 kg = 1000 g	*„Ein Kilogramm ist 1000 Gramm.“*
t	1 t = 1000 kg	*„Eine Tonne ist 1000 Kilogramm.“*

Zeiteinheiten und ihre Umrechnungen

Symbol	Beispiel	Sprechweise
ms	1 ms = 0,001 s	*„Ein Millisekunde ist eine Tausendstel Sekunde.“*
s	1 s = 1000 ms	*„Eine Sekunde ist 1000 Millisekunden lang.“*
min	1 min = 60 s	*„Eine Minute ist 60 Sekunden lang.“*
h	1 h = 60 min	*„Eine Stunde ist 60 Minuten lang.“*
d	1 d = 24 h	*„Ein Tag ist 24 Stunden lang.“*
m	1 m = 30 d	*„Ein Monat hat 30 Tage.“* Info: Banken rechnen für jeden Monat 30 Tage.
a	1 a = 12 m	*„Ein Jahr hat 12 Monate.“*

Längeneinheiten und ihre Umrechnungen

Die Umrechnungszahlen für Längeneinheiten sind 10 und 1000.

Symbol	Beispiel	Sprechweise
mm	1 mm	*„ein Millimeter“*
cm	1 cm = 10 mm	*„Ein Zentimeter ist zehn Millimeter lang.“*
dm	1 dm = 10 cm	*„Ein Dezimeter ist zehn Zentimeter lang.“*
m	1 m = 10 dm	*„Ein Meter ist zehn Dezimeter lang.“*
km	1000 m = 1 km	*„Ein Kilometer ist 1000 Meter lang.“*
m in cm	1 m = 100 cm	*„Ein Meter ist 100 Zentimeter lang.“*
m in mm	1 m = 1000 mm	*„Ein Meter ist 1000 Millimeter lang.“*

Flächeneinheiten und ihre Umrechnungen

Die Umrechnungszahl für Flächeneinheiten ist 1000.

Symbol	Beispiel	Sprechweise
mm^2	1 mm^2	*„ein Quadratmillimeter“*
cm^2	1 cm^2 = 100 mm^2	*„Ein Quadratzentimeter ist 100 Quadratmillimeter groß.“*
dm^2	1 dm^2 = 100 cm^2	*„Ein Quadratdezimeter ist 100 Quadratzentimeter groß.“*
m^2	1 m^2 = 100 dm^2	*„Ein Quadratmeter ist 100 Quadratdezimeter groß.“*
a	1 a = 100 m^2	*„Ein Ar ist 100 Quadratmeter groß.“*
ha	1 ha = 100 a	*„Ein Hektar ist 100 Ar groß.“*
km^2	1 km^2 = 100 ha	*„Ein Quadratkilometer ist 100 Hektar groß.“*
m^2 in cm^2	1 m^2 = 10 000 cm^2	*„Ein Quadratmeter ist 10 000 Quadratzentimeter groß.“*
ha in m^2	1 ha = 10 000 m^2	*„Ein Hektar ist 10 000 Quadratmeter groß.“* Tipp: Ein Hektar ist 100 Meter mal 100 Meter.
km^2 in m^2	1 km^2 = 1 000 000 m^2	*„Ein Quadratkilometer ist eine Million Quadratmeter groß.“* Tipp: Ein Quadratkilometer ist 1000 Meter mal 1000 Meter.

Volumeneinheiten und ihre Umrechnungen

Die Umrechnungszahl für Volumeneinheiten ist 1000.

Symbol	Beispiel	Sprechweise
mm^3	1 mm^3	*„ein Kubikmillimeter“*
cm^3	1 cm^3 = 1000 mm^3	*„Ein Kubikzentimeter ist 1000 Kubikmillimeter groß.“*
dm^3	1 dm^3 = 1000 cm^3	*„Ein Kubikdezimeter ist 1000 Kubikzentimeter groß.“*
m^3	1 m^3 = 1000 dm^3	*„Ein Kubikmeter ist 1000 Kubikdezimeter groß.“* Tipp: Ein Kubikmeter ist 1 Meter mal 1 Meter mal 1 Meter.
ml in cm^3	1 ml = 1 cm^3	*„ein Milliliter“*
l in ml	1 l = 1000 ml	*„Ein Liter entspricht 1000 Millilitern.“*
l in cm^3	1 l = 1000 cm^3	*„Ein Liter entspricht 1000 Kubikzentimetern.“*
l in dm^3	1 l = 1 dm^3	*„Ein Liter entspricht einem Kubikdezimeter.“*
m^3 in l	1 m^3 = 1000 l	*„Ein Kubikmeter entspricht 1000 Litern.“*
km^3 in m^3	1 km^3 = 1 000 000 000 m^3	*„Ein Kubikkilometer ist eine Billion Kubikmeter groß.“* Tipp: Ein Kubikkilometer ist 1000 Meter mal 1000 Meter mal 1000 Meter.

1 Brüche

Lösungen zu Seite 11

5 a) Das Ganze in 9 gleich große Teile teilen und 7 Teile davon nehmen. Bruch: $\frac{7}{9}$

b) Das Ganze in 8 gleich große Teile teilen und 3 Teile davon nehmen. Bruch: $\frac{3}{8}$

c) Das Ganze in 4 gleich große Teile teilen und 3 Teile davon nehmen. Bruch: $\frac{3}{4}$

d) Das Ganze in 8 gleich große Teile teilen und 4 Teile davon nehmen. Bruch: $\frac{4}{8}$

Lösungen zu Seite 12

10 a) $\frac{10}{12}$ b) $\frac{4}{9}$ c) $\frac{5}{9}$ d) $\frac{2}{3}$

11 a)
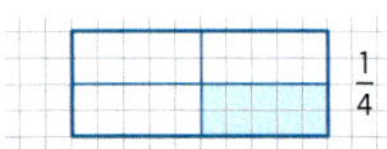

b)
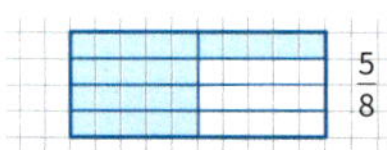

c)
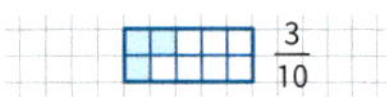

d)
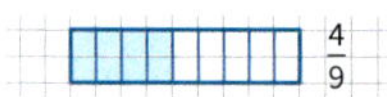

12 a) Es wurden für den Nenner nur die weißen Teile gezählt und nicht alle Teile. Der richtige Bruch ist $\frac{3}{8}$.

b) Die oberen beiden und der Teil unten links müssen jeweils noch genau in der Mitte geteilt werden. Der richtige Bruch ist dann $\frac{5}{8}$.

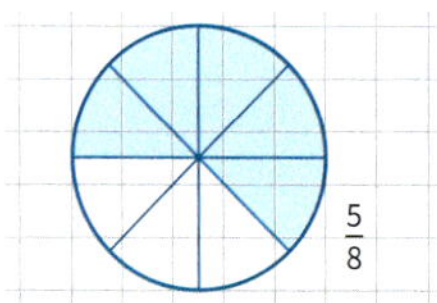

c) Die Stücke sind nicht gleich groß, z. B. so passt die Darstellung zum Bruch $\frac{2}{3}$:

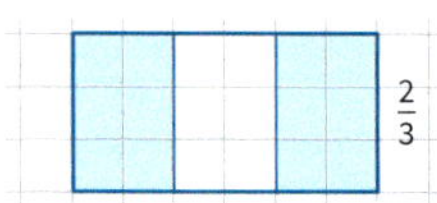

d) Der Anteil $\frac{5}{8}$ ist richtig dargestellt. Im Bild fehlt aber noch eine Aufteilungslinie.

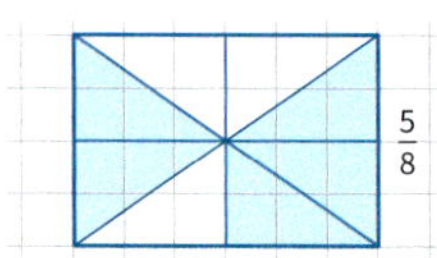

Lösungen zu Seite 13

18

Farbe	Bruch	Anzahl der Kästchen
rot	$\frac{1}{4}$	7
gelb	$\frac{1}{14}$	2
blau	$\frac{1}{2}$	14
grün	$\mathbf{\frac{5}{28}}$	**5**

19 a)
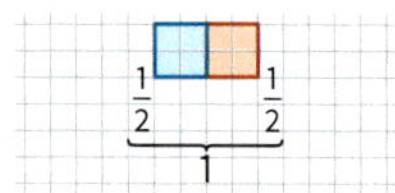

b)
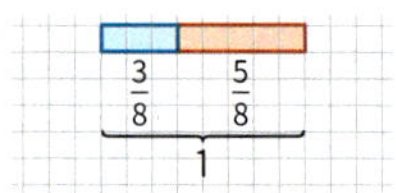

c)
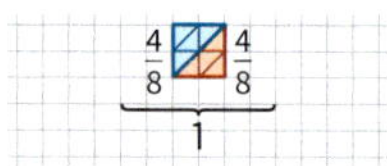

d)
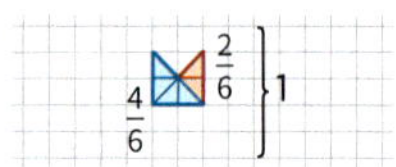

e)
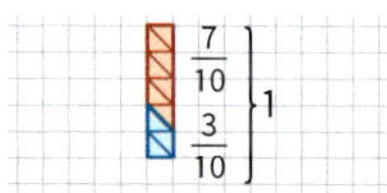

f)
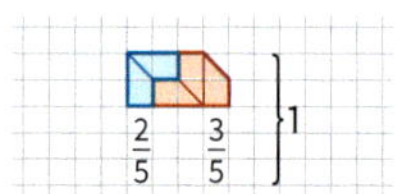

Lösungen zu Seite 16

5 a) $\frac{4}{6}$, gleichwertige Brüche: $\frac{2}{3}, \frac{8}{12}, \frac{12}{18}$

b) $\frac{8}{20}$, gleichwertige Brüche: $\frac{2}{5}, \frac{4}{10}, \frac{16}{40}$

c) $\frac{4}{10}$, gleichwertige Brüche: $\frac{2}{5}, \frac{8}{20}, \frac{16}{40}$

d) $\frac{12}{16}$, gleichwertige Brüche: $\frac{3}{4}, \frac{6}{8}, \frac{9}{12}$

6 a)
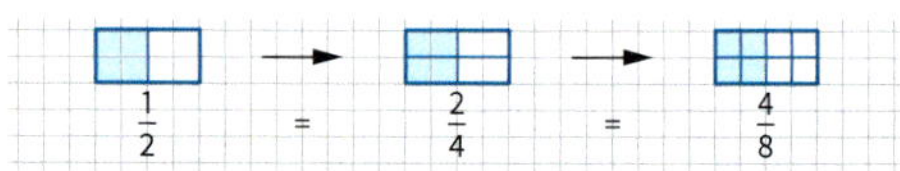

b)
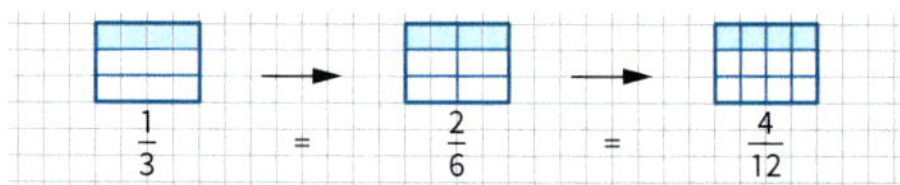

c)
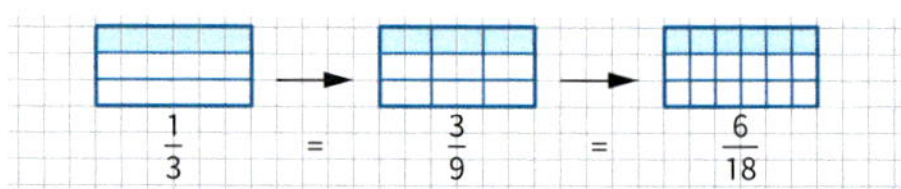

d)
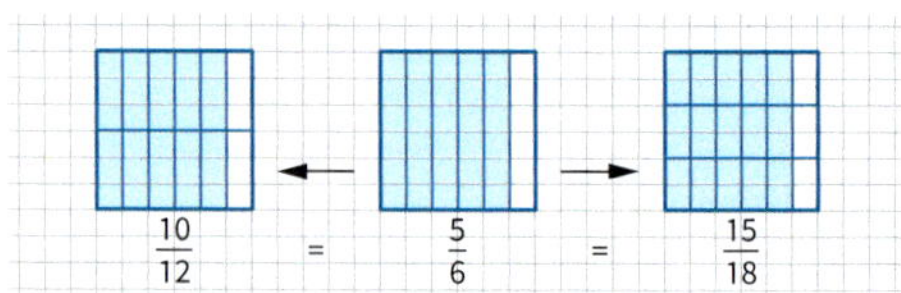

Lösungen zu Seite 17

13 a) $\frac{12}{14} = \frac{\mathbf{6}}{7}$, gekürzt mit 2
b) $\frac{9}{18} = \frac{\mathbf{1}}{2}$, gekürzt mit 9
c) $\frac{3}{8} = \frac{15}{\mathbf{40}}$, erweitert mit 5
d) $\frac{21}{24} = \frac{7}{\mathbf{8}}$, gekürzt mit 3
e) Fehler, Primzahl 7 nicht mehr kürzbar
f) $\frac{9}{\mathbf{13}} = \frac{63}{91}$, erweitert mit 7
g) Fehler, nicht auf Primzahl 17 erweiterbar
h) $\frac{9}{11} = \frac{\mathbf{99}}{121}$, erweitert mit 11

14 a) $\frac{4}{10} = \frac{2}{5}$, gekürzt mit 2; $\frac{5}{11}$, nicht kürzbar;
$\frac{6}{12} = \frac{1}{2}$, gekürzt mit 6; $\frac{16}{22} = \frac{8}{11}$, gekürzt mit 2;
$\frac{17}{23}$, nicht kürzbar; $\frac{18}{24} = \frac{3}{4}$, gekürzt mit 6;
$\frac{9}{33} = \frac{3}{11}$, gekürzt mit 3; $\frac{10}{43}$, nicht kürzbar
b) Man kann den Bruch $\frac{210}{420}$ zum Beispiel mit den Zahlen 3, 7 und 10 kürzen.
Erst mit 10 kürzen, dann mit 7, dann mit 3:
$\frac{210}{420} = \frac{21}{42} = \frac{3}{6} = \frac{1}{2}$
Erst mit 3, dann mit 7, dann mit 10:
$\frac{210}{420} = \frac{70}{140} = \frac{10}{20} = \frac{1}{2}$
Das Kürzen ergibt dasselbe, da insgesamt mit der Zahl $3 \cdot 7 \cdot 10 = 210$ gekürzt wird.

Lösungen zu Seite 19

3 a) $\frac{1}{3} = \frac{2}{6} < \frac{3}{6}$ b) $\frac{2}{4} = \frac{4}{8}$
c) $\frac{3}{4} = \frac{6}{8} < \frac{7}{8}$ d) $\frac{4}{5} = \frac{8}{10} > \frac{6}{10}$
e) $\frac{2}{3} = \frac{10}{15}$, $\frac{3}{5} = \frac{9}{15}$, also: $\frac{2}{3} > \frac{3}{5}$
f) $\frac{2}{3} = \frac{16}{24}$ und $\frac{5}{8} = \frac{15}{24}$, also $\frac{2}{3} > \frac{5}{8}$
g) $\frac{3}{4} = \frac{15}{20}$ und $\frac{7}{10} = \frac{14}{20}$, also $\frac{3}{4} > \frac{7}{10}$
h) $\frac{4}{5} = \frac{32}{40}$ und $\frac{7}{8} = \frac{35}{40}$, also $\frac{4}{5} < \frac{7}{8}$
i) $\frac{5}{11} = \frac{25}{55}$ und $\frac{2}{5} = \frac{22}{55}$, also $\frac{5}{11} > \frac{2}{5}$
j) $\frac{4}{5} > \frac{1}{2}$ und $\frac{6}{12} = \frac{1}{2}$, also $\frac{4}{5} > \frac{6}{12}$
k) $\frac{1}{3} = \frac{7}{21}$ und $\frac{3}{7} = \frac{9}{21}$, also $\frac{1}{3} < \frac{3}{7}$
l) $\frac{3}{5} = \frac{30}{50}$ (erweitert mit 10)

Lösungen zu Seite 20

9 a) $\frac{2}{9} < \frac{1}{4} < \frac{1}{3} < \frac{8}{9}$ b) $\frac{3}{8} < \frac{1}{2} < \frac{3}{4} < \frac{7}{8}$
c) $\frac{5}{9} < \frac{5}{8} < \frac{6}{9} < \frac{7}{10}$ d) $\frac{3}{20} < \frac{6}{28} < \frac{7}{14} < \frac{11}{12}$

10 Die Nachricht ist falsch, denn $\frac{1}{8}$ ist größer als $\frac{1}{10}$. Heute vergessen demnach mehr Kinder in der Klassenstufe 6 ihre Hausaufgaben als im Jahr 2010.

Lösungen zu Seite 20

14 Anteil der Regentage bei Tim: $\frac{4}{14} = \frac{20}{70}$
Anteil der Regentage bei Tobias: $\frac{3}{10} = \frac{21}{70}$
$\frac{20}{70} < \frac{21}{70}$, also $\frac{4}{14} < \frac{3}{10}$
Der Anteil der Regentage im Urlaub von Tobias war also höher. Tim hatte etwas besseres Wetter.

15 a) $\frac{1}{8} < \frac{1}{2} < \frac{5}{9}$ b) $\frac{3}{5} < \frac{11}{12} < \frac{15}{15}$
c) $\frac{9}{21} < \frac{13}{28} < \frac{7}{14}$ d) $\frac{13}{30} < \frac{11}{25} < \frac{7}{15}$

Lösungen zu Seite 21

3 a) Die 8 passt 1-mal in die 14, der Rest ist 6.
Das ergibt 1 Ganzes und $\frac{6}{8}$.
$\frac{14}{8} = \frac{8}{8} + \frac{6}{8} = 1\frac{6}{8} = 1\frac{3}{4}$
b) 5 Ganze als Fünftel sind $\frac{25}{5}$.
$\frac{25}{5}$ und $\frac{3}{5}$ ergeben zusammen $\frac{28}{5}$.
$5\frac{3}{5} = 5 + \frac{3}{5} = \frac{25}{5} + \frac{3}{5} = \frac{28}{5}$.
c) Die 6 passt 4-mal in die 24, der Rest ist 1.
Das ergibt 4 Ganze und $\frac{1}{6}$.
$\frac{25}{6} = \frac{24}{6} + \frac{1}{6} = 4\frac{1}{6}$
d) 7 Ganze als Siebtel sind $\frac{49}{7}$.
$\frac{49}{7}$ und $\frac{1}{7}$ ergeben zusammen $\frac{50}{7}$
$7\frac{1}{7} = 7 + \frac{1}{7} = \frac{49}{7} + \frac{1}{7} = \frac{50}{7}$.
e) Die 3 passt 6-mal in die 18, ohne Rest.
Das ergibt 6 Ganze: $\frac{18}{3} = 6$.
f) $12\frac{4}{8} = 12\frac{1}{2}$
12 Ganze als Halbe sind $\frac{24}{2}$.
$\frac{24}{2}$ und $\frac{1}{2}$ ergeben zusammen $\frac{25}{2}$.
$12\frac{4}{8} = 12\frac{1}{2} = \frac{24}{2} + \frac{1}{2} = \frac{25}{2}$
g) Die 2 passt 6-mal in die 13, der Rest ist 1.
Das ergibt 6 Ganze und $\frac{1}{2}$.
$\frac{13}{2} = \frac{12}{6} + \frac{1}{6} = 6\frac{1}{2}$
h) Die 7 passt 5-mal in die 41, der Rest ist 6.
Das ergibt 5 Ganze und $\frac{6}{7}$.
$\frac{41}{7} = \frac{35}{7} + \frac{6}{6} = 5\frac{6}{7}$

Lösungen zu Seite 23

5 a) A: $\frac{2}{3}$, B: $3\frac{1}{3}$, C: $2\frac{1}{6}$

b) A: $1\frac{1}{2}$, B: $2\frac{1}{2}$, C: $3\frac{1}{4}$

c) A: $\frac{1}{2}$, B: $1\frac{1}{2}$, C: $1\frac{1}{4}$

6 $\frac{1}{4} < \frac{7}{8} < \frac{17}{8} < \frac{30}{8} = \frac{15}{4} < \frac{9}{2} < \frac{19}{4}$

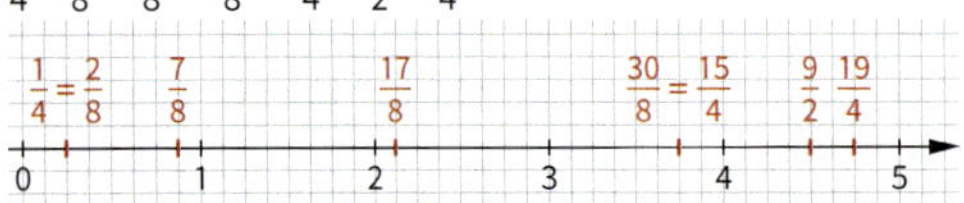

Lösungen zu Seite 23

9 a) $\frac{2}{7}$ b) $\frac{3}{14}$ c) $\frac{3}{20}$

d) $\frac{7}{8}$ e) $\frac{5}{12}$ f) $\frac{3}{3} = 1$

Lösungen zu Seite 25

5 a) $5 \cdot \frac{3}{7} = \frac{5 \cdot 3}{7} = \frac{15}{7} = 2\frac{1}{7}$ b) $\frac{2}{9} : 4 = \frac{2}{4 \cdot 9} = \frac{2}{36} = \frac{1}{18}$

c) $27 \cdot \frac{2}{9} = \frac{27 \cdot 2}{9} = \frac{54}{9} = 6$ d) $\frac{4}{5} : 2 = \frac{4 : 2}{5} = \frac{2}{5}$

e) $\frac{5}{144} \cdot 12 = \frac{5 \cdot 12}{144} = \frac{60}{144} = \frac{5}{12}$ f) $\frac{28}{79} : 7 = \frac{28 : 7}{79} = \frac{4}{79}$

6 a) $\frac{1}{4} : 2 = \frac{1}{4 \cdot 2} = \frac{1}{8}$ b) $3 \cdot \frac{2}{8} = \frac{3 \cdot 2}{8} = \frac{6}{8} = \frac{3}{4}$

c) $\frac{3}{4} : 3 = \frac{1}{4}$

Lösungen zu Seite 25

8 a) $\frac{12}{20} : 8 = \frac{\overset{3}{\cancel{12}}}{20 \cdot \underset{2}{\cancel{8}}} = \frac{3}{40}$ b) $4 \cdot \frac{3}{8} = \frac{\overset{1}{\cancel{4}} \cdot 3}{\underset{2}{\cancel{8}}} = \frac{3}{2} = 1\frac{1}{2}$

c) $\frac{9}{17} : 3 = \frac{9 : 3}{17} = \frac{3}{17}$ oder $\frac{9}{17} : 3 = \frac{\overset{3}{\cancel{9}}}{17 \cdot \underset{1}{\cancel{3}}} = \frac{3}{17}$

d) $8 \cdot \frac{3}{6} = \frac{\overset{4}{\cancel{8}} \cdot 3}{\underset{3}{\cancel{6}}} = \frac{4 \cdot \overset{1}{\cancel{3}}}{\underset{1}{\cancel{3}}} = 4$

e) $14 \cdot \frac{17}{49} = \frac{\overset{2}{\cancel{14}} \cdot 17}{\underset{7}{\cancel{49}}} = \frac{34}{7} = 4\frac{6}{7}$

f) $\frac{64}{33} : 16 = \frac{64 : 16}{33} = \frac{4}{33}$ oder $\frac{64}{33} : 16 = \frac{\overset{4}{\cancel{64}}}{33 \cdot \underset{1}{\cancel{16}}} = \frac{4}{33}$

Lösungen zu Seite 27

3

Bruch	$\frac{1}{10}$	$\frac{3}{5}$	$\frac{4}{5}$	$\frac{17}{20}$	$\frac{1}{5}$
Prozent	10 %	**60 %**	80 %	**85 %**	20 %

Bruch	$\frac{3}{4}$	$\frac{3}{100}$	$\frac{15}{25}$	**1**	$\frac{150}{200}$
Prozent	**75 %**	3 %	**60 %**	100 %	**75 %**

Lösungen zu Seite 27

8 SC Jagst: $\frac{120}{500} = \frac{24}{100} = 24\,\%$

SC Enz: $\frac{7}{25} = \frac{28}{100} = 28\,\%$

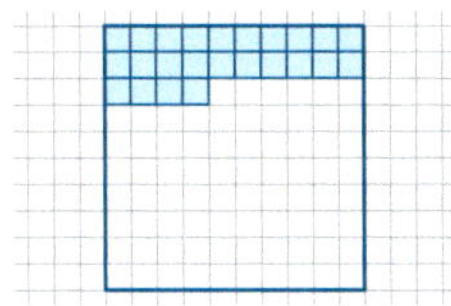

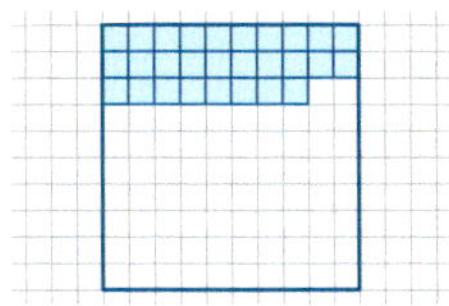

Der Anteil der Mädchen beim SC Enz ist größer als beim SC Jagst.

Lösungen zu Seite 29

7 a) Hundertstel b) Zehntel

c) Zehntel d) Hundertstel

e) Tausendstel f) Einer

8 a) $\frac{9}{1000}$ b) 0,027 c) $\frac{407}{100} = 4\frac{7}{100}$

d) 3,19 e) $\frac{71}{1000}$ f) 1,056

Lösungen zu Seite 31

8 a) Teile die Strecke in $6 + 2 = 8$ gleich lange Abschnitte.
Jeder Abschnitt ist also $8\,cm : 8 = 1\,cm$ lang.

Strecken: 6 cm und 2 cm
Anteile: $\frac{6}{8} = \frac{3}{4}$ und $\frac{2}{8} = \frac{1}{4}$.

b) Teile die Strecke in $3 + 5 = 8$ gleich lange Abschnitte.
Jeder Abschnitt ist also $8\,cm : 8 = 1\,cm$ lang.

Strecken: 3 cm und 5 cm
Anteile: $\frac{3}{8}$ und $\frac{5}{8}$.

c) Teile die Strecke in $3 + 1 = 4$ gleich lange Abschnitte.
Jeder Abschnitt ist also $8\,cm : 4 = 2\,cm$ lang.

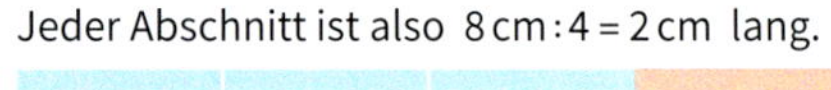

Strecken: 6 cm und 2 cm
Anteile: $\frac{3}{4}$ und $\frac{1}{4}$.

d) Teile die Strecke in $1 + 7 = 8$ gleich lange Abschnitte.
Jeder Abschnitt ist also $8\,cm : 8 = 1\,cm$ lang.

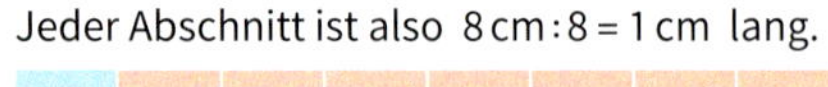

Strecken: 1 cm und 7 cm
Anteile: $\frac{1}{8}$ und $\frac{7}{8}$.

e) Teile die Strecke in $9 + 3 = 12$ gleich lange Abschnitte.
Jeder Abschnitt ist also $8\,cm : 12 = \frac{2}{3}\,cm$ lang.
Streckenlängen
$9 \cdot \frac{2}{3}\,cm = 6\,cm$ und $3 \cdot \frac{2}{3}\,cm = 2\,cm$

Anteile: $\frac{9}{12} = \frac{3}{4}$ und $\frac{3}{12} = \frac{1}{4}$

f) Teile die Strecke in $5 + 7 = 12$ gleich lange Abschnitte.
Jeder Abschnitt ist also $8\,cm : 12 = \frac{2}{3}\,cm$ lang.
Streckenlängen
$5 \cdot \frac{2}{3}\,cm = 3\frac{1}{3}\,cm$ und $7 \cdot \frac{2}{3}\,cm = 4\frac{2}{3}\,cm$

Anteile: $\frac{5}{12}$ und $\frac{7}{12}$

9 a) 1 zu 3, Anteil gelber Farbe: $\frac{3}{4}$
b) 1 zu 1, Anteil gelber Farbe: $\frac{1}{2}$
c) 2 zu 3, Anteil gelber Farbe: $\frac{3}{5}$

10 a) $2{,}5\,kg = 2500\,g$
Teile auf in $4 + 1 = 5$ Teile.
$2500\,g : 5 = 500\,g$
$4 \cdot 500\,g = 2000\,g$ stehen zu $1 \cdot 500\,g = 500\,g$ im Verhältnis 4 zu 1.
b) $4{,}2\,kg = 4200\,g$
Teile auf in $2 + 5 = 7$ Teile.
$4200\,g : 7 = 600\,g$
$2 \cdot 600\,g = 1200\,g$ stehen zu $5 \cdot 600\,g = 3000\,g$ im Verhältnis 2 zu 5.
c) $7{,}5\,t = 7500\,kg$
Teile auf in $2 + 1 = 3$ Teile.
$7500\,kg : 3 = 2500\,kg$
$2 \cdot 2500\,kg = 5000\,kg$ stehen zu $1 \cdot 2500\,kg = 2500\,kg$ im Verhältnis 2 zu 1.

Wiederholen für die Klassenarbeit

Lösungen zu Seite 36

1 Brüche bestimmen

	a)	b)	c)	d)	e)	f)
blau	$\frac{5}{6}$	$\frac{7}{20}$	$\frac{4}{7}$	$\frac{9}{17}$	$\frac{2}{4} = \frac{1}{2}$	$\frac{4}{8} = \frac{1}{2}$
weiß	$\frac{1}{6}$	$\frac{13}{20}$	60 %	$\frac{8}{17}$	$\frac{2}{4} = \frac{1}{2}$	$\frac{4}{8} = \frac{1}{2}$

2 Den Teller nicht leer gegessen
Britta: $\frac{3}{6} = \frac{12}{24}$
Marcel: $\frac{5}{8} = \frac{15}{24}$
Yvonne: $\frac{7}{12} = \frac{14}{24}$
Da $\frac{12}{24} < \frac{14}{24} < \frac{15}{24}$, folgt $\frac{3}{6} < \frac{7}{12} < \frac{5}{8}$. Also hat Marcel am meisten Pizza übriggelassen und Britta hat am wenigsten Pizza übriggelassen.

3 Rätselhafte Anteile

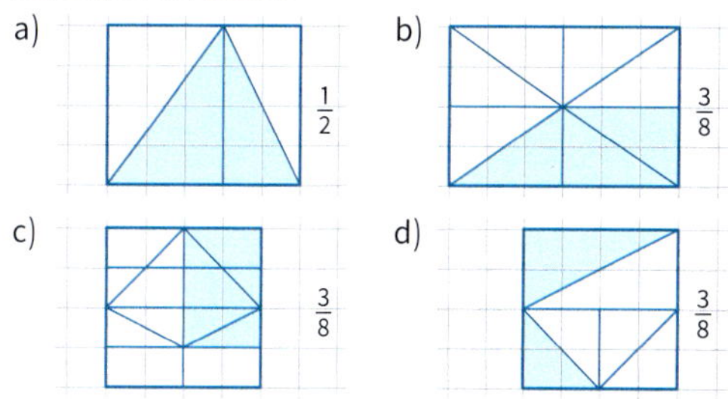

4 Brüche am Rechteck darstellen

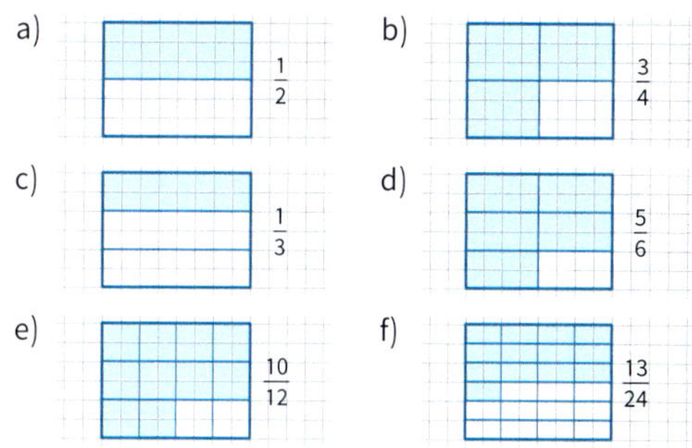

5 Von Färbungen zu Brüchen
a) $\frac{6}{12} = \frac{1}{2}$ b) $\frac{15}{24} = \frac{5}{8}$ c) $\frac{5}{28}$ d) $\frac{12}{40} = \frac{3}{10}$

6 Gekürzt
a) 6 b) 2 c) 4 d) 9
e) 25 f) 3 g) 17 h) 18
i) 3 j) 12 k) 19 l) 125

7 Unechte Brüche im Bild

$\frac{11}{6} = 1\frac{5}{6}$ b) $\frac{11}{4} = 2\frac{3}{4}$

8 Unechte Brüche

a) 5 Ganze sind $\frac{10}{2}$, dann noch $\frac{1}{2}$ dazu,
also: $5 + \frac{1}{2} = \frac{10}{2} + \frac{1}{2} = \frac{11}{2}$

b) 3 Ganze sind $\frac{9}{3}$, dann noch $\frac{2}{3}$ dazu,
also: $3 + \frac{2}{3} = \frac{9}{3} + \frac{2}{3} = \frac{11}{3}$

c) 14 Ganze sind $\frac{28}{2}$, dann noch $\frac{1}{2}$ dazu,
also: $14 + \frac{1}{2} = \frac{28}{2} + \frac{1}{2} = \frac{29}{2}$

d) 7 Ganze sind $\frac{63}{9}$, dann noch $\frac{5}{9}$ dazu,
also: $7 + \frac{5}{9} = \frac{63}{9} + \frac{5}{9} = \frac{68}{9}$

e) 15 Ganze sind $\frac{150}{10}$, dann noch $\frac{1}{10}$ dazu,
also: $15 + \frac{1}{10} = \frac{150}{10} + \frac{1}{10} = \frac{151}{10}$

f) 8 Ganze sind $\frac{56}{7}$, dann noch $\frac{3}{7}$ dazu,
also: $8 + \frac{3}{7} = \frac{56}{7} + \frac{3}{7} = \frac{59}{7}$

Lösungen zu Seite 37

9 Gemischte Schreibweise

a) 5 passt 2-mal in 12, übrig bleiben $\frac{2}{5}$,
also: $\frac{12}{5} = 2 + \frac{2}{5} = 2\frac{2}{5}$

b) 4 passt 3-mal in 13, übrig bleibt $\frac{1}{4}$,
also: $\frac{13}{4} = 3 + \frac{1}{4} = 3\frac{1}{4}$

c) 23 passt 2-mal in 55, übrig bleiben $\frac{9}{23}$,
also: $\frac{55}{23} = 2 + \frac{9}{23} = 2\frac{9}{23}$

d) 10 passt 100-mal in 1001, übrig bleiben $\frac{1}{10}$,
also: $\frac{1001}{10} = 100 + \frac{1}{10} = 100\frac{1}{10}$

e) 56 passt 3-mal in 219, übrig bleiben $\frac{51}{56}$,
also: $\frac{219}{56} = 3 + \frac{51}{56} = 3\frac{51}{56}$

f) 17 passt 3-mal in 51, ohne Rest,
also: $\frac{51}{17} = 3$

10 Vollständig kürzen

a) $\frac{3}{5}$, gekürzt mit 6 b) $\frac{1}{5}$, gekürzt mit 15

c) $\frac{2}{5}$, gekürzt mit 18 d) $\frac{4}{1} = 4$, gekürzt mit 48

e) $1\frac{2}{3}$, gekürzt mit 14 f) $\frac{13}{14}$, gekürzt mit 3

11 Geschickt vergleichen durch Argumente

a) $\frac{2}{3} > \frac{2}{5}$, weil bei gleichem Zähler der Bruch mit dem kleineren Nenner den größeren Wert hat.

b) $\frac{5}{6} > \frac{4}{6}$, weil bei gleichem Nenner der Bruch mit dem größeren Zähler den größeren Wert hat.

c) $\frac{2}{3} = \frac{6}{9}$, weil mit 3 erweitert wurde.

d) $\frac{4}{5} > \frac{4}{6}$, weil bei gleichem Zähler der Bruch mit dem kleineren Nenner den größeren Wert hat

e) $\frac{3}{5} > \frac{2}{7}$, weil $\frac{3}{5} > \frac{1}{2}$ und $\frac{2}{7} < \frac{1}{2}$.

f) $\frac{8}{9} < \frac{9}{8}$, weil $\frac{8}{9} < 1$ und $\frac{9}{8} > 1$.

12 Gemeinsamer Nenner oder geschickt begründen

a) $\frac{5}{6} > \frac{4}{6} = \frac{2}{3}$, also ist $\frac{5}{6}$ der größere Bruch.

b) $\frac{2}{9} = \frac{12}{54} > \frac{9}{54} = \frac{1}{6}$, also ist $\frac{2}{9}$ der größere Bruch.

c) $\frac{5}{8} > \frac{4}{8} = \frac{1}{2}$, also ist $\frac{5}{8}$ der größere Bruch.

d) $\frac{5}{6} > \frac{5}{9}$, weil bei gleichem Zähler der Bruch mit dem kleineren Nenner den größeren Wert hat

e) $2\frac{1}{3} > 1\frac{1}{3}$, $2\frac{1}{3}$ ist um ein Ganzes größer als $1\frac{1}{3}$.

f) $\frac{7}{30} = \frac{21}{90} < \frac{22}{90} = \frac{11}{45}$, also ist $\frac{11}{45}$ der größere Bruch.

g) $\frac{6}{5} > \frac{17}{18}$, weil $\frac{6}{5} > 1$ und $\frac{17}{18} < 1$.

h) $\frac{6}{21} = \frac{30}{105} > \frac{28}{105} = \frac{4}{15}$, also ist $\frac{6}{21}$ der größere Bruch.

13 Brüche ordnen

a) $1\frac{1}{5}$ ist der einzige Bruch, der größer als 1 ist und damit der größte Bruch. $\frac{3}{4}$ ist größer als $\frac{1}{2}$, $\frac{3}{10}$ ist kleiner als $\frac{1}{2}$. Also folgt: $\frac{3}{10} < \frac{1}{2} < \frac{3}{4} < 1\frac{1}{5}$

b) $\frac{5}{9}$ ist der einzige Bruch, der größer als $\frac{1}{2}$ ist und damit der größte Bruch. Die anderen Brüche auf den Nenner 36 erweitern:
$\frac{1}{4} = \frac{9}{36} < \frac{7}{18} = \frac{14}{36} < \frac{4}{9} = \frac{16}{36}$
Also folgt: $\frac{1}{4} < \frac{7}{18} < \frac{4}{9} < \frac{5}{9}$

c) $\frac{8}{7}$ und $\frac{5}{4}$ sind die einzigen Brüche, die jeweils um ein Teil größer sind als 1. Da $\frac{1}{4} > \frac{1}{7}$, ist $\frac{5}{4} > \frac{8}{7}$.
$\frac{7}{8}$ und $\frac{3}{4}$ sind jeweils um ein Teil kleiner als 1.
Da $\frac{1}{4} > \frac{1}{8}$, ist $\frac{7}{8} > \frac{3}{4}$.
Also folgt: $\frac{3}{4} < \frac{7}{8} < \frac{8}{7} < \frac{5}{4}$

d) $\frac{15}{6} = 2\frac{3}{6} > 2\frac{1}{6}$ und $\frac{19}{9} = 2\frac{1}{9}$.
Mit $\frac{1}{9} < \frac{1}{6}$ gilt: $\frac{19}{9} = 2\frac{1}{9} < 2\frac{1}{6} < \frac{15}{6}$

14 Anteil zum Ganzen ergänzen

a)  $\frac{3}{7}$

b)  $\frac{4}{6}$

c) 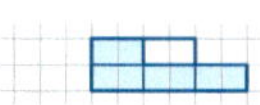 $\frac{4}{5}$

d)  $\frac{2}{3}$

15 Brüche auf dem Zahlenstrahl

a) A: $\frac{6}{8}=\frac{3}{4}$, B: $\frac{10}{8}=1\frac{2}{8}=1\frac{1}{4}$, C: $\frac{13}{8}=1\frac{5}{8}$

b) A: $\frac{4}{10}=\frac{2}{5}$, B: $\frac{9}{10}$, C: $\frac{12}{10}=1\frac{1}{5}$

16 Platz auf dem Zahlenstrahl finden

blau	orange	grün	lila	rot	schwarz
$\frac{2}{5}$	$\frac{17}{30}$	$\frac{13}{10}$	$\frac{14}{8}$, $\frac{16}{9}$	$\frac{25}{11}$, $\frac{29}{12}$	$\frac{29}{8}$

17 Zahlenstrahl zeichnen

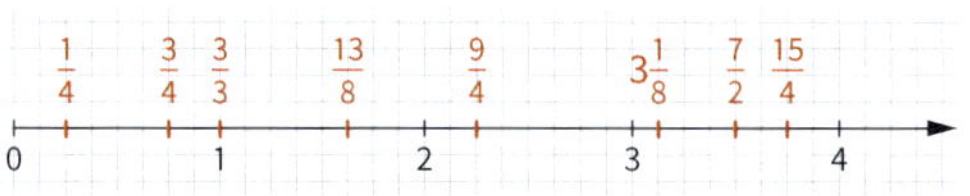

18 Platz zwischen zwei Brüchen finden

a) $\frac{4}{7}$, $\frac{1}{2}$ b) $\frac{17}{18}$, $\frac{33}{36}$ c) $\frac{399}{200}$, $\frac{797}{400}$ d) $\frac{17}{32}$, $\frac{33}{64}$

19 Zahl gesucht

a) $\frac{10}{12}=\frac{5}{6}$ b) $\frac{5}{2}=2\frac{1}{2}$ c) $\frac{4}{6}=\frac{2}{3}$ d) $\frac{5}{10}=\frac{1}{2}$

Lösungen zu Seite 38

20 Dichtheit

a) Die Aussage ist falsch, wie sich durch das Erweitern mit 2 zeigen lässt:
$\frac{30}{80}=\frac{60}{160}$, $\frac{31}{80}=\frac{62}{160}$
Der Bruch $\frac{61}{160}$ liegt genau in der Mitte.

b) Diese Aussage ist wahr. Durch Erweitern mit 3 findet man immer zwei Brüche zwischen den beiden Brüchen.

21 Adam und Eva erben

Eva erbt mehr, denn $\frac{7}{15}=\frac{28}{60}>\frac{27}{60}=\frac{9}{20}$.

Mögliche Begründung: Adam erbt $\frac{1}{20}$ weniger als die Hälfte des Vermögens. Eva erbt $\frac{7}{15}=\frac{14}{30}$, also $\frac{1}{30}$ weniger als die Hälfte des Vermögens. Da $\frac{1}{20}>\frac{1}{30}$, weicht Adams Erbe deutlicher von der Hälfte nach unten ab als das Erbe von Eva.

22 Tage mit Sonnenschein

Anteil der Tage mit Sonnenschein:

Michael: $\frac{7}{10}=\frac{49}{70}$

Ole: $\frac{3}{5}=\frac{42}{70}$

Jorin: $\frac{8}{14}=\frac{40}{70}$

Es gilt $\frac{49}{70}>\frac{42}{70}>\frac{40}{70}$, also $\frac{7}{10}>\frac{3}{5}>\frac{8}{14}$.
Also hatte Michael das beste Wetter, gefolgt von Ole und Jorin.

23 Vervielfachen und Teilen

a) $3\cdot\frac{5}{6}=\frac{\overset{1}{\cancel{3}}\cdot 5}{\underset{2}{\cancel{6}}}=\frac{5}{2}=2\frac{1}{2}$

b) $\frac{3}{4}\cdot 12=\frac{3\cdot\overset{3}{\cancel{12}}}{\underset{1}{\cancel{4}}}=\frac{9}{1}=9$

c) $\frac{6}{7}:2=\frac{6:2}{7}=\frac{3}{7}$

d) $\frac{6}{7}:7=\frac{6}{7\cdot 7}=\frac{6}{49}$

e) $\frac{7}{6}:6=\frac{7}{6\cdot 6}=\frac{7}{36}$

f) $\frac{5}{7}\cdot 28=\frac{5\cdot\overset{4}{\cancel{28}}}{\underset{1}{\cancel{7}}}=\frac{20}{1}=20$

g) $\frac{14}{3}:7=\frac{14:7}{3}=\frac{2}{3}$

h) $\frac{14}{3}:12=\frac{\overset{7}{\cancel{14}}}{3\cdot\underset{6}{\cancel{12}}}=\frac{7}{18}$

i) $9\cdot\frac{7}{3}=\frac{\overset{3}{\cancel{9}}\cdot 7}{\underset{1}{\cancel{3}}}=\frac{21}{1}=21$

j) $\frac{8}{9}:4=\frac{8:4}{9}=\frac{2}{9}$

k) $4\cdot 1\frac{1}{2}=4\cdot\frac{3}{2}=\frac{\overset{2}{\cancel{4}}\cdot 3}{\underset{1}{\cancel{2}}}=\frac{6}{1}=6$

l) $3\frac{1}{4}\cdot 8=\frac{13}{4}\cdot 8=\frac{13\cdot\overset{2}{\cancel{8}}}{\underset{1}{\cancel{4}}}=\frac{26}{1}=26$

24 Immer wenn

a) Wenn man den Nenner eines Bruches um 1 vergrößert, dann verkleinert sich der Wert des Bruchs.

b) Wenn man Zähler und Nenner eines Bruchs verdoppelt, dann erweitert man den Bruch mit 2 und der Wert des Bruchs bleibt gleich.

c) Wenn bei zwei Brüchen in gemischter Schreibweise die natürliche Zahl vor dem ersten Bruch größer ist als die natürliche Zahl vor dem zweiten Bruch, dann ist der erste Bruch größer als der zweite.

25 Brüche, Prozente und Dezimalzahlen

Bruchteil	$\frac{1}{4}$	$\mathbf{\frac{3}{10}}$	$\mathbf{\frac{9}{20}}$	$\mathbf{\frac{3}{4}}$
Prozentangabe	**25 %**	30 %	45 %	**75 %**
Dezimalzahl	0,25	**0,3**	**0,45**	0,75

Bruchteil	$\frac{3}{5}$	$\mathbf{\frac{1}{8}}$	$\frac{7}{20}$	$\mathbf{\frac{4}{5}}$
Prozentangabe	**60 %**	12,5 %	**35 %**	**80 %**
Dezimalzahl	**0,6**	**0,125**	**0,35**	0,8

26 Anteile in Prozent

a) $\frac{16}{25}=\frac{64}{100}=64\,\%$

b) $\frac{13}{20}=\frac{65}{100}=65\,\%$

c) $\frac{70}{200}=\frac{35}{100}=35\,\%$

d) $\frac{16}{40}=\frac{8}{20}=\frac{40}{100}=40\,\%$

27 Mischmasch aufräumen

- Größer als $\frac{1}{2}$:
  60% und $\frac{2}{3}$, wobei $\frac{2}{3} = \frac{20}{30} > \frac{60}{100} = \frac{3}{5} = \frac{18}{30}$
- Kleiner als $\frac{1}{2}$:
  $\frac{2}{5} = \frac{40}{100}$, $30\,\% = \frac{30}{100} = \frac{3}{10}$, $\frac{1}{4} = \frac{25}{100}$, $5\% = \frac{5}{100}$
  $\frac{3}{8} = \frac{30}{80}$ liegt zwischen $\frac{3}{10} = \frac{24}{80}$ und $\frac{2}{5} = \frac{32}{80}$

Damit folgt: $5\,\% < \frac{1}{4} < \frac{3}{10} = 30\,\% < \frac{3}{8} < \frac{2}{5} < 60\,\% < \frac{2}{3}$

28 Wahr oder falsch?

a) Wahr. Größerer Zähler bedeutet mehr Teile.

b) Wahr. Zu jedem Bruch gibt unendlich viele erweiterte Brüche.

c) Wahr. Prozentzahlen sind Brüche mit dem Nenner 100. $1\frac{1}{2} = \frac{3}{2} = \frac{150}{100} = 150\,\%$

d) Falsch. $33\,\% = \frac{33}{100} \neq \frac{33}{99} = \frac{1}{3}$.

29 Als Bruch schreiben

a) $\frac{3}{10}$ b) $\frac{25}{100} = \frac{1}{4}$ c) $\frac{1}{100}$

d) $\frac{1}{8}$ e) $\frac{37}{100}$ f) $\frac{28}{1000} = \frac{7}{250}$

g) $\frac{103}{100} = 1\frac{3}{100}$ h) $\frac{7}{100}$ i) $\frac{703}{1000}$

j) $\frac{6}{100} = \frac{3}{50}$ k) $\frac{15}{100} = \frac{3}{20}$ l) $\frac{123}{1000}$

Lösungen zu Seite 39

30 Als Dezimalzahl schreiben

a) 0,07 b) 0,103 c) 0,25

d) 0,38 e) 0,75 f) 2,031

31 In Prozent schreiben

a) 75 % b) 40 % c) 110 %

d) 90 % e) 51 % f) 60 %

32 Der alte Scheich und seine 17 Kamele

17 Kamele können nicht ohne Rest aufgeteilt werden, 18 aber schon.

Der älteste Sohn erhält $\frac{1}{2} \cdot 18 = \frac{\overset{9}{\cancel{18}}}{\underset{1}{\cancel{2}}} = 9$ Kamele.

Der mittlere Sohn erhält $\frac{1}{3} \cdot 18 = \frac{\overset{6}{\cancel{18}}}{\underset{1}{\cancel{3}}} = 6$ Kamele.

Der jüngste Sohn erhält $\frac{1}{9} \cdot 18 = \frac{\overset{2}{\cancel{18}}}{\underset{1}{\cancel{9}}} = 2$ Kamele.

Zusammen wurden also nur $9 + 6 + 2 = 17$ Kamele verteilt. Die Anteile zusammen ergeben nur $\frac{17}{18}$, also kein Ganzes. Daher war am Ende das Kamel des Derwischs übrig.

33 Kosten vor Gericht

Die Kosten sind in $3 + 4 = 7$ gleich große Teile aufzuteilen.

4438 € : 7 = 634 €

Frau Hahn muss $3 \cdot 634$ € = 1902 € und Herr Henne muss $4 \cdot 634$ € = 2536 € zahlen.

34 Strecken teilen

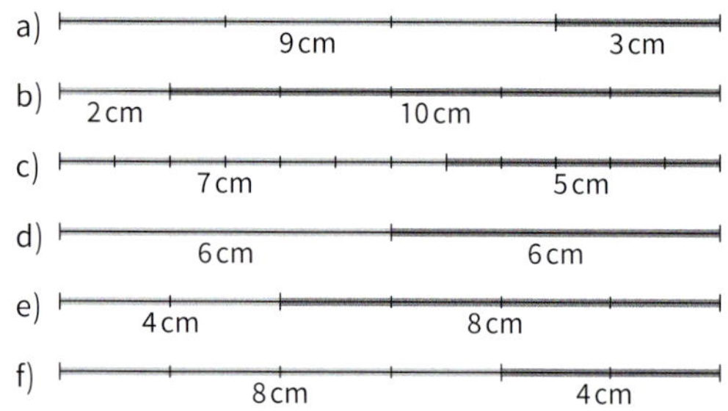

35 Mischungen

a) 3 zu 1; Anteil weiß: $\frac{3}{4}$, Anteil rot: $\frac{1}{4}$

b) 1 zu 16; Anteil Sirup: $\frac{1}{17}$, Anteil Wasser: $\frac{16}{17}$

c) 1 zu 25; Anteil Öl: $\frac{1}{26}$, Anteil Benzin: $\frac{25}{26}$

36 Lötzinn

Anteil Zinn: $\frac{3}{10}$ Anteil Blei: $\frac{7}{10}$

Teile die 60 g Lötzinn in $3 + 7 = 10$ gleich große Teile:

60 g : 10 = 6 g

Zinn: $3 \cdot 6$ g = 18 g Blei: $7 \cdot 6$ g = 42 g

37 Mürbeteig

Teile die 1,8 kg Teig in $1 + 2 + 3 = 6$ gleich große Teile: 1,8 kg : 6 = 300 g

Zucker hat einen Anteil von $\frac{1}{6}$, das sind $300\,\text{g} \cdot 1 = 300\,\text{g}$.

Butter hat einen Anteil von $\frac{2}{6} = \frac{1}{3}$, das sind $300\,\text{g} \cdot 2 = 600\,\text{g}$.

Mehl hat einen Anteil von $\frac{3}{6} = \frac{1}{2}$, das sind $300\,\text{g} \cdot 3 = 900\,\text{g}$.

38 Brüche in der Musik

Zusammen müssen die Notenwerte des Viervierteltaktes $\frac{4}{4} = 1$ ergeben. Insgesamt ergeben die Notenwerte $\frac{7}{8}$, es fehlt also noch $\frac{1}{8}$.

2 Kreise und Winkel

Lösungen zu Seite 43

5

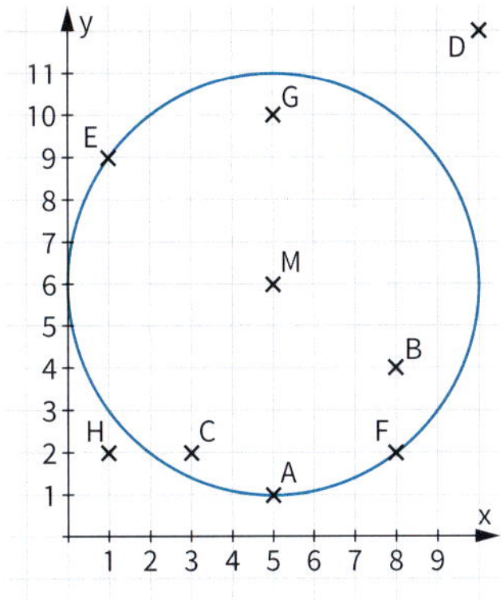

auf dem Kreis: A, E, F
innerhalb: B, C, G
außerhalb: D, H

6 a)

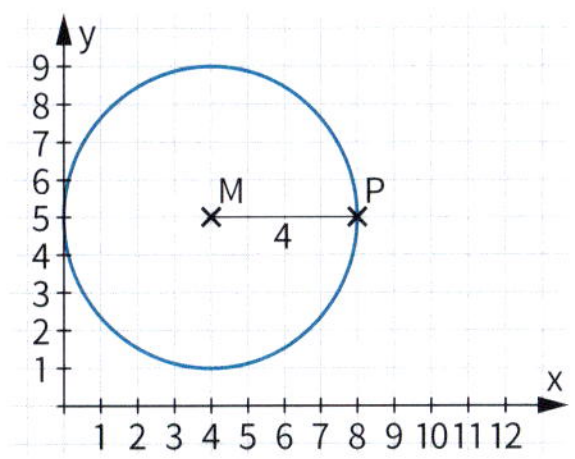

b)

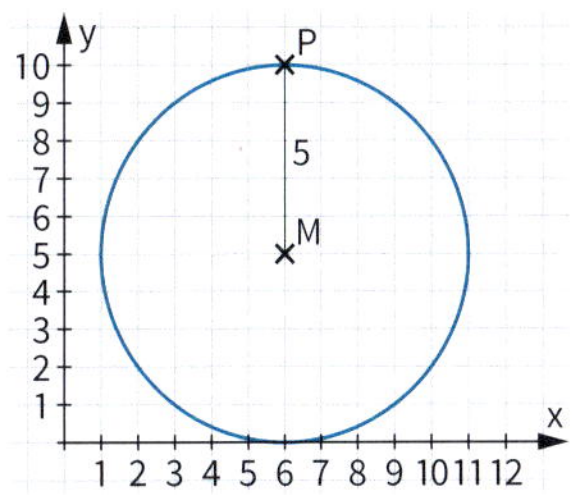

c)

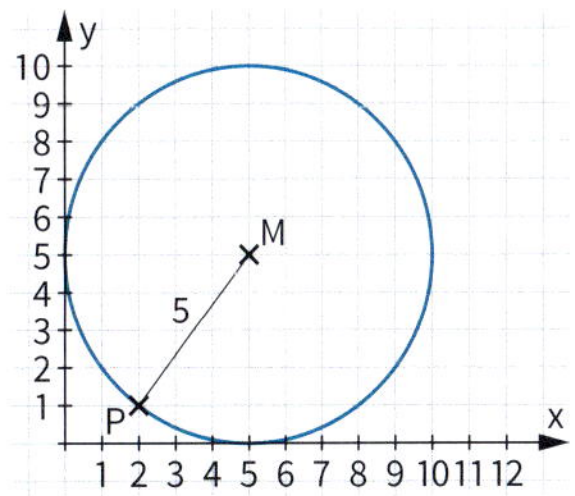

d)

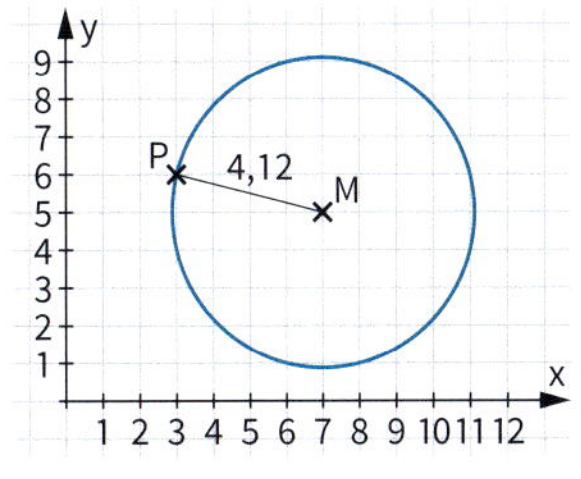

Lösungen zu Seite 45

4

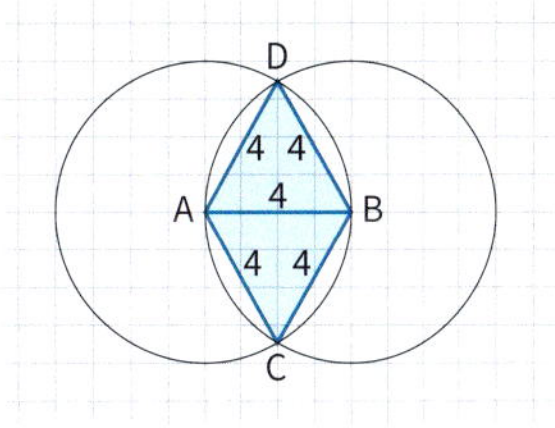

Beide Dreiecke sind gleichseitig.

Lösungen zu Seite 47

5 Ein Schenkel des Neigungswinkels ist eine Dachschräge, der andere Schenkel ist die Oberkante des Hauses.
Der Dachneigungswinkel ist ein spitzer Winkel; der Winkel an der Spitze ist ein stumpfer Winkel.

Lösungen zu Seite 49

5 a)

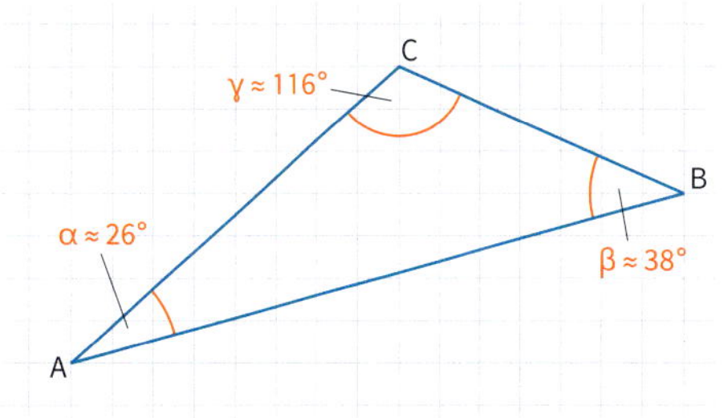

Alle Winkel sind auf ganze Grad gerundet.
α und β sind spitze Winkel, γ ist ein stumpfer Winkel.

b)

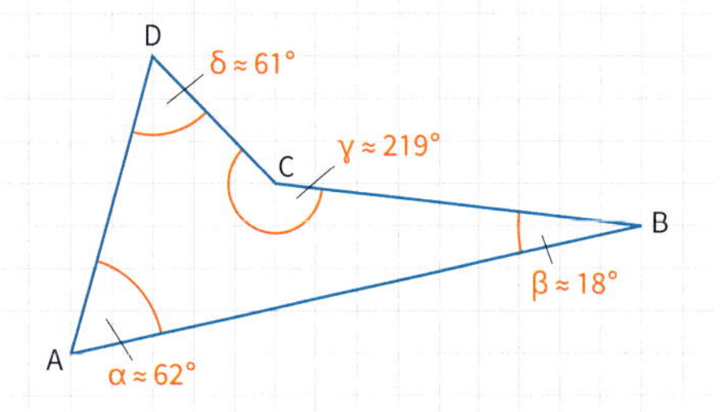

Alle Winkel sind auf ganze Grad gerundet.
α, β und γ sind spitze Winkel, δ ist ein überstumpfer Winkel.

Lösungen zu Seite 51

8 a)
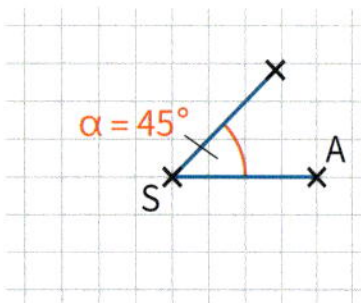

spitzer Winkel

b)
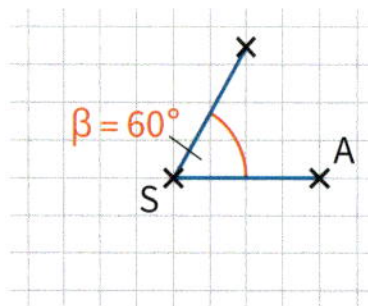

spitzer Winkel

c)
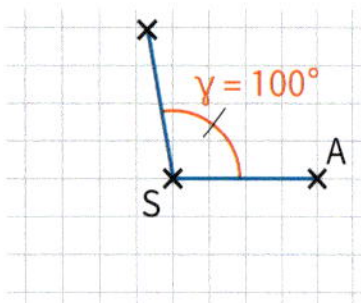

stumpfer Winkel

d)
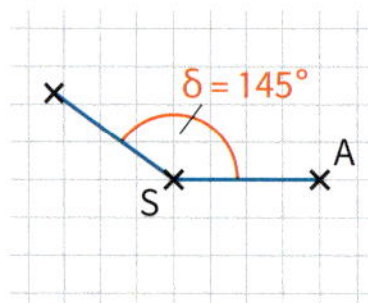

stumpfer Winkel

e)
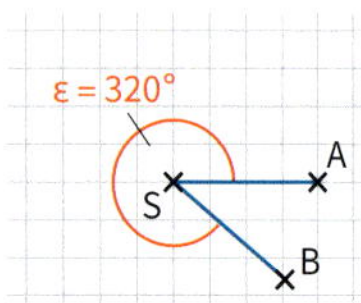

überstumpfer Winkel

9 a)
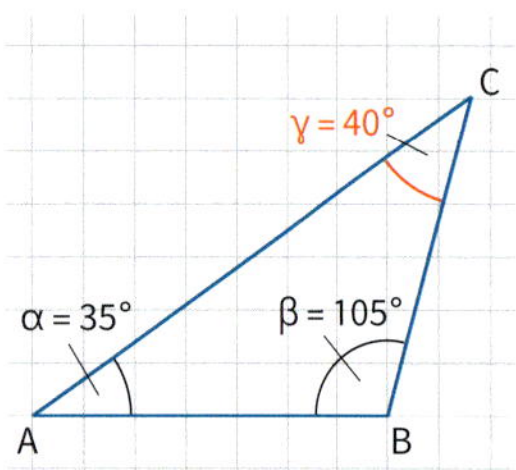

b)
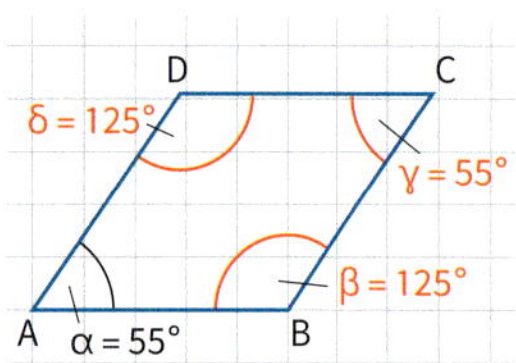

Wiederholen für die Klassenarbeit

Lösungen zu Seite 53

1 **Kreise zeichnen**

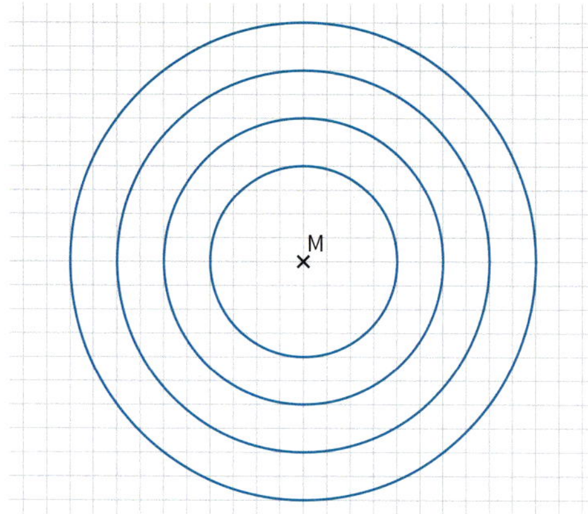

2 **Kreis im Koordinatensystem**

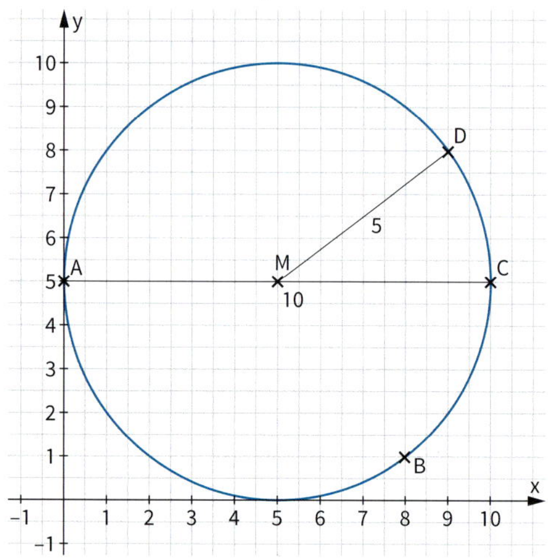

M(5|5), r = 5

3 **Winkel zeichnen**

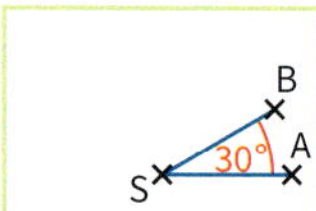	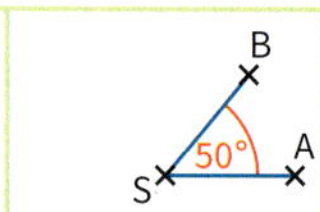	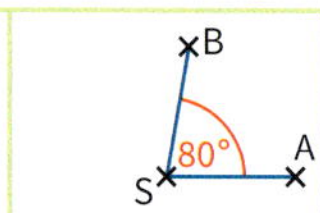
spitzer Winkel	spitzer Winkel	spitzer Winkel
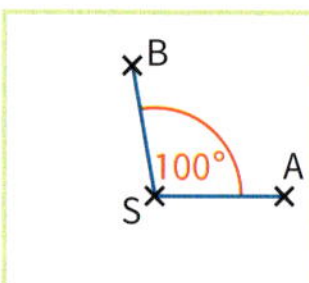	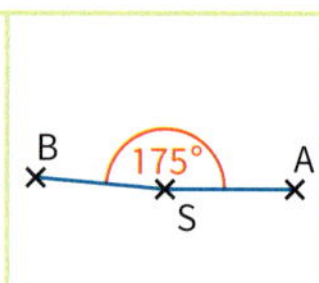	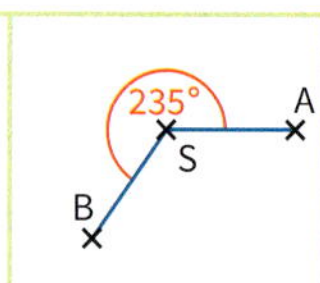
stumpfer Winkel	stumpfer Winkel	überstumpfer Winkel

4 Kreismuster mit gleichseitigen Dreiecken

Die Konstruktion des gleichseitigen Dreiecks wird jeweils vorausgesetzt. Man kann sie im Buch auf S. 44 nachlesen.

a)

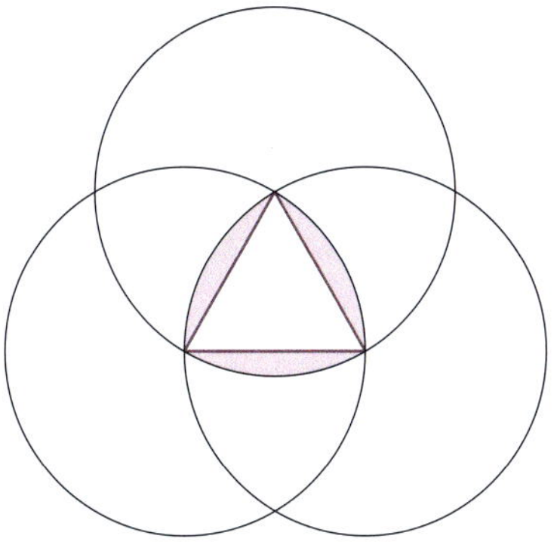

Konstruktionsschritt

Zeichne einen Kreis um jeden Eckpunkt. Der Radius des Kreises ist die Seitenlänge des Dreiecks.

Begründung

Die Kreisinie verläuft jeweils durch zwei Eckpunkte.

b)

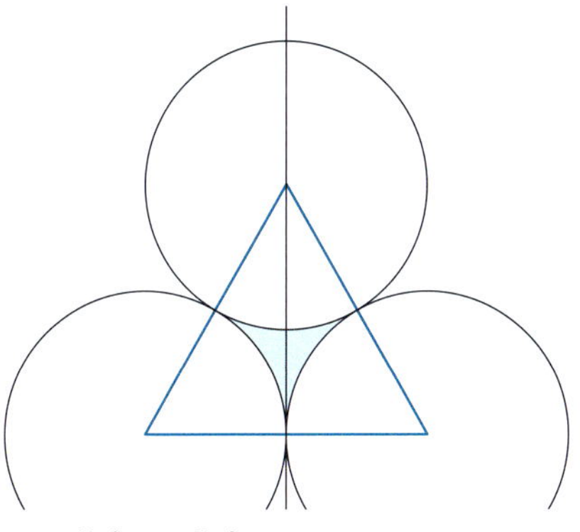

Konstruktionsschritt

Zeichne eine zu einer Seite des Dreiecks senkrechte Gerade durch einen Eckpunkt.

Begründung

Der Schnittpunkt dieser Gerade mit der Seite markiert die Seitenmitte.

Konstruktionsschritt

Zeichne einen Kreis mit der Hälfte einer Seitenlänge als Radius um jeden der Eckpunkte. Die Zirkeleinstellung ergibt sich aus dem Abstand von Seitenmitte und Eckpunkt.

Begründung

Weil jede Seite gleich lang ist, lässt sich so das Musters vervollständigen.

c)

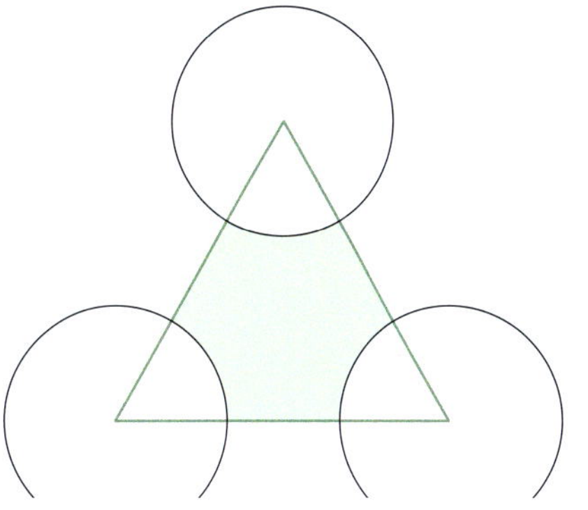

Konstruktionsschritt

Zeichne um jeden der Eckpunkte einen Kreis mit einem Radius, der deutlich kleiner ist als eine Seitenlänge, z. B. Radius 1 cm, wenn die Seitenlänge 3 cm beträgt.

Begründung

Die Kreise dürften sich für dieses Muster nicht schneiden.

d)

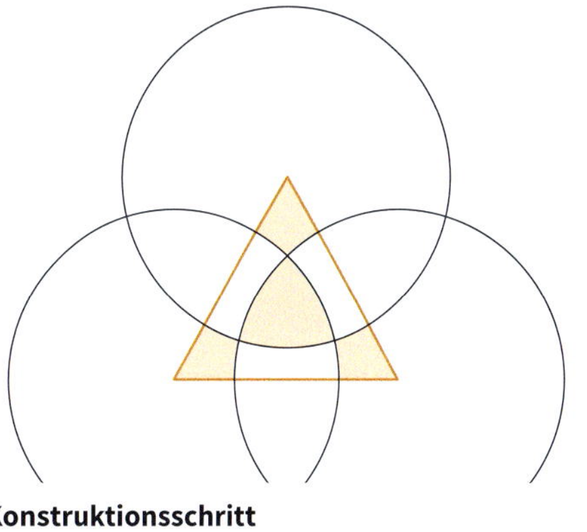

Konstruktionsschritt

Zeichne um jeden der Eckpunkte einen Kreis mit einem Radius, der zwar kleiner ist als der einer Seitenlänge, aber bereits in der Nähe liegt. Insbesondere muss dieser größer als die Hälfte einer Seitenlänge sein, z. B. Radius 2,2 cm, wenn die Seitenlänge 3 cm beträgt.

Begründung

Die Kreise müssen sich an drei Stellen im Inneren des Dreiecks schneiden.

5 Winkel in Vierecken

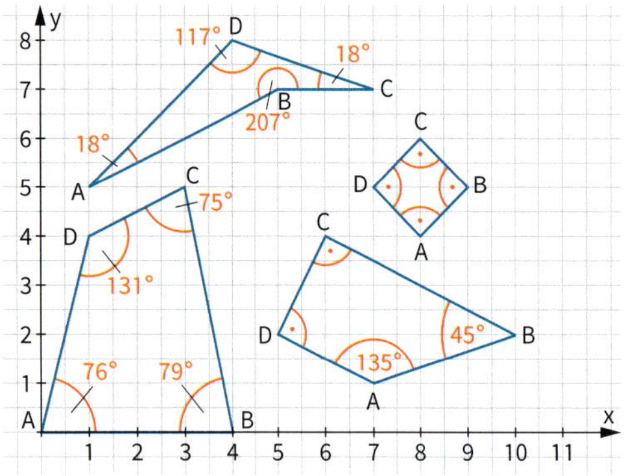

Alle Winkel sind auf ganze Grad gerundet, daher kann die Winkelsumme größer als 360° sein.

6 Uhrzeiger

a) 15:00 Uhr: 90° (360° : 4) und 270° (360° − 90°)

5:00 Uhr: 150° (180° − 30°) und 210° (360° − 150°)

b) Der kleine Zeiger steht in der Mitte zwischen 4 und 5 und der große Zeiger zeigt auf 6. Also 30° + 15° = 45°

c) 10:30 Uhr: $4 \cdot 30° + 15° = 135°$ und 225°

1:30 Uhr: $4 \cdot 30° + 15° = 135°$ und 225°

d) 2:00 Uhr, 10:00 Uhr

7 Pizzateilung

Anzahl gleich großer Stücke	Winkelgröße eines Stücks
2	360° : 2 = 180°
3	360° : 3 = 120°
4	360° : 4 = 90°
5	360° : 5 = 72°
6	360° : 6 = 60°
8	360° : 8 = 45°
10	360° : 10 = 36°

8 Winkelsituationen

a)

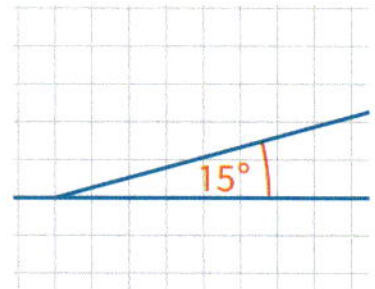

b)

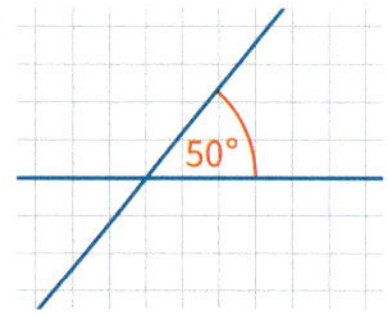

c)

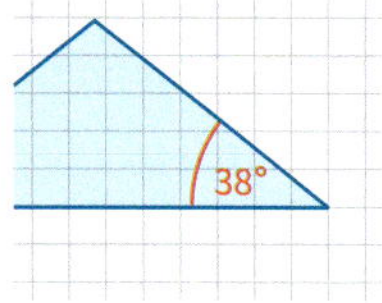

9 Winkelgrößen bestimmen

a) $\alpha + \beta + \gamma = 180°$

$\gamma = 180° - (85° + 50°) = 45°$

b) $\alpha + \beta = \gamma$

$\beta = 80° - 30° = 50°$

c) $\alpha + \beta + \delta = \gamma$

$\delta = 115° - 35° - 40° = 40°$

3 Rechnen mit Brüchen

Lösungen zu Seite 57

8 a) $\frac{3}{8}$ b) $\frac{1}{4}$ c) $\frac{7}{6}$
d) $\frac{7}{3}$ e) $\frac{11}{12}$ f) $\frac{1}{9}$

9 a) $\frac{8}{12}=\frac{2}{3}$ b) $\frac{10}{9}$ c) $\frac{13}{30}$
d) $\frac{33}{700}$ e) $\frac{51}{175}$ f) $\frac{2}{35}$

Lösungen zu Seite 58

15 a) $\frac{13}{40}$ kg b) $\frac{3}{8}$ km c) $\frac{5}{4}$ cm d) $24\frac{1}{2}\,m^2$

16 $\frac{5}{6}\,kg-\frac{1}{9}\,kg=\frac{15}{18}\,kg-\frac{2}{18}\,kg=\frac{13}{18}\,kg$
Omi hat $\frac{13}{18}$ kg Kartoffeln gekauft.

Lösungen zu Seite 59

20 a) 6 b) $2\frac{3}{8}$ c) $2\frac{3}{4}$
d) $8\frac{2}{9}$ e) $3\frac{3}{4}$ f) $5\frac{3}{4}$
g) $2\frac{3}{5}$ h) $2\frac{2}{5}$ i) $1\frac{4}{9}$
j) $\frac{5}{8}$ k) $\frac{1}{4}$ l) $\frac{4}{9}$

Lösungen zu Seite 60

4 2 Personen: Jede erhält 2 l Saft.
3 Personen: Jede erhält $\frac{4}{3}$ l Saft.
4 Personen: Jede erhält 1 l Saft.
5 Personen: Jede erhält $\frac{4}{5}$ l = 0,8 l Saft.
6 Personen: Jede erhält $\frac{2}{3}$ l Saft.

Lösungen zu Seite 61

11 a) $\frac{4}{5}$ m = 8 dm
b) $\frac{8}{3}$ h = $2\frac{2}{3}$ h = 160 min
c) $\frac{24}{10}\,m^2=2\frac{4}{10}\,m^2=240\,dm^2$
d) $\frac{27}{50}$ kg = 540 g

Lösungen zu Seite 63

9 a) 390 Kinder; 75 % b) 90 Hasen; 60 %
c) 196 Fische; 35 % d) 18 Katzen; 60 %

10 a) 55 b) 27 c) $\frac{36}{5}$ d) $\frac{3}{2}$
e) $\frac{15}{11}$ f) $\frac{15}{8}$ g) $\frac{10}{3}$

Lösungen zu Seite 65

7 Erst $\frac{5}{7}:3=\frac{5}{21}$, dann $\frac{5}{21}\cdot 2=\frac{10}{21}$, insgesamt $\frac{5}{7}\cdot\frac{2}{3}=\frac{10}{21}$

8 a) $30\cdot\frac{2}{3}=20$ $20\cdot\frac{3}{5}=12$
12 Mädchen kommen mit dem Bus zur Schule.
b) $\frac{2}{3}\cdot\frac{3}{5}=\frac{2}{5}$
$\frac{2}{5}$ der Klasse 6 a sind Mädchen, die mit dem Bus zur Schule kommen.

9 a) $\frac{1}{9}$ b) $\frac{6}{5}$ c) 1
d) 1 e) $\frac{10}{9}$ f) $\frac{2}{3}$

Lösungen zu Seite 66

15 a) $\frac{21}{8}$ b) $\frac{3}{2}$ c) $\frac{4}{3}$
d) $\frac{3}{2}$ e) $\frac{25}{8}$ f) 14

16 a) $A=4\,m^2$ b) $A=\frac{3}{2}\,cm^2$
c) $A=2\,cm^2$ d) $A=\frac{5}{3}\,m^2$

Lösungen zu Seite 68

6 a) 3 b) 12 c) $\frac{8}{7}$
d) $\frac{2}{3}$ e) $\frac{1}{10}$ f) 15

Lösungen zu Seite 68

10 a) $b=\frac{9}{7}$ cm b) $b=\frac{8}{5}$ cm
c) $a=1\frac{1}{2}$ cm d) $a=\frac{3}{4}$ cm

11 a) $\mathbf{\frac{2}{7}}:\frac{8}{21}=\frac{3}{4}$ b) $\frac{5}{6}:\mathbf{\frac{10}{3}}=\frac{1}{4}$
c) $\frac{3}{14}:\frac{12}{\mathbf{14}}=\frac{1}{4}$ d) $3:\mathbf{\frac{1}{5}}=15$

Lösungen zu Seite 69

19 a) 0 b) $\frac{14}{15}$ c) 0
d) 0 e) nicht möglich f) 7

20 Immer wenn der Divisor größer als 1 ist, ist der Quotient (das Ergebnis) kleiner als der Dividend.
a) Quotient ist größer als der Dividend
b) Quotient ist kleiner als der Dividend
c) Quotient ist größer als der Dividend.
d) Quotient ist größer als der Dividend.
e) Quotient ist kleiner als der Dividend.
f) Quotient ist größer als der Dividend.

21 $\frac{12}{5}\,l:\frac{3}{20}\,l=16$
Es können noch 16 Cocktails gemischt werden.

Lösungen zu Seite 73

8 a) $\frac{1}{10}+\frac{7}{10}+\frac{1}{15}=\frac{4}{5}+\frac{1}{15}=\frac{13}{15}$

b) $\frac{1}{16}+\frac{7}{24}+\frac{11}{24}=\frac{1}{16}+\frac{3}{4}=\frac{13}{16}$

c) $5\frac{1}{2}+1\frac{1}{4}+\frac{1}{7}+\frac{6}{7}=6\frac{3}{4}+\frac{7}{7}=7\frac{3}{4}$

d) $\frac{8}{9}\cdot\frac{27}{32}\cdot\frac{7}{12}\cdot\frac{6}{7}=\frac{3}{4}\cdot\frac{1}{2}=\frac{3}{8}$

e) $\frac{11}{4}\cdot\frac{8}{11}\cdot\frac{12}{15}\cdot\frac{5}{4}=2\cdot\frac{3}{3}=2$

9 a) $\frac{3}{4}\cdot\frac{5}{7}+\frac{3}{4}\cdot\frac{2}{7}=\frac{3}{4}\cdot\left(\frac{5}{7}+\frac{2}{7}\right)=\frac{3}{4}$

b) $5\cdot\frac{2}{3}+\frac{2}{15}\cdot 5=\frac{10}{3}+\frac{2}{3}=4$

c) $\left(\frac{5}{2}+\frac{5}{4}\right)\cdot\frac{4}{15}=\frac{15}{4}\cdot\frac{4}{15}=1$

d) $\frac{4}{9}\cdot\left(\frac{3}{8}+\frac{9}{24}\right)=\frac{4}{9}\cdot\frac{3}{8}+\frac{4}{9}\cdot\frac{9}{24}=\frac{1}{6}+\frac{1}{6}=\frac{1}{3}$

e) $\left(\frac{3}{4}-\frac{3}{8}\right):\frac{9}{8}=\left(\frac{3}{4}-\frac{3}{8}\right)\cdot\frac{8}{9}=\frac{3}{8}\cdot\frac{8}{9}=\frac{1}{3}$

Lösungen zu Seite 74

12 $1\frac{1}{4}\,\text{kg}+12\cdot\left(1\frac{1}{2}\,\text{kg}+\frac{1}{6}\,\text{kg}\right)=1\frac{1}{4}\,\text{kg}+12\cdot\frac{5}{3}\,\text{kg}$

$=1\frac{1}{4}\,\text{kg}+20\,\text{kg}=21\frac{1}{4}\,\text{kg}$

Der Kasten wiegt mit vollen Flaschen $21\frac{1}{4}$ kg.

Lösungen zu Seite 75

18 a) $\left(\frac{2}{3}+\frac{3}{4}\right)\cdot 24=34$

b) $\frac{8}{9}\cdot\frac{3}{4}-\left(\frac{2}{3}-\frac{1}{2}\right)=\frac{2}{3}-\frac{1}{6}=\frac{1}{2}$

19 a) $\left(\frac{1}{2}+\frac{1}{4}\right)\cdot 4=3$

b) keine Klammersetzung notwendig, Rechnung ist so richtig

c) $(5-2)\cdot\frac{1}{6}+1\frac{1}{2}=2$

d) $\frac{3}{4}+\left(\frac{2}{7}-\frac{3}{14}\right):\frac{2}{7}=1$

Wiederholen für die Klassenarbeit

Lösungen zu Seite 78

1 **Zahlenstrahl**

a) $A=\frac{2}{5}$, $B=\frac{6}{5}$

b) $A=\frac{1}{6}$, $B=\frac{7}{6}$

c) $A=\frac{3}{4}$, $B=\frac{7}{4}$

d) $A=\frac{3}{8}$, $B=\frac{7}{8}$

2 **Drei Zahlen im gleichen Abstand**

a) $\frac{5}{8}$ b) $3\frac{2}{3}$ c) $\frac{4}{35}$ d) $\frac{35}{12}$

3 **Wie viel sind es?**

a) 240 von 400 Kindern lieben Schokoladeneis.

b) In der Schulmensa werden pro Woche 1712 vegetarische Essen ausgegeben.

c) Familie Konz hat letztes Jahr 720 € für Warmwasser ausgegeben.

4 **Wie viel war es?**

a) 13 560 € : 5 = 2712 € 2712 € · 12 = 32 544 €

Die Gesamtkosten lagen bei 32 544 €.

b) 60 kg : 4 = 15 kg 15 kg · 5 = 75 kg

Ein Mensch, der aus 60 kg Wasser besteht, wiegt 75 kg.

5 **Lücken füllen**

a)
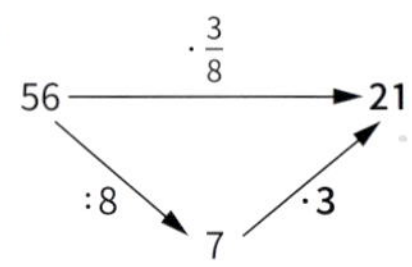

b)
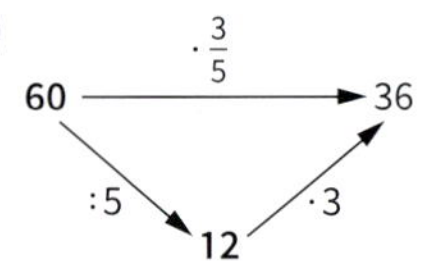

c)
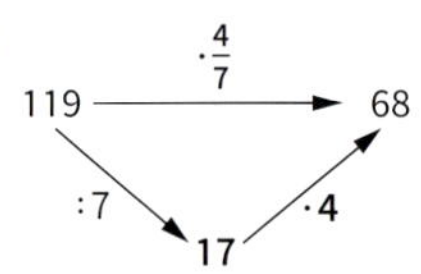

d)
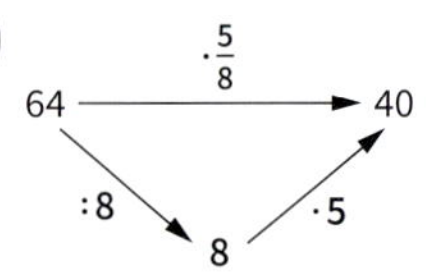

6 **Brüche vervielfachen**

a) $\frac{6}{7}$ b) $\frac{5}{8}$ c) $\frac{10}{9}$

d) $\frac{5}{3}$ e) 10 f) 14

7 **Anteile berechnen**

a) $\frac{3}{4}\cdot 5=\frac{15}{4}$; $3\frac{3}{4}$ kg

b) $\frac{2}{7}\cdot 28=8$; 8 Kinder

c) $\frac{3}{8}\cdot 10=\frac{15}{4}$; $3\frac{3}{4}$ l

d) $\frac{3}{5}\cdot 4=\frac{12}{5}$; $2\frac{2}{5}$ t

e) $\frac{7}{10}\cdot 2=\frac{7}{5}$; $1\frac{2}{5}$ km

f) $\frac{1}{5}\cdot 12=\frac{12}{5}$; $2\frac{2}{5}$ kg

g) $\frac{3}{20}\cdot 50=\frac{15}{2}$; $7\frac{1}{2}$ m

h) $\frac{24}{100}\cdot 200=48$; 48 l

8 Gerechte Verteilung

a) Jedes Kind bekommt $\frac{16}{12} = \frac{4}{3}$ Bananen.

b) Jedes Kind bekommt $\frac{3}{5}$ einer Pizza.

c) Jeder Gast bekommt $\frac{1}{8}$ Torte.

d) Jedes Kind isst $\frac{10}{4} = 2\frac{1}{2}$ Pfannkuchen.

9 Summe und Differenz

a) $\frac{7}{12}$ b) $\frac{13}{24}$ c) $\frac{7}{10}$
d) $\frac{19}{40}$ e) $\frac{47}{100}$ f) $\frac{11}{36}$
g) $\frac{4}{9}$ h) $\frac{12}{35}$ i) $\frac{11}{20}$
j) $\frac{7}{36}$ k) $\frac{1}{14}$ l) $\frac{23}{54}$

Lösungen zu Seite 79

10 Addieren und subtrahieren mit gemischten Zahlen

a) $7\frac{1}{2}$ b) $3\frac{1}{8}$ c) $7\frac{4}{15}$
d) $3\frac{9}{20}$ e) $5\frac{11}{12}$ f) $21\frac{19}{40}$
g) $1\frac{1}{10}$ h) $16\frac{5}{18}$ i) $11\frac{1}{2}$
j) $2\frac{19}{24}$ k) $10\frac{1}{2}$ l) $8\frac{59}{100}$

11 Der König vererbt

$\frac{1}{2} + \frac{1}{4} + \frac{1}{8} = \frac{7}{8}$ $1 - \frac{7}{8} = \frac{1}{8}$

Es bleibt noch $\frac{1}{8}$ seines Vermögens für die Diener übrig.

12 Onkel Theodor gewinnt im Lotto

a) $\frac{2}{5} + \frac{1}{3} = \frac{11}{15}$

Die Neffen Kai und Dirk erhalten zusammen $\frac{11}{15}$ des Gewinns.

b) $1 - \frac{11}{15} = \frac{4}{15}$ Die Nichte erhält $\frac{4}{15}$ des Gewinns.

c) $80\,000\,€ : \frac{4}{15} = 300\,000\,€$

Der Lottogewinn war 300 000 €.

13 Multiplizieren mit natürlichen Zahlen

a) $4 \cdot \frac{3}{15} = \mathbf{\frac{12}{15}}$ b) $3 \cdot \mathbf{\frac{3}{10}} = \frac{9}{10}$ c) $\mathbf{5} \cdot \frac{2}{11} = \frac{10}{11}$
d) $\frac{4}{5} \cdot \mathbf{6} = \frac{24}{5}$ e) $\frac{2}{9} \cdot \mathbf{9} = 2$ f) $\mathbf{\frac{6}{5}} \cdot 5 = 6$
g) $\mathbf{60} \cdot \frac{1}{20} = 3$ h) $\mathbf{\frac{1}{100}} \cdot 100 = 1$ i) $\frac{2}{9} \cdot \mathbf{18} = 4$
j) $\frac{3}{7} = \frac{1}{14} \cdot \mathbf{6}$ k) $\mathbf{3} \cdot 1\frac{1}{2} = 4\frac{1}{2}$ l) $\mathbf{6} \cdot \frac{2}{9} = 1\frac{1}{3}$

14 Dividieren und Probe machen

a) 6; Probe: $6 \cdot \frac{1}{4} = \frac{3}{2}$

b) 16; Probe: $16 \cdot \frac{1}{2} = 8$

c) $\frac{1}{6}$; Probe: $\frac{1}{6} \cdot 2 = \frac{1}{3}$

d) $\frac{4}{3}$; Probe: $\frac{4}{3} \cdot \frac{2}{3} = \frac{8}{9}$

e) $\frac{3}{4}$; Probe: $\frac{3}{4} \cdot \frac{8}{21} = \frac{2}{7}$

f) $\frac{1}{5}$; Probe: $\frac{1}{5} \cdot 4 = \frac{4}{5} = \frac{8}{10}$

g) 8; Probe: $8 \cdot \frac{1}{4} = 2$

h) 11; Probe: $11 \cdot \frac{1}{4} = \frac{11}{4} = 2\frac{3}{4}$

i) 3; Probe: $3 \cdot \frac{1}{9} = \frac{1}{3}$

j) 2; Probe: $2 \cdot \frac{6}{9} = \frac{12}{9} = \frac{4}{3}$

k) $\frac{75}{32}$; Probe: $\frac{75}{32} \cdot \frac{4}{5} = \frac{15}{8}$

l) $\frac{2}{5}$; Probe: $\frac{2}{5} \cdot \frac{15}{11} = \frac{30}{55}$

15 Frühzeitiges Kürzen hilft

a) 3 b) $\frac{5}{6}$ c) $\frac{3}{4}$ d) $\frac{2}{3}$
e) 1 f) $\frac{5}{2}$ g) $\frac{4}{9}$ h) $\frac{1}{3}$
i) $\frac{1}{2}$ j) $\frac{19}{9} = 2\frac{1}{9}$ k) $\frac{23}{12} = 1\frac{11}{12}$ l) $\frac{11}{18}$

16 Multiplizieren und Dividieren

a) $\frac{3}{4}$ b) 2 c) 6 d) 10
e) 9 f) $\frac{10}{27}$ g) $\frac{5}{3}$ h) $\frac{5}{4}$
i) 3 j) $\frac{2}{3}$ k) $\frac{1}{5}$ l) $\frac{4}{5}$
m) $\frac{1}{6}$ n) 6 o) $\frac{9}{4}$ p) 18
q) 2 r) $\frac{1}{18}$

17 Anteile

a) $18 : \frac{2}{3} = 27$

In der Klasse sind insgesamt 27 Kinder.

b) $2\,l \cdot \frac{4}{5} = \frac{8}{5}\,l$

Sie benötigt $\frac{8}{5}$ l Hafermilch.

c) $5\frac{1}{2}\,km : \frac{5}{12} = \frac{66}{5}\,km = 13\frac{1}{5}\,km$

Die gesamte Wanderstrecke ist $13\frac{1}{5}$ km lang.

d) 6200 g : 4 = 1550 g; 1550 g · 7 = 10 850 g = 10,85 kg

20 min : 4 = 5 min, 5 min · 7 = 35 min

Er benötigt 35 Minuten und pflückt dabei insgesamt 10,85 kg Äpfel.

Lösungen zu Seite 80

18 Anteile von Anteilen im Garten

$300\,m^2 \cdot \frac{2}{3} = 200\,m^2$ $200\,m^2 \cdot \frac{2}{5} = 80\,m^2$

Der Kopfsalat ist auf 80 m² Fläche gepflanzt.

19 Anteile von Anteilen im Chor

$12 : \frac{2}{5} = 30$ $30 : \frac{3}{8} = 80$

Es sind 80 Schülerinnen und Schüler in der Kursstufe.

20 Altersrätsel

a) $16\frac{1}{6}+2\frac{5}{12}=18\frac{7}{12}$; 18 Jahre 7 Monate

$16\frac{1}{6}-3\frac{1}{4}=12\frac{11}{12}$; 12 Jahre 11 Monate

Ben ist 18 Jahre 7 Monate alt und Emma ist 12 Jahre 11 Monate alt.

b) $18\frac{7}{12}-12\frac{11}{12}=5\frac{8}{12}$; 5 Jahre 8 Monate

Ben und Emma sind 5 Jahre 8 Monate auseinander.

21 Verteilungsrätsel

Damit Tina von jeder Glasgröße gleich viele volle Gläser erhält, müssen immer alle 3 Gläser gefüllt werden: $\frac{1}{2}\,l+\frac{1}{4}\,l+\frac{1}{8}\,l=\frac{7}{8}\,l$

$7\,l:\frac{7}{8}\,l=8$

Es können 8 Gläser der drei Glasgrößen abgefüllt werden. Das sind zusammen 24 Gläser.

22 Alle Rechenarten

a) $\frac{3}{16}$	b) $\frac{1}{2}$	c) 3	d) 1
e) $\frac{5}{4}$	f) $\frac{5}{9}$	g) $\frac{3}{2}$	h) $\frac{1}{6}$
i) $\frac{1}{12}$	j) $\frac{1}{2}$	k) $\frac{9}{8}$	l) $\frac{17}{12}$
m) $\frac{2}{15}$	n) $\frac{8}{15}$	o) $\frac{6}{5}$	p) $\frac{22}{15}$
q) $\frac{11}{24}$	r) $\frac{5}{16}$	s) $\frac{29}{24}$	t) $\frac{20}{9}$
u) $\frac{7}{90}$	v) $\frac{9}{20}$	w) $\frac{43}{60}$	x) $\frac{35}{8}$

23 Brüche in gemischter Schreibweise

a) 26	b) 38	c) $4\frac{1}{4}$
d) $3\frac{3}{4}$	e) $\frac{10}{3}=3\frac{1}{3}$	f) $\frac{5}{2}=2\frac{1}{2}$

24 Lücken füllen

a) $2\frac{3}{7}-\mathbf{1}\frac{3}{7}=1$

b) $\frac{8}{9}-\frac{\mathbf{6}}{\mathbf{9}}=\frac{2}{9}$

c) $\frac{1}{2}=\frac{\mathbf{7}}{\mathbf{16}}+\frac{1}{16}$

d) $\frac{\mathbf{25}}{\mathbf{10}}-\frac{3}{10}=2\frac{1}{5}$

e) $3\frac{1}{7}-\frac{\mathbf{1}}{\mathbf{7}}=3$

f) $\frac{5}{8}+\frac{\mathbf{39}}{\mathbf{40}}=\frac{8}{5}$

g) $\frac{\mathbf{3}}{\mathbf{4}}\cdot\frac{2}{3}=\frac{1}{2}$

h) $\frac{4}{5}\cdot\frac{\mathbf{7}}{\mathbf{6}}=\frac{14}{15}$

i) $\frac{2}{3}:\frac{\mathbf{16}}{\mathbf{27}}=\frac{9}{8}$

j) $\frac{\mathbf{9}}{\mathbf{10}}:\frac{2}{5}=\frac{9}{4}$

k) $\frac{\mathbf{3}}{\mathbf{2}}\cdot\frac{3}{2}=2\frac{1}{4}$

l) $\frac{\mathbf{3}}{\mathbf{14}}:\frac{1}{2}=\frac{3}{7}$

m) $\frac{5}{8}+\frac{1}{2}\cdot\frac{\mathbf{3}}{\mathbf{4}}=1$

n) $\frac{1}{2}\cdot\left(\frac{\mathbf{1}}{\mathbf{2}}+\frac{1}{4}\right)=\frac{3}{8}$

o) $\left(\frac{\mathbf{1}}{\mathbf{5}}+\frac{1}{10}\right):\frac{3}{5}=\frac{1}{2}$

25 Vorsicht mit der Null

a) 0

b) Rechnung nicht erlaubt, da Division durch 0 nicht möglich ist.

c) Rechnung nicht erlaubt, da Division durch 0 nicht möglich ist.

d) Rechnung nicht erlaubt, da Division durch 0 nicht möglich ist.

e) 0

f) Rechnung nicht erlaubt, da Division durch 0 nicht möglich ist.

26 Holzplatten

a) $3\,cm^2:\frac{9}{2}\,cm=\frac{2}{3}\,cm$

b) $4\,cm^2:\frac{5}{3}\,cm=\frac{12}{5}\,cm$

c) $3\,cm^2:\frac{7}{2}\,cm=\frac{6}{7}\,cm$

d) $\frac{7}{2}\,cm^2:\frac{9}{4}\,cm=\frac{14}{9}\,cm$

Lösungen zu Seite 81

27 Wasserspender

$5\,l-\left(7\cdot\frac{1}{4}\,l+3\cdot\frac{1}{8}\,l\right)=\frac{23}{8}\,l=2\frac{7}{8}\,l$

Es bleiben noch $2\frac{7}{8}\,l$ im Wasserspender.

28 Aussagen beurteilen

a) Die Aussage ist falsch. Gegenbeispiel: $2\cdot\frac{1}{2}=1<2$

b) Die Aussage ist falsch. Gegenbeispiel: $\frac{1}{2}:\frac{1}{4}=2>\frac{1}{2}$

c) Die Aussage ist wahr, denn ein unechter Bruch ist immer größer als 1. Damit ist auch die Summe größer als 1. Beispiel: $\frac{11}{5}+\frac{3}{2}=\frac{37}{10}>1$

d) Die Aussage ist falsch.
Gegenbeispiel: $\frac{2}{3}+\frac{5}{24}=\frac{21}{24}=\frac{7}{8}$

e) Die Aussage ist falsch. Gegenbeispiel: $\frac{1}{2}+\frac{1}{2}=1$

29 Versunkenes Dorf

a) $1-\frac{2}{3}-\frac{5}{24}=\frac{3}{24}=\frac{1}{8}$

$\frac{1}{8}$ sind im Seeboden verschwunden, das bedeutet $\frac{1}{8}$ entsprechen 4,5 m.

$4\frac{1}{2}\,m\cdot 8=36\,m$ Der Kirchturm ist 36 m hoch.

b) $36\,m\cdot\frac{5}{24}=\frac{15}{2}\,m=7\frac{1}{2}\,m$

Das Wasser ist an dieser Stelle 7,5 m tief.

30 Geschickt rechnen

a) $\left(\frac{4}{7}+\frac{3}{7}\right)+\frac{1}{2}=\frac{3}{2}$

b) $\frac{1}{3}$

c) $\frac{3}{8}-\frac{1}{8}+\frac{3}{4}-1=\frac{1}{4}+\frac{3}{4}-1=0$

d) $5-\frac{5}{6}+\frac{1}{12}-4=4\frac{1}{6}+\frac{1}{12}-4=4\frac{3}{12}-4=\frac{1}{4}$

31 Vom Text zum Rechenausdruck

a) $\left(5+\frac{3}{4}\right)\cdot\frac{1}{8}-\frac{1}{2}=\frac{7}{32}$

b) $\frac{1}{2}:\frac{2}{5}-\frac{1}{2}\cdot\frac{2}{5}=\frac{21}{20}=1\frac{1}{20}$

c) $\left(2\frac{1}{8}+3\frac{1}{2}\right):\frac{1}{8}=\left(5\frac{5}{8}\right)\cdot 8=45$

32 Vom Rechenausdruck zum Text

a) Multipliziere die Summe aus $\frac{3}{4}$ und $\frac{1}{8}$ mit $\frac{5}{7}$ und addiere dann 7.

b) Bilde das Produkt aus $\frac{2}{3}$ und $\frac{9}{14}$ und subtrahiere davon $\frac{1}{7}$.

c) Subtrahiere $\frac{2}{3}$ vom Quotienten aus 5 und $\frac{1}{2}$.

d) Addiere zur Differenz aus $1\frac{3}{4}$ und $\frac{3}{8}$ das Produkt aus $\frac{2}{5}$ und $\frac{5}{8}$.

33 Distributivgesetz nutzen

a) $4 \cdot \frac{3}{2} + 4 \cdot \frac{1}{4} = 6 + 1 = 7$

b) $\frac{3}{2} \cdot \frac{5}{6} - \frac{3}{2} \cdot \frac{1}{3} = \frac{5}{4} - \frac{1}{2} = \frac{3}{4}$

c) $\frac{2}{3} \cdot \frac{9}{4} - \frac{2}{3} \cdot \frac{3}{8} = \frac{3}{2} - \frac{1}{4} = \frac{5}{4}$

d) $\frac{4}{5} \cdot \frac{10}{4} + \frac{4}{5} \cdot \frac{15}{4} = 2 + 3 = 5$

e) $\frac{5}{7} \cdot 42 - \frac{5}{21} \cdot 42 = 5 \cdot 6 - 5 \cdot 2 = 20$

f) $\frac{6}{10} \cdot \frac{5}{3} - \frac{6}{10} \cdot \frac{20}{33} = 1 - \frac{4}{11} = \frac{7}{11}$

g) $\frac{9}{21} \cdot \frac{7}{12} - \frac{9}{21} \cdot \frac{1}{6} = \frac{1}{4} - \frac{1}{14} = \frac{7}{28} - \frac{2}{28} = \frac{5}{28}$

h) $\frac{9}{20} \cdot \frac{5}{3} - \frac{3}{15} \cdot \frac{5}{3} = \frac{3}{4} - \frac{1}{3} = \frac{5}{12}$

34 Distributivgesetz umgekehrt

a) $18 \cdot \left(\frac{5}{8} - \frac{1}{8}\right) = 18 \cdot \frac{1}{2} = 9$

b) $\frac{5}{9} \cdot \left(\frac{5}{11} + \frac{6}{11}\right) = \frac{5}{9}$

c) $\frac{2}{9} \cdot \left(\frac{17}{3} - \frac{7}{6}\right) = \frac{2}{9} \cdot \frac{27}{6} = 1$

d) $\frac{3}{8} \cdot \left(\frac{12}{25} + \frac{4}{25}\right) = \frac{3}{8} \cdot \frac{16}{25} = \frac{6}{25}$

35 Terme – Allerlei

a) $20 + \frac{5}{3} - 10 = 11\frac{2}{3}$

b) $\frac{7}{3} + \frac{16}{3} - \frac{28}{9} = \frac{21}{9} + \frac{48}{9} - \frac{28}{9} = \frac{41}{9} = 4\frac{5}{9}$

c) $\frac{3}{5} + \frac{1}{2} - \frac{4}{5} = \frac{3}{10}$

d) $\frac{2}{3} - \frac{1}{3} \cdot 1 = \frac{1}{3}$

e) $\frac{2}{5} \cdot 1 - \frac{1}{3} = \frac{6}{15} - \frac{5}{15} = \frac{1}{15}$

f) $\frac{3}{11} + \frac{24}{77} : 6 = \frac{21}{77} + \frac{4}{77} = \frac{25}{77}$

g) $\frac{5}{9} \cdot \left(\frac{20}{20}\right) = \frac{5}{9} \cdot 1 = \frac{5}{9}$

h) $\frac{1}{4} \cdot \frac{5}{9} \cdot 8 = \frac{10}{9} = 1\frac{1}{9}$

4 Symmetrie

Lösungen zu Seite 85

6

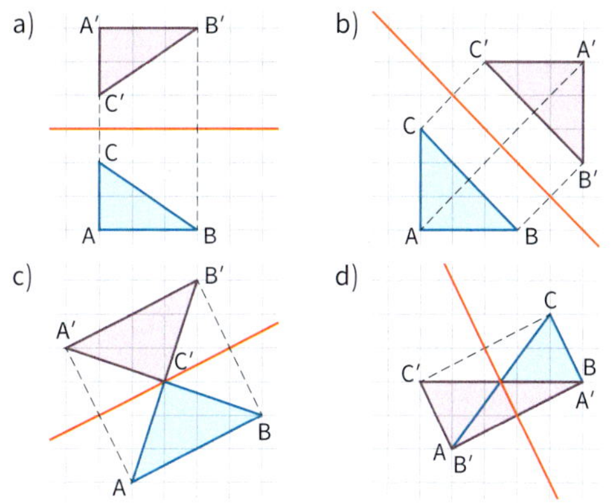

7

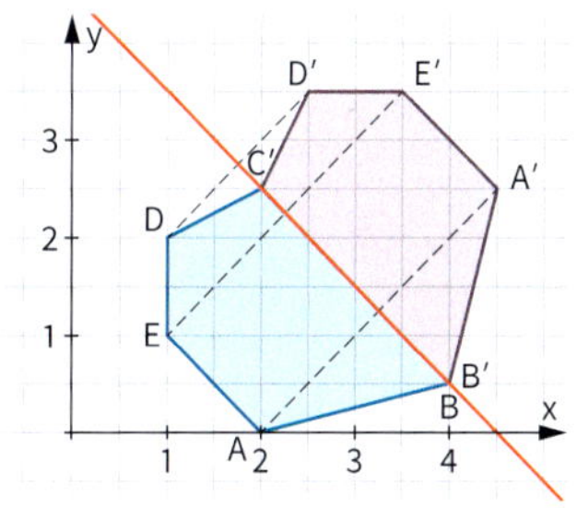

A′(4,5 | 2,5)
B′(4 | 0,5)
C′(2 | 2,5)
D′(2,5 | 3,5)
E′(3,5 | 3,5)

Lösungen zu Seite 86

10

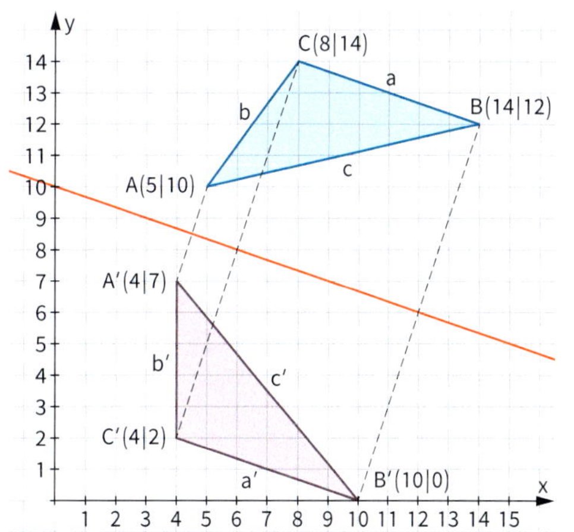

11

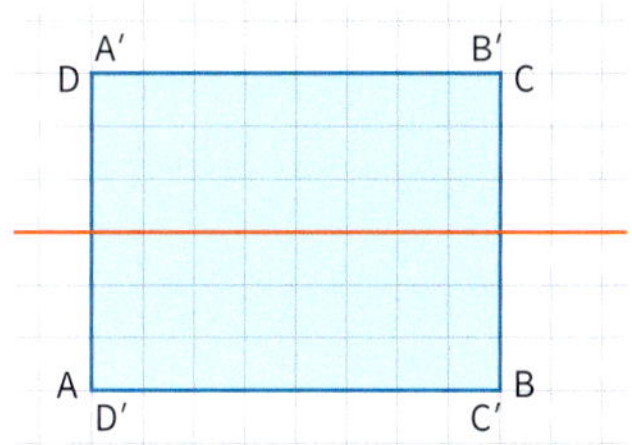

Lösungen zu Seite 88

4

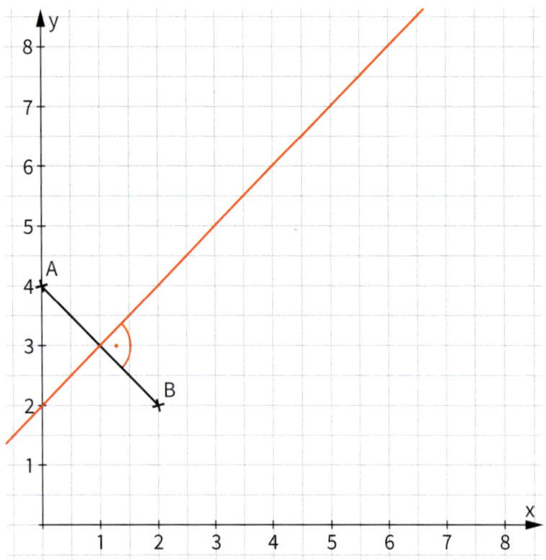

Die Mittelsenkrechte schneidet die y-Achse an der Stelle $y = 2$.

Lösungen zu Seite 90

9

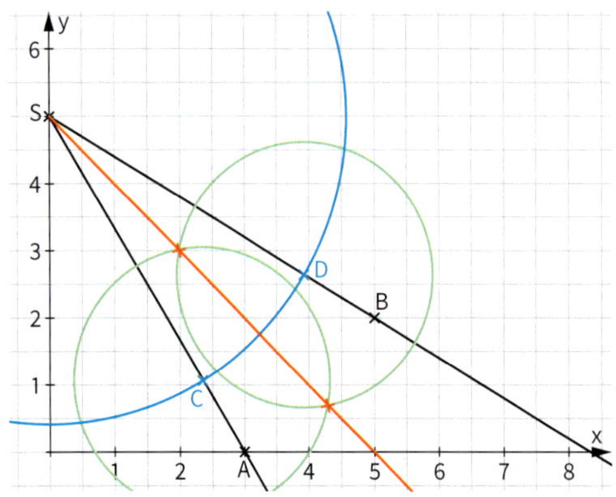

Die Winkelhalbierende schneidet die x-Achse an der Stelle $x = 5$.

Konstruktionsschritt

Zeichne einen Kreis um S. Bezeichne die Schnittpunkte mit C und D.

Begründung

C und D sind gleich weit von S entfernt.

Konstruktionsschritt

Zeichne um C und D gleich große Kreise. Verbinde deren Schnittpunkte mit dem Scheitelpunkt S.

Begründung

Alle Punkte auf der Geraden sind gleich weit von den Schenkeln entfernt.

Lösungen zu Seite 93

5

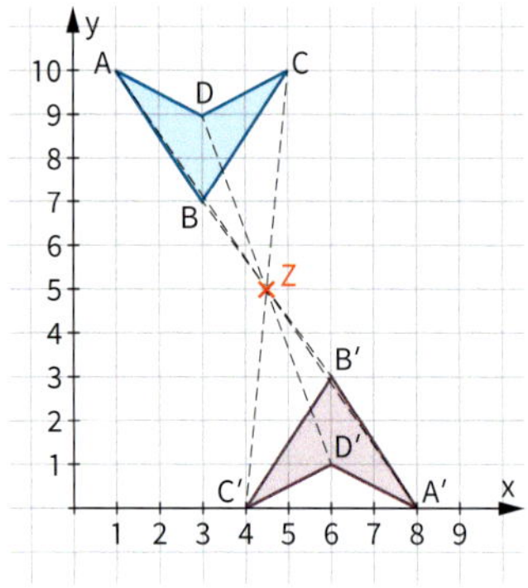

A′(8 | 0)
B′(6 | 3)
C′(4 | 0)
D′(6 | 1)

Lösungen zu Seite 93

9

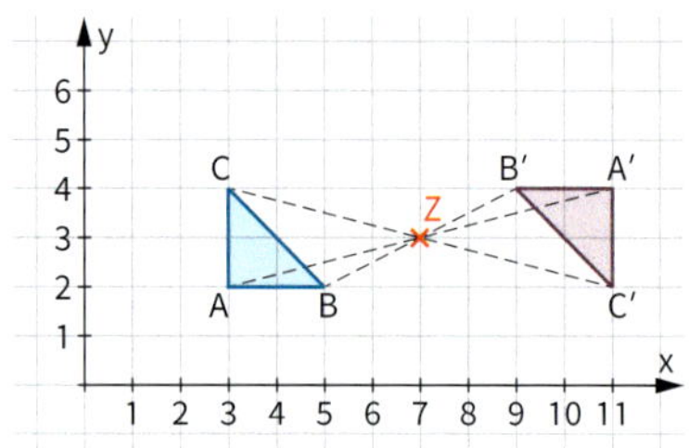

Z(7 | 3)

Lösungen zu Seite 95

3

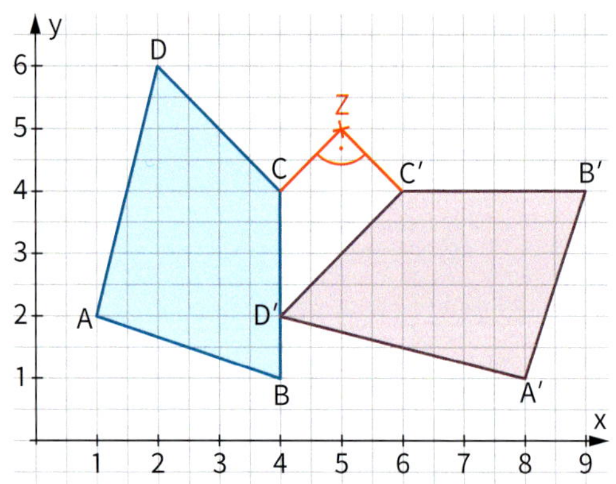

Koordinaten der Bildpunkte:
A′(8 | 1), B′(9 | 4), C′(6 | 4), D′(4 | 2)

Lösungen zu Seite 96

4

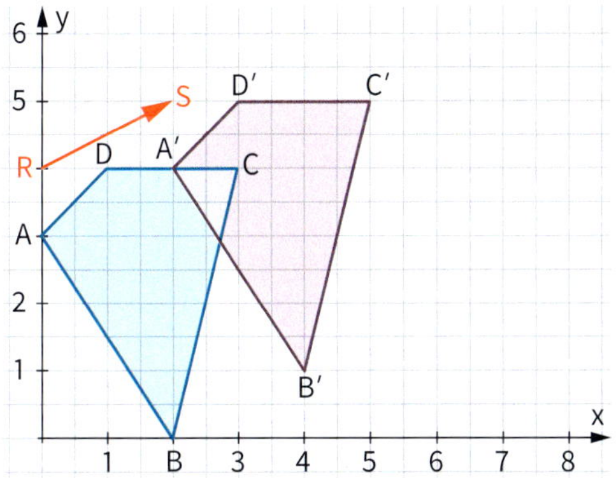

Koordinaten der Bildpunkte:
A′(2 | 4), B′(4 | 1), C′(5 | 5), D′(3 | 5)

Lösungen zu Seite 99

3

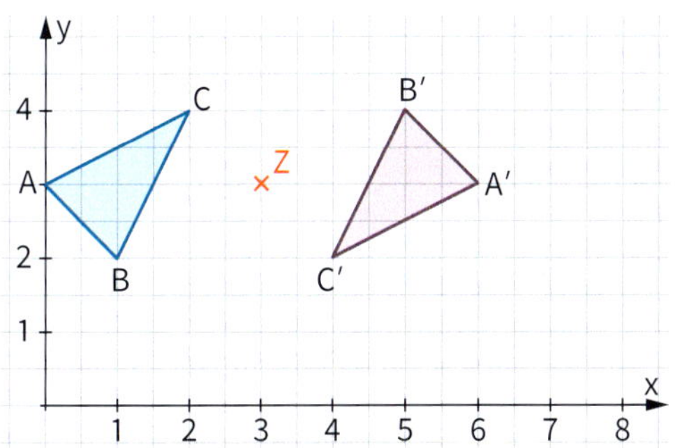

a) Man erhält die Bildfigur durch eine Punktspiegelung am Punkt Z(3 | 3).

b) Die gleiche Bildfigur erhält man durch eine Drehung mit dem Drehwinkel $\varphi = 180°$ um das Drehzentrum Z(3 | 3).

Wiederholen für die Klassenarbeit

Lösungen zu Seite 103

1 Spiegeln an einer Spiegelachse

a)

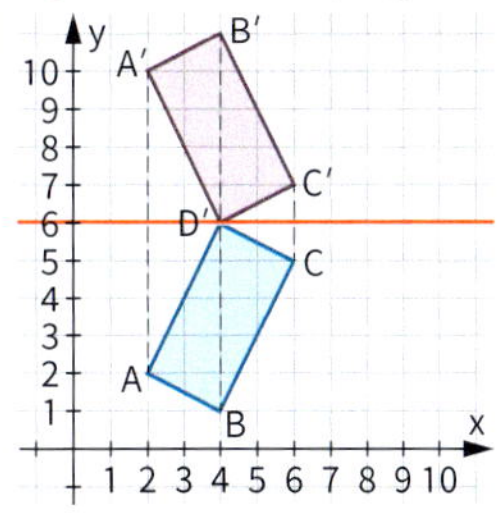

A′(2 | 10)
B′(4 | 11)
C′(6 | 7)
D′(4 | 6)

b)

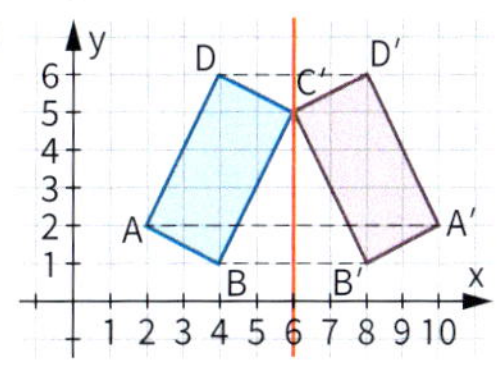

A′(10 | 2)
B′(8 | 1)
C′(6 | 5)
D′(8 | 6)

c)

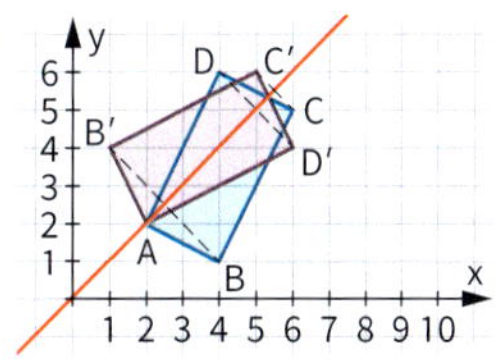

A′(2 | 2)
B′(1 | 4)
C′(5 | 6)
D′(6 | 4)

2 Spiegelachse finden

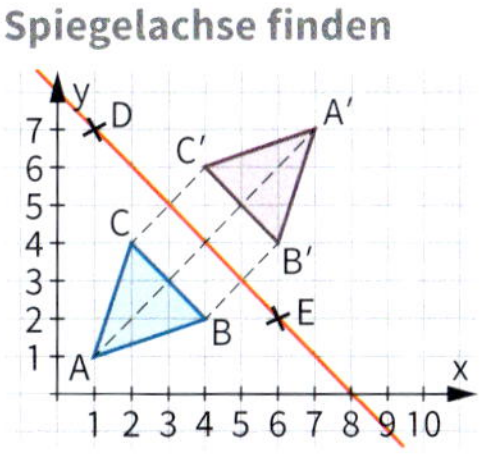

Auf der Spiegelachse liegen zum Beispiel die Punkte D(1 | 7) und E(6 | 2).

3 Spiegelachsen

a) Der Bildpunkt von A ist zu weit von der Spiegelachse entfernt.

b) Hier wurde eine Punktspiegelung statt einer Achsenspiegelung ausgeführt.

c) Hier wurde das Dreieck verschoben und gedreht.

4 Punkte auf der Mittelsenkrechten finden

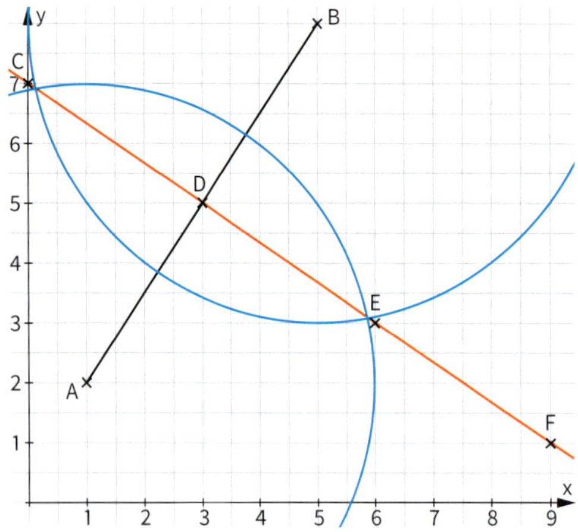

Punkte auf der Mittelsenkrechten von $\overline{AB}$ sind zum Beispiel C (0 | 7), D (3 | 5), E (6 | 3), F (9 | 1).

Konstruktionsschritt

Zeichne gleich große Kreise um A und um B, sodass sich die Kreise schneiden.

Begründung

Die Schnittpunkte sind von A und B gleich weit entfernt.

Konstruktionsschritt

Zeichne eine Gerade durch die beiden Schnittpunkte der Kreise.

Begründung

Alle Punkte auf der Geraden sind von A und B gleich weit entfernt.

5 Winkelhalbierende konstruieren

(1)

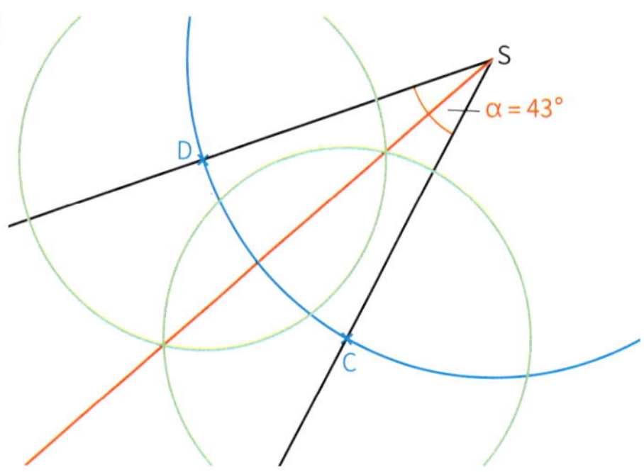

Konstruktion

Zeichne einen Kreis um S. Zeichne um die Schnittpunkte C und D gleich große Kreise. Verbinde deren Schnittpunkte mit dem Scheitelpunkt S.

Begründung

C und D sind gleich weit von S entfernt. Alle Punkte auf der Geraden sind gleich weit von den Schenkeln entfernt.

(2)

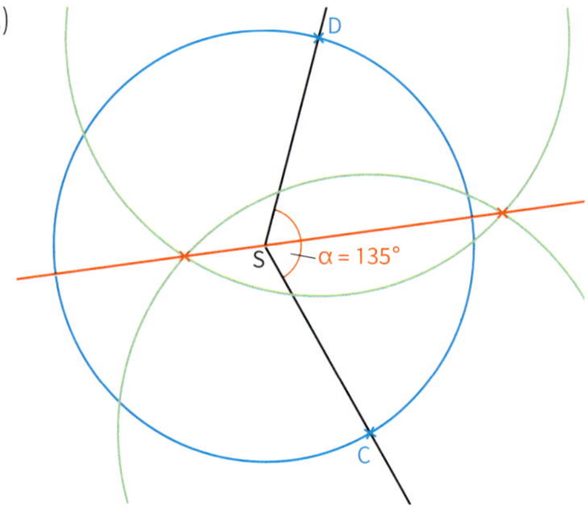

Konstruktion + Begründung

siehe Aufgabenteil (1)

6 Spiegeln an einem Punkt

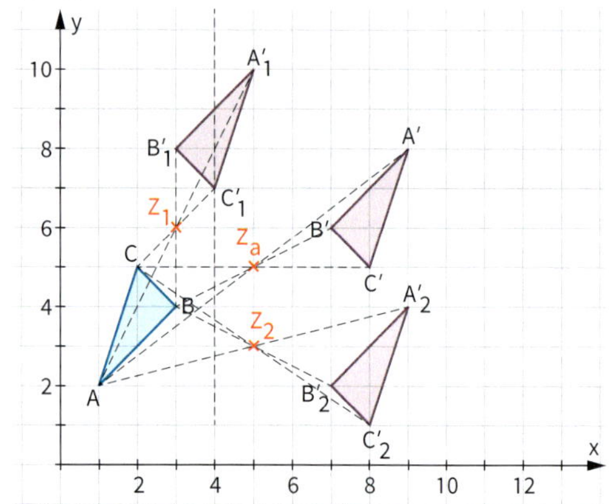

a) A' (9 | 8), B' (7 | 6), C' (8 | 5)

b) Z_1 (3 | 6), Z_2 (5 | 3)

c) Ein möglicher Verschiebungspfeil geht von A'_1 (5 | 10) nach A'_2 (9 | 4).

7 Dreieck viermal abbilden

a)

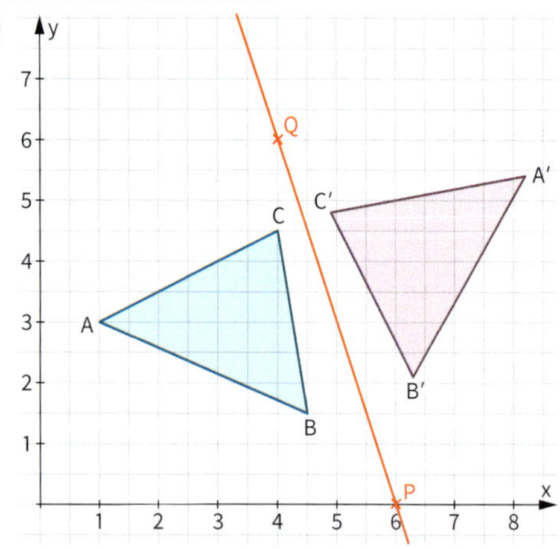

b)

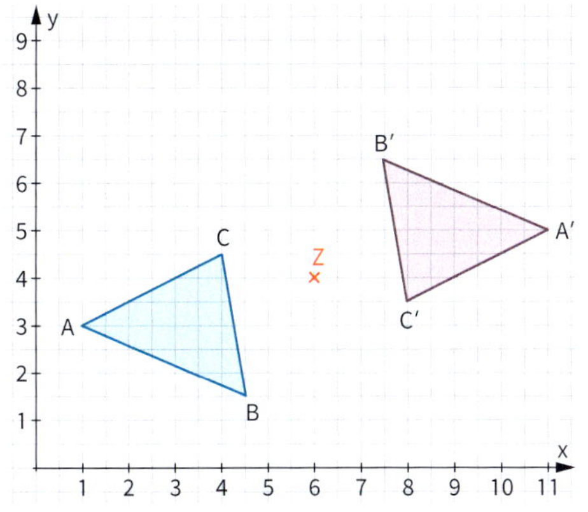

c)

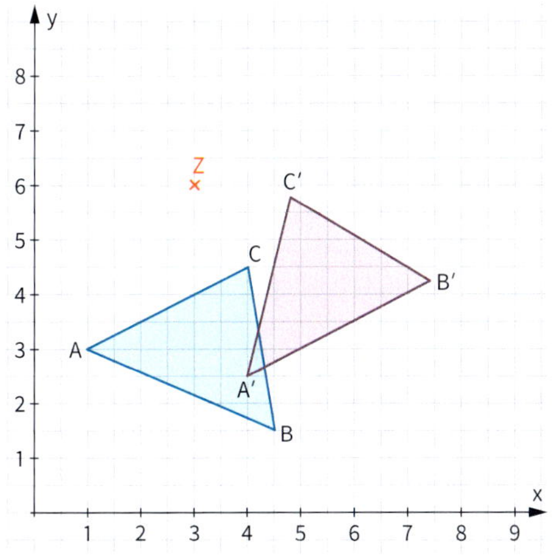

d)

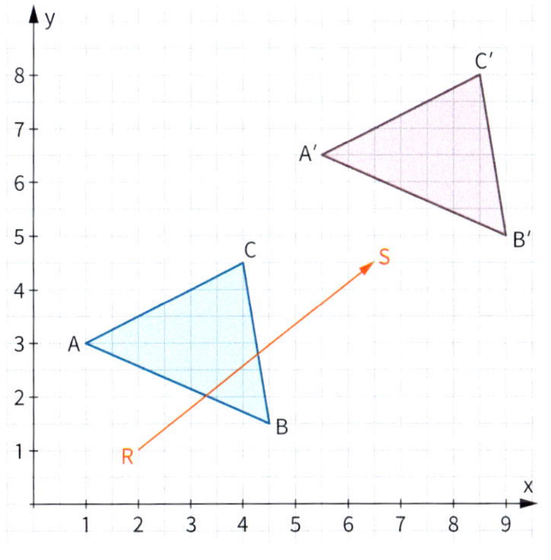

8 Abbildung gesucht

Das Dreieck A′B′C′ ist durch eine Verschiebung aus dem Dreieck ABC entstanden.

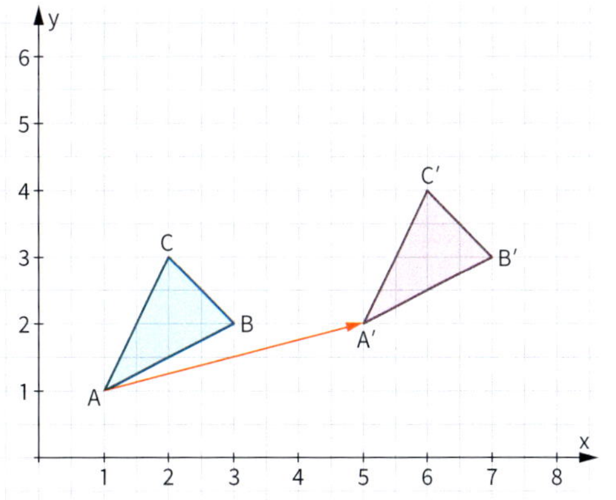

Der Umlaufsinn ist bei beiden Dreiecken gleich. Strecken und zugehörige Bildstrecken sind parallel zueinander. Verschiebt man das Dreieck ABC zum Beispiel mit dem Pfeil von A nach A′, so entsteht das Bilddreieck A′B′C′.

5 Dezimalzahlen

Lösungen zu Seite 107

7 a) $0{,}35 = \frac{35}{100}$ b) $0{,}006 = \frac{6}{1000}$
c) $1{,}07 = \frac{107}{100} = 1\frac{7}{100}$ d) $0{,}305 = \frac{305}{1000}$
e) $4{,}62 = \frac{462}{100} = 4\frac{62}{100}$
f) $10{,}009 = \frac{10\,009}{1000} = 10\frac{9}{1000}$

8 a) $\frac{65}{100} = 0{,}65$ b) $1\frac{3}{10} = 1{,}3$
c) $\frac{1}{4} = 0{,}25$ d) $\frac{205}{100} = 2{,}05$
e) $3\frac{12}{1000} = 3{,}012$ f) $\frac{22}{50} = \frac{44}{100} = 0{,}44$

Lösungen zu Seite 107

12 a) 0,25 0,52 1,03 1,25 1,30
b) 1,098 1,0998 1,976 1,98 1,984

Lösungen zu Seite 108

17 a) A = 0,42 B = 0,48 C = 0,51
c) A = 1,989 B = 1,997 C = 1,999

18 Beispiele für Lösungen:
a) 0,11; 0,12; 0,13; 0,14; 0,15 Mitte: 0,15
b) 4,51; 4,52; 4,53; 4,54; 4,55 Mitte: 4,55
c) 1,971; 1,972; 1,973; 1,974; 1,975 Mitte: 1,975
d) 4,991; 4,992; 4,993; 4,994; 4,995 Mitte: 4,995

Lösungen zu Seite 108

21 a) $3{,}1748 \approx 3{,}175$ b) $3{,}1748 \approx 3{,}17$ c) $3{,}1748 \approx 3{,}2$
d) $4{,}009 \approx 4{,}0$ e) $4{,}009 \approx 4{,}01$ f) $3{,}97 \approx 4{,}0$

Lösungen zu Seite 109

4 a) ÜS: $1{,}3 + 2 = 3{,}3$ Ergebnis: 3,3333
b) ÜS: $3{,}7 - 1{,}5 = 2{,}2$ Ergebnis: 2,2222
c) ÜS: $14 - 4 = 10$ Ergebnis: 9,8765
d) ÜS: $0{,}4 + 0{,}1 + 0{,}7 = 1{,}2$ Ergebnis: 1,2345
e) ÜS: $1{,}8 - 0{,}3 - 0{,}2 = 1{,}3$ Ergebnis: 1,2345
f) ÜS: $5{,}3 - 1{,}8 + 2 = 5{,}5$ Ergebnis: 5,555

Lösungen zu Seite 110

9 a) $3{,}6 + \mathbf{5{,}7} = 9{,}3$ b) $14{,}7 - \mathbf{9{,}2} = 5{,}5$
c) $2{,}23 + \mathbf{1{,}86} = 4{,}09$ d) $\mathbf{8{,}9} + 8{,}2 = 17{,}1$
e) $\mathbf{6{,}55} - 5{,}8 = 0{,}75$ f) $7 - \mathbf{2{,}3} = 4{,}7$

Lösungen zu Seite 110

12 178,32 € – 35,86 € – 2,80 €

	1	7	8,	3	2
–		3	5,	8	6
–			2,	8	0
		1	2	1	
	1	3	9,	6	6

Das neue Guthaben beträgt 139,66 €.

Lösungen zu Seite 112

5 a) $39 \cdot 60 = 2340$; eine Nachkommastelle,
also $3{,}9 \cdot 60 = 234{,}0$
b) $402 \cdot 6 = 2412$; eine Nachkommastelle,
also $402 \cdot 0{,}6 = 241{,}2$
c) $25 \cdot 14 = 350$; drei Nachkommastellen,
also $2{,}5 \cdot 0{,}14 = 0{,}35$
d) $108 \cdot 24 = 2592$; drei Nachkommastellen,
also $1{,}08 \cdot 2{,}4 = 2{,}592$

Lösungen zu Seite 113

10 a) 8,02 b) 7849 c) 0,082 d) 9280

11 a) $0{,}0304 \cdot 1000 = 30{,}4$ b) $7403 \cdot 0{,}01 = 74{,}03$
$7403 : 100 = 74{,}03$

Lösungen zu Seite 113

14 $0{,}045\,\text{mm} \cdot 300 + 1\,\text{mm} \cdot 2 = 15{,}5\,\text{mm}$
Das Buch ist 15,5 mm dick.

15 $46\,\text{mm} - 2 \cdot 1{,}5\,\text{mm} = 43\,\text{mm}$
$43\,\text{mm} : 1000 = 0{,}043\,\text{mm}$
Ein Blatt des Buchs ist 0,043 mm dick.

Lösungen zu Seite 114

4 a)

	2,	0	7	:	3	=	0,	6	9
–	1	8							
		2	7						
	–	2	7						
			0						

Überschlag: $2{,}1 : 3 = 0{,}7$

b)

	9,	3	6	:	8	=	1,	1	7		
−	8										
	1	3									
−		8									
		5	6								
	−	5	6								
			0								

Überschlag: 9,6 : 8 = 1,2

c)

	7	2,	0	9	:	9	=	8,	0	1	
−	7	2									
		0	0								
	−		0								
			0	9							
		−		9							
				0							

Überschlag: 72 : 9 = 8

d)

	0,	7	1	4	:	3	=	0,	2	3	8
−	0										
	0	7									
−		6									
		1	1								
	−		9								
			2	4							
		−	2	4							
				0							

Überschlag: 0,72 : 3 = 0,24

e)

	4,	3	1	5	:	5	=	0,	8	6	3
−	0										
	4	3									
−	4	0									
		3	1								
	−	3	0								
			1	5							
		−	1	5							
				0							

Überschlag: 4,5 : 5 = 0,9

f)

	0,	6	0	9	:	7	=	0,	0	8	7
−	0										
	0	6									
−		0									
		6	0								
	−	5	6								
			4	9							
		−	4	9							
				0							

Überschlag: 0,63 : 7 = 0,9

Lösungen zu Seite 116

13
a) $3{,}6 : 1{,}2 = 36 : 12 = 3$
b) $0{,}12 : 0{,}4 = 1{,}2 : 4 = 0{,}3$
c) $32 : 0{,}16 = 3200 : 16 = 200$
d) $2{,}4 : 0{,}05 = 240 : 5 = 48$
e) $2{,}7 : 0{,}15 = 270 : 15 = 18$
f) $0{,}4 : 0{,}08 = 40 : 8 = 5$

14
a) $6{,}75 : 1{,}5 = 675 : 15 = 4{,}5$
1 kg Brot kostet 4,50 €.
b) $29{,}1 : 7{,}5 = 291 : 75 = 3{,}88$
1 m^2 Tapete kostet 3,88 €.

Lösungen zu Seite 118

5
a) $500 : 0{,}05 = 10\,000$
Für 500 g Nektar sind 10 000 Flüge notwendig.
b) Anzahl Tablets pro Paket: $96 : 8 = 12$
Gewicht der Tablets in einem Paket:
$12 \cdot 0{,}473\,\text{kg} = 5{,}676\,\text{kg}$
Jedes Paket wiegt je ungefähr 6 kg.

Lösungen zu Seite 120

8
a) $\frac{75}{100} = \frac{3}{4}$ b) $\frac{8}{100} = \frac{2}{25}$ c) $\frac{25}{100} = \frac{1}{4}$ d) $8\frac{1}{2}$
e) $20\frac{2}{100} = 20\frac{1}{50}$ f) $\frac{625}{1000} = \frac{25}{40} = \frac{5}{8}$

9
a) $\frac{7}{5} = 1{,}4$ b) $\frac{11}{25} = 0{,}44$ c) $\frac{25}{11} = 2{,}\overline{27}$
d) $\frac{9}{8} = 1{,}125$ e) $\frac{8}{99} = 0{,}\overline{08}$ f) $\frac{5}{14} = 0{,}3\overline{571428}$

f)

	5	:	1	4	=	0,	3	5	7	1	4	2	8	…
−	0													
	5	0												
−	4	2												
		8	0											
	−	7	0											
		1	0	0										
	−		9	8										
				2	0									
			−	1	4									
					6	0								
				−	5	6								
						4	0							
					−	2	8							
						1	2	0						
					−	1	1	2						
								8						
							−	…						

Wiederholen für die Klassenarbeit

Lösungen zu Seite 124

1 Stellenwerte in Dezimalzahlen

a) Zehntel b) Hundertstel
c) Zehner d) Tausendstel
e) Zehntausendstel f) Zehner

2 Nicht benötigte Nullen

a) 0,3 b) 0,28 c) 3030
d) 2,001 e) 20 f) 7,00101

3 Dezimalzahlen ordnen

a) 0,25 < 0,52 < 1,03 < 1,30 < 2,75
b) 0,07 < 1,0998 < 1,976 < 1,98 < 1,984

4 Dezimalzahlen auf dem Zahlenstrahl

a) Der Abstand zwischen zwei Strichen ist $\frac{1}{50} = 0{,}02$

A = 0,06 B = 0,15 C = 0,29
D = 0,92 E = 1,21 F = 1,5
G = 1,84 H = 2,08 I = 2,36

b) 

5 Zahlen in der Mitte

a) 7,5 b) 2,35 c) 4,375 d) 8,995

6 Dezimalzahlen runden

a) 4,2 b) 12,03 c) 5,556 d) 0

7 Welche Zahlen wurden gerundet?

a) Zum Beispiel: 1,35; 1,44999; 1,41058
b) Zum Beispiel: 1,055; 1,064999; 1,06325

8 Addieren und subtrahieren im Kopf

a) 7,5 b) 5,7 c) 1,15 d) 4,94
e) 6,48 f) 1,18 g) 1,15 h) 19,3

9 Schriftlich addieren und subtrahieren

a)

	1	9,	3	5	6
+		7,	8	9	
	1	1	1		
	2	7,	2	4	6

b)

	0,	2	4	3	
+	0,	7	7	8	5
	1	1	1		
	1,	0	2	1	5

c)

	3	2,	7	5	3
–		5,	3	2	5
	1			1	
	2	7,	4	2	8

d)

	9	5,	7		
–	3	9,	1	8	3
	1		1	1	
	5	6,	5	1	7

10 Zahlenrätsel

a) 43,05 – 17,8 = 25,25; also 17,8 + **25,25** = 43,05
b) 3,37 + 14,96 = 18,33; also 18,33 – **3,37** = 14,96
c) 10,7 – 0,38 = 10,32; also 10,7 – **10,32** = 0,38

11 Reicht das Geld?

1,25 € + 1,10 € + 0,75 € + 6,50 € = 9,60 €
Insgesamt benötigt Susa 9,60 €, ihr Geld (9,80 €) reicht damit.

Lösungen zu Seite 125

12 Multiplizieren und dividieren im Kopf

a) 156,7 b) 0,7834 c) 0,034711 d) 3,69
e) 15 f) 3,74 g) 0,005 h) 40

13 Schriftlich multiplizieren und dividieren

Berechne schriftlich.

a)

1	2,	4	3	·	3	2
		3	7	2	9	
			2	4	8	6
				1		
		3	9	7,	7	6

b)

1	3,	2	·	4,	7
		5	2	8	
			9	2	4
		1	1		
		6	2,	0	4

c)

9	5,	7	·	2,	3
	1	9	1	4	
		2	8	7	1
	1	1	1		
	2	2	0,	1	1

d)

1	8,	6	5	·	1	7,	2
		1	8	6	5		
		1	3	0	5	5	
				3	7	3	0
		1	1	1			
		3	2	0,	7	8	0

e)

	1	6	2,	7	2	:	1	2	=	1	3,	5	6
–	1	2											
		4	2										
	–	3	6										
			6	7									
		–	6	0									
				7	2								
			–	7	2								
					0								

f)

	1,	0	5	3	:	3,	9			
	1	0,	5	3	:	3	9	=	0,	2	7
–		0								
	1	0	5							
–		7	8							
		2	7	3						
	–	2	7	3						
				0						

g)

	1	2	9,	1	0	8	:	8,	4					
	1	2	9	1,	0	8	:	8	4	=	1	5,	3	7
–		8	4											
		4	5	1										
	–	4	2	0										
			3	1	0									
		–	2	5	2									
				5	8	8								
			–	5	8	8								
						0								

h)

	1	0,	6	4	:	0,	1	9		
	1	0	6	4	:		1	9	=	5 6
–		9	5							
		1	1	4						
	–	1	1	4						
				0						

14 Umkehraufgabe

a) $4{,}6 \cdot \mathbf{100} = 460$ b) $\mathbf{10} \cdot 0{,}76 = 7{,}6$

c) $\mathbf{10} \cdot 0{,}03 = 0{,}3$ d) $73 \cdot \mathbf{0{,}001} = 0{,}073$

e) $5{,}7 \cdot \mathbf{0{,}1} = 0{,}57$ f) $\mathbf{0{,}01} \cdot 2{,}55 = 0{,}0255$

g) $0{,}23 \cdot \mathbf{1000} = 230$ h) $\mathbf{10\,000} \cdot 3{,}05 = 30\,500$

15 Größer oder Kleiner?

a) $1{,}1 \cdot 1{,}2 > 1$ b) $0{,}7 \cdot 0{,}7 < 0{,}7$

c) $0{,}9 \cdot 1 = 0{,}9$ d) $1{,}1 \cdot 1{,}1 > 1{,}1$

e) $0{,}5 \cdot 1{,}2 < 1$ f) $0{,}9 \cdot 2 < 2$

g) $1{,}1 \cdot 0{,}9 < 1$ h) $1{,}2 \cdot 1{,}1 > 1$

16 Klassenfest

51,75 € : 25 = 2,07 €

Die geteilten Kosten betragen 2,07 €.

17 Dachziegel transportieren

3 t = 3000 kg

3000 : 2,5 = 30 000 : 25 = 1200

Der Lkw darf 1200 Dachziegel laden.

18 Schwimmbecken

1 Boden: $9{,}50\,m \cdot 4{,}50\,m = 42{,}75\,m^2$

2 Seitenflächen lang: $2 \cdot 9{,}50\,m \cdot 1{,}80\,m = 34{,}20\,m^2$

2 Seitenflächen breit: $2 \cdot 4{,}50\,m \cdot 1{,}80\,m = 16{,}20\,m^2$

Gesamt: $42{,}75\,m^2 + 34{,}20\,m^2 + 16{,}20\,m^2 = 93{,}15\,m^2$

Die zu streichende Fläche ist $93{,}15\,m^2$ groß.

19 Periodische Dezimalzahlen

a) $0,\overline{57}$ b) $1,\overline{0712}$ c) $3,21\overline{0457}$

20 Von der Dezimalzahl zum Bruch

a) $\frac{3}{4}$ b) $\frac{5}{8}$ c) $\frac{6}{10} = \frac{3}{5}$

d) $3\frac{8}{1000} = 3\frac{1}{125}$ e) $2\frac{12}{100} = 2\frac{3}{25}$ f) $0,\overline{6} = \frac{2}{3}$

21 Vom Bruch zur Dezimalzahl

a) $\frac{3}{5} = 0{,}6$ b) $\frac{11}{20} = 0{,}55$ c) $\frac{10}{6} = 1,\overline{6}$

d) $\frac{5}{8} = 0{,}625$ e) $\frac{3}{11} = 0,\overline{27}$ f) $\frac{5}{7} = 0,\overline{714285}$

22 Zahlen ordnen

a) $0{,}6 < 0{,}66 < 0,\overline{6}$ b) $1,\overline{08} < 1{,}0\overline{8} < 1{,}80$

c) $\frac{5}{3} = 1,\overline{6}$ und $\frac{13}{9} = 1,\overline{4}$ damit: $1{,}3 < 1,\overline{4} < 1,\overline{6}$

23 Entstehung periodischer Dezimalzahlen erforschen

a) $\frac{1}{6} = 0{,}1\overline{6}$; $\frac{2}{6} = \frac{1}{3} = 0,\overline{3}$; $\frac{3}{6} = 0{,}5$; $\frac{4}{6} = \frac{2}{3} = 0,\overline{6}$; $\frac{5}{6} = 0{,}8\overline{3}$

Bei Brüchen mit dem Nenner 6 können in der Dezimalzahldarstellung drei Fälle unterschieden werden.

Abrechende Dezimalzahlen:

$\frac{3}{6} = \frac{1}{2} = 0{,}5$; $\frac{9}{6} = 1\frac{1}{2} = 1{,}5$; $\frac{15}{6} = 2{,}5 \ldots$

$\frac{6}{6} = 1$; $\frac{12}{6} = 2 \ldots$

Periodische Dezimalzahlen:

Periodenlänge 1, direkt nach dem Komma.

$\frac{2}{6} = \frac{1}{3} = 0,\overline{3}$; $\frac{8}{6} = \frac{4}{3} = 1,\overline{3}$; $\frac{14}{6} = \frac{7}{3} = 2,\overline{3} \ldots$

$\frac{4}{6} = \frac{2}{3} = 0,\overline{6}$; $\frac{10}{6} = \frac{5}{3} = 1,\overline{6}$; $\frac{16}{6} = \frac{8}{3} = 2,\overline{6} \ldots$

Periodenlänge 1, ab der 2. Nachkommastelle.

$\frac{1}{6} = 0{,}1\overline{6}$; $\frac{7}{6} = 1{,}1\overline{6}$; $\frac{13}{6} = 2{,}1\overline{6} \ldots$

$\frac{5}{6} = 0{,}8\overline{3}$; $\frac{11}{6} = 1{,}8\overline{3}$; $\frac{17}{6} = 2{,}8\overline{3} \ldots$

b) $\frac{3}{7} = 0,\overline{428571}$

Bei der Division durch 7 gibt es 6 verschiedene Reste. Nach 6 Divisionsschritten erhält man wieder den ersten Rest 4. Somit wiederholen sich die bisherigen Reste. Die Periodenlänge ist genau 6.

6 Winkel in Figuren

Lösungen zu Seite 128

3
- γ ist Scheitelwinkel zu α, also $\gamma = \alpha = 57°$
- β ist Nebenwinkel zu α, also $\beta = 123°$, denn $123° + 57° = 180°$
- δ ist Scheitelwinkel zu β, also $\delta = \beta = 123°$

Probe: $57° + 123° + 57° + 123° = 360°$

Lösungen zu Seite 130

8 g||h

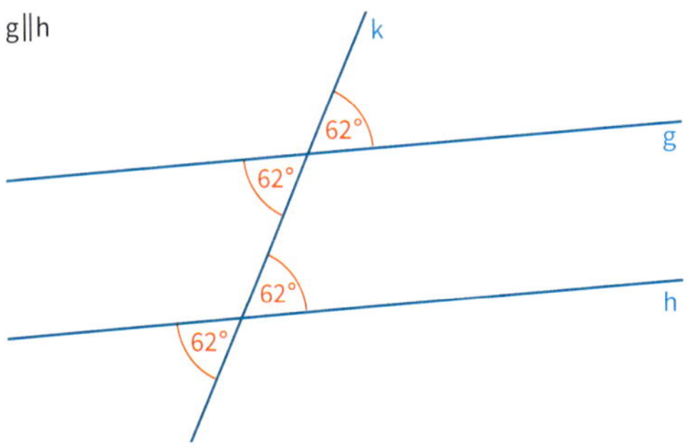

Lösungen zu Seite 131

4 Der dritte Winkel ist 77° groß, denn $68° + 35° + 77° = 180°$.

Lösungen zu Seite 134

3 a) Bei einer Raute sind die gegenüberliegenden Winkel gleich groß, d. h. es gibt noch einen weiteren 42°-Winkel.
Die vier Winkel im Viereck ergeben zusammen 360°, von denen bereits $42° + 42° = 84°$ vergeben sind. Die verbleibenden $360° - 84° = 276°$ verteilen sich aufgrund der Achsensymmetrie jeweils zur Hälfte auf die beiden anderen Winkel: $276° : 2 = 138°$.
Probe: $42° + 42° + 138° + 138° = 360°$

b) Bei einem Parallelogramm sind die gegenüberliegenden Winkel gleich groß, d. h. es gibt noch einen weiteren 119°-Winkel.
Die vier Winkel im Viereck ergeben zusammen 360°, von denen bereits $119° + 119° = 238°$ vergeben sind. Die verbleibenden $360° - 238° = 122°$ verteilen sich jeweils zur Hälfte auf die beiden anderen Winkel: $122° : 2 = 61°$.
Probe: $119° + 119 + 61° + 61° = 360°$

Lösungen zu Seite 137

4 a) $\alpha = \gamma$ b) $\beta = \gamma$

Wiederholen für die Klassenarbeit

Lösungen zu Seite 139

1 Winkelgrößen an Geradenkreuzungen berechnen

a) $\alpha = \beta = 35°$, also $\alpha + \beta = 70°$

b) $\alpha + \beta = 180°$, denn der Stufenwinkel von α ist der Nebenwinkel von β

2 Geradenkreuzungen zeichnen

a) Die Winkel sind 45° und 135° groß.

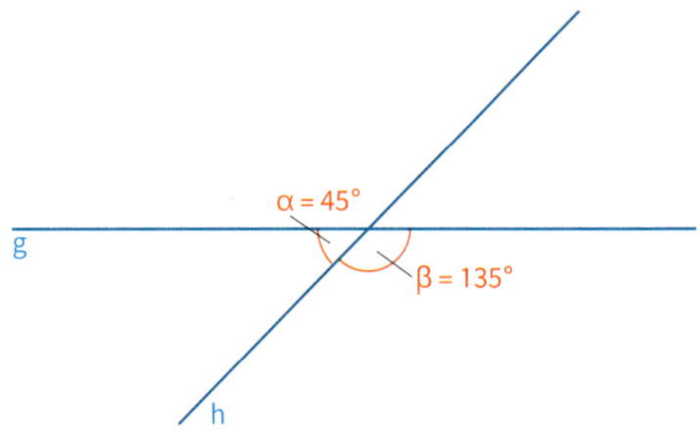

b) $\alpha = \beta = 70°$.
Der Nebenwinkel von β ist 110° groß.

g||h

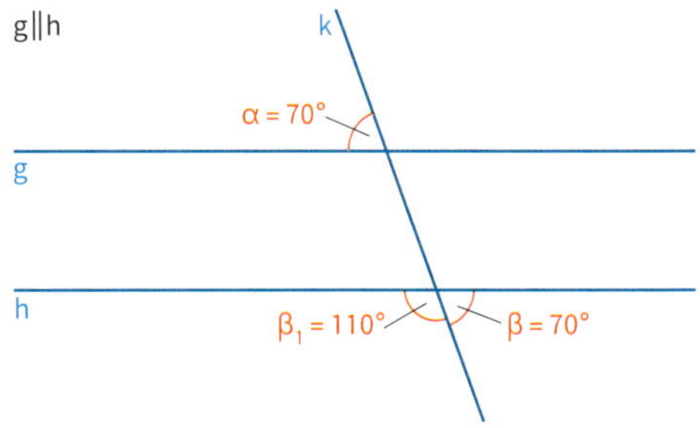

3 Winkelgrößen berechnen

a) $\alpha = 180° - 112° = 68°$; $\beta = 112°$

b) $\alpha = 180° - 39° - 53° = 88°$

c) $\alpha = 57°$; $\beta = 180° - 57 = 123°$; $\delta = \beta = 123°$

d) $\beta = 180° - 120° = 60°$; $\delta = 180° - 70° = 110°$

4 Dreiecksarten bestimmen

a) $\beta = 90°$; rechtwinkliges Dreieck

b) $\gamma = 35°$; stumpfwinkliges und gleichschenkliges Dreieck

c) $\alpha = 80°$; spitzwinkliges Dreieck

d) $\gamma = 91°$; stumpfwinkliges Dreieck

5 Winkelgrößen in Figuren bestimmen

a)

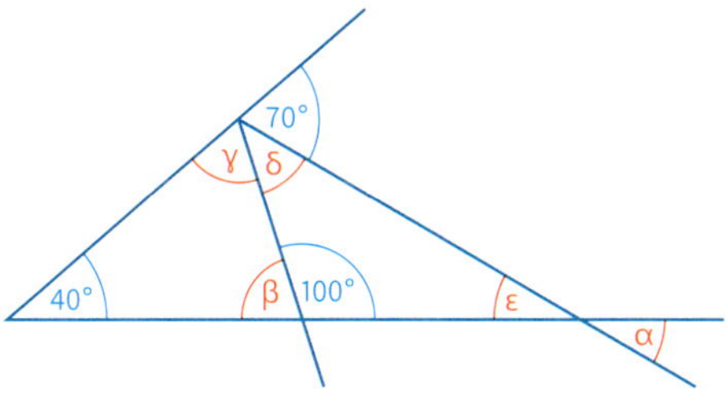

$\beta = 80°$, da Nebenwinkel zum 100°-Winkel
$\gamma = 60°$, Winkelsumme im Dreieck
$\delta = 50°$, da γ und δ mit dem 70°-Winkel einen gestreckten Winkel bilden.
$\varepsilon = 30°$, Winkelsumme im Dreieck
$\alpha = 30°$, da α und ε Scheitelwinkel sind.

b)

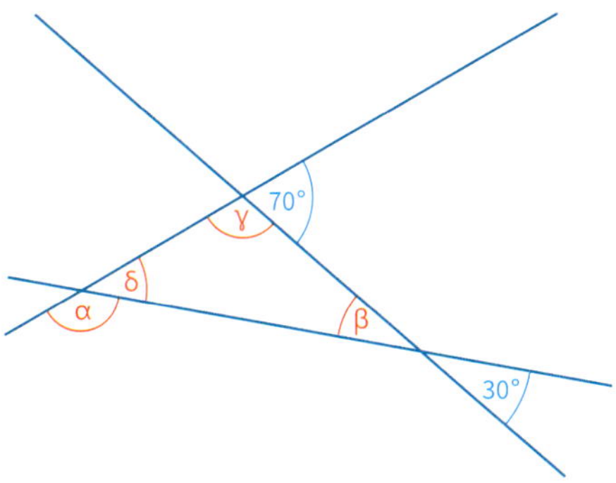

$\beta = 30°$, da Scheitelwinkel zum 30°-Winkel
$\gamma = 110°$, da γ mit dem 70°-Winkel einen gestreckten Winkel bildet.
$\delta = 40°$, Winkelsumme im Dreieck
$\alpha = 140°$, da α und δ einen gestreckten Winkel bilden.

c)

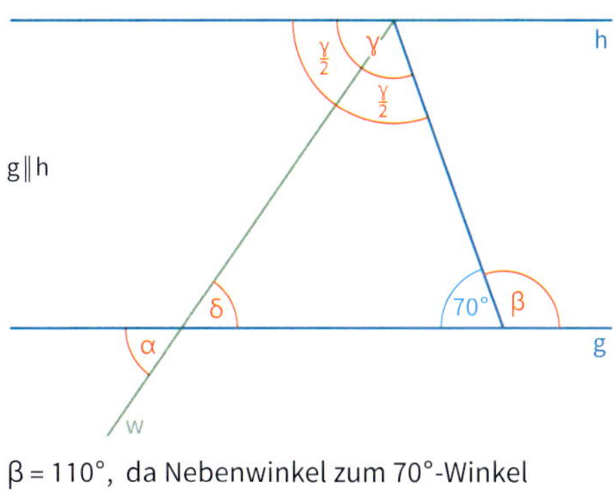

$\beta = 110°$, da Nebenwinkel zum 70°-Winkel
$\gamma = 110°$, da Wechselwinkel zu β
$\frac{\gamma}{2} = 55°$
$\delta = 55°$, Winkelsumme im Dreieck
$\alpha = 55°$, da α und δ Scheitelwinkel sind.

6 Winkelgrößen am Hausdach

Beide Neigungswinkel sind zusammen mindestens 60° groß. Der Winkel an der Spitze ist höchstens $180° - 60° = 120°$ groß.

7 Winkel im rechtwinkligen Dreieck

Der dritte Winkel ist auch 45° groß. Das Dreieck ist also gleichschenklig.

7 Rauminhalt von Körpern

Lösungen zu Seite 143

5 a) $8\,cm^3$ b) $16\,cm^3$ c) $8\,cm^3$

6 a) $8\,cm^3$
b) 8 Würfel müssen mindestens ergänzt werden.
c) Der abgebildete Körper ist halb so groß wie der Quader. Der Anteil ist $\frac{8}{16} = \frac{1}{2}$.

Lösungen zu Seite 147

6 a) Zirkuszelt in m^3 b) Erbse in mm^3
c) Rucksack in dm^3 d) Klassenraum in m^3

7 a) $6\,dm^3 = 6\,000\,cm^3$
b) $20\,000\,dm^3 = 20\,m^3$
c) $3\,000\,000\,cm^3 = 3\,m^3$
d) $99\,dm^3 = 99\,000\,000\,mm^3$

Lösungen zu Seite 148

13 a) $6427\,dm^3 = 6\,m^3\,427\,dm^3$
b) $376\,104\,cm^3 = 376\,dm^3\,104\,cm^3$
c) $1001\,dm^3 = 1\,m^3\,1\,dm^3$
d) $260\,045\,dm^3 = 260\,m^3\,45\,dm^3$

14 a) $8\,m^3\,429\,dm^3 = 8{,}429\,m^3 = 8\,429\,dm^3$
b) $3\,dm^3\,21\,cm^3 = 3{,}021\,dm^3 = 3\,021\,cm^3$
c) $10\,m^3\,7\,dm^3 = 10{,}007\,m^3 = 10\,007\,dm^3$
d) $100\,dm^3\,10\,cm^3 = 100{,}010\,dm^3 = 100\,010\,cm^3$

Lösungen zu Seite 149

4 a) $56\,l = 56\,000\,ml$ b) $2{,}5\,l = 2500\,ml$
c) $180\,000\,ml = 180\,l$ d) $100\,ml = 0{,}1\,l$
e) $0{,}8\,l = 800\,cm^3$ f) $10\,l = 10\,dm^3$
g) $830\,cm^3 = 0{,}83\,l$ h) $150\,000\,l = 150\,m^3$

5 a) $900\,ml < 1050\,cm^3 < 1{,}1\,l < 1{,}5\,dm^3$
b) $0{,}9\,dm^3 < 950\,cm^3 < 990\,ml < 1\,l$

Lösungen zu Seite 152

10 a) $V = a \cdot b \cdot c = 7\,cm \cdot 4\,cm \cdot 3\,cm = 84\,cm^3$
b) $V = a \cdot b \cdot c = 30\,mm \cdot 0{,}5\,dm \cdot 2\,cm$
$= 3\,cm \cdot 5\,cm \cdot 2\,cm = 30\,cm^3$

11 a) Wenn man eine Kantenlänge halbiert, dann halbiert sich das Volumen des Quaders.
$\frac{1}{2} \cdot a \cdot b \cdot c = \frac{1}{2} \cdot V$
b) Wenn man eine Kantenlänge halbiert, dann halbiert sich das Volumen des Würfels und man erhält einen Quader mit dem halben Volumen. Wenn man nun eine Kantenlänge des neuen Quaders halbiert, dann halbiert sich das Volumen dieses Quaders auf ein Viertel des Volumens des Würfels. Wenn man nun noch die dritte Kantenlänge halbiert, dann halbiert sich das Volumen nochmals auf ein Achtel des Volumens des Würfels.
$\frac{1}{2} \cdot a \cdot \frac{1}{2} \cdot b \cdot \frac{1}{2} \cdot c = \frac{1}{8} \cdot a \cdot b \cdot c = \frac{1}{8} \cdot V$

12 Da die Lagerhalle nur 4 m hoch ist, können die 3 m hohen Container nicht übereinander gestapelt werden. Insgesamt passen 44 Container (2,5 m × 6 m) in die Lagerhalle (22 m × 30 m).

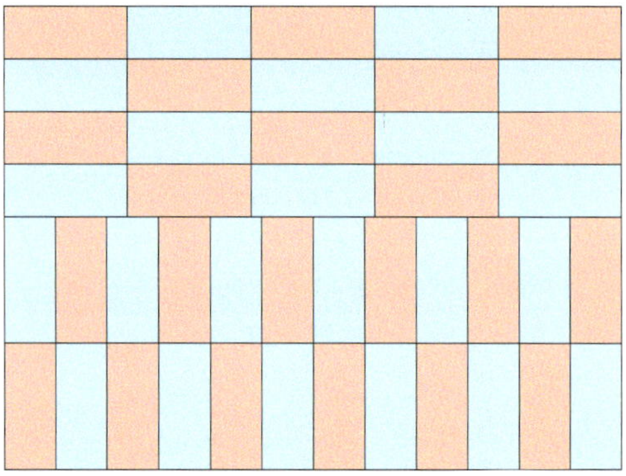

Lösungen zu Seite 153

18 Volumen: $V = 900\,cm^3$ Grundfläche: $A = 60\,cm^2$
$h = 900\,cm^3 : 60\,cm^2 = 15\,cm$

19 $V = 126\,l = 126\,dm^3$ Höhe $h = 40\,cm = 4\,dm$
$A = 126\,dm^3 : 4\,dm = 31{,}5\,dm^2$

Lösungen zu Seite 156

3 a) Rechnung in Zentimeter ohne Einheiten
$O = 2 \cdot a \cdot b + 2 \cdot a \cdot c + 2 \cdot b \cdot c$
$= 2 \cdot 8 \cdot 10 + 2 \cdot 8 \cdot 20 + 2 \cdot 10 \cdot 20$
$= 160 + 320 + 400 = 880$
$O = 880\,cm^2$

b) $a = 4\,dm$, $b = 2\,m = 20\,dm$, $c = 5000\,mm = 50\,dm$

$O = 2 \cdot a \cdot b + 2 \cdot a \cdot c + 2 \cdot b \cdot c$

$= 2 \cdot 4 \cdot 20 + 2 \cdot 4 \cdot 50 + 2 \cdot 20 \cdot 50$

$= 160 + 400 + 2000 = 2560$

$O = 2560\,dm^2 = 25{,}6\,m^2$

4 Oberfläche eines Bauklotzes

Rechnung in Zentimeter ohne Einheiten

$O = 2 \cdot a \cdot b + 2 \cdot a \cdot c + 2 \cdot b \cdot c$

$= 2 \cdot 4 \cdot 6 + 2 \cdot 4 \cdot 8 + 2 \cdot 6 \cdot 8$

$= 48 + 64 + 96 = 208$

4 Bauklötze: $4 \cdot 208 = 832$

Die Farbe muss mindestens für $832\,cm^2$ reichen.

Wiederholen für die Klassenarbeit

Lösungen zu Seite 158

1 Zum Quader ergänzen

a) $12\,cm^3$

b) 12 Würfel müssen ergänzt werden.

2 Umrechnen in eine kleinere Einheit

a) $47\,dm^3 = 47\,000\,cm^3$

b) $17\,cm^3 = 17\,000\,mm^3$

c) $2800\,cm^3 = 2\,800\,000\,mm^3$

d) $45\,m^3 = 45\,000\,dm^3$

e) $370\,cm^3 = 370\,000\,mm^3$

f) $15\,l = 15\,000\,ml$

g) $108\,dm^3 = 108\,000\,cm^3$

h) $95\,l = 95\,000\,ml$

3 Umrechnen in eine größere Einheit

a) $25\,000\,dm^3 = 25\,m^3$

b) $180\,000\,mm^3 = 180\,cm^3$

c) $7\,300\,000\,mm^3 = 7300\,cm^3$

d) $75\,000\,dm^3 = 75\,m^3$

e) $3\,600\,000\,ml = 3600\,l$

f) $670\,000\,cm^3 = 670\,dm^3$

g) $56\,000\,dm^3 = 56\,m^3$

h) $45\,000\,ml = 45\,l$

4 Umrechnen in andere Einheiten

a) $83\,m^3 = 83\,000\,000\,cm^3$

b) $650\,000\,mm^3 = 650\,cm^3$

c) $56\,000\,dm^3 = 56\,000\,000\,cm^3$

d) $90\,dm^3 = 90\,l$

e) $38\,l = 38\,dm^3 = 38\,000\,000\,mm^3$

f) $69\,000\,000\,cm^3 = 69\,m^3$

g) $3\,m^3 = 3000\,l$

h) $4\,000\,cm^3 = 4\,000\,000\,mm^3$

5 Volumen umrechnen

a) $5400\,dm^3 = 5{,}4\,m^3$

b) $610\,mm^3 = 0{,}61\,cm^3$

c) $5{,}6\,dm^3 = 5600\,cm^3$

d) $0{,}09\,dm^3 = 90\,cm^3$

e) $450\,ml = 0{,}45\,l$

f) $7{,}5\,l = 7500\,ml$

g) $7{,}34\,m^3 = 7340\,dm^3$

h) $0{,}468\,m^3 = 468\,000\,cm^3$

6 Runden von Volumina

a) $6947\,dm^3 \approx 7\,m^3$

$23\,611\,dm^3 \approx 24\,m^3$

$1499\,dm^3 \approx 1\,m^3$

$784\,498\,978\,cm^3 \approx 784\,m^3$

$37{,}47\,m^3 \approx 37\,m^3$

b) $5251\,ml \approx 5\,l$

$509\,ml \approx 1\,l$

$299\,863\,ml \approx 300\,l$

$94\,745\,ml \approx 95\,l$

$1\,001\,001\,ml \approx 1001\,l$

7 Monsterzahlen

$36\,401\,552\,102\,mm^3 \approx 36\,m^3$

Bei einer Höhe von 3 m wäre der Klassenraum $12\,m^2$ groß. Ein Klassenraum ist in der Regel mindestens $25\,m^2$ groß und mindestens 2,5 m hoch mit einem Volumen von $62{,}5\,m^3$.

8 Rechnen mit Volumina

a) $39\,m^3 + 87\,m^3 = 126\,m^3$

b) $4\,dm^3 - 680\,cm^3 = 4000\,cm^3 - 680\,cm^3 = 3320\,cm^3$

c) $350\,ml \cdot 20 = 7000\,ml = 7\,l$

d) $880\,dm^3 : 11 = 80\,dm^3$

e) $630\,dm^3 + 0{,}5\,m^3 = 630\,dm^3 + 500\,dm^3 = 1130\,dm^3$

f) $20{,}6\,l - 50\,ml = 20\,600\,ml - 50\,ml = 20\,550\,ml$

g) $2{,}7\,m^3 + 0{,}08\,m^3 = 2{,}78\,m^3$

h) $2\,l : 5 = 2000\,ml : 5 = 400\,ml$

i) $2\,m^3 + 20\,dm^3 = 2000\,dm^3 + 20\,dm^3 = 2020\,dm^3$

j) $9{,}1\,dm^3 - 7{,}455\,dm^3 = 1{,}645\,dm^3$

k) $0{,}04\,l \cdot 24 = 40\,ml \cdot 24 = 960\,ml$

l) $200\,dm^3 : 10\,dm^3 = 20$

9 Holzbalken

$V = 86{,}4\,dm^3 = 86\,400\,cm^3$; $a = 24\,cm$; $c = 12\,cm$

Gesucht: Kantenlänge b

Grundfläche: $A = 24\,cm \cdot 12\,cm = 288\,cm^2$

$b = 86\,400\,cm^3 : 288\,cm^2 = 300\,cm$

Gewicht des Holzbalkens:

$86\,400 \cdot 0{,}5\,g = 43\,200\,g = 43{,}2\,kg$

10 Schachteln

Schachtel 1: $V = 10\,800\,cm^3$

$A = 30\,cm \cdot 24\,cm = 720\,cm^2$

$h_1 = 10\,800\,cm^3 : 720\,cm^2 = 15\,cm$

Schachtel 2: $V = 11\,200\,cm^3$ und $A = 700\,cm^2$

$h_2 = 11\,200\,cm^3 : 700\,cm^2 = 16\,cm$

Die Schachtel 2 ist höher.

Lösungen zu Seite 159

11 Aquarium

a) $a = 1{,}20\,m = 12\,dm$; $b = 50\,cm = 5\,dm$; $c = 8\,dm$

$V = 12\,dm \cdot 5\,dm \cdot 8\,dm = 480\,dm^3 = 480\,l$

b) $480\,dm^3 : 10\,dm^3 = 48$; Familie Rausch sollte höchstens 48 Fische kaufen.

12 Wasserbehälter

a) $a = 20\,cm$; $b = 40\,cm$; $c = 15\,cm$

Grundfläche: $A = a \cdot b = 20\,cm \cdot 40\,cm = 800\,cm^2$

Das Wasser breitet sich auf der Grundfläche aus.

$V_{Wasser} = 4\,l = 4000\,cm^3$; $A = 800\,cm^2$

$4000\,cm^3 = 800\,cm^2 \cdot h_{Wasser}$

$h_{Wasser} = 4000\,cm^3 : 800\,cm^2 = 5\,cm$

Das Wasser steht 5 cm hoch.

b) Der Behälter ist zu $\frac{5}{15} = \frac{1}{3}$ gefüllt.

$\frac{2}{3}$ des Behälters muss noch gefüllt werden, das sind 8 Liter.

13 Umzug

a) $V_{Karton} = 40\,cm \cdot 72\,cm \cdot 50\,cm = 144\,000\,cm^3 = 144\,l$

b) $a = 2{,}40\,m = 24\,dm$; $b = 8\,m = 80\,dm$;

$c = 3\,m = 30\,dm$

$V_{Lkw} = 24\,dm \cdot 80\,dm \cdot 30\,dm = 57\,600\,dm^3 = 57\,600\,l$

Anzahl Kisten rechnerisch: $57\,600\,l : 144\,l = 400$

Da keine Kantenlänge des Laderaums (240 cm, 800 cm, 300 cm) durch 72 teilbar ist, kann der Laderaum des Lkw nicht vollständig mit Kisten gefüllt werden. Damit passen also keine 400 Kisten in den Laderaum des Lkw.

14 Quader und Würfel

a) $V = 4\,cm \cdot 6\,cm \cdot 8\,cm = 192\,cm^3$

$O = 2 \cdot (4 \cdot 6 + 4 \cdot 8 + 6 \cdot 8) = 2 \cdot (24 + 32 + 48) = 208$

$O = 208\,cm^2$

b) $V = (4\,cm)^3 = 64\,cm^3$; $O = 6 \cdot (4\,cm)^2 = 96\,cm^2$

c) $V = 5\,cm \cdot 5\,cm \cdot 7\,cm = 175\,cm^3$

$O = 2 \cdot (5 \cdot 5 + 5 \cdot 7 + 5 \cdot 7) = 2 \cdot (25 + 35 + 35) = 190$

$O = 190\,cm^2$

d) $V = 4\,cm \cdot 10\,cm \cdot 4\,cm = 160\,cm^3$

$O = 2 \cdot (4 \cdot 10 + 4 \cdot 4 + 10 \cdot 4) = 2 \cdot (40 + 16 + 40) = 192$

$O = 192\,cm^2$

15 Quadermaße

a	3 dm	18 cm	**16 mm**	**15 dm**	3 cm
b	5 dm	9 cm	24 mm	40 dm	**3 cm**
c	6 dm	**3 cm**	50 mm	**15 dm**	0,3 dm
a · b	**15 dm²**	**162 cm²**	384 mm²	6 m²	9 cm²
V	**90 dm³**	486 cm³	**19 200 mm³**	9 m³	**27 cm³**
O	**126 dm²**	**486 cm²**	**4768 mm²**	**2850 dm²**	**54 cm²**

16 Quader gesucht

$V = 2\,cm \cdot 6\,cm \cdot 8\,cm = 96\,cm^3$

$O = 2 \cdot (2 \cdot 6 + 2 \cdot 8 + 6 \cdot 8) = 2 \cdot (12 + 16 + 48) = 152$

$O = 152\,cm^2$

a) $a = 1\,cm$, $b = 1\,cm$, $c = 96\,cm$

$V = 1\,cm \cdot 1\,cm \cdot 96\,cm = 96\,cm^3$

$O = 2 \cdot (1 \cdot 1 + 1 \cdot 96 + 1 \cdot 96) = 2 \cdot (1 + 96 + 96) = 386$

$O = 386\,cm^2$

b) Damit der Oberflächeninhalt gleich bleibt, muss gelten: $O = 2 \cdot (a \cdot b + a \cdot c + b \cdot c) = 152$

also $a \cdot b + a \cdot c + b \cdot c = 76$

1. Beispiel: $a = 1\,cm$ und $b = 1\,cm$:

also $1 \cdot 1 + 1 \cdot c + 1 \cdot c = 76$

also $1 + 2 \cdot c = 76$

also $c = 37{,}5\,cm$

$O = 2 \cdot (1 \cdot 1 + 1 \cdot 37{,}5 + 1 \cdot 37{,}5) = 2 \cdot 76 = 152$

$O = 152\,cm^2$

$V = 1\,cm \cdot 1\,cm \cdot 37{,}5\,cm = 37{,}5\,cm^3$

2. Beispiel: $a = 2\,cm$; $b = 3\,cm$; $c = 14\,cm$

$O = 2 \cdot (2 \cdot 3 + 2 \cdot 14 + 3 \cdot 14) = 2 \cdot (6 + 28 + 42) = 152$

$O = 152\,cm^2$

$V = 2\,cm \cdot 3\,cm \cdot 14\,cm = 84\,cm^3$

17 Zusammengesetzter Körper

a) Zerlegen: $V = 5 \cdot 1 \cdot 1 + 1 \cdot 1 \cdot 2 + 1 \cdot 1 \cdot 2 = 9$

$V = 9\,cm^3$

Ergänzen: $V = 5 \cdot 1 \cdot 3 - 3 \cdot 1 \cdot 2 = 15 - 6 = 9$

$V = 9\,cm^3$

b) $O = 2 \cdot (5 \cdot 1 + 2 \cdot 1 + 2 \cdot 1) + 2 \cdot (1 \cdot 3 + 1 \cdot 2) + 2 \cdot (5 \cdot 1)$

$= 2 \cdot 9 + 2 \cdot 5 + 2 \cdot 5 = 38$

$O = 38\,cm^2$

8 Statistische Daten

Lösungen zu Seite 162

4 Gesamzahl: 25

Haustier	Hund	Katze	Hamster	Kaninchen	Wellensittich
relative Häufigkeit	$\frac{8}{25}$	$\frac{6}{25}$	$\frac{1}{25}$	$\frac{7}{25}$	$\frac{3}{25}$
	32 %	24 %	4 %	28 %	12 %

$\frac{8}{25} + \frac{6}{25} + \frac{1}{25} + \frac{7}{25} + \frac{3}{25} = \frac{25}{25} = 1$

32 % + 24 % + 4 % + 28 % + 12 % = 100 % = 1

Lösungen zu Seite 163

7 Mühldorf: 120 Neuhausen: 160

	Erdbeeren	Äpfel	Birnen	Bananen	Himbeeren
Mühldorf	$\frac{30}{120}$	$\frac{48}{120}$	$\frac{24}{120}$	$\frac{12}{120}$	$\frac{6}{120}$
	25,0%	40,0%	20,0%	10,0%	5,0%
Neuhausen	$\frac{36}{160}$	$\frac{56}{160}$	$\frac{40}{160}$	$\frac{16}{160}$	$\frac{12}{160}$
	22,5%	35,0%	25,0%	10,0%	7,5%

In Neuhausen mögen 56 Leute Äpfel am liebsten, in Mühldorf nur 48. Es haben also mehr Menschen in Neuhausen Äpfel als Lieblingsobst. Allerdings wurden in Neuhausen auch mehr Menschen befragt. Die relativen Häufigkeiten zeigen, dass in Mühldorf 40 % der Befragten Äpfel am liebsten mögen und in Neuhausen nur 35 %.

Lösungen zu Seite 165

3

relative Häufig.	$\mathbf{\frac{1}{10}}$	$\mathbf{\frac{3}{4}}$	$\frac{3}{5}$	$\mathbf{\frac{1}{4}}$	$\frac{5}{6}$	$\mathbf{\frac{80}{360} = \frac{2}{9}}$
Prozent	10 %	**75 %**	**60 %**	25 %	**≈ 83,3 %**	**≈ 22,2 %**
Winkel	**36°**	270°	**216°**	**90°**	**300°**	80°

4 Gesamtzahl: 60

Schuhgröße	34	35	36	37	38	39
relative Häufig.	$\frac{1}{10}$	$\frac{2}{15}$	$\frac{3}{10}$	$\frac{1}{4}$	$\frac{2}{15}$	$\frac{1}{12}$
Winkel	36°	48°	108°	90°	48°	30°

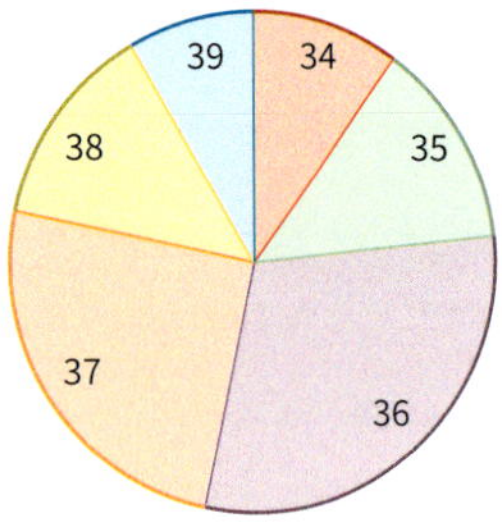

Lösungen zu Seite 166

9

	Stadtmitte	Stadtrand	Dorf	Land
6 a	$\frac{150}{360} \cdot 24 = 10$	$\frac{105}{360} \cdot 24 = 7$	$\frac{45}{360} \cdot 24 = 3$	$\frac{60}{360} \cdot 24 = 4$
6 b	$\frac{144}{360} \cdot 30 = 12$	$\frac{96}{360} \cdot 30 = 8$	$\frac{72}{360} \cdot 30 = 6$	$\frac{48}{360} \cdot 30 = 4$

(1) Falsch: 7 Kinder in der 6 a und 8 in der 6 b.
(2) Richtig: 12 Kinder in der 6 b und 10 in der 6 a.
(3) Richtig
(4) Richtig: 6 Kinder in der 6 b und 3 in der 6 a.

Lösungen zu Seite 169

4 Die SV stellt im Säulendiagramm das Leistungsvermögen von 7 Uhr bis 10 Uhr dar. In diesem Diagramm ist der deutliche Anstieg des Leistungsvermögens erkennbar.
Die SV will damit aufzeigen, dass das Leistungsvermögen in den frühen Stunden nicht besonders hoch ist. Die SV möchte einen späteren Unterrichtsbeginn erreichen.
Die Schulleiterin stellt im Säulendiagramm das Leistungsvermögen von 11 Uhr bis 14 Uhr dar.
In diesem Diagramm ist der deutliche Abfall des Leistungsvermögens erkennbar.
Die Schulleiterin will damit aufzeigen, dass das Leistungsvermögen ab 11 Uhr sinkt. Wenn die Schule später beginnt, dann muss sie auch später enden. Die Schulleiterin zeigt, dass das späte Ende schlecht für die Konzentration ist. Sie möchte also früh anfangen.

Lösungen zu Seite 171

4 a) Maximum: 10 Minimum: 1
Spannweite: 9
Gesamtzahl: $3 + 9 + 4 + 6 + 10 + 1 + 3 + 5 = 41$
Arithmetisches Mittel: $41 : 8 = 5{,}125$

b) Maximum: 28 Minimum: 7
Spannweite: 21
Gesamtzahl: $18 + 23 + 20 + 28 + 17 + 13 + 7 = 126$
Arithmetisches Mittel: $126 : 7 = 18$

c) Maximum: 7,97 € Minimum: 7,10 €
Spannweite: 0,87 €
Gesamtzahl: $7{,}50 + 7{,}15 + 7{,}97 + 7{,}10 = 29{,}72$
Arithmetisches Mittel: $29{,}72 : 4 = 7{,}43$; also 7,43 €

5 Am meisten Wasser wurde in Estland verbraucht.
Am wenigsten Wasser wurde in Kenia verbraucht.
Das arithmetische Mittel beträgt
$3\,361\,000 : 5 = 672\,200$

Lösungen zu Seite 172

11 a) arithmetisches Mittel:
$$\frac{2 \cdot 140 + 5 \cdot 146 + 8 \cdot 152 + 8 \cdot 158 + 7 \cdot 164}{30}$$
$$= \frac{4638}{30} = 154{,}6$$
Modalwerte: 152 und 158
Das arithmetische Mittel liegt zwischen den beiden Modalwerten.

b) arithmetisches Mittel:
$$\frac{6 \cdot 8 + 6 \cdot 9 + 3 \cdot 10 + 2 \cdot 11 + 8 \cdot 12}{25} = \frac{250}{25} = 10$$
Modalwert: 12
Das arithmetische Mittel ist um 2 s kleiner als der Modalwert. Der Modalwert weicht stark vom arithmetischen Mittel ab, da der häufigste Wert der größte Wert der Datenliste ist.

c) arithmetisches Mittel:
$$\frac{5 \cdot 10 + 10 \cdot 20 + 6 \cdot 30 + 2 \cdot 50 + 1 \cdot 150}{24} = \frac{680}{24} = 28{,}\overline{3}$$
Modalwert: 20 €
Das arithmetische Mittel ist um 8,33 € größer als der Modalwert. Dies liegt daran, dass der „Ausreißer“ 150 € auf das arithmetische Mittel einen direkten Einfluss hat, aber nicht auf den Modalwert.

Wiederholen für die Klassenarbeit

Lösungen zu Seite 177

18 Relative Häufigkeiten berechnen

Berechne die relativen Häufigkeiten.

a) Gesamtzahl: 25

Name	Justin	Max	Kim	Lucie
relative Häufigkeit	$\frac{9}{25}$	$\frac{7}{25}$	$\frac{5}{25}$	$\frac{4}{25}$

b) Gesamtzahl: 120

AG	Schach	Fechten	Nähen	Football
relative Häufigkeit	$\frac{18}{120}$	$\frac{24}{120}$	$\frac{36}{120}$	$\frac{42}{120}$

19 Absolute Häufigkeiten aus relativen Häufigkeiten berechnen

ein Geschwisterkind: $\frac{2}{5} \cdot 120 = 48$

zwei Geschwister: $\frac{1}{5} \cdot 120 = 24$

drei oder mehr: $\frac{1}{10} \cdot 120 = 12$

keine Geschwister: $120 - 48 - 24 - 12 = 36$

oder $\left(1 - \frac{2}{5} - \frac{1}{5} - \frac{1}{10}\right) \cdot 120 = \frac{3}{10} \cdot 120 = 36$

20 Kreisdiagramm und Streifendiagramm

	relative Häufigkeit	Winkel	Streifen
Shopping	50 %	180°	5,0 cm
Essen und Trinken	25 %	90°	2,5 cm
Freizeitaktivitäten	20 %	72°	2,0 cm
Sonstiges	5 %	18°	0,5 cm

a)

b)

21 Klicks auf die Schulhomepage

Die Diagramme (2) und (3) passen zu den Daten, da in den Monaten Mai, Juni und Juli nahezu gleich viel Klicks zu verzeichnen sind.

Am deutlichsten sieht man bei Diagramme (1), dass im Juni weniger Klicks verzeichnet sind, als im Mai, was nicht stimmt.

22 Daten auswerten

a) Maximum: 12 Minimum: 1
Spannweite: 11
Arithmetisches Mittel: $\frac{48}{8} = 6$

b) Maximum: 2,2 m Minimum: 93 cm
Spannweite: 127 cm
Arithmetisches Mittel: 696 cm : 4 = 174 cm

c) Maximum: 1,05 kg Minimum: 98 g
Spannweite: 952 g
Arithmetisches Mittel: 2488 g : 4 = 622 g

6 Reichweite Elektroauto

Anzahl der Werte: 6

Maximum: 481 km

Minimum: 432 km

Spannweite: 49 km

Arithmetisches Mittel:

$\frac{432 + 481 + 471 + 453 + 460 + 448}{6} = \frac{2745}{6} = 457{,}5$

Modalwert: alle Werte sind der Modalwert

7 Wert ergänzen

a) $3 \cdot 8 = 24$ $24 - 12 - 5 = 7$

b) $4 \cdot 8{,}5 = 34$ $34 - 4 - 7 - 21 = 2$

c) $5 \cdot 25 = 125$ $125 - 76 - 1 - 18 - 9 = 21$

8 Entwicklung am Diagramm darstellen

(1) "Armut in Niedersachsen auf gleich bleibendem Niveau"

(2) "Drastischer Anstieg der Armut in Niedersachsen"

Bei (2) soll deutlich gemacht werden, dass sich die Armutssituation in Niedersachsen deutlich verschlechtert hat, und viel mehr Leute arm sind. Zu diesem Zweck wurde ein Teil der Daten weggelassen und die y-Achse beginnt nicht bei null. In (1) soll das Gegenteil bewirkt werden. Es soll gezeigt werden, dass die Situation stabil bleibt.

Stichwortverzeichnis

P

Q

R

S

T

U

V

W

Z

Bildquellenverzeichnis

|Alamy Stock Photo, Abingdon/Oxfordshire: Chernykh, Aleksander V./PhotoXpress/ZUMA Press 106.1; imageBROKER/Robbin, Thomas 4.1, 82.1; Ujetto, Mauro/NurPhoto 4.2, 104.1. |fotolia.com, New York: fotofinish100 139.5; Holtz, Viola F. 46.6; lagom 46.9. |imprint, Zusmarshausen: 204.1, 204.2, 204.3, 204.4, 204.5, 204.6, 204.7, 204.8, 204.9, 204.10, 204.11, 204.12, 204.13, 204.14, 204.15, 204.16, 204.17, 206.1, 206.2, 206.3, 207.1, 207.2, 207.3, 207.4, 207.5, 207.6, 207.7, 207.8, 207.9, 207.10, 208.1, 208.2, 208.3, 208.4, 209.1, 210.1, 210.2, 210.3, 210.4, 210.5, 210.6, 216.1, 216.3, 216.4. |iStockphoto.com, Calgary: archideaphoto 47.4; claudio.arnese 117.2; DedMityay 3.2; ewg3D 94.2; goodmoments 4.3, 126.1; grafvision 3.1, 8.1; Inside Creative House 5.3, 178.1; Prostock-Studio 62.5; Spiderstock 46.7; StockPhotosArt 47.3; xxmmxx Titel. |Langner & Partner Werbeagentur GmbH, Hemmingen: 96.1. |mauritius images GmbH, Mittenwald: Reinhard Eisele 137.1. |Mettin, Markus, Offenbach: 145.1, 145.2. |Picture-Alliance GmbH, Frankfurt a.M.: Bildagentur-online/Rossi 136.1; dpa 42.1. |Schlierf, Birgit und Olaf, Lachendorf: 43.2, 44.1, 44.3, 44.4, 44.5, 45.5, 46.1, 46.2, 46.4, 47.1, 47.7, 49.4, 49.6, 51.4, 52.8, 52.9, 52.10, 60.2, 61.2, 62.3, 88.2, 89.1, 89.2, 89.3, 89.4, 89.5, 89.7, 89.8, 90.1, 90.2, 90.3, 90.5, 90.6, 91.7, 93.1, 94.4, 94.5, 94.6, 94.7, 94.8, 95.1, 95.2, 95.3, 95.4, 95.5, 95.6, 95.7, 95.8, 96.2, 96.3, 96.4, 96.5, 97.1, 97.2, 97.3, 97.4, 97.5, 97.6, 97.7, 98.1, 98.2, 98.3, 98.4, 98.5, 98.6, 98.7, 98.8, 99.1, 99.2, 99.3, 99.4, 99.5, 99.6, 100.6, 100.7, 100.10, 100.11, 101.1, 101.4, 101.5, 102.1, 102.2, 102.3, 102.4, 102.5, 102.6, 128.1, 128.2, 128.3, 128.4, 128.5, 129.2, 129.3, 129.4, 129.5, 129.6, 129.7, 129.8, 130.2, 130.3, 130.4, 130.5, 130.6, 130.9, 131.1, 131.2, 131.3, 131.4, 131.5, 131.6, 132.3, 132.5, 133.2, 133.8, 134.1, 134.2, 134.3, 134.4, 135.1, 135.3, 135.4, 135.5, 136.2, 136.3, 136.4, 136.5, 137.2, 137.4, 138.1, 138.2, 138.3, 138.4, 138.5, 138.6, 138.7, 138.8, 139.1, 139.2, 139.3, 139.4, 144.2, 144.3, 144.4, 144.5, 144.6, 144.7, 144.8, 144.9, 144.10, 145.3, 145.4, 145.5, 145.6, 145.7, 145.8, 168.1, 174.2, 175.1, 175.3, 177.2, 193.1, 213.1, 213.2, 213.3, 213.4, 220.2, 220.4, 220.5, 221.1, 221.5, 222.1, 222.2, 222.4, 222.5, 223.1, 223.2, 223.3, 223.4, 228.1, 228.2, 228.3, 229.1, 229.2, 229.3. |Shutterstock.com, New York: Interior Design 118.3; mahc 32.1; nongamt 5.2, 160.1; oliveromg 118.4; tanoochai 47.2; UNIKYLUCKK 13.2; XArtProduction 47.5. |stock.adobe.com, Dublin: AnneGM 150.1; baibaz 61.3; Ede, Hans und Christa 81.1; ExQuisine 61.1; icealex 94.3; Koonsiri 5.1, 140.1; kudosstudio 71.1; Mühlbauer, Johanna 3.3, 54.1; Natascha 46.8; Steidl, James 14.2; TristanBM 47.6; weerapat1003 94.1; Wylezich, Björn Titel. |Valentinelli, Mario, Rostock: 6.1, 6.2, 6.3, 6.4, 6.5, 6.6, 6.7, 6.8, 7.1, 7.2, 10.1, 10.2, 10.3, 10.4, 11.1, 11.2, 11.3, 11.4, 11.5, 11.6, 11.7, 11.8, 12.1, 12.2, 12.3, 12.4, 12.5, 12.6, 12.7, 12.8, 12.9, 13.1, 13.3, 13.4, 13.5, 13.6, 14.1, 14.3, 14.4, 14.5, 14.6, 15.1, 15.2, 15.3, 15.4, 15.5, 16.1, 16.2, 16.3, 16.4, 17.1, 17.2, 17.3, 17.4, 17.5, 18.1, 18.2, 18.3, 18.4, 18.5, 19.1, 19.2, 19.3, 19.4, 19.5, 19.6, 19.7, 20.1, 20.2, 20.3, 20.4, 20.5, 21.1, 21.2, 21.3, 21.4, 21.5, 21.6, 21.7, 22.1, 22.2, 22.3, 22.4, 23.1, 23.2, 23.3, 23.4, 24.1, 24.2, 24.3, 24.4, 24.5, 24.6, 25.1, 26.1, 26.2, 26.3, 26.4, 26.5, 26.6, 26.7, 27.1, 27.2, 27.3, 27.4, 28.1, 29.1, 29.2, 30.1, 30.2, 30.3, 30.4, 31.1, 31.2, 31.3, 31.4, 32.2, 32.3, 32.4, 33.1, 33.2, 34.1, 34.2, 34.3, 34.4, 34.5, 35.1, 35.2, 35.3, 35.4, 36.1, 36.2, 36.3, 36.4, 36.5, 37.1, 37.2, 37.3, 37.4, 38.1, 38.2, 38.3, 39.1, 39.2, 39.3, 39.4, 42.2, 42.3, 42.4, 42.5, 42.6, 43.1, 43.3, 43.4, 43.5, 44.2, 44.6, 45.1, 45.2, 45.3, 45.4, 45.6, 45.7, 46.3, 46.5, 47.8, 47.9, 47.10, 48.1, 48.2, 48.3, 48.4, 48.5, 49.1, 49.2, 49.3, 49.5, 49.7, 50.1, 50.2, 50.3, 50.4, 50.5, 51.1, 51.2, 51.3, 52.1, 52.2, 52.3, 52.4, 52.5, 52.6, 52.7, 53.1, 53.2, 53.3, 56.1, 56.2, 56.3, 56.4, 56.5, 57.1, 57.2, 58.1, 58.2, 58.3, 59.1, 59.2, 59.3, 60.1, 62.1, 62.2, 62.4, 63.1, 63.2, 64.1, 64.2, 65.1, 65.2, 65.3, 66.1, 66.2, 66.3, 66.4, 66.5, 67.1, 67.2, 67.3, 67.4, 68.1, 68.2, 68.3, 69.1, 69.2, 69.3, 69.4, 70.1, 70.2, 70.3, 71.2, 72.1, 73.1, 73.2, 74.1, 74.2, 74.3, 74.4, 75.1, 75.2, 76.1, 76.2, 76.3, 76.4, 77.1, 78.1, 78.2, 78.3, 80.1, 80.2, 84.1, 84.2, 84.3, 84.4, 85.1, 85.2, 85.3, 85.4, 85.5, 86.1, 86.2, 86.3, 86.4, 87.1, 87.2, 87.3, 87.4, 87.5, 88.1, 89.6, 90.4, 90.7, 90.8, 91.1, 91.2, 91.3, 91.4, 91.5, 91.6, 92.1, 92.2, 92.3, 92.4, 92.5, 93.2, 93.3, 93.4, 93.5, 99.7, 100.1, 100.2, 100.3, 100.4, 100.5, 100.8, 100.9, 101.2, 101.3, 103.1, 103.2, 106.2, 107.1, 107.2, 107.3, 108.1, 108.2, 108.3, 109.1, 109.2, 109.3, 109.4, 110.1, 110.2, 110.3, 110.4, 111.1, 111.2, 112.1, 112.2, 113.1, 114.1, 114.2, 114.3, 115.1, 115.2, 115.3, 116.1, 116.2, 117.1, 117.3, 118.1, 118.2, 118.5, 118.6, 119.1, 119.2, 120.1, 121.1, 121.2, 122.1, 122.2, 124.1, 128.6, 129.1, 130.1, 130.7, 130.8, 132.1, 132.2, 132.4, 133.1, 133.3, 133.4, 133.5, 133.6, 133.7, 133.9, 135.2, 137.3, 137.5, 142.1, 142.2, 142.3, 142.4, 142.5, 143.1, 143.2, 143.3, 143.4, 143.5, 143.6, 144.1, 146.1, 146.2, 146.3, 146.4, 146.5, 146.6, 147.1, 148.1, 148.2, 148.3, 149.1, 149.2, 149.3, 149.4, 150.2, 150.3, 151.1, 151.2, 151.3, 151.4, 151.5, 151.6, 151.7, 151.8, 152.1, 152.2, 152.3, 153.1, 153.2, 154.1, 154.2, 154.3, 154.4, 154.5, 154.6, 154.7, 155.1, 155.2, 155.3, 155.4, 155.5, 156.1, 156.2, 156.3, 156.4, 157.1, 157.2, 157.3, 157.4, 157.5, 157.6, 157.7, 158.1, 158.2, 159.1, 159.2, 159.3, 163.1, 163.2, 164.1, 164.2, 164.3, 165.1, 165.2, 165.3, 165.4, 166.1, 166.2, 166.3, 167.1, 167.2, 167.3, 168.2, 168.3, 168.4, 168.5, 169.1, 169.2, 169.3, 169.4, 169.5, 169.6, 169.7, 170.1, 170.2,

170.3, 170.4, 171.1, 172.1, 172.2, 172.3, 174.1, 174.3, 175.2, 176.1, 176.2, 176.3, 176.4, 176.5, 177.1, 180.1, 180.2, 180.3, 180.4, 180.5, 180.6, 180.7, 180.8, 180.9, 180.10, 180.11, 180.12, 180.13, 180.14, 180.15, 180.16, 180.17, 180.18, 181.1, 181.2, 181.3, 181.4, 181.5, 181.6, 181.7, 181.8, 181.9, 181.10, 181.11, 181.12, 181.13, 181.14, 181.15, 181.16, 181.17, 181.18, 182.1, 182.2, 182.3, 182.4, 182.5, 182.6, 182.7, 182.8, 182.9, 182.10, 182.11, 182.12, 182.13, 182.14, 182.15, 182.16, 182.17, 182.18, 183.1, 183.2, 183.3, 183.4, 183.5, 183.6, 183.7, 183.8, 183.9, 183.10, 183.11, 183.12, 183.13, 183.14, 183.15, 183.16, 183.17, 183.18, 184.1, 184.2, 184.3, 184.4, 184.5, 187.1, 190.1, 190.2, 190.3, 190.4, 190.5, 190.6, 190.7, 190.8, 190.9, 190.10, 190.11, 190.12, 191.1, 191.2, 191.3, 191.4, 191.5, 191.6, 191.7, 191.8, 193.2, 193.3, 196.1, 196.2, 196.3, 196.4, 196.5, 196.6, 196.7, 196.8, 196.9, 197.1, 197.2, 197.3, 197.4, 197.5, 197.6, 198.1, 198.2, 198.3, 198.4, 198.5, 198.6, 198.7, 198.8, 198.9, 198.10, 199.1, 199.2, 199.3, 199.4, 199.5, 199.6, 199.7, 199.8, 199.9, 199.10, 199.11, 199.12, 199.13, 200.1, 211.1, 211.2, 211.3, 211.4, 211.5, 211.6, 211.7, 211.8, 212.1, 212.2, 212.3, 212.4, 212.5, 212.6, 212.7, 212.8, 212.9, 212.10, 212.11, 212.12, 212.13, 214.1, 214.2, 214.3, 214.4, 216.2, 219.1, 219.2, 219.3, 219.4, 220.1, 220.3, 221.2, 221.3, 221.4, 221.6, 222.3, 226.1, 234.1, 235.1.